高职高专计算机规划教材·案例教程系列

Authorware 多媒体制作案例教程

沈大林 主编

崔玥 王爱赪 郭政 于建海 编著

中国铁道出版社
CHINA RAILWAY PUBLISHING HOUSE

内容简介

本书采用案例带动知识点的方法进行讲解。读者可以边进行案例制作，边学习相关知识和技巧，轻松掌握中文 Authorware 7.0 的使用方法和使用技巧。

本书讲解知识由浅入深、循序渐进，知识含量高，采用这种方法，特别有利于教师教学和学生自学。读者在阅读学习时，不但能够快速入门，而且可以达到较高的水平。

本书可作为高职高专学校的教材，也可作为中职中专以及培训学校的教材，还可作为广大计算机爱好者、多媒体程序设计人员的自学用书。

图书在版编目（CIP）数据

Authorware 多媒体制作案例教程/沈大林主编；崔玥等编著.—北京：中国铁道出版社，2007.1

高职高专计算机规划教材．案例教程系列

ISBN 978-7-113-07762-4

Ⅰ．A… Ⅱ．①沈… ②崔… Ⅲ．多媒体－软件工具，Authorware－高等学校：技术学校－教材 Ⅳ．TP311.56

中国版本图书馆 CIP 数据核字（2007）第 012839 号

书　　名：Authorware 多媒体制作案例教程

作　　者：沈大林　崔　玥　王爱赪　郭　政　于建海

出版发行：中国铁道出版社（100054，北京市宣武区右安门西街 8 号）

策划编辑：严晓舟　秦绪好

责任编辑：崔晓静　张国成

封面设计：路　瑶

封面制作：白　雪

责任校对：翟　哲

印　　刷：河北省遵化市胶印厂

开　　本：787×1092　1/16　印张：20　字数：467 千

版　　本：2007 年 5 月第 1 版　　2007 年 5 月第 1 次印刷

印　　数：1～5 000 册

书　　号：ISBN 978-7-113-07762-4/TP・2127

定　　价：26.00 元

高职高专计算机规划教材·案例教程系列

序

PREFACE

1982年大学毕业后，我开始从事职业教育工作，那是一个百废俱兴的年代，是职业教育改革刚刚开始的时期。开始进行职业教育时，我们使用的是大学本科纯理论性教材。后来，联合国教科文组织派来了具有多年职业教育研究和实践经验的专家来北京传授电子技术教学经验，专家抛开了我们事先准备好的教学大纲，发给每位听课教师一个实验器，边做实验边讲课，理论完全融于实验的过程中。这种教学方法使我耳目一新并为之震动。后来，我看了一本美国麻省理工学院的教材，前言中有一句话的大意是："你是制作集成电路或设计电路的工程师吗？你不是！你是应用集成电路的工程师！那么你没必要了解集成电路内部的工作原理，而只需要知道如何应用这些集成电路解决实际问题。"再后来，我学习了素有"万世师表"之称的陶行知先生的"教学做合一"教育思想，也了解这些思想源于他的老师——美国的教育家约翰·杜威的"从做中学"的教育思想。以后，我知道了美国哈佛大学也采用案例教学，中国台湾省的学者在讲演时也都采用案例教学……这些中外教育家的思想成为我不断探索职业教育教学方法和改革职业教育教材的思想基础，点点滴滴融入到我编写的教材之中。现在我国职业教育又进入了一个高峰期，职业教育的又一个春天即将到来。

现在，职业教育类的大多数计算机教材应该是案例教程，这一点似乎已经没有太多的争议，但什么是真正的符合职业教育需求的案例教程呢？是不是有例子的教材就是案例教程呢？许多职业教育教材也有一些案例，但是这些案例与知识是分割的，仅是知识的一种解释。还有一些百例类丛书，虽然例子很多，但所涉及的知识和技能并不多，只是一些例子的无序堆积。

本套丛书采用案例带动知识点的方法进行讲解，学生通过学习实例，掌握软件的操作方法、操作技巧或程序设计方法。本套丛书以一节为一个单元，对知识点进行了细致的取舍和编排，按节细化知识点并结合知识点介绍了相关的实例，将知识和案例放在同一节中，知识和案例相结合。本套丛书基本是每节由"案例效果"、"设计过程"、"相关知识"和"案例进阶"四部分组成。"案例效果"中介绍了学习本案例的目的，包括案例效果、相关知识和技巧简介；"设计过程"中介绍了实例的制作过程和技巧；"相关知识"中介绍了与本案例有关的知识；"案例进阶"中介绍了与案例有关的进阶案例。读者可以边进行案例制作，边学习相关知识和技巧，轻松掌握软件的使用方法、使用技巧或程序设计方法。

本套丛书的优点是符合教与学的规律，便于教学，不用教师去分解知识点和寻找案例，更像一个经过改革的课堂教学的详细教案。这种形式的教学有利于激发学生的学习兴趣、培养学生学习的主动性，并激发学生的创造性，能使学生在学习过程中充满成就感和探索精神，使学生更快地适应实际工作的需要。

本套丛书还存在许多有待改进之处，可以使它更符合"能力本位"的基本原则，可以使知识的讲述更精要明了，使案例更精彩或更具有实用性，使案例带动的知识点和技巧更多，使案例与知识点的结合更完美，使习题的趣味性等更显著……这些都是我们继续努力的方向，也诚恳地欢迎每一位读者，尤其是教师和学生参与进来，期待您们提出更多的意见和建议，提供更好的案例，成为本套丛书的作者，成为我们中的一员。

沈大林

前言

FOREWORD

Authorware 是美国 Macromedia 公司开发的著名的多媒体制作软件，是一种使用方便、功能强大的多媒体制作工具软件。它采用面向对象的设计思想，以图标作为程序的基本组件，用流程线连接各图标构成程序，从而提高了多媒体软件的开发速度与质量，使非专业程序员进行多媒体软件开发成为现实。目前，Authorware 已经发展到 Authorware 7.0 版本，本书介绍汉化的 Authorware 7.0 版本。

Authorware 广泛地应用于多媒体教学和商业领域，可以制作各种多媒体产品。例如多媒体演示系统、多媒体教学课件、多媒体电子图书系统、多媒体交互式教学系统、多媒体模拟培训系统、多媒体咨询系统、多媒体数据库和网页等。

本书共 11 章，介绍了 70 个案例的效果与设计过程。同时结合案例介绍了 Authorware 7.0 的基本操作方法、所有图标的使用方法、程序的调试和发布（一键发布）、Authorware 编程的基本语法、部分系统变量和系统函数、播放多媒体的方法、知识对象、绘图函数、选择与循环结构程序设计、外部函数的使用方法等内容。

本书采用案例带动知识点的方法进行讲解，学生通过学习实例，掌握软件的操作方法、操作技巧或程序设计方法。本节以一节为一个单元，对知识点进行了细致的取舍和编排，按节细化知识点并结合知识点介绍了相关的实例，将知识和案例放在同一节中，知识和案例相结合。本书基本是每节由“案例效果”、“设计过程”和“相关知识”组成。“案例效果”中介绍了学习本案例的目的，包括案例效果、相关知识和技巧简介；“设计过程”中介绍了实例的制作过程和技巧；“相关知识”中介绍了与本案例有关的知识。读者可以边进行案例制作，边学习相关知识和技巧，轻松掌握 Authorware 7.0 的使用方法和使用技巧。

本书讲解知识由浅入深、循序渐进，知识含量高，采用这种方法，特别有利于教师教学和学生自学。读者在阅读学习时，不但能够快速入门，而且可以达到较高的水平。

本书适应企业的需求、人才的需求和学校的需求，可以作为高职高专学校的教材，也可作为中职中专以及培训学校的教材，还可以作为广大计算机爱好者、多媒体程序设计人员的自学用书。

由于技术的不断变化以及操作过程中的疏漏，书中难免有疏漏和不妥之处，恳请广大读者批评指正。

编 者

2007 年 1 月

目录

CONTENTS

第 0 章　绪论

0.1　中文 Authorware 7.0 简介

0.1.1　简介

Authorware 是美国 Macromedia 公司开发的著名的多媒体制作软件，它是一个优秀的交互式多媒体编程工具，获得的奖项不计其数。Authorware 是一种目前最流行的，可以让非专业人员创作交互式多媒体应用程序的专业多媒体开发平台软件。Authorware 是世界公认的领先的开发交互式多媒体软件的创作工具。

Authorware 不但可以大大提高多媒体软件的开发速度与质量，而且可以使非专业程序员的用户迅速掌握并创作出高水平的多媒体作品。Authorware 广泛地应用于多媒体教学和商业领域，可以制作各种多媒体产品。例如，多媒体演示系统、多媒体电子图书系统、多媒体交互式教学系统、多媒体模拟培训系统、多媒体咨询系统、商业领域的新产品介绍、模拟产品的实际操作和设备演示，以及多媒体数据库等。

Macromedia 公司的 Authorware 于 1987 年问世，20 世纪 90 年代初该公司推出 Authorware 2.0 版本，接着又推出 Authorware 3.0 版本，1996 年推出 Authorware 3.0，1997 年又推出 Authorware 4.0，以后 Macromedia 公司又不断推出 Authorware 的 5.0，6.0，6.5 和 7.0 版本。目前，汉化较好的最高版本是 Authorware 7.0。Macromedia 的副总裁 KevinM.ynch 说："Authorware 7.0 能指导设计者比从前更容易地在网络上或在固定媒体上高效地发布内容。"

Authorware 和其他同类软件相比较，主要有以下优势：

（1）Authorware 的程序采用基于图标和流程图的程序结构方式。用 Authorware 制作多媒体的思路非常简单，它直接采用面向对象的流程线设计，通过流程线的箭头指向就能了解程序的具体流向。其面向对象、基于图标的设计方式，使多媒体开发不再困难。利用 Authorware 编制的程序非常直观，可以把人们从传统的程序语言中解放出来，使人人进行多媒体创作成为可能。

流程图的程序结构让教师能够直接用它进行教学设计，从而加快多媒体开发的进程，减少从教学设计到程序设计之间二次创作的损失，更加充分地体现了教学设计是多媒体软件设计中第一灵魂的设计思路。Authorware 的这种程序结构方式还让创作者之间的交流与合作成为可能，从而能够使多媒体软件的开发走上系统化、产业化的道路。

（2）宽松的开发和运行环境使它更富有生命力。当前计算机主流配置下的任何软硬件环境都可以运行其开发平台，打包发行时也不需要安装特殊的媒体驱动（使用了特殊控件的应用程序除外）。

（3）不同的开发人员可以采用不同层次的开发模式。

- 基于图标的开发模式：适用于普通教学人员借助它表现教学设计思想；适用于美术人员用它勾勒结构，把握总体创意和风格。
- 灵活使用其系统函数和系统变量的开发模式：适用于多媒体开发专业人员在基于图

标的开发模式上，灵活使用函数和变量实现丰富的交互，开发产品级的多媒体软件。

- 使用外部函数、ActiveX 控件和 XML 的开发模式：允许高级程序员自由而充分地引用其他成熟的功能模块，将 Authorware 的功能扩展到无限。

（4）为将来计算机教育资源极大丰富的时候，教育资源的统一管理留下了接口。其系统函数类和图标的 CMI 选项卡中的设置，可以产生符合国际 AICC 培训标准的教学资源管理系统。

0.1.2 基本功能

（1）操作方便：可以将图标工具箱中的各种图标拖曳到程序设计窗口，进行逻辑结构布局，来演示和处理文字、图形、图像、声音、动画、数字电影和视频信息等，从而取代了用复杂的编程语言进行处理。另外，它还可以自定义图标；可以将外部文件和 URL 直接拖曳到程序设计窗口的流程线上；可以将计算机桌面上的位图直接拖曳到程序设计窗口的流程线上或图标库中。

（2）提供了文本、图像和动画的创建与处理工具：利用文本处理工具，可以在屏幕上定位一个文本对象，并且可以任意设置其字体、字号及字体颜色等特征。使用图像处理工具可以创建简单图形，导入并处理图像。Authorware 7.0 可以使用平滑文字，即使字号再小，也不会产生锯齿，清晰可读，避免文字图形化，减少文件字节数。还可以使用带 α（阿尔法）通道的图形，创作不同透明度的图像，产生特殊的视觉效果。另外，改变图形的透明度，可产生平滑的动画透明效果。还提供了 5 种动画设计类型，可以制作简单的动画。

（3）强大的素材管理功能：它有 3 种素材管理的方法，即保存在 Authorware 7.0 内部文件、库文件和外部文件中（以链接或直接调用的方式使用，可以按 URL 地址访问）。可以直接支持 JPEG，GIF，Photoshop，QuickDraw 3D，xRes，LRG，BMP，DIB 等图形和图像格式；可以直接读取 Director 6.0 的 DIR 文件；支持 Shockwave Audio（SWA）；可以使用多种压缩文件，包括 Shockwave Director Movie 数字电影、Shockwave Authorware 动画、GIF 动画和 Shockwave Audio 等；还可以使用 DVD 的图标，直接播放 DVD 视频电影。

Authorware 7.0 内建了 RTF 文件编辑工具，可以轻松地制作 RTF 文件；提供 Voxware 编码器可以把 WAV 文件压缩转换为 VOX 文件，它的压缩质量比 Shockwave Audio 还要高出很多。

（4）强大的人机交互方式：Authorware 7.0 提供了按钮、热区、热对象、文本、下拉菜单、定时等 11 种人机交互方式，利用这些交互方式，可以满足用户的不同需要，制作出具有强大交互功能和响应方式的多媒体软件。导航和框架图标支持超文本与超媒体链接，通过使用它们可以方便地制作具有交互功能的多页面、多层次的电子图书软件。

（5）多种系统变量与系统函数：Authorware 7.0 提供了计算图标，可以输入程序，计算图标具有较好的编程环境。它还提供了多种系统变量与系统函数，使用它们可以配合图标完成复杂程序的设计。它支持与 Macromedia Dreamweaver 和 Macromedia Authorware 相同的 JavaScript。另外，它还可以利用动态链接库（DLL 文件）和调用用户自制的 Authorware 函数库（UCD、U32），实现与 Authorware 7.0 的链接，扩展它的功能。

（6）开发效率高：可快速地输入和输出素材；可以同时编辑多个图标；可以使用知识对象。知识对象是一些预先编写好的模块，提供某种功能、交互、课程结构或学习策略。

（7）脱离 Authorware 环境运行：用 Authorware 7.0 编写的软件除了能在 Authorware 环境中运行外，还可以编译成扩展名为.EXE 和.HTML 的文件，从而使编写的软件能在 Windows 系统下脱离 Authorware 环境运行。

（8）开放的系统：可以导入和控制几乎所有流行的媒体文件格式（包括对微软的 ActiveX 控件对象、XML、Java Script、ASF 流媒体、Apple 的 QuickTime 系列、GIF 动画、Authorware 矢量动画等的强有力支持），支持与控件相关的显示属性、方法和事件等内容，充分发挥 Windows 资源共享的优势，有效地扩展 Authorware 的功能。

Authorware 使用标准的 Windows 界面控制，还可以加入 Transition Xtras 等对象作为自定义图标使用，支持 Apple QuickDraw 3D 三维实时渲染以及 VRML 支持等。另外，Authorware 可以直接使用 Authorware 文件，毫不损失质量地集成 Authorware 动画，支持 QuickTime、QuickTime VR（虚拟现实），可以导入 Microsoft PowerPoint，有利于创建丰富的多媒体电子学习课件。

（9）支持 Internet 并可在 Internet 上进行创作：可以生成 Shockwave 的数据流格式文件，适合广域网的传输（一次开发，各种方式使用）。通过使用 ActiveX 控件，Authorware 的应用可成为 Web 浏览器，播放 HTML 文件。可以输入输出 XML 文件，支持流式的实时视频播放。可以把音频、视频、动画和 PowerPoint 幻灯片在 Intranet 上播放，另外，还提供了很多网络功能，很容易地和 Web 服务器端应用进行互操作。高效控制 Authorware 课件在浏览器中的表现。

0.1.3 启动

安装了 Authorware 7.0 软件以后，即可采用下面的方法之一来启动中文 Authorware 7.0。启动中文 Authorware 7.0 后，屏幕上会显示 Authorware 7.0 的工作环境，以及“新建”对话框，如图 0-1-1 所示。

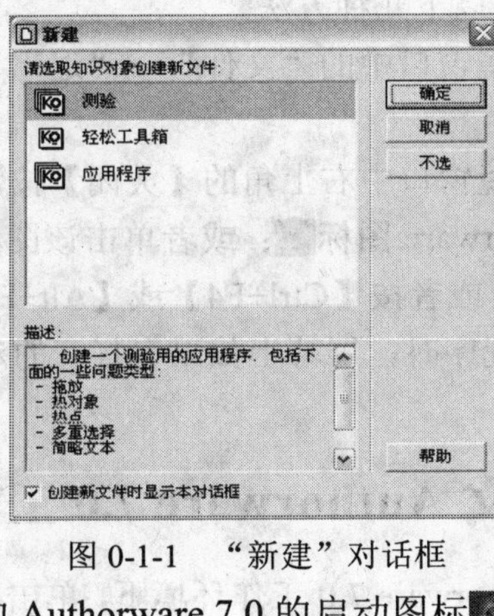

图 0-1-1 “新建”对话框

- 双击 Windows 桌面上的 Authorware 7.0 的启动图标。
- 单击“开始”→“所有程序”→“Macromedia”→“Macromedia Authorware 7.0”菜单命令。
- 在“我的电脑”或“资源管理器”中，双击扩展名为.a7p（Authorware 7.0 的文件类型）的 Authorware 文件。这种启动方法，不但可以启动中文 Authorware 7.0，还可以打开相应的 Authorware 文件。

0.1.4 关闭“新建”对话框

如果不使用 Authorware 7.0 提供的“测验”、“轻松工具箱”和“应用程序”来编写程序，而是要建立一个空文件，可以采用下述方法关闭“新建”对话框。如果是在 Authorware 7.0 的工作环境下，可以单击“文件”→“新建”→“文件”菜单命令，调出“新建”对话框。

- 单击“新建”对话框内的【取消】或【不选】按钮。
- 单击“新建”对话框内右上角的【关闭】按钮。

“新建”对话框关闭以后，调出程序设计窗口，进入中文 Authorware 7.0 的工作环境，如图 0-1-2 所示。

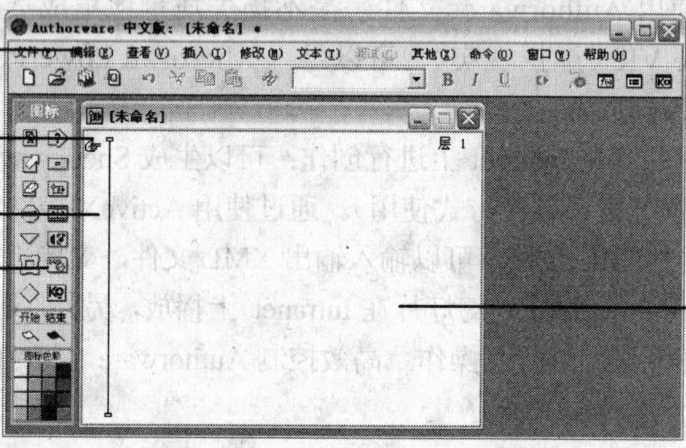

图 0-1-2 中文 Authorware 7.0 的工作环境

0.1.5 退出

退出 Authorware 7.0 主要有以下几种方法。

- 单击 Authorware 工作环境窗口中的“文件”→“退出”菜单命令。
- 按【Ctrl+Q】键。
- 单击 Authorware 工作环境窗口中右上角的【关闭】按钮。
- 双击标题栏左边的 Authorware 图标；或者单击该图标，弹出一个菜单，再单击该菜单中的“关闭”命令。或者按【Ctrl+F4】或【Alt+F4】键。

在退出 Authorware 7.0 主程序时，屏幕上如果有打开的对话框，则应先关闭对话框，然后再退出 Authorware 7.0。

0.2 中文 Authorware 7.0 工作界面

在图 0-1-2 所示的中文 Authorware 7.0 工作环境下，单击菜单栏中的“窗口”→“面板”→“属性”菜单命令、单击“窗口”→“面板”→“函数”菜单命令和单击“窗口”→“面板→“变量”菜单命令，可以调出“属性”、“函数”和“变量”面板，如图 0-2-1 所示。再单击“窗口”→“面板”→“XXXX”菜单命令，可以关闭相应的面板。

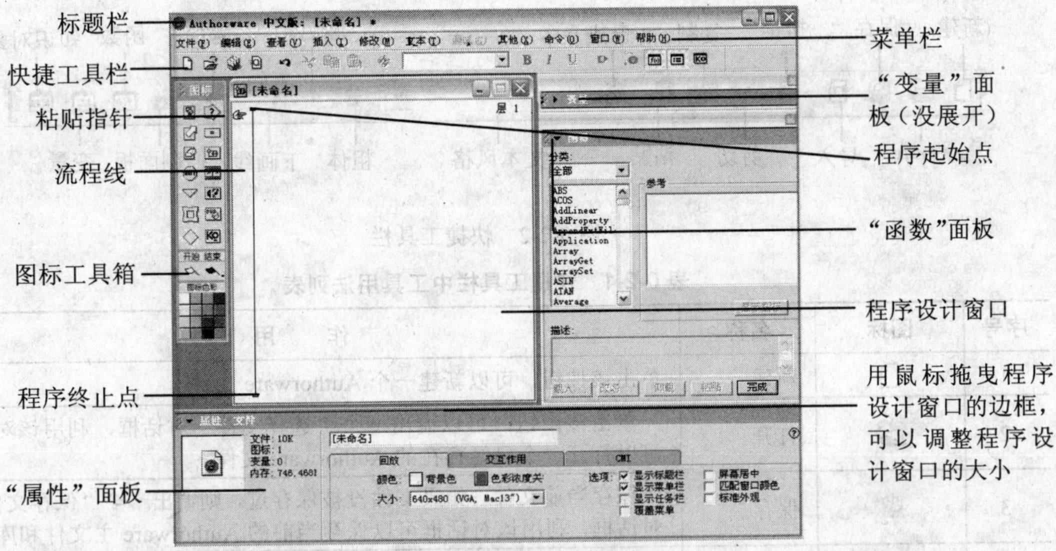

图 0-2-1 中文 Authorware 7.0 的工作环境

0.2.1 标题栏

标题栏位于 Authorware 7.0 工作环境窗口的顶部，单击标题栏最左边的控制图标，可以调出一个控制菜单，利用该菜单可以调整窗口位置、大小和关闭窗口。在控制图标右边显示"Authorware 7.0 中文版"和打开程序的名称（没有保存程序时，程序的名称为"[未命名]"。标题栏的右边有 3 个按钮，从左到右分别是【窗口最小化】、【窗口最大化】或【还原】、【关闭】按钮，它们可以用来调整 Authorware 7.0 程序窗口的状态。

0.2.2 菜单栏

菜单栏在标题栏下边，有 11 个主菜单，单击某一个主菜单项就会弹出一个附属于该主菜单的级联菜单。再单击级联菜单中某个菜单命令，则有的会弹出下一级菜单或对话框等，有的会完成相应的某一个操作。单击菜单之外的任何地方或按【Esc】键，可以关闭已打开的菜单。菜单的形式与其他 Windows 软件的菜单形式相同。

0.2.3 快捷菜单

将鼠标指针移到程序设计窗口、图标或其他地方，单击鼠标右键，会弹出一个菜单，即快捷菜单。快捷菜单中列出当前状态下可以进行的操作命令。单击该菜单中的一个菜单命令，即可执行一个相应的操作。快捷菜单的内容与当前状态有关。

0.2.4 快捷工具栏

快捷工具栏也叫工具条或工具栏，如图 0-2-2 所示。工具栏中有 18 个工具按钮，将鼠标指针移到这些按钮上时，会显示它们的名称。工具栏中各按钮的作用如表 0-2-1 所示。

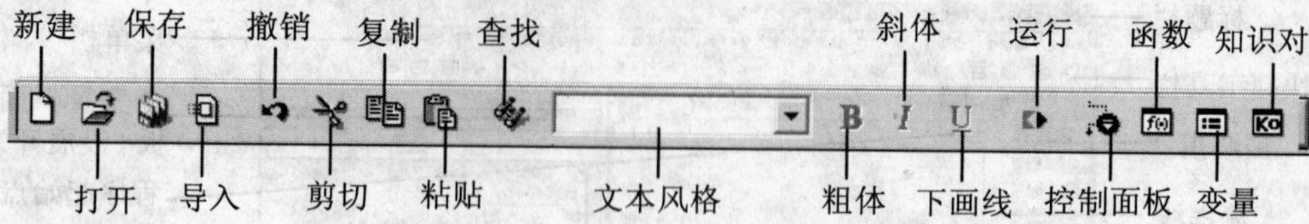

图 0-2-2 快捷工具栏

表 0-2-1 快捷工具栏中工具用法列表

序号	图标	名称	作 用
1		新建	单击该按钮，可以新建一个 Authorware 文件
2		打开	单击该按钮，可以调出一个“选择文件”对话框，利用该对话框可以打开一个已经存在的 Authorware 文件
3		保存	保存当前文件，如果文件没被保存过，则调出一个“保存文件为”对话框，利用该对话框可以保存当前的 Authorware 主文件和库文件
4		导入	单击该按钮，可以调出“导入哪个文件?”对话框，可以导入文字、图像、声音和电影等媒体文件
5		撤销	撤销最后一步操作
6		剪切	复制选定的对象到剪贴板并将该对象删除
7		复制	复制选定的对象到剪贴板
8		粘贴	将剪贴板中的对象粘贴到当前工作位置
9		查找	用于在指定文件的图标名称、显示文本、计算图标等位置查找指定文本内容
10	[Default Style]	文本风格	从该下拉列表框中选择一种风格应用到选中文本（只适用于由显示图标、交互图标中的文本功能创建的文字对象和按钮的标题文字）
11	B	粗体	使选中文字变为粗体
12	I	斜体	使选中文字变为斜体
13	U	下画线	使选中文字变为有下画线的文字
14		运行	运行程序，如果程序中放置了开始旗，则变为【从标志旗开始执行】按钮，单击它可从开始旗处运行程序
15		控制面板	显示或关闭控制面板，利用它可以运行和调试程序
16		函数	显示或者关闭“函数”面板
17		变量	显示或者关闭“变量”面板
18		知识对象	显示或者关闭“知识对象”面板

0.2.5 图标工具箱

图标工具箱由 14 个图标、两个标志旗图标和图标调色板组成。将鼠标指针移到图标工具箱内的图标上，会显示出该图标的名称，帮助初学者了解图标的作用。例如：将鼠标指针移到图标工具箱内的图标上时，会显示“声音”文字，表示它是声音图标。

只要用鼠标将工具箱内的图标拖曳到程序设计窗口的流程线上（工具箱内的图标并不

会消失），就可以在流程线上创建该图标，使该图标成为程序的一部分。

图标工具箱内 14 个图标、两个标志旗图标和图标调色板的作用如表 0-2-2 所示。

表 0-2-2　图标工具箱内图标、开始旗、结束旗和图标调色板的名称和作用

序号	图标	图标名称	作　用
1		显示	可用来制作多媒体的图形、文本或加载图像与文字
2		移动	与显示和数字电影图标配合，可以制作 5 种动画
3		擦除	可用来擦除显示图标和影片等图标中的画面
4		等待	可让执行中的程序暂停一段时间
5		导航	可配合框架图标，可编辑超文本和超媒体文件
6		框架	可配合导航图标，可编辑超文本和超媒体文件
7		决策	也叫判断图标，可用来制作分支与循环结构程序
8		交互	与其他图标配合可以制作交互程序，有 11 种交互方式
9		计算	可用来存放程序代码
10		群组	可将几个图标放置在群组图标中，便于组织程序
11		数字电影	也叫数字电影图标，利用它可播放 AVI 等格式的数字电影文件
12		声音	可以播放 WAV 等声音格式的声音文件
13		DVD 视频	可以播放外部视频设备产生的视频信号
14		知识对象	可以将已经设计好的程序（知识对象）加入到程序的流程中
15		开始旗	放置此标志旗于想要开始执行程序的流程线上，单击【从标志旗开始执行】按钮，程序将从此标记处开始执行
16		结束旗	放置此标志旗于想要暂停程序的流程线上，当程序执行到此标记处时，程序会暂停执行，按【Ctrl+P】键可继续执行程序
17		图标调色板	选中流程线上的图标，单击该图标调色板中的一种颜色，即可给选中的图标着色，以利于观察相关的图标

0.2.6　演示窗口

演示窗口是用来在设计和运行程序时，显示对象的窗口，它相当于供演员排练和演出的舞台。为了能使在显示图标和交互图标的演示窗口内绘制的图形、输入的文字（文字块）、导入的图像等对象的位置和大小符合要求，可单击“查看”→“显示网格”菜单命令，即可在演示窗口内加入网格线，如图 0-2-3 所示。再单击该菜单命令，可将网格取消。

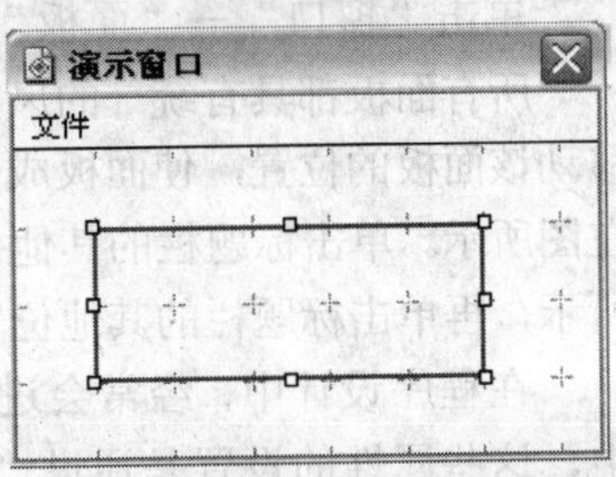

图 0-2-3　演示窗口内的网格

如果单击了“查看”→“对齐网格”菜单命令，则可以在移动对象和调整对象大小时，自动对齐网格线。

0.2.7 程序设计窗口

程序设计窗口是用来创建图标（即放置图标）的区域，如图 0-2-4 左图所示。将图标工具箱中的各种图标作为对象放置在程序设计窗口中的流程线上，构成一种类似于流程图形式的多媒体程序。在程序设计窗口中，粘贴指针是一个小手标志，在程序设计窗口中利用剪贴板粘贴图标时，被粘贴的图标将出现在“粘贴指针”指定的程序流程线位置。程序流程线简称流程线，可分为主流线和支流线，如图 0-2-4 左图所示。

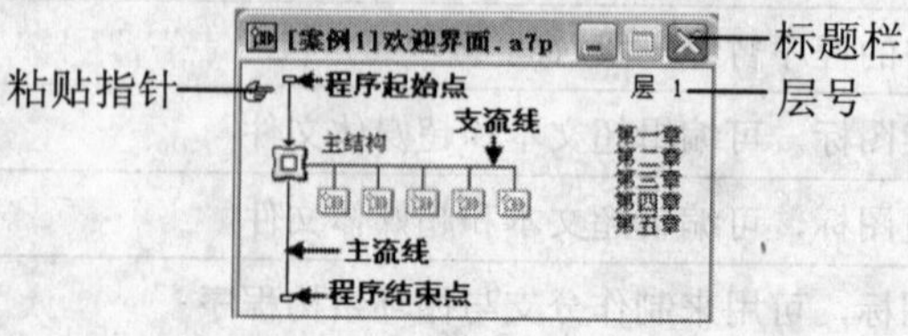

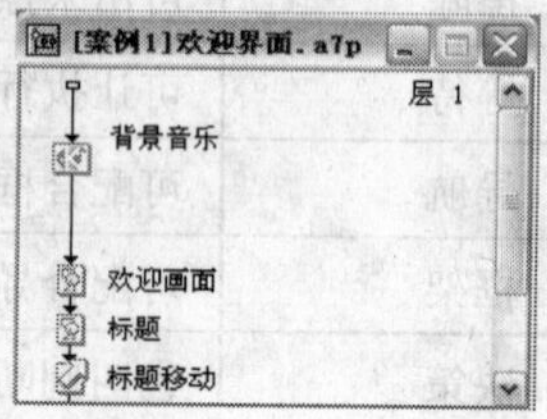

图 0-2-4　已命名的程序设计窗口和有滚动条的程序设计窗口

将鼠标指针移至程序设计窗口的边线或右下角时，鼠标指针会变为双箭头形状，这时用鼠标拖曳，即可调整该窗口大小。用鼠标拖曳程序设计窗口的标题栏，可以移动程序设计窗口，调整它的位置。程序设计窗口中的粘贴指针用来指示程序的当前位置。

将鼠标指针移到程序设计窗口中，单击鼠标右键，调出它的快捷菜单，再单击该菜单中的“滚动条”菜单命令，使该窗口内出现滚动条（见图 0-2-4 右图），可以使程序设计窗口中的程序滚动显示。另外，在程序设计窗口内放置更多的图标可使程序更有条理，可以将几个图标组成一个群组图标（群组图标包含这些图标）。

0.2.8 面板

Authorware 7.0 的面板有“属性”、“函数”、“变量”和“知识对象”面板。单击菜单栏中的“窗口”→“面板”→“属性”菜单命令，可以调出或关闭“属性”面板。单击“窗口”→“面板”→“函数”菜单命令或快捷工具栏内的【函数】按钮，可以调出或关闭“函数”面板。单击“窗口”→“面板”→“变量”菜单命令或快捷工具栏内的【变量】按钮，可以调出或关闭“变量”面板。单击“窗口”→“面板→“知识对象”菜单命令或快捷工具栏内的【知识对象】按钮，可以调出或关闭“知识对象”面板。

单击“窗口”→“面板”→“XXXX”菜单命令，可以关闭相应的面板。

所有面板都具有统一的风格，用鼠标拖曳“属性”面板顶端标题栏最左边的图标，可以移动该面板的位置，使面板成为浮动面板。例如，成为浮动面板的“变量”面板，如图 0-2-5 左图所示。单击标题栏的其他位置，可以将面板缩小显示成只有一个标题栏，如图 0-2-5 右图所示，再单击标题栏的其他位置，则又会展开显示该面板，如图 0-2-5 左图所示。

在程序设计中，经常会进行某个图标的属性设置、文件的属性设置，在 Authorware 7.0 中，这些属性的设置是通过“属性”面板来完成的。“属性”面板如图 0-2-1 所示，选择不同的图标，“属性”面板会不一样，“属性”面板的名称也会不一样，面板名称为“属性：××”（其中××为图标名称）。调出“属性”面板通常采用以下几种方法。

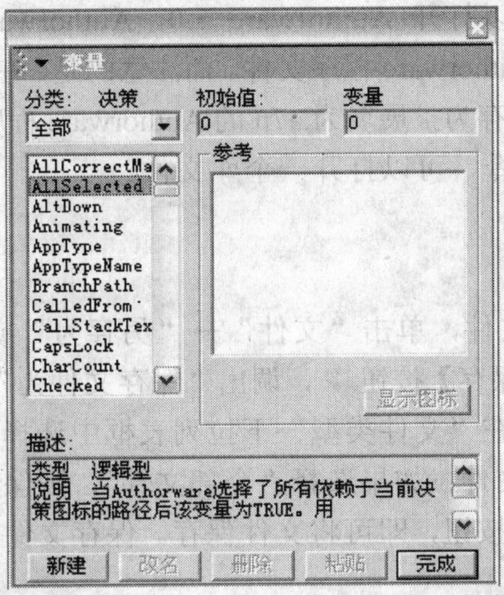

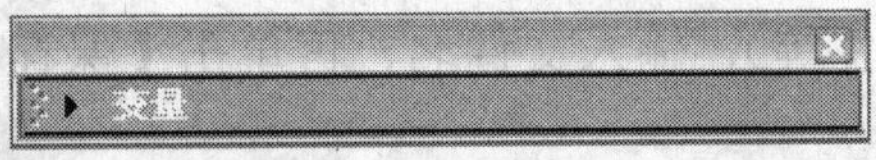

图 0-2-5　浮动面板

- 按住【Ctrl】键或【Alt】键，双击程序流程线上的一个图标。
- 单击程序流程线上的一个图标，再单击“窗口”→“面板”→“属性”菜单命令或者单击“修改”→“图标”→“属性”菜单命令，或者按【Ctrl+I】键。
- 右击程序流程线上的一个图标，调出它的快捷菜单，单击该菜单中的“属性”菜单命令。
- 另外，在调出“属性”面板的情况下，单击程序流程线上的图标，可以切换到该图标的“属性”面板。

0.3　文件基本操作

0.3.1　新建文件

除了在启动 Authorware 7.0 后可以调出“新建”对话框，也可以单击“文件”→“新建”→“文件”菜单命令，或单击快捷工具栏中的【新建】按钮🗋调出“新建”对话框，如图 0-1-1 所示。关闭“新建”对话框，即可调出一个新的程序设计窗口，新建一个 Authorware 文件。

另外，单击“文件”→“新建”→“库”菜单命令，即可新建一个库（关于库的概念和使用方法将在后面的章节中介绍）。

0.3.2　打开文件

（1）单击“文件”→“打开”菜单命令，会调出一个级联菜单。利用这个菜单中的菜单命令可以打开一个已有的程序文件或是一个已经创建好的库文件，还可以打开以前曾打开过的程序文件（级联菜单的下边给出了相应的文件名称）。

（2）单击“文件”→“打开”→“文件”菜单命令，或单击快捷工具栏内的【打开】按钮，会调出一个“选择文件”对话框。利用“选择文件”对话框可以打开一个扩展名为.a7p 的 Authorware 程序文件。另外，还可以打开 Authorware 5.0，Authorware 6.0 或 Authorware 6.5 生成的扩展名为.a5p 或.a6p 的 Authorware 程序文件。而注意的是，在打开扩展名为.a5p 或.a6p 的程序文件时，需要将它们再保存为扩展名为.a7p 的 Authorware 程序文件。

单击“文件”→“打开”→“库”菜单命令，可以打开一个库文件。

0.3.3 保存文件和压缩保存文件

（1）保存文件：对于一个没有保存过的文件，单击“文件”→“另存为”或“文件”→“保存”菜单命令或单击快捷工具栏中的【保存】按钮，调出“保存文件为”对话框，如图 0-3-1 所示。利用该对话框选择文件夹，在“文件类型”下拉列表框中选择文件类型（如果选择“Authorware”选项，只保存程序文件；如果选择“全部文件”，则保存程序文件和库文件等），输入文件名，再单击【保存】按钮，即可将文件保存。保存文件的扩展名为.a7p。

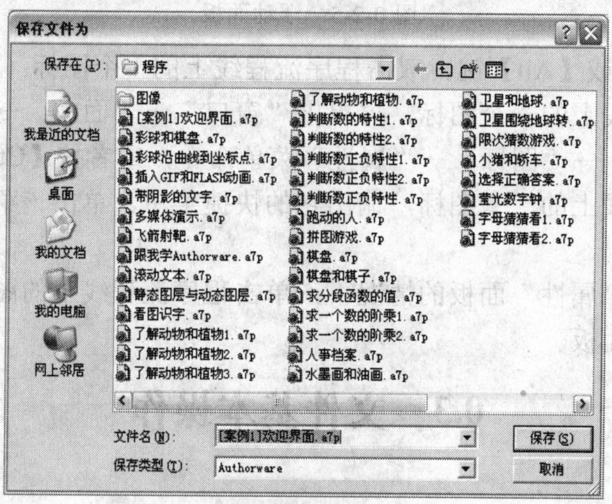

图 0-3-1 “保存文件为”对话框

如果想以后再保存该程序文件，可单击“文件”→“保存”菜单命令或单击快捷工具栏中的【保存】按钮直接保存，而不会再调出“保存文件为”对话框。如果当前程序中有库，则保存文件时，“保存文件为”对话框中的“文件类型”下拉列表框内有“Authorware 库”选项和“全部文件”选项。单击【保存】按钮后，先保存库文件，再保存程序文件。

（2）全部保存文件：单击“文件”→“全部保存”菜单命令，保存全部文件，包括所有打开的程序文件、库文件和模板文件。

（3）压缩保存文件：单击“文件”→“压缩保存”该菜单命令，调出“保存并压缩文件为”对话框，如图 0-3-2 所示。按照前面讲述的方法，选择文件保存类型，再选择文件夹，然后输入文件名，最后单击【保存】按钮，即可将程序或文件存入磁盘。同时，还将文件进行了压缩。压缩的文件所占磁盘空间大大减少，但在存储与打开操作时，所花时间会稍多些，如果文件不大，则不会有时间增加的感觉。压缩中会显示一个压缩进度提示对话框，如图 0-3-3 所示。

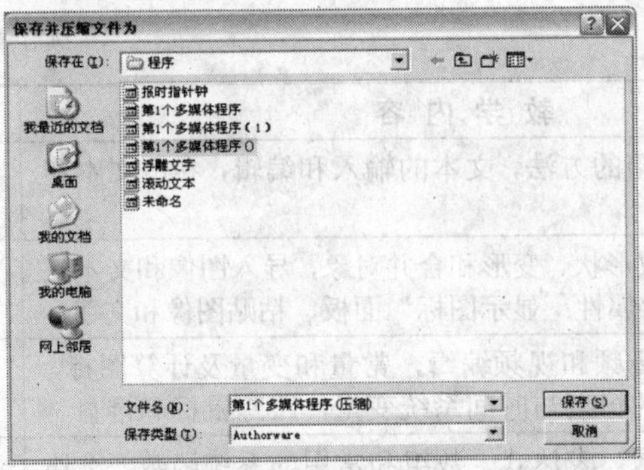

图 0-3-2　“保存并压缩文件为”对话框

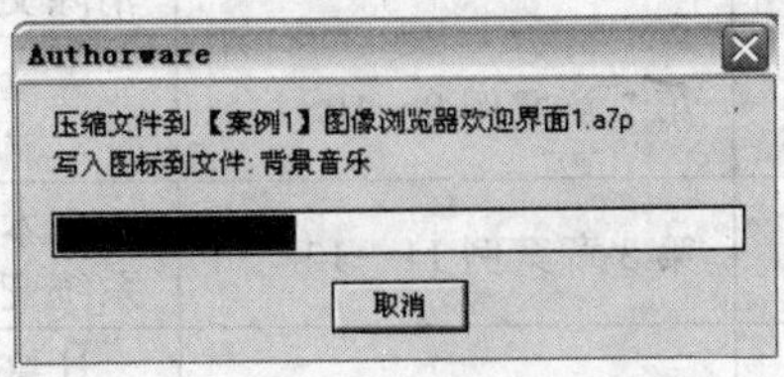

图 0-3-3　压缩进度提示对话框

0.3.4　关闭文件

单击“文件”→“关闭”菜单命令。如果该文件是新建的或进行了修改的文件，会弹出一个 Authorware 提示对话框，如图 0-3-4 所示。该对话框提示用户是否保存要关闭的文件。

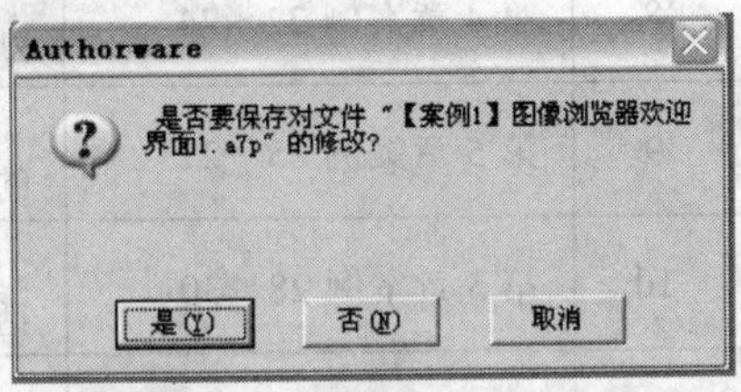

图 0-3-4　Authorware 提示对话框

单击【是】按钮则保存文件后关闭文件，单击【否】按钮则不保存文件只关闭文件，单击【取消】按钮则退出该对话框，并取消关闭操作。另外，单击程序设计窗口右上角的【关闭】按钮☒，也可以关闭 Authorware 文件。

0.4　教学方法和课程安排

本书采用案例带动知识点学习的方法进行讲解，通过学习实例掌握软件的操作方法和操作技巧，以及程序设计方法和设计技巧。本书以一节（相当于 1 课时到 4 课时）作为一个单元，对知识点进行了细致地编排，按节细化了知识点，并结合知识点介绍了相关的实例，知识和实例相结合。除了个别小节外，每节均由“学习目标”、“设计过程”、“相关知识”和“案例拓展”四部分组成。“学习目标”中介绍了学习本案例的目的，包括案例效果和使用的相关知识和技巧；“设计过程”中介绍了实例的制作方法和技巧；“相关知识”中介绍了与本案例有关的知识；“案例拓展”中介绍了与案例有关的拓展案例。读者可以边进行案例制作，边学习相关知识和技巧，轻松掌握中文 Authorware 7.0 的使用方法和使用技巧。

下面提供一种课程安排（见表 0-4-1），仅供参考。

总学时 100 课时，每周 4 学时，共 25 周，第 10 章可作为选学内容。

表 0-4-1　课程安排

周序号	章　节	教 学 内 容	课时
1	第 0 章 第 1 章案例 1 和 2	介绍 Authorware 7.0 的一些功能。结合一个或多个简单的实例，介绍中文 Authorware 7.0 的工作环境和一些基本操作，等待图标和擦除图标，运行程序和预览图标	4
2	第 1 章案例 3 和 4	结合 2 个实例，进一步介绍中文 Authorware 7.0 的工作环境和一些基本操作。介绍程序的调试方法、文件的打包和发布	4

续上表

周序号	章　节	教 学 内 容	课时
3	第 2 章案例 5～7	使用绘图工具箱的方法，文本的输入和编辑，卷帘文本和消除文字锯齿等	4
4	第 2 章案例 8～10	矢量绘图和修改形状、变形和合并对象，导入图像和文本文件，编辑对象和“属性：显示图标”面板，粘贴图像和文字	4
5	第 3 章案例 11～13	文本、位图、音频和视频编辑，常量和变量及计算图标，系统变量和常用的日期与时间系统变量，跟踪鼠标和键盘	4
6	第 3 章案例 14～17	计算图标和函数，表达式、数组和常用的系统函数，“外部媒介浏览器”对话框和文本文件系统函数，文件属性设置	4
7	第 4 章案例 18～21	移动动画概述和“指向固定点”动画，“属性：移动图标”（指向固定点）面板，“指向固定路径的终点”动画，“指向固定路径上的任意点”动画	4
8	第 4 章案例 22～24	圆形路径制作方法和两种图层，“指向固定直线上的某点”动画，“指向固定区域内的某点”动画	4
9	第 5 章案例 25～27	交互图标和按钮交互，“按钮”对话框和按钮编辑，按钮的自动检测和 Checked 系统变量	4
10	第 5 章案例 28～30	“属性：判断图标面板”和“属性：交互作用文本字段”对话框，热对象交互和热区域交互	4
11	第 5 章案例 31～33	条件交互、下拉菜单交互和跳转函数，目标区交互和交互系统变量	4
12	第 5 章案例 34～36	限制时间和重试限制交互，重试限制交互和“日历控件 10.0”控件特点，按键交互	4
13	期中考试	期中上机考试，当堂制作几个 Authorware 作品	4
14	第 6 章案例 37～40	电影图标的“属性：电影图标”面板，录屏方法、插入 QuickTime 媒体和 MIDI 函数，CD 函数和 DVD 图标的属性面板	4
15	第 6 章案例 41～43	声音图标、WAV 文件压缩和声音同步，视频同步、音量调整和声音特效处理	4
16	第 7 章案例 44～46	了解知识对象，对象的可移动范围设置，绘图函数	4
17	第 8 章案例 47～50	框架图标和导航图标，设置图标关键字和两个页系统变量，演绎字和 ChildNumToID 函数与 LineClicked 变量，文字样式和演绎字的定义	4
18	第 9 章案例 51～52	算法、算法的描述方法和流程控制结构，选择结构语句，循环结构语句	4
19	第 9 章案例 53～55	选择结构和循环结构语句的输入，数组和决策图标	4
20	第 10 章案例 56～58	Qcard32.dll 函数的使用方法，创建和使用图标库，编辑图标库	4
21	第 10 章案例 59～64	综合程序设计练习	4
22	第 10 章案例 65～68	综合程序设计练习	4
23	第 10 章案例 69～70	综合程序设计练习	4
24	期末考试	期末上机考试，当堂制作几个 Authorware 作品	4
25		学生作品讲评	4

第 1 章　了解中文 Authorware 7.0

通过学习 4 个案例，掌握中文 Authorware 7.0 的一些基本操作，掌握等待图标和擦除图标的使用方法，初步了解声音图标和显示图标的使用方法，掌握给图标着色、图标组成群组、运行程序和调试程序的方法。初步掌握文件打包和一键发布的方法。

1.1 【案例 1】欢迎屏

案例效果

“欢迎屏”程序是许多多媒体课件中一开始的程序，它会以某种特效方式显示课件的标题、相关的图像或视频，展示课件制作人或公司的名称，还会伴有背景音乐来吸引读者。

“欢迎屏”程序运行后，屏幕中间一幅背景图像以点式由内向外的特效方式展示出来，如图 1-1-1 左图所示。稍稍停顿后，图像以关门特效方式逐渐消失。接着在演示窗口中间以开门特效方式展示“航天图片浏览”标题文字，展示完标题文字后，标题文字缓慢移到上边，如图 1-1-1 右图所示。然后一幅框架图像以一种开门方式逐渐展示出来。在整个过程中一直有轻松的背景音乐伴奏。

通过本案例的学习，可以了解 Authorware 的工作环境、文件的基本操作方法，制作多媒体程序的一些基本方法和特点，图标“属性”面板的设置方法，初步了解显示图标的一些使用方法，等待图标和擦除图标的使用方法，保存文件的方法，程序的一些基本调试方法和运行程序的方法等，为以后的学习打下一个好的基础。

图 1-1-1　“欢迎屏”程序运行后的 2 幅画面

设计过程

“欢迎屏”程序如图 1-1-2 所示。程序的设计过程如下。

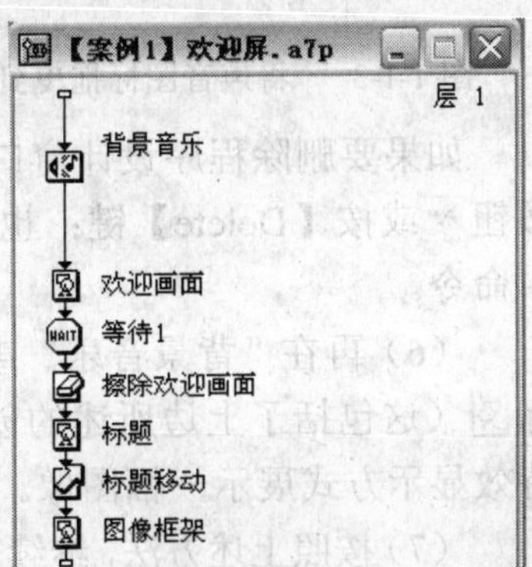

图 1-1-2　“欢迎屏”程序的结构

1. 启动中文 Authorware 7.0

（1）双击 Windows 桌面上的 Authorware 7.0 的启动图标或单击“开始”→“所有程序”→“Macromedia”→“Macromedia Authorware 7.0”菜单命令，启动中文 Authorware 7.0 程序。此时，屏幕上会显示中文 Authorware 7.0 的工作环境，以及“新建”对话框。如果是在中文 Authorware 7.0 的工作环境下，可以单击“文件”→“新建”→“文件”菜单命令，调出“新建”对话框。

（2）单击“新建”对话框内的【取消】或【不选】按钮，关闭“新建”对话框，调出程序设计窗口，进入中文 Authorware 7.0 的工作环境。

2. 创建图标和图标命名

（1）将鼠标指针移到图标工具箱内的图标上，会显示出该图标的名称，帮助初学者了解图标的作用。例如：将鼠标指针移到图标工具箱内的图标上时，会显示“声音”文字，表示它是声音图标。

（2）在程序流程线上创建一个显示图标。用鼠标拖曳图标工具箱中的声音图标到程序设计窗口的程序流程线（简称为流程线）上，再松开鼠标左键，则流程线上会创建一个声音图标，在这个图标右边还会自动给出该图标的默认名字“未命名”，名字的背景色是灰色，表示该图标已被选中，如图 1-1-3 所示。上述操作以后会经常用到，因此把上述操作称为：将××图标拖曳到流程线上，也可以叫做在流程线上创建一个××图标，或叫做将××图标放置到流程线上。

（3）图标命名和更改图标的名字。如果使用 Authorware 系统提供的图标名字“未命名”，就会在一个程序中出现多个相同名字的图标，这不利于程序的设计和读取。通常应给图像起一个与其内容相符的名字，这需要更改图标的名字。更改图标名必须在图标名称被选中时进行。刚刚将图标拖曳到流程线上的时候，该图标名称处于被选中状态，这时可输入新的图标名称。此处输入“背景音乐”，如图 1-1-4 所示。图标的名称通常应能够反映该图标的作用。

（4）用鼠标单击程序设计窗口中的任意处，可取消图标的选中。

（5）如果输入的图标名称需要更改，则可以用鼠标单击该图标或图标名称，选中该图标，然后再输入新的图标名称。如果要删除图标名中某一个字母或汉字，可在图标选中的情况下，将鼠标指针移至要删除的汉字或字母右边（这时鼠标由箭头状态变为“I”字形）并单击鼠标左键，则会在该字符右边出现闪动的“I”字形光标。再按键盘上的【Backspace】键，即可删除光标左侧的一个字符。如果要删除整个图标名称，可以在该图标被选中时，按【Backspace】键。

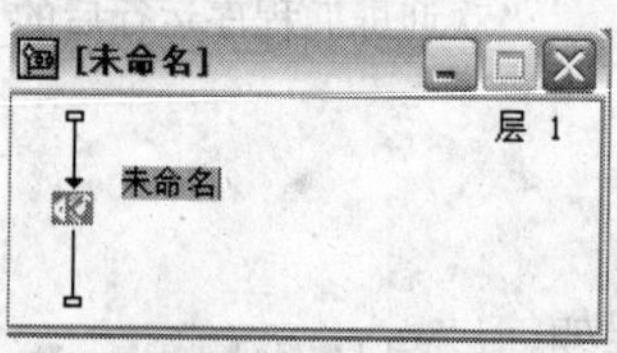

图 1-1-3　将声音图标拖曳到流程线上

图 1-1-4　将图标更名为“背景音乐”

如果要删除程序设计窗口中的图标，还可在选中图标后单击快捷工具栏内的【剪切】按钮或按【Delete】键；也可以调出该图标的快捷菜单，再单击该菜单中的“删除”菜单命令。

（6）再在“背景音乐”声音图标下边的流程线上创建一个名称为“欢迎画面”显示图标（这包括了上边所述的创建显示图标和给图标命名两步操作）。该图标用来以滚轴特效显示方式展示一幅图像。

（7）按照上述方法，继续依次创建“等待 1”等待图标、“擦除欢迎画面”擦除图标、“标题”显示图标、“标题移动”移动图标和“图像框架”显示图标。“欢迎画面”显示图标用来扩展一幅背景图像，“等待 1”等待图标是用来暂停 1 秒（为了使用户看清楚欢迎画面），“擦除欢迎画面”擦除图标用来以马赛克方式擦除“欢迎画面”图像，“标题”显示图标用来水平扩展特效显示“航天图片浏览”文字图像，“标题移动”移动图标用来将“航天图片浏览”文字移到演示窗口的上边，“图像框架”显示图标用来以开门方式显示一幅框架图像。

注意：在将等待图标 WAIT 拖曳到流程线上时，系统并没有给出默认名称。

（8）单击“文件”→“另存为”菜单命令，调出“保存文件为”对话框，利用该对话框将设计好的“欢迎屏”程序结构以名称“【案例 1】欢迎屏.a7p”保存在“程序”文件夹内。此时，程序设计窗口中由图标构成的多媒体程序结构如图 1-1-2 所示。

3. 设置声音图标

（1）按住【Ctrl】键，同时双击“背景音乐”声音图标，调出它的“属性”面板，即“属性：声音图标”面板。单击该面板内的“导入”按钮，弹出“导入哪个文件？”对话框，如图 1-1-5 所示。在该对话框内的“查找范围”下拉列表框中，选择文件夹，在“文件类型”下拉列表框中选择文件类型，在文件列表框中选择文件或在“文件名”文本框中输入文件的名称，再单击【导入】按钮，即可将选中的声音文件导入到“背景音乐”声音图标中。此时的“属性：声音图标”（声音）面板（括号中的“声音”表示该面板中的“声音”选项卡）如图 1-1-6 所示。可以看出，该面板给出了导入的声音文件的路径、文件名、文件格式、文件大小等信息。

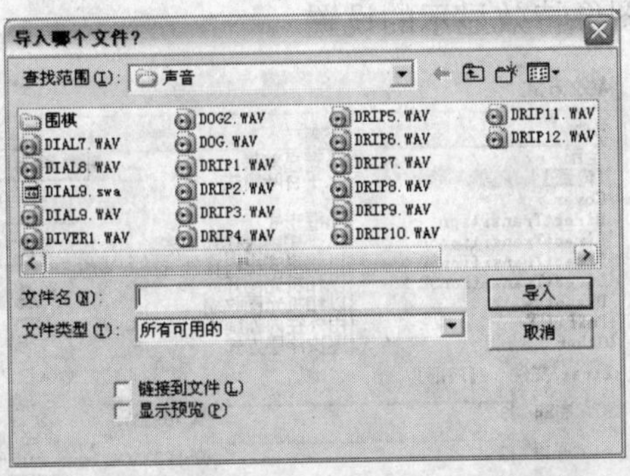

图 1-1-5　“导入哪个文件？”对话框

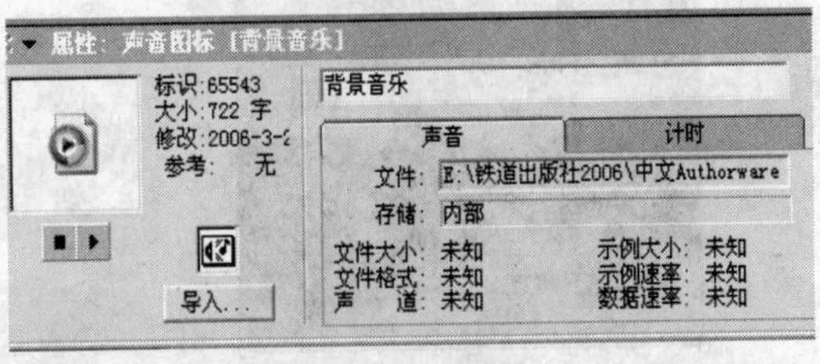

图 1-1-6　“属性：声音图标”（声音）面板

（2）单击“属性：声音图标”面板的“计时”标签，切换到“属性：声音图标”面板的“计时”选项卡，即“属性：声音图标”（计时）面板。选择该面板内“执行方式”下拉列表框中的“同时”选项，表示执行“背景音乐”声音图标的同时，就执行下一个图标，产生背景音乐的效果。“属性：声音图标”（计时）面板设置如图 1-1-7 所示。

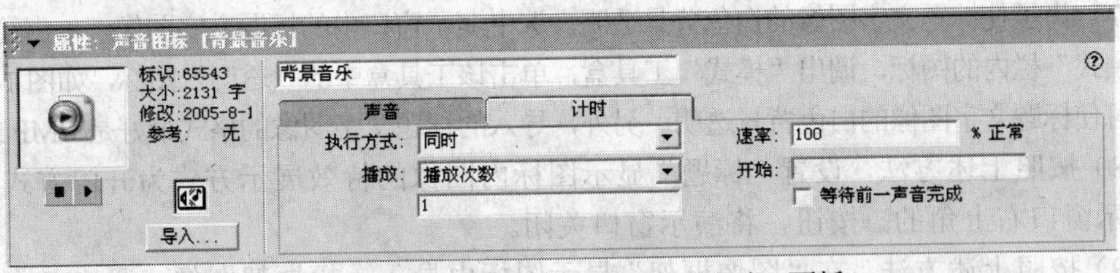

图 1-1-7　“属性：声音图标”（计时）面板

4. 设置显示图标

（1）双击“欢迎画面”显示图标，使“属性：声音图标”面板切换到“属性：显示图标”面板。同时打开该显示图标的演示窗口，另外还会调出绘图工具箱。

（2）单击“文件”→“导入和导出”→“导入媒体”菜单命令，调出“导入哪个文件？”对话框（与图 1-1-5 基本一样），利用该对话框选择要导入的图像，再单击【导入】按钮，即可将选中的图像导入到演示窗口中。

（3）用鼠标拖曳演示窗口中的图像，可以移动图像，单击演示窗口中的图像后，图像四周会显示 8 个正方形控制柄，如图 1-1-8 所示。用鼠标拖曳这些控制柄，可以调整图像的大小，现将图像调整稍小一点。

注意：在第一次用鼠标拖曳图像的正方形控制柄调整图像大小时，一旦松开鼠标左键，会弹出一个提示对话框，提示用户是否调整图像大小。单击该对话框中的【是】按钮后，即可完成这次图像大小的调整。以后再调整图像大小时，不会再出现这个对话框。

（4）单击“属性：显示图标”面板内“特效”栏右边的按钮，调出“特效方式”对话框，按照图 1-1-9 所示进行设置，选中“分类”列表框中的“[内部]”选项，选中“特效”列表框中的“以点式由内往外”选项，设置特效方式为“以点式由内往外”；在“周期”文本框中输入 3，表示“以点式由内往外”展示图像所用的时间为 3 秒；在“平滑”文本框中输入 1，可以使展示过程较平滑一些。单击【应用】按钮，即可看到演示窗口中图像特效显示的效果。然后，单击【确定】按钮，关闭该对话框，完成图像特效显示的设置。

图 1-1-8 选中演示窗口中的图像

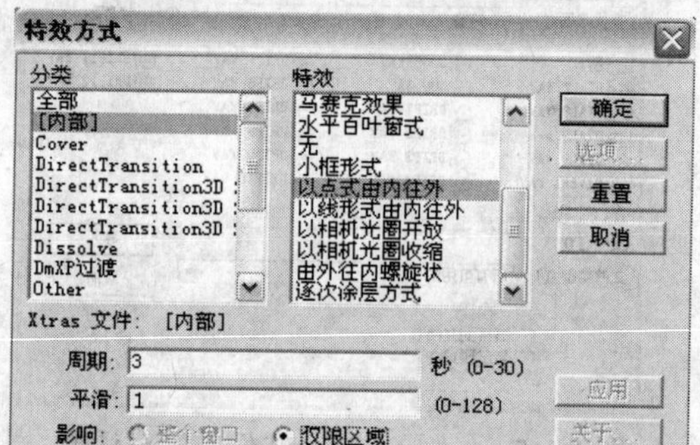

图 1-1-9 “特效方式”对话框设置

（5）单击演示窗口右上角的按钮，将演示窗口关闭。

（6）按照上述方法，在“标题”显示图标的演示窗口内导入“航天图片浏览”标题文字。然后，适当调整它的大小和位置，使它居于演示窗口的正中间，如图 1-1-10 所示。

（7）为了使标题文字图像的白色背景透明，选中演示窗口内的标题文字图像，单击绘图工具箱中“模式”栏内的图标，调出“模式”工具盒，单击该工具盒中的“透明”图标，如图 1-1-11 所示，即可使标题文字图像的白色背景透明。另外，导入的标题文字图像的格式最好是 BMP 或 GIF。

（8）按照上述方法，设置“标题”显示图标内图像的特效展示方式为开门方式。然后单击演示窗口右上角的按钮，将演示窗口关闭。

（9）按照上述方法，在“图像框架”显示图标内导入一幅框架图像，调整它的大小和位置。再设置“图像框架”显示图标的图像的特效展示方式为开门方式。然后，单击演示窗口右上角的☒按钮，将演示窗口关闭。

图 1-1-10　“标题”显示图标内的图像

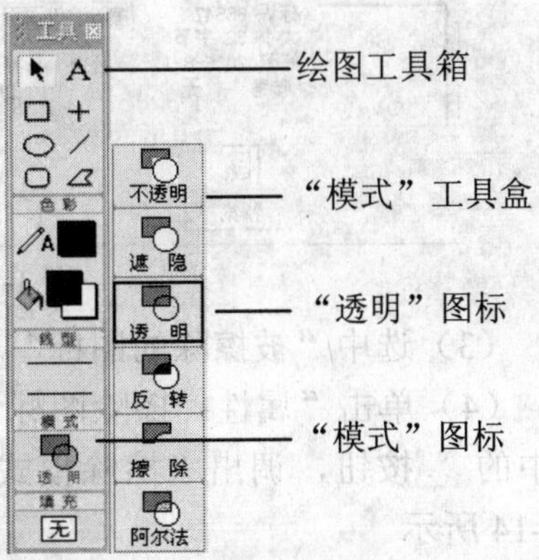

图 1-1-11　选中“透明”图标

（10）按住【Shift】键，双击“欢迎画面”显示图标，打开演示窗口，同时使演示窗口中保留刚刚显示的框架图像。这种操作常用来调整程序，以便使某个要调整的对象定位和大小调整准确。用鼠标拖曳调整“欢迎画面”显示图标内的图像，使它位于框架内并和框架内框大小一样。

采用相同的方法，调整“标题”显示图标内图像的大小和位置，使它居于框架内中心处。

5. 设置“等待 1”等待图标

（1）单击“等待 1”等待图标，将“属性”面板切换到“属性：等待图标”面板，如图 1-1-12 所示。

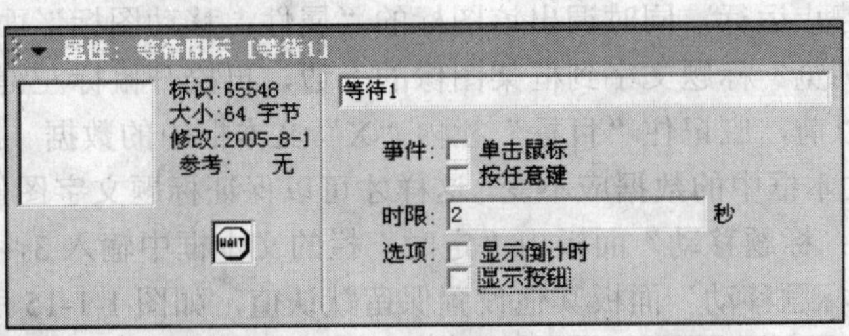

图 1-1-12　“属性：等待图标”面板设置

（2）不要选中任何一个复选框，在“时限”文本框中输入 2，表示等待时间为 2 秒，而且只有这一种方式（等待 2 秒）才能够退出等待。

（3）单击快捷工具栏内的【运行】按钮，运行程序，当【继续】按钮和小钟出现时，按【Ctrl+P】键，使程序暂停。再单击【继续】按钮，使它的四周出现 8 个控制柄。用鼠标拖曳控制柄，可以调整按钮的大小。用鼠标拖曳按钮和小钟，使它们位于图像框的下边。

6. 设置“擦除欢迎画面”擦除图标

（1）单击快捷工具栏内的【运行】按钮运行程序。当程序运行到“擦除欢迎画面”擦除图标时，程序会停止运行，同时“属性”面板切换到“擦除欢迎画面”擦除图标的“属性：擦除图标”面板。

（2）单击屏幕中的“欢迎画面”显示图标内的图像对象。在“属性：擦除图标”面板内的列表框中会显示单击对象所在图标的名称，如图 1-1-13 所示。

图 1-1-13 “属性：擦除图标”面板

（3）选中“被擦除的图标”单选按钮，表示其右边的列表框内的图标为擦除对象。

（4）单击“属性：擦除图标”面板内“特效”栏中的按钮，调出“擦除模式”对话框，如图 1-1-14 所示。

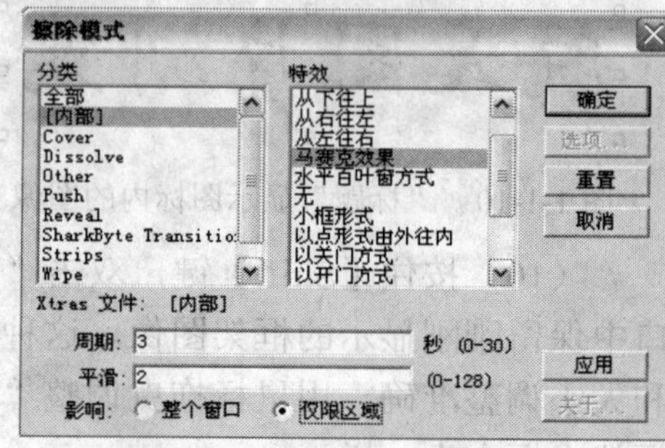

图 1-1-14 “擦除模式”对话框

（5）单击左边“分类”列表框中的“[内部]”选项，再单击右边“特效”列表框中的“以关门方式”选项，表示图像以关门方式擦除；再在“周期”文本框内输入 3，在“平滑”文本框内输入 2。再单击【确定】按钮，即可完成擦除特效方式的设置。

（6）单击演示窗口右上角的按钮，将演示窗口关闭，退出程序的运行。

7. 设置“标题移动”移动图标

（1）单击快捷工具栏内的【运行】按钮运行程序。当程序运行到“标题移动”移动图标时，程序会停止运行，同时调出该图标的“属性：移动图标”面板。用鼠标垂直向上拖曳“航天图片浏览”标题文字到框架图像的上边，再松开鼠标左键。需注意的是，在移动标题文字图像以前，应记住“目标”栏内“X”文本框中的数据（此处为 313），将文字移到终点后，该文本框中的数据应不变，这样才可以保证标题文字图像是垂直向上移动。

（2）在“属性：标题移动”面板内“定时”栏的文本框中输入 3，表示移动所用的时间为 3 秒。“属性：标题移动”面板其他设置保留默认值，如图 1-1-15 所示。

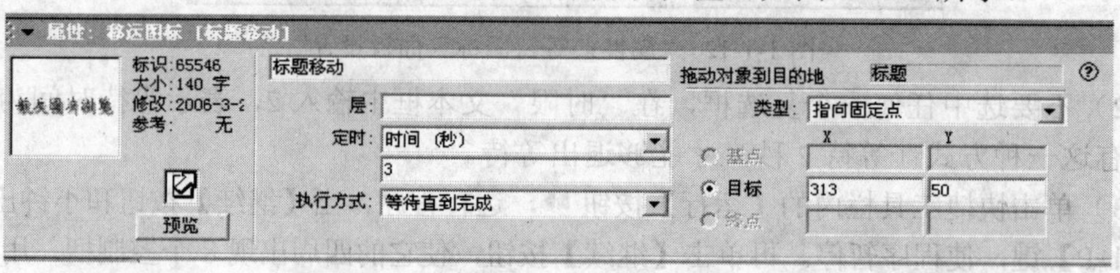

图 1-1-15 “属性：标题移动”面板设置

（3）单击演示窗口右上角的按钮，将演示窗口关闭，退出程序的运行。

8. 运行程序和保存程序

（1）单击快捷工具栏内的【运行】按钮，可从开始处运行程序。

（2）单击“文件”→“保存”菜单命令，将设计好的程序以名称“【案例 1】欢迎屏.a7p”保存。

相关知识

1. 等待图标“属性”面板

在流程线上创建一个等待图标，给该图标命名。单击选中“等待”图标，使“属性”面板切换到“属性：等待图标”面板，如图 1-1-12 所示。该面板内各选项的作用如下。

- “单击鼠标”复选框：选中它后，当用鼠标单击演示窗口内部后可退出等待。
- “按任意键”复选框：选中它后，按任意键后退出等待。
- “时限”文本框：在该文本框内输入等待的秒数，到规定的时间后可退出等待。
- “显示倒计时”复选框：文本框内输入数值后它才有效，选中它后，在等待的时间里，屏幕上会显示一个倒计时的小钟。
- “显示按钮”复选框：选中它后，可显示【继续】按钮。单击该按钮后可退出等待。

2. 擦除图标的使用方法

（1）在流程线上创建一个擦除图标，给该图标命名。运行程序，当执行到该擦除图标时程序停止运行，“属性”面板会自动切换到“属性：擦除图标”面板。“属性：擦除图标”面板如图 1-1-13 所示。

（2）“属性：擦除图标”面板内一个复选框和两个单选按钮的作用如下。

- “防止重叠部分消失”复选框：选中它时，执行完擦除后再执行下边的图标；没选中它时，在擦除的同时也执行下边的图标。
- “被擦除的图标”单选按钮：其右边的列表框内的图标为擦除对象。
- “不擦除的图标”单选按钮：其右边的列表框内的图标为不擦除对象，而其他图标是擦除对象。

（3）依次单击屏幕中的各个图像，以确定擦除的对象。如果要删除列表框内的对象，可以选中列表框内的这个对象名称，再单击【删除】按钮。【删除】按钮的作用是删除列表框内选中的图标。

（4）单击“属性：擦除图标”面板内“特效”栏中的 ... 按钮，弹出“擦除模式”对话框，如图 1-1-14 所示。该对话框用来设置擦除的特效，其中各选项的作用如下。

- “分类”下拉列表框：显示对象的特效分为 12 类，单击某一项，即选中该类型。
- “特效”下拉列表框：在选择某特效类型后，该下拉列表框中会显示此类特效中所有特效的名称。单击某一名称就选中了这种特效显示效果。
- “周期”文本框：用来输入完成显示或擦除过程所用的时间，时间在 0～30 秒。
- “平滑”文本框：用来输入特效显示时的光滑程度，其值在 0～128 之间，数值越小，越精细，但所用时间也会增加。
- “影响”单选按钮组：它有两个单选按钮，用来确定特效显示的作用范围。其中，“整个窗口”表示作用于显示图标的整个演示窗口，“仅限区域”表示仅作用于显示图标中的对象。
- 【应用】按钮：单击它可预览特效显示的效果。
- 【关于】按钮：在选择了一些特效后，它会变为有效，单击它会显示该特效的制作公司的有关信息。

- 【选项】按钮：在选择一些特效后，单击它可调出相应的对话框。利用该对话框可进行特效显示的设置。
- 在“周期”文本框上边的文本提示：如果选择了“[内部]”以外类型的特效显示，则此处会显示出选中的特效所对应的 Xtras 文件的目录和文件名。

设置完后，单击“擦除模式”对话框中的【确定】按钮，即可关闭该对话框，完成特效方式擦除的设置。

1.2 【案例 2】航天图片浏览

案例效果

“航天图片浏览”程序运行后，一开始的显示效果与运行“【案例 1】欢迎屏”程序的显示效果一样，然后显示的画面如图 1-2-1 左图所示。单击“浏览图像”按钮，即可在图像框架内以百叶窗特效方式显示一幅航天图像，其中的 2 幅画面如图 1-2-1 中图和右图所示。单击“退出”按钮，可擦除整个画面，退出程序的运行。通过本案例的学习，可以进一步了解制作 Authorware 多媒体程序的方法和特点，初步了解交互程序的设计方法，进一步掌握等待图标和擦除图标的使用方法，进一步掌握运行程序的方法。此外还可了解调试程序的一些基本方法等。

图 1-2-1 “航天图片浏览”程序运行后的 3 幅画面

设计过程

1. 将图标组成群组

（1）单击“文件”→“打开”→“文件”菜单命令，调出一个“选择文件”对话框。利用“选择文件”对话框选择刚刚创建的“【案例 1】欢迎屏.a7p”文件，单击该对话框内的【打开】按钮，打开该文件。单击“文件”→“另存为”菜单命令，调出“保存文件为”对话框，利用该对话框将程序以名字“【案例 2】航天图片浏览”保存。

（2）用鼠标拖曳出一个虚线矩形框，选中要组成群组的所有图标，如图 1-2-2 左图所示。松开鼠标左键后，即可选中矩形框内的图标，如图 1-2-2 右图所示。还可以按住【Shift】键，用鼠标单击要选中的图标。要将图标组成群组，则所选择的图标必须是连续的。

（3）单击“修改”→“群组”菜单命令，则程序设计窗口的流程线上会出现一个群组图标，它取代了原来选中的图标。选中群组图标，然后输入它的名字“欢迎屏”，如图 1-2-3 左图所示。再双击该图标，展开群组图标，如图 1-2-3 右图所示。程序设计窗口右上角标着“层 2”，表示该段程序是第 2 层程序。

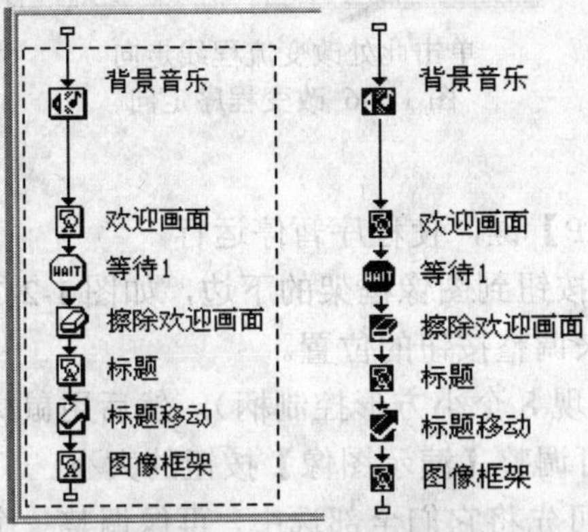

图 1-2-2　选中的图标

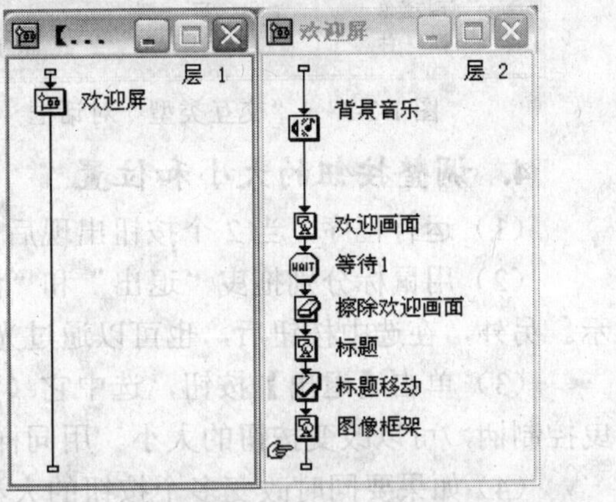

图 1-2-3　将选中的图标组成群组

单击第 2 层程序设计窗口右上角的【关闭】按钮，即可将它关闭。

将图标组成群组就是把要完成某项任务的图标放在一个群组图标中，便于管理和读程序，也有利于修改程序。

2. 给图标着色

为了进行图标的分类，需要将某些图标着色。下面介绍给图标着绿色的操作方法。

（1）在程序设计窗口内，用鼠标拖曳出一个虚线矩形框，将所有图标均围住，如图 1-2-2 左图所示，松开鼠标左键即可将虚线框围住的图标选中，如图 1-2-2 右图所示。

（2）用鼠标单击图标工具栏中的“图标色彩”栏内的绿色小色块，即可看到已选中的各图标已变为绿色，如图 1-2-4 所示。

（3）再在程序设计窗口其他处单击，即可取消图标的选择。

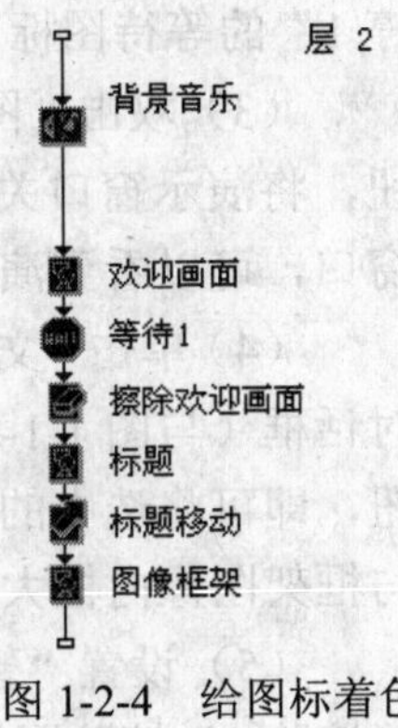

图 1-2-4　给图标着色

3. 加入交互图标和它的响应图标

（1）将交互图标拖曳到程序设计窗口中“欢迎屏”群组图标下边的流程线上，更名为“按钮控制”。

（2）将图标工具箱中的群组图标拖曳到“按钮控制”交互图标的右下方，使它成为交互图标的一个响应图标。这时，会自动弹出一个如图 1-2-5 所示的“交互类型”对话框。它给出了 11 种交互方式以供选择。对话框默认的是“按钮”交互方式，单击【确定】按钮，确定为按钮交互方式，同时关闭该对话框。

（3）再将一个群组图标放置在“按钮控制”交互图标的右下方，使它也成为该交互图标的响应图标。然后，将 2 个群组图标的名称分别改为“退出”和“浏览图像”。

（4）改变程序走向：按住【Ctrl】键，同时单击“退出”群组图标下边的程序走向流程线，使它的方向改变，如图 1-2-6 所示，它表示执行完“退出”群组图标后退出交互。

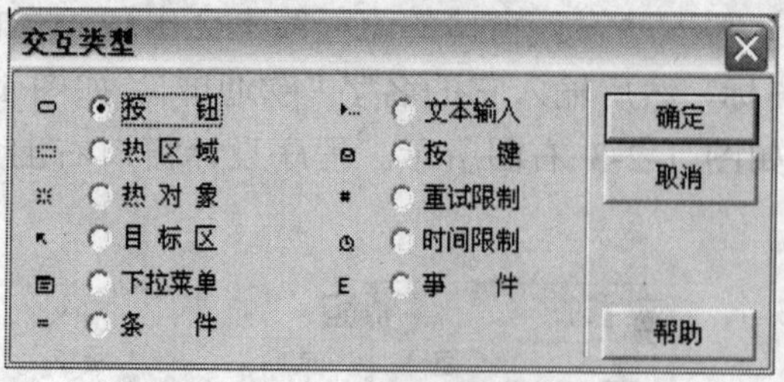

图 1-2-5 “交互类型”对话框

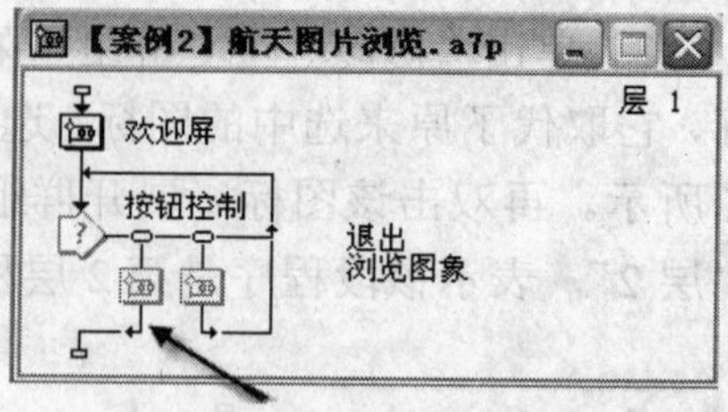

单击此处改变流程线走向

图 1-2-6 改变程序走向

4. 调整按钮的大小和位置

（1）运行程序，当 2 个按钮出现后，按【Ctrl+P】键，使程序暂停运行。

（2）用鼠标分别拖曳“退出”和“浏览图像”按钮到图像框架的下边，如图 1-2-1 所示。另外，在选中按钮后，也可以通过光标移动键来调整按钮的位置。

（3）单击【退出】按钮，选中它（它周围会出现 8 个小方形控制柄）。然后用鼠标拖曳控制柄，可以改变按钮的大小。用同样的方法也可调整【演示图像】按钮的大小。

（4）如果要同时改变多个按钮的大小和位置，可先将它们全部选中，再像调整一个按钮的大小和位置那样来同时调整多个按钮的大小和位置。将多个按钮都选中的方法是：按住【Shift】键，再分别单击各按钮。

（5）细致调整完按钮的位置和大小后，按【Ctrl+P】键，返回演示状态，程序继续运行。

5. “浏览图像”群组图标初步设计

（1）双击“浏览图像”群组图标，调出“层 2”程序设计窗口。

（2）在“层 2”程序设计窗口内创建一个名为“图像 1”的显示图标、一个名为“暂停 1”的等待图标，一个名为“擦除 1”的擦除图标。

（3）双击“图像框架”显示图标，显示出框架图像。然后单击演示窗口右上角的按钮，将演示窗口关闭。按住【Shift】键，同时双击“图像 1”的显示图标，调出它的演示窗口，可以看到演示窗口内保留了框架图像。

（4）单击“文件”→“导入和导出”→“导入媒体”菜单命令，调出“导入哪个文件？”对话框（与图 1-1-5 所示基本一样），利用该对话框选择要导入的图像，再单击【导入】按钮，即可将选中的图像导入到演示窗口中。然后，用鼠标调整该图像的大小与位置，使它与框架图像内框大小与位置一样。然后，设置该图标的特效显示方式。

（5）设置“暂停 1”暂停图标的等待时间为 2 秒，不显示【继续】按钮和计时小钟。“擦除 1”擦除图标不进行设置。

（6）将开始旗放到“图像 1”显示图标上边的流程线上。单击快捷工具箱中的【从标志旗开始执行】按钮，从开始旗处运行程序。运行到“擦除 1”擦除图标处时，因为擦除图标还没有进行设置，即可调出它的“属性”面板。设置“擦除 1”擦除图标擦除“图像 1”图标内的图像，并设置一种擦除效果。

6. “退出”群组图标设计

（1）双击“退出”群组图标，调出“层 2”程序设计窗口。

（2）在“层 2”程序设计窗口内创建一个名为“擦除全部”的擦除图标。将开始旗放到“退出”群组图标上边的流程线上。单击快捷工具箱中的【从标志旗开始执行】按钮，从开始旗处运行程序。运行到“擦除全部”擦除图标时调出它的“属性：擦除图标”面板，设置以逐渐缩小的方式擦除整个画面。

（3）在“擦除全部”擦除图标下边的流程线上创建一个名为“退出”的计算图标。双击该图标，调出“退出”窗口，在其内输入“Quit”命令，如图 1-2-7 所示。执行“Quit”命令可以自动关闭演示窗口，退出程序的运行。

图 1-2-7　“退出”窗口

（4）单击“退出”窗口右上角的按钮，调出一个 Authorware 提示框，单击该提示框内的【是】按钮，关闭该提示框，同时将“退出”窗口关闭。

单击快捷工具栏中的【保存】按钮，保存设计好的程序。至此，整个“欢迎屏”程序设计完毕。可以单击快捷工具栏内的【运行】按钮运行程序，观看整个程序的运行效果。

相关知识

1. 运行程序

（1）单击“调试”→“重新开始”菜单命令或按【Ctrl+R】键，可从开始处运行程序。

（2）单击“调试”→“播放”菜单命令或按【Ctrl+P】键，可从暂停处继续运行程序。

（3）单击快捷工具栏内的【运行】按钮，可从开始处运行程序；单击快捷工具栏内的【从标志旗开始执行】按钮，即可从开始旗处运行程序。

（4）单击快捷工具栏内的【控制面板】按钮，可以调出如图 1-2-8 所示的“控制面板”面板，利用该控制面板可以运行程序、暂停程序的运行、调试程序等。

2. 预览图标

右击流程线上的图标，弹出一个快捷菜单，如图 1-2-9 左图所示。然后，单击该菜单中的“预览”菜单命令，即可快速预览该图标中的内容，例如预览“图像 1”显示图标内的图像，如图 1-2-9 右图所示。

图 1-2-8　“控制面板”面板

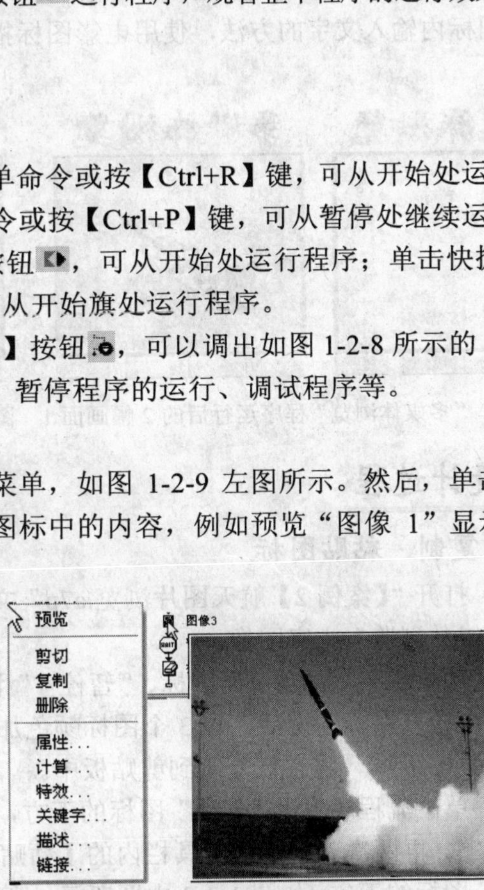

图 1-2-9　“预览”菜单命令和预览图像

可以预览的图标内容包括：预览显示图标内的对象；预览移动图标所作用的图标中的

内容；播放声音图标加载的声音；播放数字电影图标加载的数字电影；预览擦除图标所擦除的第 1 个图标的内容；预览交互图标演示窗口中的内容。

1.3 【案例 3】多媒体浏览

案例效果

“多媒体浏览”程序运行后，一开始的显示效果与运行“【案例 1】欢迎屏”程序的显示效果一样，然后显示的画面如图 1-3-1 左图所示。单击【浏览图像】按钮，即可在框架图像内依次显示 3 幅航天图像。每幅图像的显示方式不一样（有卷轴向下滚动、缩小圆方式展示等）。其中的一幅画面如图 1-3-1 右图所示。单击【退出】按钮，即可擦除整个画面，退出程序的运行。

单击“浏览文字”按钮，即可在框架图像内以开门方式显示一些文字，如图 1-3-2 左图所示。然后以关门方式擦除这些文字。接着又显示另外一些文字，再擦除这些文字。单击【浏览视频】按钮，即可在框架图像内显示一个视频电影，如图 1-3-2 右图所示。

通过本案例的学习，可以进一步了解 Authorware 7.0 的一些基本操作方法，初步掌握在显示图标内输入文字的方法，使用电影图标播放数字电影的方法，进一步掌握调试程序的方法。

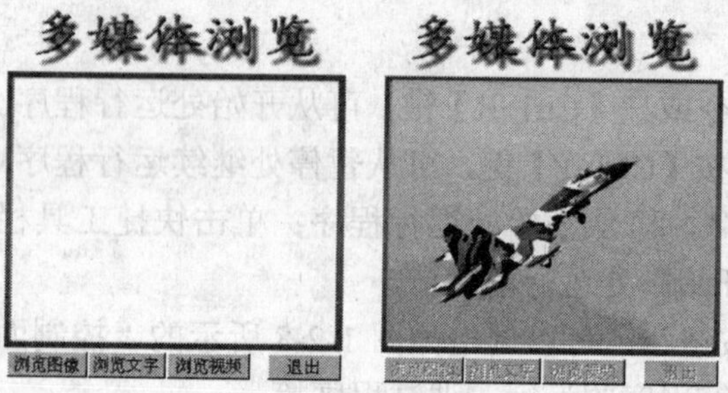

图 1-3-1 “多媒体浏览”程序运行后的 2 幅画面 1

图 1-3-2 “多媒体浏览”程序运行后的 2 幅画面 2

设计过程

1. 复制、粘贴图标

（1）打开“【案例 2】航天图片浏览.a7p”文件，将“标题”显示图标内的文字图像更换为“多媒体浏览”文字图像。

（2）用鼠标将“图像 1”图标、“暂停 1”图标和“擦除 1”图标都选中，如图 1-3-3 左图所示。松开鼠标左键后，这 3 个图标颜色加深，表示已被选中。再单击快捷工具栏内的【复制】按钮，将它们复制到剪贴板中。

（3）单击流程线上“擦除 1”图标的下方，使粘贴指针出现在“擦除 1”图标下方的流程线上。再两次单击快捷工具栏内的【粘贴】按钮，将剪贴板中的图标两次粘贴到“擦除 1”图标的下方，如图 1-3-3 中图所示。然后，将粘贴的图标名称分别改为“图像 2”、“暂停 2”和“擦除 2”，以及“图像 3”、“暂停 3”和“擦除 3”，如图 1-3-3 右图所示。

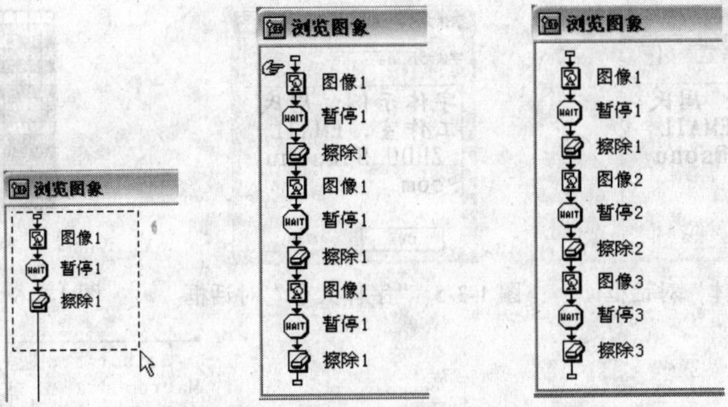

图 1-3-3　复制、粘贴图标

（4）将“图像 2”和“图像 3”显示图标内的图像更换，特效显示方式也更换。

（5）将开始旗放到“图像 1”显示图标上边的流程线上，运行程序。发现“擦除 2”图标自动修改为擦除“图像 2”显示图标内的对象，“擦除 3”图标自动修改为擦除“图像 3”显示图标内的图像。

（6）选中“擦除 2”擦除图标，调出它的“属性：擦除图标”面板，可以看到擦除的对象确实是“图像 2”显示图标，再设置另外一种擦除效果。选中“擦除 3”擦除图标，可以看到擦除的对象确实是“图像 3”显示图标，再设置另外一种擦除效果。

2.“浏览文字”群组图标设计

（1）将图标工具箱中的群组图标拖曳到“按钮控制”交互图标的右下方，使它成为交互图标的一个响应图标。再将该图标的名称改为“浏览文字”。双击“浏览文字”群组图标，调出“层 2”程序设计窗口。

（2）在“浏览文字”群组图标的“层 2”程序设计窗口内创建一个名为“文字 1”的显示图标、一个名为“暂停 1”的等待图标，一个名为“擦除 1”的擦除图标。

（3）单击“文本”→“字体”→“其他”菜单命令，调出一个“字体”对话框，在“字体”下拉列表框中选择“楷体”选项，如图 1-3-4 所示。然后，单击“字体”对话框中的【确定】按钮，完成字体的设置。

（4）单击“文本”→“大小”→“其他”菜单命令，调出“字体大小”对话框，如图 1-3-5 所示。在“字体大小”文本框中输入 18，再按【Enter】键。

（5）单击绘图工具箱中“色彩”栏内“文字与线条颜色”图标的色块，调出“颜色”工具盒，如图 1-3-6 所示，利用它设置文字的颜色为红色；单击绘图工具箱中“色彩”栏内“背景色”图标（下边的的色块），调出“颜色”工具盒，利用它设置文字的背景颜色为白色。

（6）单击绘图工具箱中的“文本”工具，将鼠标指针移到屏幕中间偏左的位置，再单击鼠标左键，这时屏幕显示出一条两边各有一个小方形句柄的水平横线，表示已进入到文字输入状态。将鼠标指针移到横线右边的句柄处，用鼠标向左拖曳句柄，将水平横线调短，如图 1-3-7 所示。在做好上述设置工作后，可以开始在水平横线下输入文字，如图 1-3-8 所示。

图 1-3-4 “字体”对话框

图 1-3-5 “字体大小”对话框

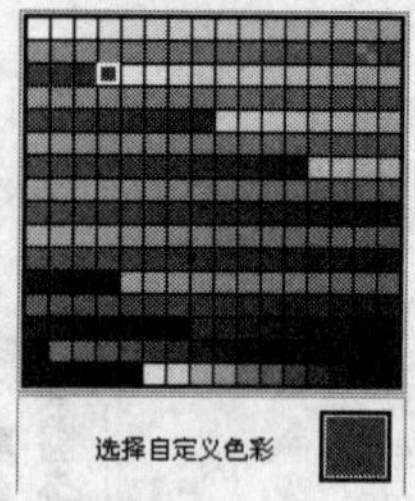

图 1-3-6 “颜色”工具盒

图 1-3-7 文字输入状态

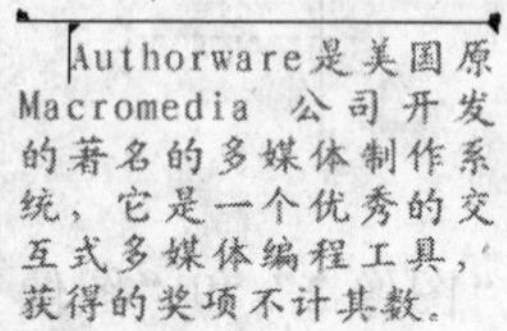

图 1-3-8 输入文字

（7）经上述调整后，单击绘图工具箱中的“选择/移动”工具，则横线与句柄消失，文字四周出现 8 个小方形句柄，形成文字块，同时表示文字块被选中。单击文字块外其他地方，可取消文字块的选中。单击绘图工具箱中的“选择/移动”工具后，再单击文字块，又可以选中文字块。以后可以像调整图像位置那样来调整文字块的位置，使它居于框架图像内的正中间。

要修改文字的颜色、字体和大小，可在选中文字块的情况下按照上述的方法重新进行设置。要修改文字的内容，可单击绘图工具箱中的“文字”工具A，再单击文字块中要修改处，则横线与句柄出现，表示处于文字输入与修改状态，可以输入文字或删除、修改文字。

（8）按照前面介绍的设置图像的特效显示效果所用的方法，设置“文字 1”显示图标内的文字的特效显示效果为开门方式展开显示。

（9）为了使文字的白色背景透明，单击绘图工具箱中的“选择/移动”工具，再选中演示窗口内的文字，单击绘图工具箱中“模式”栏内“模式”图标，调出“模式”工具盒，单击该工具盒中的“透明”图标，如图 1-1-11 所示，即可使文字的白色背景透明。单击演示窗口右上角的按钮，将演示窗口关闭。

（10）读者自行完成“暂停 1”等待图标和“擦除 1”擦除图标的设置。然后将“文字 1”显示图标、“暂停 1”等待图标和“擦除 1”擦除图标复制粘贴一份，将复制粘贴的 3 个图标分别更名为“文字 2”、“暂停 2”和“擦除 2”。然后，更换“文字 2”显示图标内的文字，重新设置“擦除 2”擦除图标的擦除对象。

3. “浏览视频”群组图标设计

（1）将图标工具箱中的群组图标拖曳到“按钮控制”交互图标的右下方，使它成为交互图标的一个响应图标。再将该图标的名称改为“浏览视频”。双击“浏览视频”群组图标，弹出“层 2”程序设计窗口。

（2）在“浏览视频”群组图标的“层 2”程序设计窗口内创建一个名为“数字电影”的数字电影图标。

（3）单击“数字电影”数字电影图标，调出该数字电影图标的“属性：电影图标”（电影）面板，如图 1-3-9 所示（还没有进行设置）。

（4）单击【导入】按钮，弹出“导入哪个文件？”对话框，如图 1-3-10 所示。利用该对话框选择“BOOK.AVI”文件，单击【导入】按钮，即可将选中的.AVI 文件导入到数字电影图标中。此时的“属性：电影图标”（电影）面板如图 1-3-9 所示。

图 1-3-9　“属性：电影图标”（电影）面板

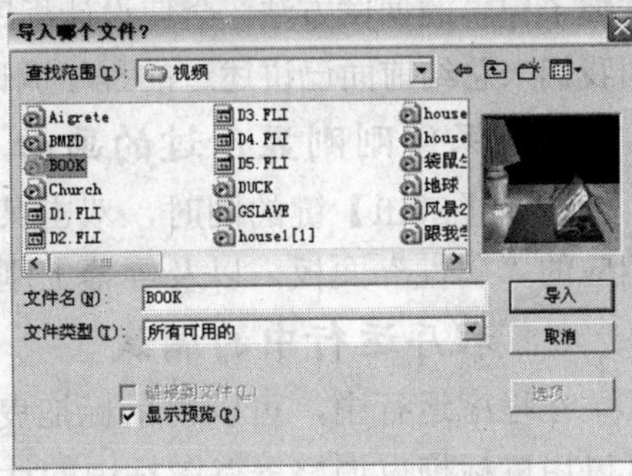

图 1-3-10　“导入哪个文件？”对话框

（5）单击“属性：电影图标”（电影）面板的“计时”标签，切换到“属性：电影图标”（计时）面板，如图 1-3-11 所示。按照图 1-3-11 所示进行设置。在“执行方式”下拉列表框中选择“等待直到完成”选项，在“播放”下拉列表框中选择“播放次数”选项，在它的文本框内输入 1，表示播放一次。在“速率”文本框中可以输入视频的播放速度，如果不输入任何数据，则按照视频的原速度进行播放。

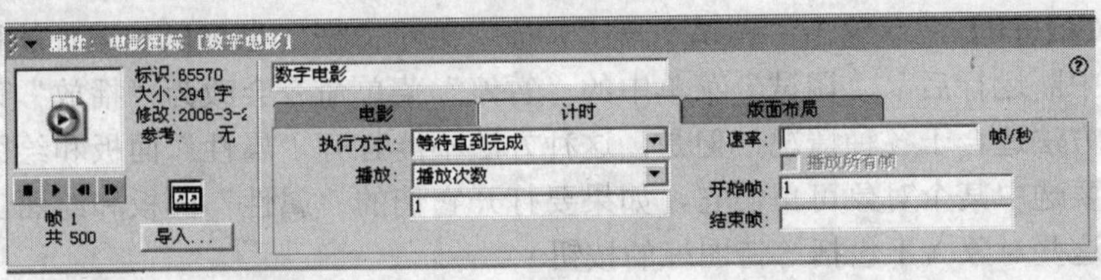

图 1-3-11　“属性：电影图标”（计时）面板

（6）运行程序，当“数字电影”图标内的数字电影播放后，按【Ctrl+P】键，中止程序运行，再用鼠标拖曳调整画面的位置和大小，使它刚好位于框架图像内框中。

（7）在“数字电影”图标的下边放置一个“擦除数字电影”擦除图标，用来擦除数字电影。至此，整个“【案例 3】多媒体浏览”程序设计完毕，该程序如图 1-3-12 所示。

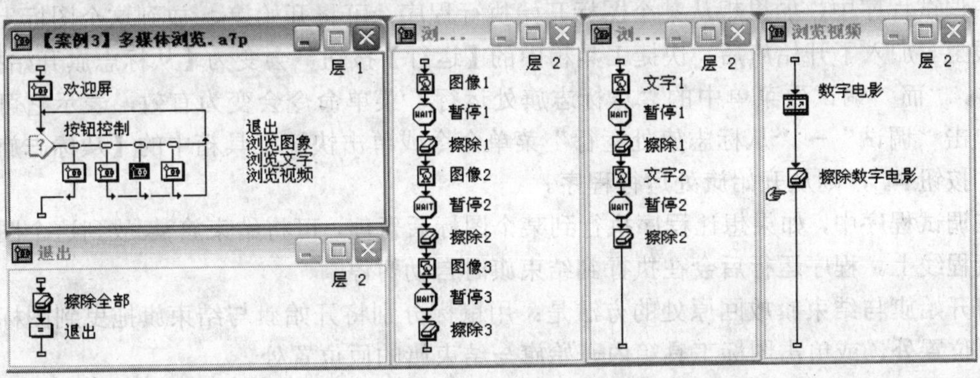

图 1-3-12　“【案例 3】多媒体浏览”程序

相关知识

通过上面实例制作的学习，一定会感到程序的调试在多媒体程序设计当中是非常重要的。掌握了程序的调试方法，会使设计程序时条理清楚、事半功倍，大大加快设计程序的速度。下面我们来总结前面已讲述过的程序调试方法，并进一步介绍一些新的程序调试方法。

1. 保留刚刚显示过的画面

按住【Shift】键的同时，双击某个图标（显示图标或变更图标等），可调出演示窗口、相应的"属性"面板，以及屏幕上刚刚显示过的对象。

2. 程序运行中的调试

在程序运行中，可以用鼠标拖曳调整显示图标中的图像、图形和文字等对象的位置，可以用鼠标拖曳调整等待图标中的计时小钟的位置。

3. 中断运行的程序后进行调试

这种方法在前面曾多次应用过。中断运行的程序有如下两种方法。

- 双击演示画面中的对象，可以使运行的程序中断，并调出相应的绘图工具箱和"属性"面板。但是，不包括一些能对鼠标双击产生响应的对象。例如：等待图标的【继续】按钮等。对于等待图标的小钟，在等待图标对话框中的"单击鼠标"复选框被选中时（表示通过单击鼠标左键可以使暂停终止），也无法采用这种方法。
- 按【Ctrl+P】键或单击"调试"→"暂停"菜单命令，也可以使运行的程序中断。程序中断运行后，"调试"菜单中的"暂停"菜单命令会改为"播放"菜单命令。这种方法适合于各种情况，但是，这种方法不能打开"属性"面板和绘图工具箱，如果要选中某个对象可单击它，如果要打开它们的"属性"面板和绘图工具箱，需双击这些对象（不包括等待图标的按钮）。

在中断运行的程序后，可单击选中对象，再进行对象的移动调整。也可以双击显示图标或交互图标中的对象，调出相应的"属性"面板和绘图工具箱，再进行编辑、修改。编辑修改完后，再按【Ctrl+P】键或单击"调试"→"播放"菜单命令，又可继续执行程序。调整好后，单击绘图工具箱中的【关闭】按钮，退出设计状态，继续运行该程序。

4. 利用开始旗和结束旗调试程序

在调试程序中，如果想从某个图标开始执行程序，可将开始旗放到这个图标上边的流程线上。加入了开始旗后，快捷工具箱中的【运行】按钮会变为【从标志旗开始执行】按钮。而"调试"菜单中的"从标志旗处运行"菜单命令会变为有效，表示它可以使用。单击"调试"→"从标志旗处运行"菜单命令或单击快捷工具箱中的【从标志旗开始执行】按钮，则从开始旗处运行程序。

在调试程序中，如果想让程序执行到某个图标后暂停，可将结束旗放到这个图标下边的流程线上。程序运行后会在执行到结束旗时自动暂停。

将开始旗与结束旗放回原处的方法是：用鼠标分别将开始旗与结束旗拖曳到图标工具箱内原位置处，或单击图标工具箱内开始旗与结束旗的原位置处。

例如：调试"多媒体浏览"程序中"图像3"、"暂停3"和"擦除3"图标这段程序时，具体操作步骤如下。

（1）将图标工具箱内的开始旗拖曳至“图像 2”图标的上面，将结束旗拖曳至“擦除 2”图标的下面，使程序从“图像 2”图标开始执行，执行完“擦除 2”图标后暂停。

（2）单击快捷工具箱中的【从标志旗开始执行】按钮，从开始旗处运行程序。然后，可以进行图像位置和大小的调整，以及进行其他调整。

（3）编辑修改完后，按【Ctrl＋P】键可继续运行该程序。

5. 演示窗口和程序设计窗口之间的切换

在程序运行时，按【Ctrl+J】键或【Ctrl+1】键，或者单击“窗口”→“演示窗口”菜单命令，可以在演示窗口和程序设计窗口之间切换。如果能看到程序设计窗口，也可以单击程序设计窗口直接切换过去，而将演示窗口放在后面。

在程序运行后暂停时，回到程序设计窗口，再单击“编辑”→“选择图标”菜单命令或按【Ctrl＋B】键，可以在程序设计窗口中选中正在执行的图标。

1.4 【案例 4】发布“航天图片浏览”程序和输出媒体

案例效果

在本节中要完成两项任务。一是发布“【案例 2】航天图片浏览”程序，二是将该程序“浏览图像”群组图标中的“图像 1”图标内的图像输出为独立的图像文件，如图 1-4-1 左图所示。

程序的发布，就是生成可执行程序文件（扩展名为.exe）和可以使用 RUNA7W32.exe 程序（Authorware 7.0 执行.a7r 文件的播放器程序）播放的程序文件（扩展名为.a7r），如图 1-4-1 右图所示。这些文件在发布后会自动生成，都放置在“【案例 2】航天图片浏览.a7p”程序文件所在“程序”文件夹下的“Published Files\Local”目录下。如果还输出网页文件，则这些文件会自动存放在当前程序所在文件夹下的“Published Files\Web”目录下。

通过本案例的学习，可以了解程序的发布方法，了解导出程序中媒体文件的方法，以及相关知识。

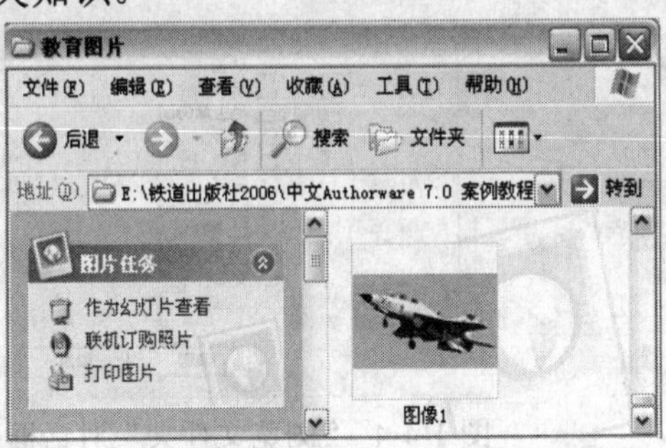

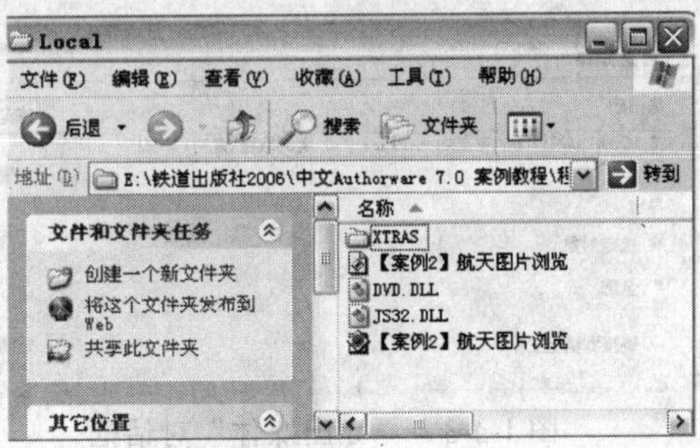

图 1-4-1　输出的图像和一键发布后输出的文件

设计过程

1. 发布“多媒体演示”程序

（1）在 Authorware 7.0 中打开“程序”文件夹下的“【案例 2】航天图片浏览.a7p”文件。

（2）单击“文件”→“发布”→“发布设置”菜单命令，调出“一键发布”对话框，如图1-4-2所示。如果不发布为Web文件，则不选中“Web播放器”和“Web页”复选框。此处只选中其他复选框。

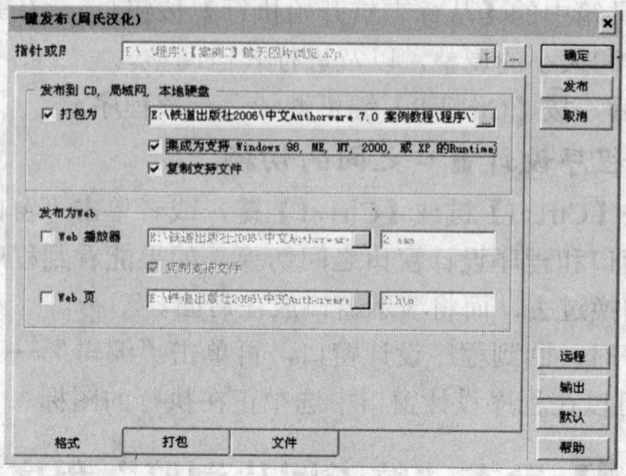

图1-4-2 “一键发布”对话框

（3）单击“发布”按钮，即可以由Authorware原.a7p文件生成.a7r文件、.exe文件，完成打包发布任务。采用默认值，则保存在当前目录（程序所在的目录）下的\Published Files\Local\文件夹中，名称为原文件名，如图1-4-1右图所示。

2. 导出程序中的媒体文件

（1）打开“程序”文件夹下的“【案例2】航天图片浏览.a7p”文件。选中“图1”显示图标。

（2）单击“文件”→“导出”→“导出媒体”菜单命令，调出“导出媒体”对话框，如图1-4-3所示。单击该对话框中的“导出到”文本框右边的按钮 ...，弹出“浏览文件夹”对话框，如图1-4-4所示。利用该对话框可以选择保存文件的文件夹。

图1-4-3 “导出媒体”对话框

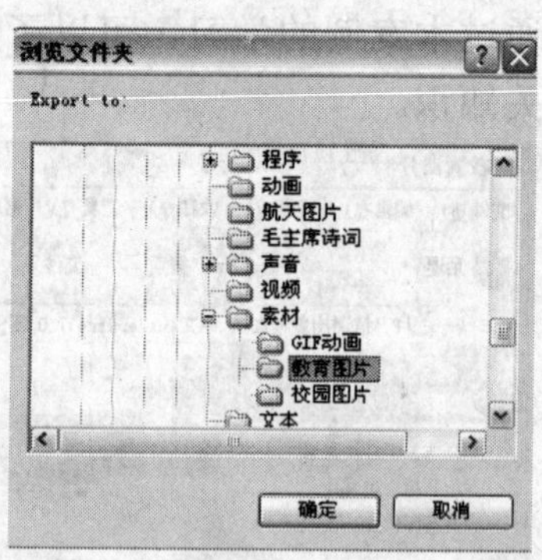

图1-4-4 “浏览文件夹”对话框

（3）在“导出媒体”对话框中，如果选中“选定对象”单选按钮，则只将选中的图标内的多媒体素材和程序进行保存；如果选中“全部”单选按钮，则将整个程序内的多媒体素材和程序进行保存。如果选中“链接到输出文件”复选框，则将选中的内嵌多媒体素材从当前的Authorware程序中导出，并以链接的方式与程序文件链接。此处选择“选定对象”单选按钮。

（4）单击“导出媒体”对话框中的【确定】按钮，即可将选中图标内的素材输出。

相关知识

1. 什么是文件的打包

在发布程序时，出于保密和为了使运行程序方便，不直接把.a7p 文件给客户，而将程序和有关文件打包。打包后生成的.exe 文件可直接在 windows 环境下执行，生成的.a7r 文件需通过执行 Authorware 7.0 中的 Runtime 32-bit（程序名为 RUNA7W32.exe）来运行程序。.a7r 文件比.exe 文件要小，但是运行程序时需要有 RUNA7W32.exe 程序文件。

将 Authorware 7.0 的文件打包可以分为 3 个步骤：一是为文件打包组织文件，如图标入库、文件分类、确定所需的外部驱动等；二是对 Authorware 文件的属性进行设置，特别是设置搜索外部文件的默认路径；三是单击“文件”→“发布”→“打包”菜单命令，然后对 Authorware 文件和库文件进行打包。

在打包发布多媒体程序时，为了使程序文件结构条理清楚，应该对图标进行处理，删除不要的图标，合并相同的图标，然后按照内容和出现的时间等将它们分别进行入库处理。一般在应用程序所在的目录下新建一些文件夹，来分门别类地存放外部文件。例如：在应用程序所在的目录下新建“电影”文件夹来存放所需的数字电影文件，新建“图像”文件夹来存放图像文件，新建“声音”文件夹来存放声音文件，新建“程序”文件夹来存放主程序调用的子程序文件等。用户进行多媒体软件开发，应养成上面的习惯。如果不能有条理地将这些文件进行安排，将不利于管理和使用这些外部文件。

2. 查找程序使用的 Xtras 文件

Xtras 文件是特效显示文件，它需要放在“Xtras”文件夹内。单击“命令”→“查找 Xtras”菜单命令，可以调出“Find Xtras”对话框。单击该对话框中的【查找】按钮，即可在列表框中显示出当前程序中使用的 Xtras 文件名称、类型和相应说明，如图 1-4-5 所示。单击【复制】按钮，即可调出“浏览文件夹”对话框，利用该对话框选择复制文件所在的目录，再单击该对话框中的【确定】按钮，即可将当前程序中使用的所有 Xtras 文件复制到选中目录下新建的 Xtras 文件夹中。最后，单击“Find Xtras”对话框中的⊠按钮，关闭该对话框。

3. 打包操作

单击“文件”→“发布”→“打包”菜单命令，弹出“打包文件”对话框，如图 1-4-6 所示。该对话框中各选项的含义如下。

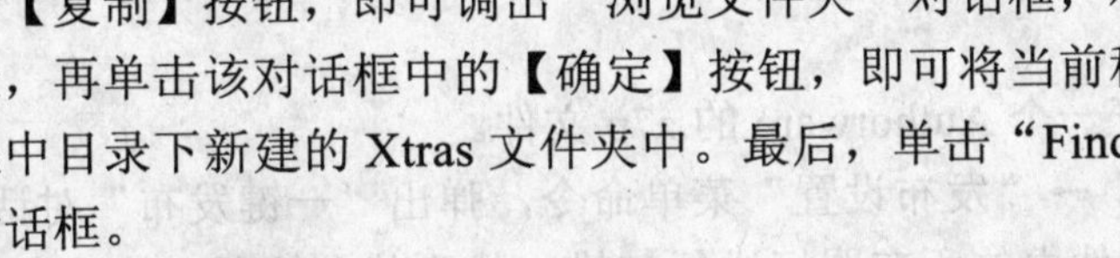

图 1-4-5　“Find Xtras”对话框

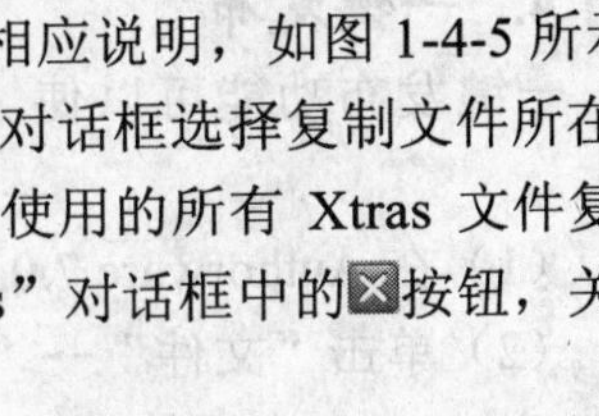

图 1-4-6　“打包文件”对话框

（1）“打包文件”下拉列表框：它有 2 个选项，作用如下。

- “无需 Runtime”（不含执行程序）选项：RUNA7W32.exe（Authorware 7.0 执行.a7r 文件的程序）不与程序文件一起打包，生成 .a7r 文件。.a7r 文件比 .exe 文件要小。但是运行程序时需要有先执行 RUNA7W32.exe 时间库程序文件。
- “应用平台 Windows XP，NT 和 98 不同”选项：RUNA6W32.exe 执行程序将与程序文件一起打包，生成.exe 文件，可以在 Windows XP、Windows NT 和 Windows 98 等环境下运行。

（2）“打包文件”下拉列表框下边有 4 个复选框，它们的作用如下。

- “运行时重组无效的连接”：断链是指图标标识符发生了变化时产生的。通常在对库文件中的图标进行剪切、复制和粘贴或对图像进行编辑时会产生断链。只要图标类型和链接对象不变，则选该复选框后，还能在运行程序时自动重新链接这些图标，恢复断链（只是程序启动时会延迟几秒）。
- “打包时包含全部内部库”：将链接的全部库文件一起打包。
- “打包时包含外部之媒体”：将外部控件的媒体一起打包。
- “打包时使用默认文件名”：选中该复选框后，会用程序文件的主文件名作为打包文件的主文件名，生成.a7r 或.exe 文件。如果不选此项，则打包时需由用户输入文件名。

（3）“保存文件并打包”按钮：选定上述选项后，单击该按钮，会打开一个保存文件的对话框，输入名称后即可将原文件打包，生成.a7r 或.exe 文件。Authorware 7.0 会自动给生成的文件分配图标，并存放在与原文件相同的文件夹中。

如果在打包时没有将所需的文件放在源程序所在文件夹内或者系统可以找到的地方，则单击“保存文件并打包”按钮后会显示一个出错提示框，提示一些文件没有找到。用户可以查找该文件，并将它复制到源程序所在文件夹内，然后重新进行打包操作。

4. 一键发布

一键发布功能可以使 Authorware 的打包发布（尤其是网上发布）更方便，功能更强大。

（1）在 Authorware 7.0 中打开一个 Authorware 的.a7p 文件。

（2）单击“文件”→“发布”→“发布设置”菜单命令，弹出“一键发布”对话框。Authorware 7.0 会对打开的.a7p 文件内的所有图标进行扫描，找到其中的所有外部支持文件，例如：.Xtras、.dll、.ucd、.avi、.swf 等文件。如果不发布为 Web 文件，则不选中“Web 播放器”和“Web 页”复选框（选中其他复选框），此时的“一键发布”对话框如图 1-4-2 所示。进行发布操作后，只发布扩展名为.exe 和.a7r 的文件。

（3）如果选中“发布为 Web”栏中的两个复选框，可生成网络版本软件。利用“Web 播放器”和“Web 页”复选框右边的文本框，可以设置“打包为”文本框中所示位置的下一级 Web 目录。此时的“一键发布”对话框会自动增加“使用 Web 播放器”和“Web 页”两个标签，用来进行相关的设置。

（4）确定打包文件的保存位置和文件名：可以在“打包为”复选框的右边的文本框内直接输入带路径的文件名，也可以单击其右边的 ... 按钮，找到该文件位置。

（5）单击“打包”标签，打开“一键发布”对话框“打包”选项卡，如图 1-4-7 所示。利用它可以选择是否打包所有的库文件，将链接文件嵌入、打包外部媒体文件等。

（6）单击“文件”标签，可切换到“发布设置”（文件）对话框。它列出了发布所需要的文件，包括.a6p、.x32、.dll 和.ucd 等文件。文件发布时，只有将这些文件同时发布，才可以保证不出现意外。用户可以单击【加入文件】按钮来手动添加这些文件。

（7）设置好“一键发布”对话框内的各个选项后，单击【发布】按钮，即可以把 Authorware 原.a7p 文件转化为生成.a7r 文件、.exe 文件。完成打包发布任务后，生成的文件保存在指定的文件夹中。

如果采用默认值，则保存在当前目录（程序所在的目录）下的\Published Files\Local\文件夹中，名称为原文件名，参见图 1-4-2。

（8）打包发布成功后，会弹出一个对话框。单击【预览】按钮，可以预览发布的效果。单击【确定】按钮可完成打包发布任务。

（9）第二次发布文件时，只需单击“文件”→“发布”→“一键发布”菜单命令，即可完成文件发布任务。当有多个文件要发布时，单击“文件”→“发布”→“批量发布”菜单命令，弹出“批量发布”对话框，如图 1-4-8 所示。利用该对话框，可以打包多个.a7p 文件。

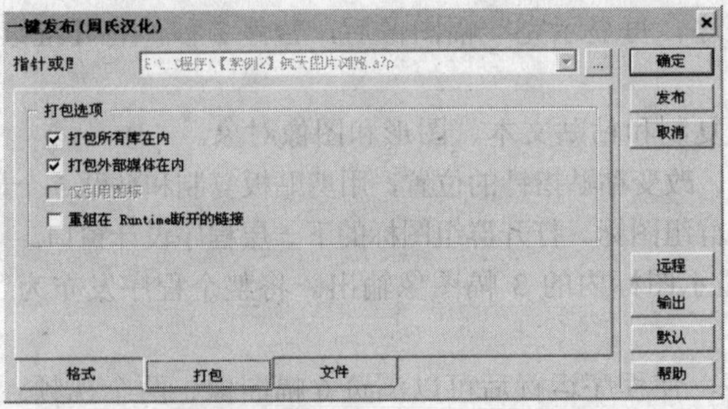

图 1-4-7　“一键发布”（打包）对话框

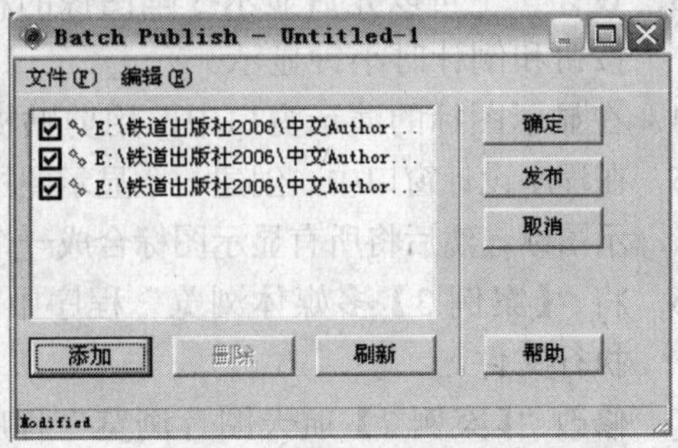

图 1-4-8　“批量发布”对话框

思考与练习

一、填空题

1. 启动中文 Authorware 7.0 的方法有________、________和________3 种。
2. 关闭“新建”对话框，建立一个空文件的方法有________、________和________等几种。
3. 获取 Authorware 7.0 的快捷工具箱中工具名称的方法是________。
4. 调整程序设计窗口位置的方法是________。
5. 等待图标的作用是________，脱离等待有________、________和________3 种方法。计时小钟用来________。
6. 在调试程序时，按住________键的同时，双击某个显示图标或交互图标，可调出该图标的演示窗口、“属性”面板，以及________。
7. 按________键可使程序暂停，按________键可使暂停的程序继续运行。
8. 将开始旗与结束旗放回原处的方法有________和________。

二、问答题

1．如何调出图标的“属性”面板？如何调出“知识对象”面板？

2．在什么情况下可以给程序设计窗口加滚动条？如何给程序设计窗口加滚动条？

3．如何调整程序设计窗口的大小？

4．如何调整导入的图像大小和位置？如何调整导入的视频大小和位置？

5．如何调整按钮交互中按钮的大小和位置？

6．如何调整等待图标的【等待】按钮的大小和位置？

7．如何调整等待图标的倒计时小钟的位置？

8．如何将设计好的程序发布为可执行文件？

三、上机操作题

1．新建一个程序文件，保存该程序文件，关闭该程序文件，再打开该程序文件。

2．在程序设计窗口的流程线上创建一个显示图标，将该图标的名称改为“图像 1”，然后再在该图标的下边创建 9 个显示图标。移动“图像 1”显示图标的位置，使它处于第 5 个。

3．设计一个可以先后显示 5 幅图像的程序，每显示完一幅图像后，暂停 2 秒，有【继续】按钮和倒计时小钟显示。

4．在显示图标的演示窗口中，用剪贴板复制和粘贴文本、图形和图像对象。

5．在程序设计窗口中，创建一个显示图标。改变粘贴指针的位置，用剪贴板复制和粘贴 5 个显示图标。然后将所有显示图标合成一个群组图标。打开群组图标的下一层程序设计窗口。

6．将“【案例 3】多媒体浏览”程序中显示图标内的 3 幅图像输出。将整个程序发布为可执行文件。

7．修改“【案例 2】航天图片浏览”程序，使程序运行后可以浏览 6 幅图像、两个视频。

8．设计一个“播放多媒体”程序。该程序运行后，首先在屏幕上边，从中间向两边扩展显示该程序的标题“播放多媒体”立体文字，其中的两个画面如图 1-5-1 所示。

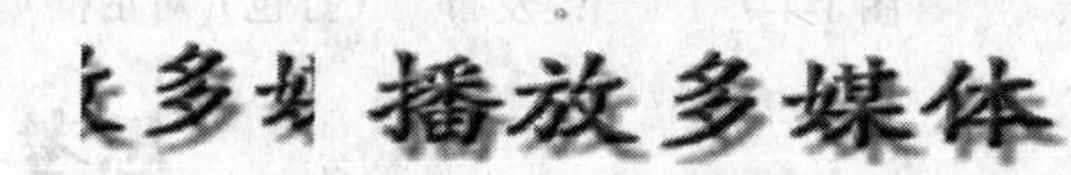

图 1-5-1 “播放多媒体”程序标题显示的两个画面

接着，在屏幕中间由中间向四周推出一个图像框，图像框的边框是红色的，框内是绿色黄底的棋盘格图案。要展示的多媒体内容在这个图像框内显示。接着文字说明将从图像框上边慢慢向下边推出，最后在图像框中全部展现出来。接着，屏幕会显示一个【继续】按钮和一个计时小钟，如图 1-5-2 所示。单击【继续】按钮或等待 5 秒，文字将以开门方式擦除，擦除过程中的一个画面如图 1-5-3 所示。

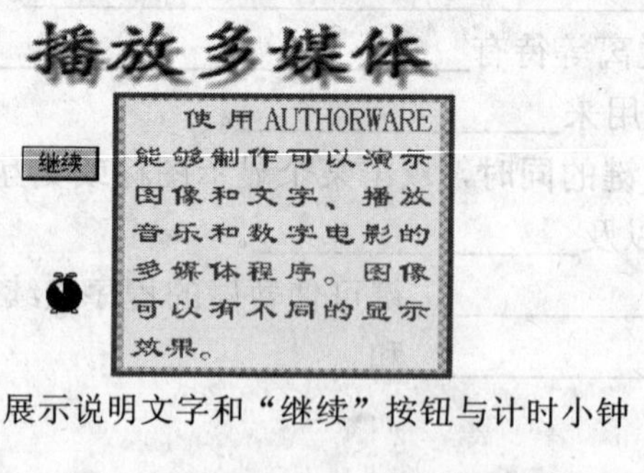

图 1-5-2 展示说明文字和“继续”按钮与计时小钟

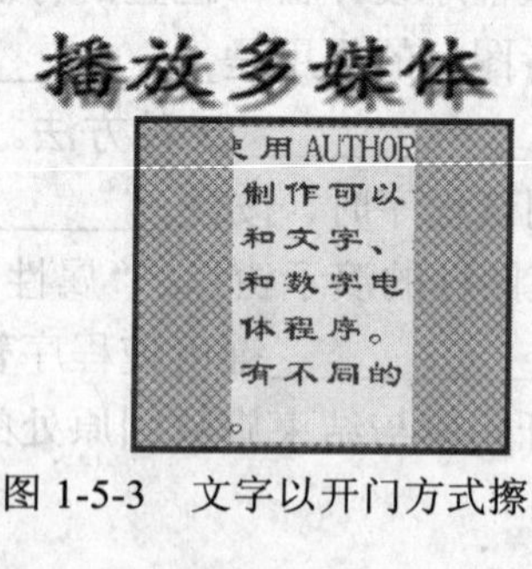

图 1-5-3 文字以开门方式擦除

说明文字被清除后，程序的字幕演示阶段结束，进入到多媒体演示阶段，画面中添加了【演示图像】、【播放电影】、【播放音乐】和【退出】4 个按钮，如图 1-5-4 所示。单击【演示图像】按钮后，即可在图像框内依次显示 3 幅图像。每幅图像的显示效果都不一样，其中的一幅画面如图 1-5-5 左图所示。单击【播放音乐】按钮后，会播放一首乐曲；单击【播放电影】按钮后，在图像框中会显示一个数字电影，其中的一幅画面如图 1-5-5 右图所示。

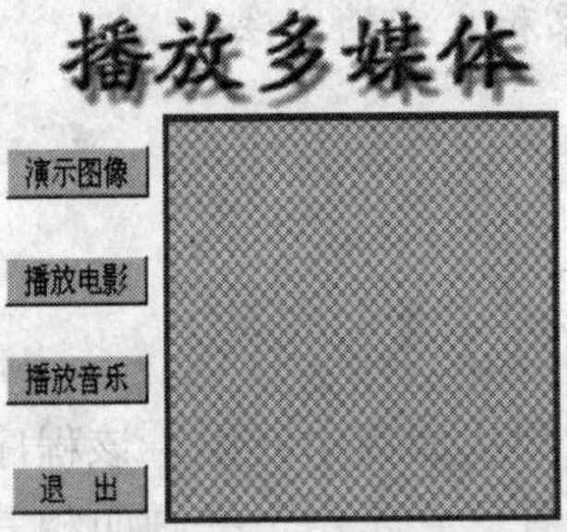

图 1-5-4　程序进入演示阶段后的画面

图 1-5-5　程序运行后的的 2 幅画面

单击【退出】按钮，即可擦除整个画面，退出程序的运行。

9. 修改“【案例 3】多媒体浏览”程序，使程序运行后显示的画面如图 1-5-6 所示。单击【浏览图像 1】按钮，可浏览 3 幅风景图像；单击【浏览图像 2】按钮，可浏览 3 幅建筑图像；单击【浏览图像 3】按钮，可浏览 3 幅人物图像。

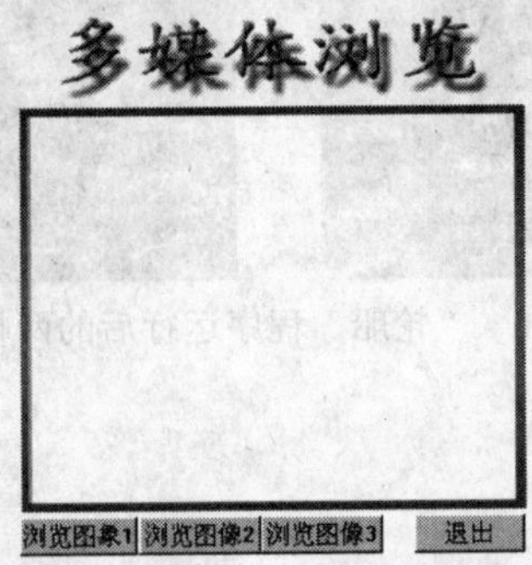

图 1-5-6　程序运行后的一幅画面

10. 修改“【案例 2】航天图片浏览”程序，使该程序运行后可以连续播放 6 幅图像，单击【退出】按钮后，在图像框中显示“航天图片浏览完毕！”文字，然后稍停一会再退出程序的运行。

第 2 章　显示和计算图标及编程的基本语法

通过学习 6 个案例，掌握显示图标的使用方法，在显示图标的演示窗口内绘制图形、输入文字、导入图像、导入文本的方法，以及编辑显示图标演示窗口内各种对象的方法，还有用 OLE 功能在显示图标演示窗口内粘贴剪贴板中的图像和文字的方法。

2.1 【案例 5】轮船

案例效果

"轮船"程序运行后，屏幕显示一幅轮船图形，缕缕浓烟从烟筒中冒出。该程序运行后的两幅画面如图 2-1-1 所示。从"轮船"程序运行效果来看，它是由一些画面相差不大的图形（只是表示浓烟的小圆个数不同而已）组合而成的。为了消除快速变化的跳跃感，在每演示一幅图形画面后，需要使用等待图标延迟一定的时间。通过本案例的学习，可以掌握在显示图标的演示窗口内绘制图形的方法。

图 2-1-1　"轮船"程序运行后的两幅画面

设计过程

1. 绘制背景

（1）新建一个文件，单击"修改"→"文件"→"属性"菜单命令，调出"属性：文件"面板。单击该面板中的"背景颜色"图标，调出"颜色"工具盒，利用它设置背景色为浅棕色；并选中该面板内的"屏幕居中"复选框。

（2）在程序设计窗口流程线上创建一个名为"水平面"的显示图标，双击该图标，调出它的演示窗口。为了使图像的位置和大小准确，可单击"查看"→"网格"菜单命令，这时显示图标的演示窗口内会出现均匀的网格，用来作定位参考。

（3）单击绘图工具箱中"色彩"栏的"填充的前景色"图标（见图 2-1-2 左图），调出"颜色"工具盒，利用它设置填充的前景色为蓝色。单击绘图工具箱中的"多边形"工具，单击地面的一个顶点，再单击下一个顶点，直到起点处再双击，拖曳鼠标绘制一个蓝色的多边形，表示海洋的水平面图形，如图 2-1-2 中图所示。

（4）单击绘图工具箱内的"线条"工具，在海洋的水平面图形内绘制一些白色的线条，用来表示水的波纹，如图 2-1-2 右图所示。

图 2-1-2 “填充的前景色”图标和水平面图形

（5）在程序设计窗口内“水平面”显示图标下边的流程线上创建一个名为“云彩”的显示图标，双击该图标，调出它的演示窗口。设置填充的前景色为浅灰色，单击“圆角矩形”工具，绘制 4 个图形，调整圆角矩形的位置，布局成云的形状，全部选中这 4 个图形，单击“修改”→“群组”菜单命令，将其组合为一个整体，如图 2-1-3 左图所示。

（6）复制一个云图形到剪贴板中，再粘贴在画面上，表示天空飘着云彩。调整云图形的位置，此时整个背景界面如图 2-1-3 右图所示。

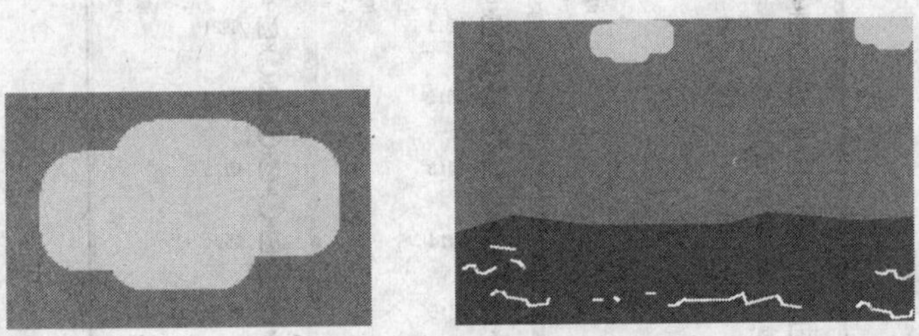

图 2-1-3　云彩图形和轮船的背景画面

2. 绘制轮船

（1）设置填充的前景色为深蓝色，单击绘图工具箱中的“多边形”工具，在其演示窗口内绘制一个梯形，作为轮船的船身。设置填充的前景色为黄色，单击绘图工具箱中的“矩形”工具，绘制出窗户图形。设置填充的前景色为深灰色，单击绘图工具箱中的“椭圆形”工具，绘制出船锚的图形。单击绘图工具箱中的“线条”工具，绘制一些直线作为装饰，如图 2-1-4 左图所示。注意，设置线条颜色时，单击绘图工具箱中“色彩”栏内的“文字与线颜色”图标（见图 2-1-2 左图），调出“颜色”工具盒，利用它设置线的颜色。

图 2-1-4　轮船图标内的图形和浓烟图形

（2）然后，再采用类似的方法绘制轮船的门、窗户、烟筒等，如图 2-1-4 左图所示。绘制直线使用“直线”工具。

（3）单击绘图工具箱中的“选择/移动”工具，按住【Shift】键，依次选中所绘制的各个图形，再单击“修改”→“群组”菜单命令，将选中的图形组合为一个整体。轮船图形绘制完毕。

3. 制作浓烟和动画

（1）在“轮船”显示图标的下面创建一个名为“烟 11”的显示图标，在图标内部绘制灰色的椭圆形的浓烟，如图 2-1-4 右图所示。

（2）再创建一个等待图标，双击该图标，调出“属性：等待图标”面板，设置等待时间为 0.2 秒，取消所有复选框的选中。

（3）按住【Shift】键，选中“烟 11”显示图标和等待图标，单击快捷工具栏的【复制】按钮，将它们复制到剪贴板中。单击等待图标下边的流程线，使此处出现粘贴指针，再 4 次单击快捷工具栏的【粘贴】按钮，在此处粘贴 4 组“烟 11”显示图标和等待图标。然后更改这些图标的名称，如图 2-1-5 所示。

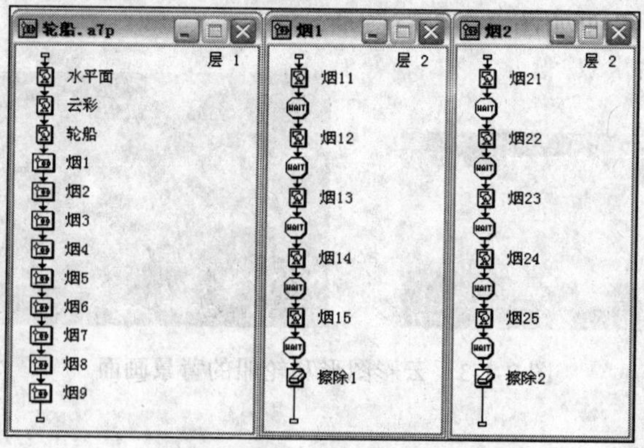

图 2-1-5 “轮船”程序

（4）双击“烟 11”显示图标，调出它的演示窗口，保留最小的第 1 个表示浓烟的灰色小圆图形，删除其他的图形。再双击“烟 12”显示图标，调出它的演示窗口，保留第 2 个灰色小圆图形。双击“图 13”显示图标，调出它的演示窗口，保留第 3 个灰色小圆图形。双击“图 14”显示图标，保留第 4 个灰色小圆图形。最后双击“图 15”显示图标，保留所有的灰色小圆图形。

（5）在“烟 15”图标下边的等待图标后面，创建一个名为“擦除 1”的擦除图标，用来擦除整个画面中的灰色浓烟图形。

（6）用鼠标在程序设计窗口拖曳，将所用图标选中，单击“修改”→“群组”菜单命令，则程序设计窗口流程线上会出现一个群组图标，取代了原来选中的图标。将该群组图标更名为“烟 1”。

（7）选中“烟 1”群组图标，单击快捷工具栏的【复制】按钮，将它复制到剪贴板中。单击“动画”显示图标下边的流程线，使此处出现“指示手指”图标，再 8 次单击快捷工具栏的【粘贴】按钮，在此处粘贴 8 个“烟 1”图标。然后更改这些图标的名称，如图 2-1-5 所示。

（8）将“烟 9”群组图标中的“擦除 9”图标删除，使最后程序结束时，演示窗口中保留轮船的完整图形。

至此，整个“轮船”程序设计完毕。“轮船”程序如图 2-1-5 所示。

相关知识

1. 绘图工具箱

拖曳一个显示图标到主流线上，双击该显示图标，调出它的演示窗口和绘图工具箱。绘图工具箱中各种工具的名称如图 2-1-6 所示。将鼠标指针移到各种工具图标上时，会显示出它的名称。绘图工具箱中“选择/移动”工具是用来选择和移动显示图标的演示窗口中的各种对象，其他各种工具是用来在显示图标演示窗口中绘制图形和输入文字的。

2. 工具盒

（1）“线”工具盒：单击绘图工具箱内的“线型”栏图标、单击“窗口”→“显示工具盒”→“线”菜单命令或按【Ctrl+L】键，可调出“线”工具盒，如图 2-1-7 左图所示。单击“线”工具盒内下面一栏中的图案，可以选择线条的类型，单击“线”工具盒内上边一栏中的图案，可以选择线条的粗细。选中的线条样式会显示在绘图工具箱中“线型”栏内，如图 2-1-6 所示。

（2）“填充”工具盒：单击绘图工具箱中“填充”栏内的图标、单击“窗口”→“显示工具盒”→“填充”菜单命令或按【Ctrl+D】键，可调出“填充”工具盒，如图 2-1-7 右图所示。单击“填充”工具盒内的图标，可以选择在图形（不包括直线）内填充的图案。如果单击“无”图标，则不给图形内填充图案和任何颜色。

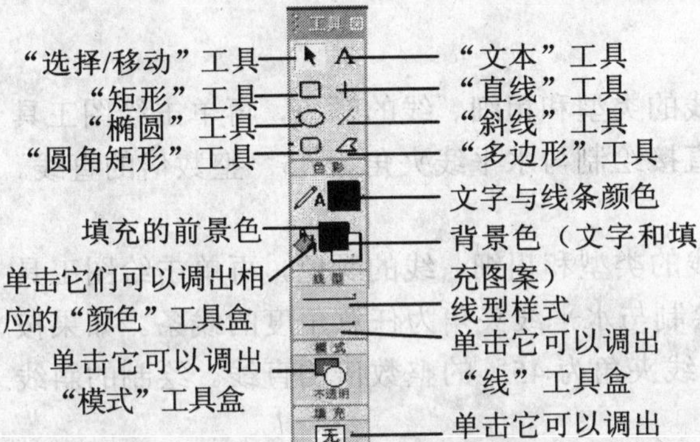

图 2-1-6 绘图工具箱

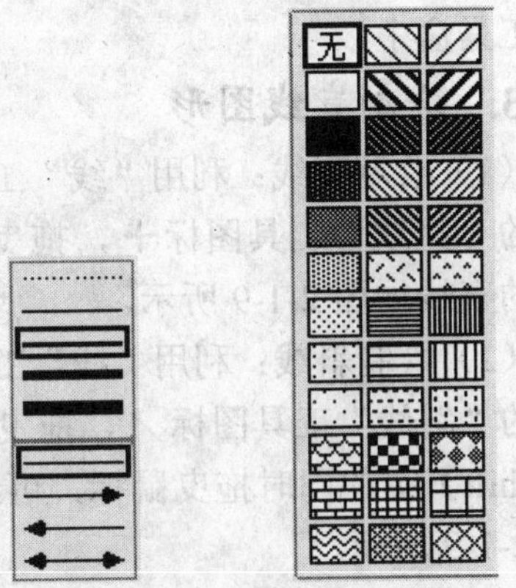

图 2-1-7 “线”和“填充”工具盒

（3）“颜色”工具盒：单击绘图工具箱中“色彩”栏内的图标，单击“窗口”→“显示工具盒”→“颜色”菜单命令或按【Ctrl+K】键，可调出“颜色”工具盒，如第 1 章中的图 1-3-6 所示。利用“颜色”工具盒可以选择文字和线条颜色，填充物图案的底纹颜色和背景颜色，以及文字的背景色。在工具盒出现时，单击绘图工具箱中任何一种图标，都可以关闭工具盒。

利用“颜色”工具盒，设置颜色的方法如下。

- 单击绘图工具箱中“色彩”栏内“文字与线条颜色”图标的色块，可以调出“颜色”工具盒，再单击“颜色”工具盒中的一个色块，即可给文字和线设置颜色。在选中文字和线的情况下，单击颜色板中的一个色块，即可改变文字和线的颜色。

- 单击绘图工具箱中“色彩”栏内“填充底纹色”图标（上边的色块），可以调出“颜色”工具盒，用来给图形中填充的图案设置颜色。再单击“颜色”工具盒中的一个色块，即可给填充图案的底纹设置颜色。在选中封闭或半封闭图形的情况下，单击“颜色”工具盒中的一个色块，即可改变图形内填充图案的颜色。
- 单击绘图工具箱中“色彩”栏内“背景色”图标（下边的色块），可以调出“颜色”工具盒，用来给图形中的填充图案和文字的背景设置颜色。再单击“颜色”工具盒中的一个色块，即可给填充图案的背景和文字的背景设置颜色。在选中封闭图形或文字的情况下，单击“颜色”工具盒中的一个色块，即可改变图形内填充图案的背景颜色和文字的背景颜色。

（4）自定义色彩：单击“颜色”工具盒中的“选择自定义色彩”文字右边的色块，可以调出 Windows 的“颜色”对话框，如图 2-1-8 所示。用鼠标单击右上方的调色板，可以选择自定义的颜色，也可以在该对话框内的“红”、“绿”、“蓝”文本框或“色调”、“饱和度”、“亮度”文本框中输入颜色数据，再单击【添加到自定义颜色】按钮，可以自定义一种颜色，再单击【确定】按钮，可将该颜色添加到“颜色”工具盒中。

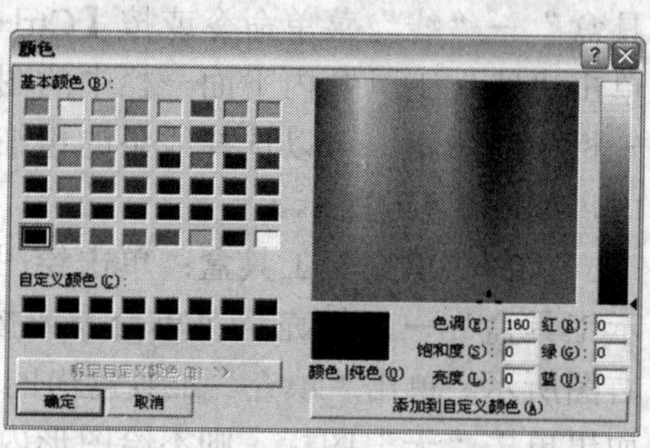

图 2-1-8 “颜色”对话框

3. 绘制直线图形

（1）绘制直线：利用“线”工具盒设置线的类型和粗细、线的颜色，再单击绘图工具箱中的“直线”工具图标＋，拖曳鼠标可以直接绘制与水平线夹角为 45° 整数倍的直线。绘制的直线如图 2-1-9 所示。

（2）绘制斜线：利用“线”工具盒设置线的类型和粗细、线的颜色，再单击绘图工具箱中的“斜线”工具图标／，拖曳鼠标可以绘制与水平线夹角为任意角度的线条。如果按住【Shift】键的同时拖曳鼠标，可绘制与水平线夹角为 45° 的整数倍的直线。绘制的斜线如图 2-1-9 所示。

4. 绘制矩形和椭圆形图形

（1）绘制矩形：利用工具盒设置线的类型和粗细、线的颜色、填充的图案、图案的颜色和背景色，再单击绘图工具箱中的“矩形”工具图标□，拖曳鼠标可以绘制矩形。如果按住【Shift】键，同时拖曳鼠标，可以绘制正方形。绘制的矩形如图 2-1-9 所示。

（2）绘制椭圆：利用工具盒设置线的类型和粗细、线的颜色、填充的图案、图案的颜色和背景色，再单击绘图工具箱中的“椭圆”工具图标○，拖曳鼠标可以绘制椭圆。如果按住【Shift】键，同时拖曳鼠标，可以绘制圆形。绘制的椭圆如图 2-1-9 所示。

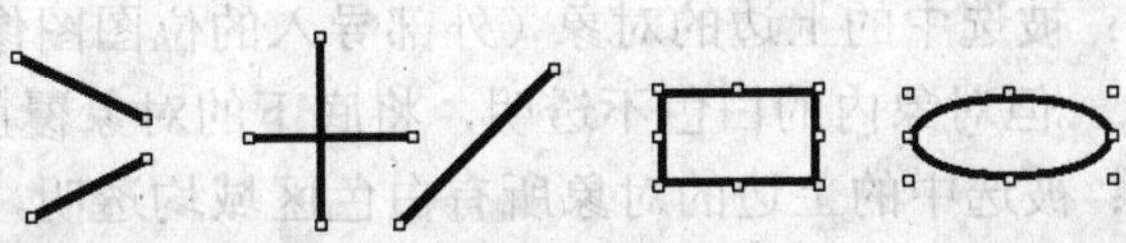

图 2-1-9　绘制的斜线、直线、矩形和椭圆形

5. 绘制圆角矩形、多边形和折线图形

（1）绘制圆角矩形：利用工具盒设置线的类型和粗细、线的颜色、填充的图案、图案的颜色和背景色，再单击绘图工具箱中的“圆角矩形”工具图标，拖曳鼠标可以绘制圆角矩形。如果按住【Shift】键，同时拖曳鼠标，可以绘制圆角正方形。在拖曳鼠标绘制完后，图形内会有一个小控制柄，如图 2-1-10 左图所示。用鼠标拖曳控制柄，可以调整圆角的弧度。向外拖曳鼠标可以获得矩形，向内拖曳鼠标可以获得椭圆。

（2）绘制多边形和折线：利用工具盒设置线的类型和粗细、线的颜色、填充的图案、图案的颜色和背景色，再单击绘图工具箱中的“多边形”工具图标，在演示窗口中单击起点，再依次单击各个转折点，直到终点处（对于多边形也是起点处）双击，即可绘出多边形或不封闭的多边形，如图 2-1-5 中图和右图所示。不封闭的多边形也可以填充图案，如图 2-1-11 所示。

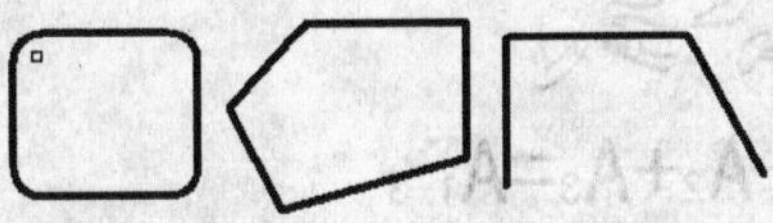

图 2-1-10　绘制的圆角矩形、多边形和折线

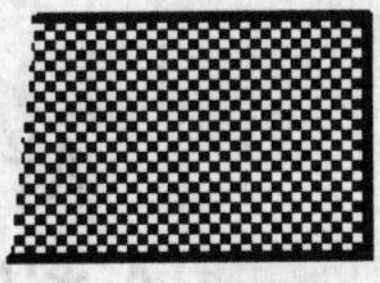

图 2-1-11　给不封闭的多边形填充图案

6. 图形显示模式

显示模式是指两个对象重叠时的显示效果。Authorware 7.0 提供了 6 种显示模式。单击绘图工具箱内的“模式”栏图标、单击“窗口”→“显示工具盒”→“模式”菜单命令或按【Ctrl+M】键，可调出“模式”工具盒，如图 2-1-12 所示。单击某一模式图案，即可将选定的对象与其下边的对象按选定的模式显示。6 种图形显示模式的样式如图 2-1-13 所示，它们的含义如下。

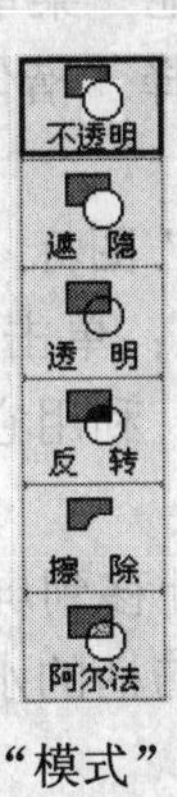

图 2-1-12　“模式”工具盒

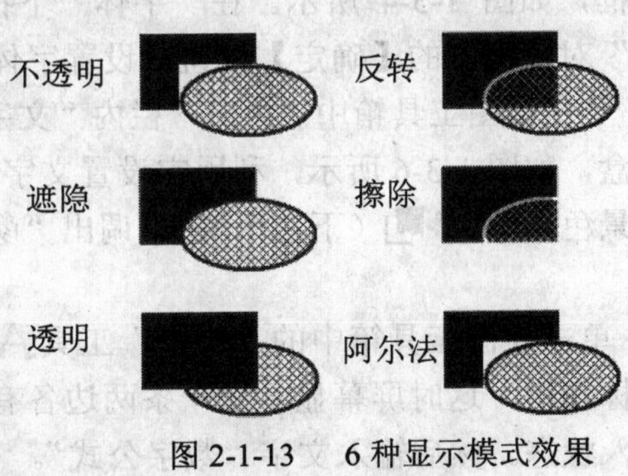

图 2-1-13　6 种显示模式效果

（1）“不透明”模式：被选中的上边的对象会完全将它下面的对象覆盖。

（2）“遮隐”模式：被选中的上边的对象（外部导入的位图图像）白色背景为透明的，可显示出它下面的对象，但对象内的白色不透明，将底下的对象覆盖住。

（3）“透明”模式：被选中的上边的对象所有白色区域均透明，显示出它下边的对象。

（4）“反转”模式：用互补色显示对象重叠处的图形或图像。

（5）“擦除”模式：该模式下的图形或图像对象中的有色部分（即白色以外的其他颜色）将使被它覆盖的图形对象中的相应部分被擦除掉（呈白色）。

（6）“阿尔发”模式：利用它可以使带 Alpha 通道的图像（如 Photoshop 图像）只显示 Alpha 通道图像，以创作不同透明度的渐变效果。注意，图像所带的 Alpha 通道只可以有一个。

2.2 【案例 6】数学公式

案例效果

“数学公式”程序运行后，屏幕显示“数学公式”空心文字和各种数学公式，如图 2-2-1 所示。通过本案例的学习，可以掌握在显示图标的演示窗口内输入文本的方法，以及使用“模式”工具盒内“反转”模式的方法。

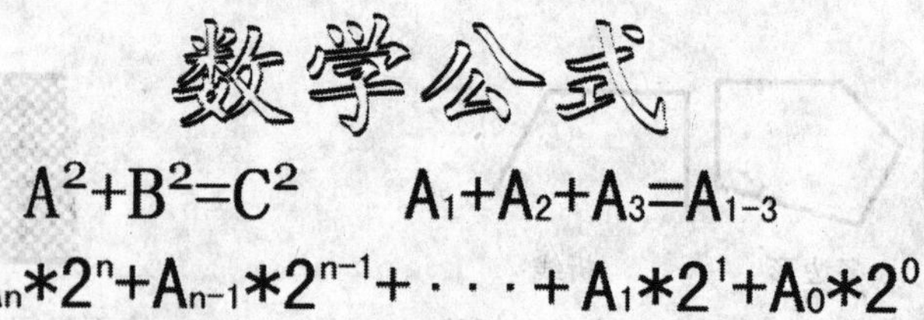

图 2-2-1 “数学公式”程序运行后的效果

设计过程

1. 输入文字

（1）在程序设计窗口流程线上创建一个显示图标，命名为“数学公式”。双击该显示图标，调出它的演示窗口。单击“文本”→“字体”→“其他”菜单命令，调出一个“字体”对话框，如图 1-3-4 所示。在“字体”下拉列表框中选择“楷体_GB2312”选项，单击“字体”对话框中的【确定】按钮，设置字体为楷体。

（2）单击绘图工具箱中“色彩”栏内“文字与线条颜色”图标的色块，调出“颜色”工具盒，如图 1-3-6 所示，利用它设置文字的颜色为黑色；单击绘图工具箱中“色彩”栏内“背景色”图标（下边色块），调出“颜色”工具盒，利用它设置文字的背景颜色为白色。

（3）单击绘图工具箱中的“文本”工具 A，将鼠标指针移到屏幕中间偏左的位置，再单击鼠标左键，这时屏幕显示出一条两边各有一个小方形句柄的水平横线，表示已进入到文字输入状态。然后输入文字“数字公式”。

（4）用鼠标拖曳选中输入的文字，单击“文本”→“大小”→“60”菜单命令，设置文字大小为 60 磅。单击按下快捷工具栏内的【粗体】按钮。最后的文字效果如图 2-2-2 所示。

（5）将鼠标指针移到横线右边的句柄处，用鼠标向左拖曳句柄，将水平横线调短，如图 2-2-3 所示。

（6）单击绘图工具箱中的“选择/移动”工具，则横线与句柄消失，文字四周出现 8 个小方形句柄，形成文字块，表示文字块被选中。调整文字块的位置，使它居于演示窗口正中间。

图 2-2-2　选中输入的文字

图 2-2-3　调整句柄

2. 制作空心文字

（1）使用绘图工具箱中的“选择/移动”工具，选中输入的文字。单击“文本”→“消除锯齿”菜单命令，消除文字的锯齿。

（2）单击快捷工具栏的【复制】按钮，将它复制到剪贴板中。将“数学公式”文字移动一点位置，再单击快捷工具栏的【粘贴】按钮，将剪贴板中的文字粘贴到演示窗口内，如图 2-2-4 所示。

图 2-2-4　两个“数学公式”文字

（3）选中上边粘贴的文字“数学公式”。单击绘图工具箱内的“模式”图标，调出如图 2-1-12 所示的“模式”工具盒，选中“反转”模式。

（4）按光标移动键，微调其中一个文字的位置，即可获得图 2-2-1 所示的空心文字。

（5）单击绘图工具箱中的“选择/移动”工具，拖曳选中两个重叠的“数学公式”文字，再单击“修改”→“群组”菜单命令，将两个重叠的“数学公式”文字组成一个群组。

3. 输入数学公式

（1）按照上述方法，输入黑色、36 磅、宋体、加粗的文字“A2+B2=C2”，如图 2-2-5 所示。

（2）单击绘图工具箱中的“文本”工具，用鼠标拖曳选中一个“2”字，如图 2-2-6 所示。

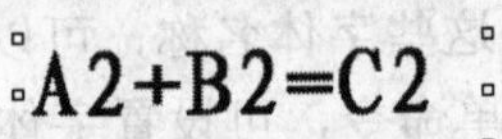

图 2-2-5　输入文字

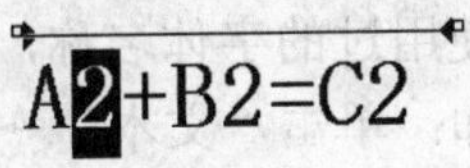

图 2-2-6　选中“2”字

（3）单击“文本”→“风格”→“加粗”菜单命令，取消文字加粗。单击“文本”→“风格”→“上标”菜单命令，将文字“2”变为上标，如图 2-2-7 所示。单击“文本”→“字体”→“其他”菜单命令，调出“字体”对话框，如图 1-3-4 所示。利用该对话框中的“字体”下拉列表框，选择文字的字体为“Georgia”。单击该对话框内的【确定】按钮，即可将“2”字的高度压缩一些。

（4）单击“文本”→“大小”→“24”菜单命令，设置字大小为 24 磅，如图 2-2-8 所示。

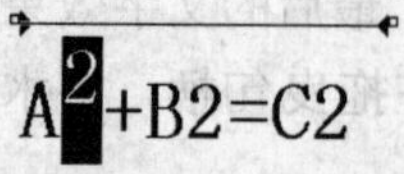

图 2-2-7　将文字“2”变为上标

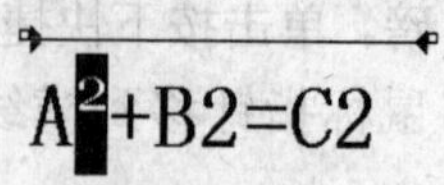

图 2-2-8　编辑“2”字

（5）采用相同的方法将其他两个“2”字进行编辑处理，最后效果如图 2-2-1 所示。

（6）按照上述方法，输入黑色、36 磅、黑体的文字“A1+”，如图 2-2-9 左图所示。

（7）单击绘图工具箱中的“文本”工具A，用鼠标拖曳选中一个“1”字。单击“文本”→“大小”→“18”菜单命令，设置文字大小为 18 磅，单击“文本”→“风格”→“下标”菜单命令，将文字“1”变为下标，如图 2-2-9 中图所示。

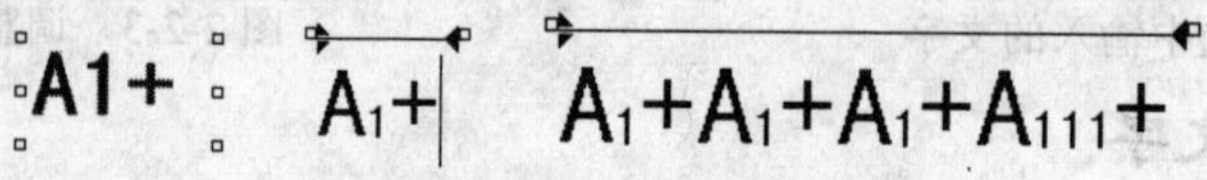

图 2-2-9　数学公式制作过程

（8）用鼠标拖曳选中文字“A_1+”，单击快捷工具栏内的【复制】按钮，将选中的文字复制到剪贴板中。将光标定位在“+”号的右边，3 次单击快捷工具栏内的【粘贴】按钮，将剪贴板内的文字 3 次粘贴到光标处。

（9）用鼠标拖曳选中文字“$_1$”，将它复制粘贴到第 4 个“A”的下标处，如图 2-2-9 右图所示。然后，单击绘图工具箱中的“文本”工具A，用鼠标拖曳选中第 4 个“+”号，按删除键【Backspace】，删除第 4 个“+”号。

（10）用鼠标拖曳选中第 2 个文字“$_1$”，输入“$_2$”。按照相同的方法，将其他文字进行修改，最后效果如图 2-2-1 所示。

（11）采用相似的方法制作其他数学公式，由读者自行完成。

相关知识

1. 设置文本的字体、大小和颜色

（1）设置文本的字体：单击“文本”→“字体”→“其他”菜单命令，可调出“字体”对话框，如图 2-2-10 所示。利用该对话框中的“字体”下拉列表框，可以设置文字的字体。

如果选择过一种或多种字体，则单击“文本”→“字体”菜单命令后，会在它的子菜单中显示已经使用过的字体名称，如图 2-2-11 所示。单击这些字体名称，可以直接设置文字的字体。例如：单击“文本”→“字体”→“宋体”菜单命令，可设置字体为宋体。

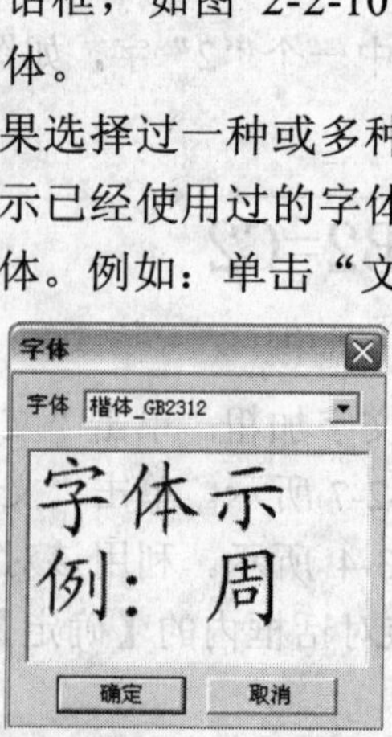

图 2-2-10 “字体”对话框

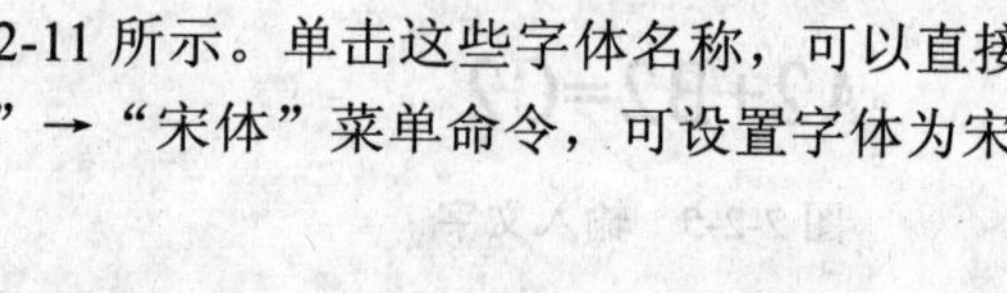

图 2-2-11 “字体”菜单

（2）设置文本的大小：单击“文本”→“大小”菜单命令，调出其级联菜单，如图 2-2-12 所示（在选择了字体大小后，才会在该菜单中显示选择过的字体大小菜单命令）。利用这些菜单命令，可以设置要输入文字的大小。菜单中的数字的单位是磅（1 磅等于 1/2 英寸）。执行菜单中的“字号增大”菜单命令，可将字的磅值增加一档，执行菜单中的“字号减小”菜单命令，可将字的磅值减小一档。

单击“其他”菜单命令，可调出“字体大小”对话框，如图 2-2-13 所示。在“字体大小”文本框中输入文字大小的磅值，稍等片刻，即可在下面的预览框中显示出字体大小的示例，如图 2-2-13 所示。然后，单击【确定】按钮，即可完成文字大小的设置。

（3）设置文本的颜色：单击绘图工具箱中“色彩”栏内“文字与线条颜色”图标的色块，可以调出“颜色”工具盒，如图 2-2-14 所示。再单击“颜色”工具盒中的一个色块，即可给文字设置颜色。

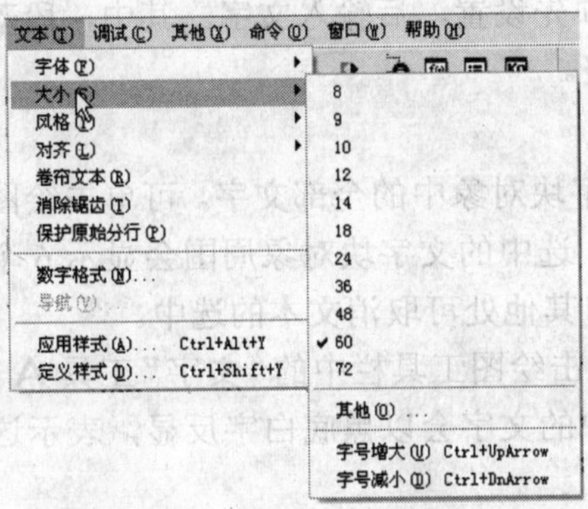

图 2-2-12　“字体大小”菜单

图 2-2-13　“字体大小”对话框

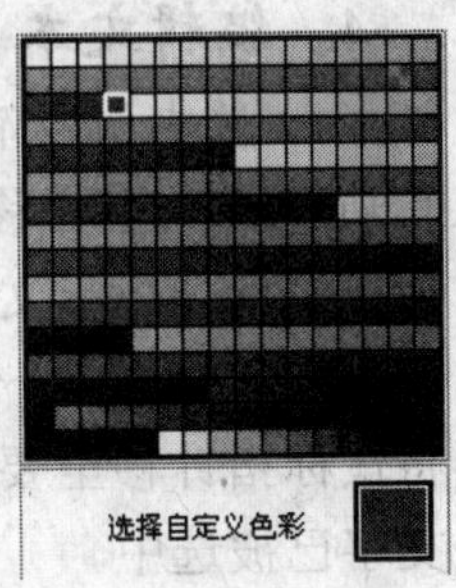

图 2-2-14　“颜色”工具盒

2. 设置文本的对齐方式和风格

（1）设置文本的对齐方式：单击“文本”→“对齐”菜单命令，调出其级联菜单，如图 2-2-15 所示。利用这些菜单命令，可以调整文字的对齐方式。

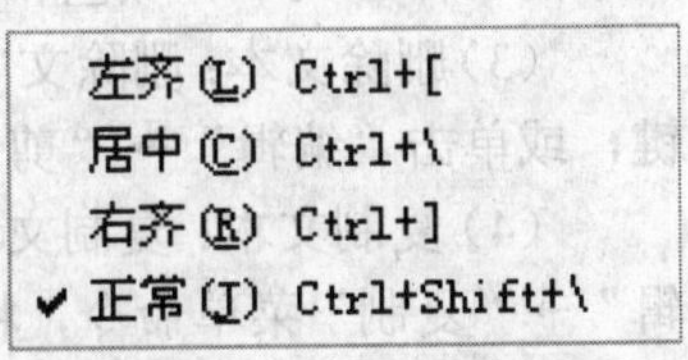

图 2-2-15 对齐方式选择菜单命令

（2）设置文本的风格：单击“文本”→“风格”菜单命令，调出其级联菜单。利用这些菜单命令，可以设置要输入的文字的风格。“风格”菜单中各菜单命令的作用如下。

- 常规（Plain）：将选定的文字改为普通字。
- 加粗（Bold）：将选定的文字改为粗体字。
- 倾斜（Italic）：将选定的文字改为斜体字。
- 下画线（Underline）：在选定的文字下边加一条下画线。
- 上标（Superscript）：将选定的文字改为上标。
- 下标（Subscript）：将选定的文字改为下标。

3. 输入文本

（1）单击绘图工具箱中的“文本”工具 **A**，进入文字输入状态。

（2）将鼠标指针（"I"字形）移至演示窗口应输入文字的地方，再单击鼠标，演示窗口中会显示一条水平长线（文本宽度线），线两端各有一个方形控制柄（也叫句柄），同时出现"I"字形闪动的光标，如图 2-2-16 所示。

（3）在文本宽度线上有几个黑色小三角标记，分别表示首行左缩进、段落左缩进、段落右缩进等。输入文字时，每按一下【Enter】键，就表示一个段落的结束。

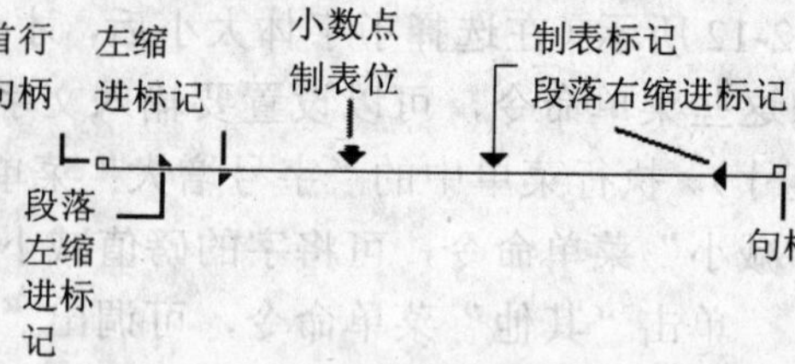

图 2-2-16　利用文字工具输入文本内容

在文本宽度线上适当位置单击，可产生一个小黑三角，表示制表位标记（按一下【Tab】键后光标的移动量）。如果在制表位标记处再单击一下，则小黑三角变为小箭头，它是小数点制表位，用于输入数字时对齐小数点。用鼠标拖曳这些标记可以调整段落缩进量、首行缩进量和制表位。要对多段文字进行相同的设置，必须先设置，后输入文字。其中，段落左缩进标记只有按住【Shift】键后拖曳，才能单独调整。

4. 编辑文本

（1）选中与取消选中文字块：如果是选择一个文字块对象中的全部文字，可单击绘图工具箱中的"选择/移动"工具，再单击文字块对象。选中的文字块对象周围会显示 6 个方形控制柄，表示文字块对象已被选中。单击演示窗口其他处可取消文本的选中。

如果选择的是一个文字块对象中的部分文字，可单击绘图工具栏中的"文字"工具 **A**，再将鼠标指针移至要修改的文字处，用鼠标拖曳，选中的文字会以黑底白字反显，表示这些文字已被选中。

（2）改变文本的属性：要将一个文字块对象中的部分文字的字体、大小、风格、颜色等进行修改，可先选中文字。在选中文字后，再进行文字属性的各项设置，即可修改选定文字的字体、大小、颜色和风格等。

（3）删除文本：删除文本与删除图形、图像的方法一样，首先选中它，再按【Backspace】键，或单击"编辑"→"剪切"菜单命令。

（4）复制文本：复制文本的方法与复制图形、图像等方法一样，先选中它，再单击"编辑"→"复制"菜单命令，将文本放入剪贴板。然后，在窗口内没有文本宽度线与光标时，单击"编辑"→"粘贴"菜单命令，将剪贴板上的文字粘贴到显示图标的演示窗口中。

（5）改变文本一行的宽度与位置：在文本选中的情况下，用鼠标拖曳控制柄，可改变文本一行的宽度；用鼠标拖曳文字块非控制柄处可改变文字块的位置。如果要修改这段文本，可单击"文本"工具 **A**，单击文字块内部，则文本上的文本宽度线与光标会再现出来。

2.3 【案例 7】通讯录

案例效果

"通讯录"程序运行后，演示窗口显示一个带滚动条的"通讯录"列表框，如图 2-3-1 所示。"通讯录"列表框上边有红色的"通　讯　录"文字。单击"通讯录"列表框内的垂直滚动条的箭头按钮或用鼠标拖曳滑块，可以调整文字块内显示的文字内容。

通过本案例的学习，可以掌握如何采用直接输入法制作带滚动条的列表框，掌握文本输入和编辑的方法与技巧，以及消除文字锯齿和添加滚动条的方法。

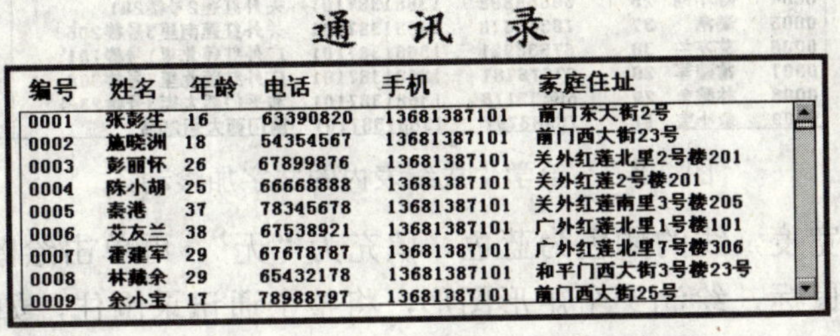

图 2-3-1 “通讯录”程序运行后的效果图

设计过程

1. 程序设计方法 1

（1）在程序设计窗口流程线上创建一个显示图标，命名为“通讯录”。双击“通讯录”显示图标，调出它的演示窗口。设置文字大小为 24 号，颜色为黑色、楷体、加粗。

（2）使用绘图工具箱中的“文本”工具，将鼠标指针（“I”字形）移至演示窗口应输入文字的地方，单击鼠标，演示窗口中会显示一条水平长线，同时出现“I”字形闪动的光标。然后输入“通 讯 录”文字。使用绘图工具箱中的“选择/移动”工具，选中文字，再将它移动到演示窗口内顶部的中间处。

（3）设置文字大小为 12 号，颜色为黑色、宋体、加粗，单击绘图工具箱中的“文本”工具，在前面输入的文字左下边单击鼠标，演示窗口中会显示一条水平长线（文本宽度线），同时出现“I”字形闪动的光标。依次单击水平长线不同处，在水平长线上创建 5 个制表标记，如图 2-3-2 所示（还没有输入下边的文字）。

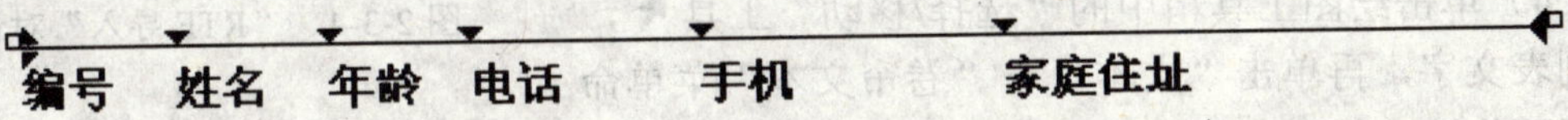

图 2-3-2 在水平长线上创建 5 个制表标记

（4）在光标处输入“编号”文字，按【Tab】键，使光标移到下一个制表标记处。再输入“姓名”文字，再按【Tab】键，使光标再移到下一个制表标记处。采用上述方法，一直到把这行文字输入完。

（5）使用绘图工具箱中的“文本”工具，进入文字输入状态。依次单击水平长线不同处，在水平长线上创建 5 个制表标记，如图 2-3-3 所示（还没有输入下边的文字，也没有加滚动条）。接着再输入第二行和以后各行的数据，每输入完一组数据，按一次【Tab】键，使光标移到下一个制表标记处。输入一行，按一次【Enter】键，直到所有文字输入完毕，如图 2-3-1 所示（只显示出前几行）。

（6）使用绘图工具箱中的“选择/移动”工具，选中文字，再单击“文本”→“卷帘文本”菜单命令，即可将选定的文本加上滚动文本框，如图 2-3-3 所示。

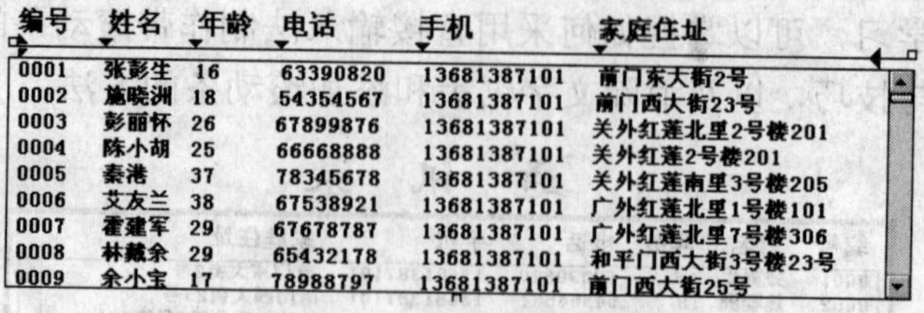

图 2-3-3 给学生成绩表内的文字加滚动条

（7）设置线的宽度，线的颜色为蓝色，填充为“无”。再单击绘图工具箱中的“矩形”工具图标□，拖曳鼠标，绘制一个矩形图形，将整个通讯录围住，如图 2-3-1 所示。

2. 程序设计方法 2

采用复制粘贴法设计制作通讯录的方法如下（其他文字的制作方法与“通讯录”程序设计方法 1 的制作方法一样）。

（1）打开记事本，在记事本内输入列表文字的内容。注意，每输入一项文字或数据后，应按【Tab】键移动光标，再输入下一个数据。一行数据输入完后按【Enter】键，使光标移到下一行的起始位置，继续输入其他数据。

（2）单击记事本中的“编辑”→“全选”菜单命令，选中记事本中的全部文字。再单击“编辑”→“复制”菜单命令，将选中的文字复制到剪贴板中。

（3）返回到 Authorware 7.0。按照直接输入法，进行前面的操作。然后将光标定位在起始位置。再单击“编辑”→“粘贴”菜单命令，调出“RTF 导入”对话框，如图 2-3-4 所示，选中该对话框中的“标准”单选按钮，单击【确定】按钮即可。将剪贴板中的文字粘贴到当前光标处。可以看到，粘贴的文字自动按照制表标记的顺序排列，如图 2-3-3 所示。

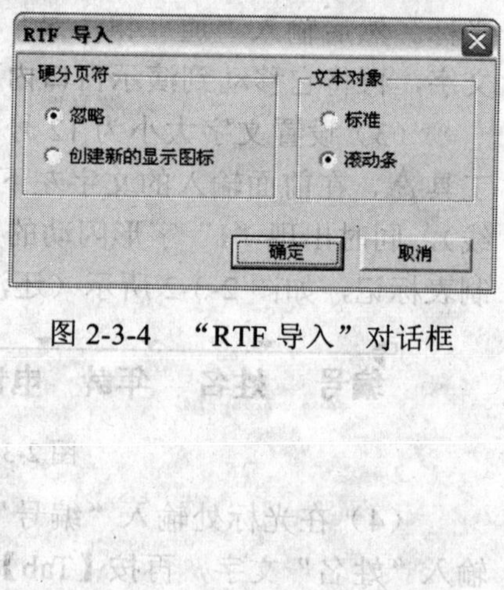

图 2-3-4 “RTF 导入”对话框

（4）单击绘图工具箱中的“选择/移动”工具，选中列表文字，再单击“文本”→“卷帘文本”菜单命令，即可将选定的文本加上滚动文本框，如图 2-3-3 所示。

相关知识

1. 卷帘文字

（1）选择要形成卷帘文字（加滚动文字块）的文字块对象。

（2）单击“文本”→“卷帘文本”菜单命令，使“卷帘文本”菜单命令左边出现对钩，即可将选定的文本加上滚动文本框，如图 2-3-3 所示。运行程序后，单击滚动条上的箭头按钮、滑动槽或拖曳滑块，均可使文本内容滚动显示。

（3）如果要取消文本的滚动文本框，可以再单击“文本”→“卷帘文本”菜单命令，使“卷帘文本”菜单命令左边的对钩消失。

2. 消除文字锯齿

选中文字块对象后，单击“文本”→“消除锯齿”菜单命令，可以将选中的文字的锯齿消除，使文字的显示效果更加柔和，如图 2-3-5 所示。这种功能特别适合对文字显示效果要求较高的情况，通过它可以省去在其他图像软件中进行处理的复杂过程。由图 2-3-4 可以看出两种方式下文字的显示效果。

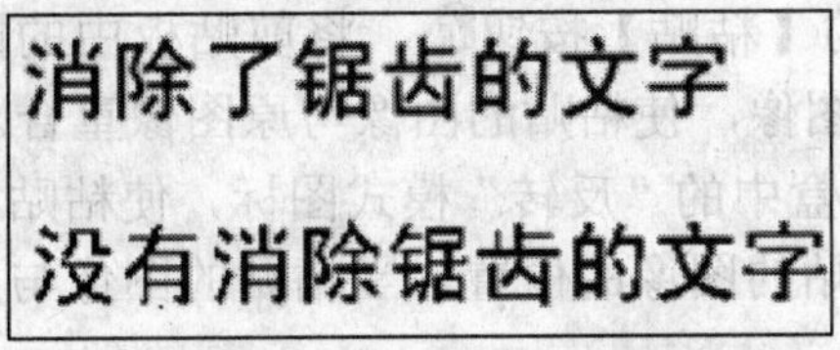

图 2-3-5　消除文字的锯齿

2.4 【案例 8】图像文字

案例效果

“图像文字”程序运行后，屏幕显示如图 2-4-1 所示。它是由一幅荷花图像填充文字的内部形成的。注意：它是用一整幅图像填充 4 个文字。通过本案例的学习，可以掌握导入外部图像文件和文本文件的方法，以及使用“模式”工具盒内“透明”和“反转”模式的方法。

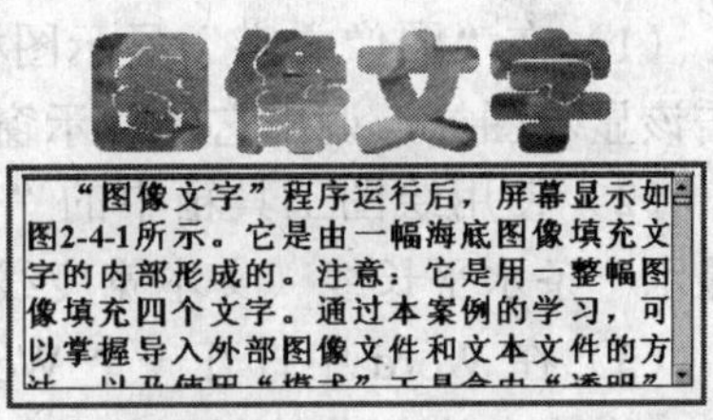

图 2-4-1　“图像文字”程序运行后的效果

设计过程

1. 创建图像文字

（1）在程序设计窗口流程线上创建一个显示图标，命名为“图像文字”。双击“图像文字”显示图标，调出它的演示窗口。单击“文件”→“导入和导出”→“导入媒体”菜单命令，调出“导入哪个文件？”对话框。利用该对话框可以导入一幅如图 2-4-2 所示的荷花图像。

图 2-4-2　导入一幅荷花图像

（2）在“图像文字”显示图标演示窗口内输入华文琥珀、70 磅、黑色、背景色为白色的“图像文字”文字，如图 2-4-3 所示。

（3）单击绘图工具箱内的“模式”图标，弹出“模式”工具盒。单击“模式”工具盒内的“透明”模式图标，使红色文字的白色背景透明，如图 2-4-4 所示。

图 2-4-3 输入“图像文字”文字

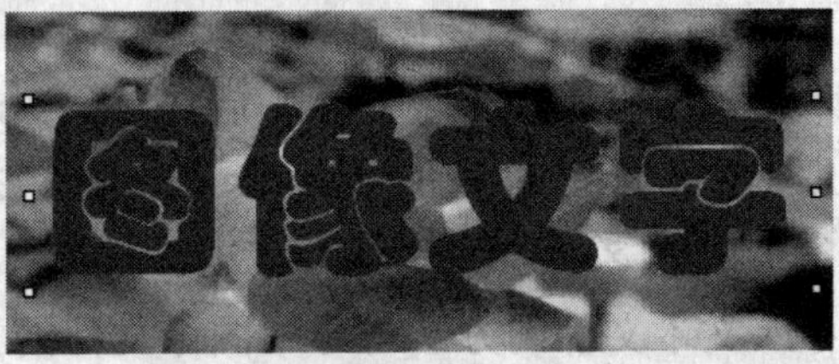

图 2-4-4　“图像文字”文字透明

（4）单击绘图工具箱中的“选择/移动”工具，选中“图像文字”显示图标中的图像，再单击快捷工具栏的【复制】按钮，将选中的图像复制到剪贴板中。

（5）单击快捷工具栏的【粘贴】按钮，将剪贴板中的图像粘贴到演示窗口内。然后，用鼠标拖曳移动粘贴的图像，使粘贴的图像与原图像重合。

（6）单击“模式”工具盒中的“反转”模式图标，使粘贴的图像与原图像像素反转混合。按光标移动键，微调粘贴的图像的位置，当粘贴的图像与原图像完全重合时，即可获得2-4-1所示的图像文字。

（7）使用绘图工具箱中的“选择/移动”工具，拖曳选中所有对象。再单击“修改”→“群组”菜单命令，将选中的对象做成群组。调整图像文字的位置，使它居于演示窗口内上边的中间处。

2. 粘贴文本

（1）在“图像文字”显示图标下边的流程线上创建一个名称为“文字”的显示图标。双击该显示图标，调出它的演示窗口。

（2）使用绘图工具箱中的“文本”工具A，在图像文字下边单击鼠标，演示窗口中会显示一条水平长线（文本宽度线），同时出现“I”字形闪动的光标。

（3）在Word中打开一个Word文档，选中一段文字，单击“编辑”→“复制”菜单命令，将选中的文字复制到剪贴板中。然后，回到Authorware的演示窗口，单击快捷工具栏中的【粘贴】按钮，调出“RTF导入”对话框。

（4）按照图2-3-4进行设置，单击【确定】按钮，将剪贴板中的图像粘贴到演示窗口内光标处，同时给粘贴的文字块添加了滚动条，如图2-4-1所示。

（5）使用绘图工具箱中的“文本”工具A，用鼠标拖曳选中所有文字，设置文字的字体为宋体，字大小为18、加粗，设置文字颜色为黑色、文字的背景色为白色。

相关知识

1. 导入图像文件

（1）将显示图标放在流程线上，给图标起个名称，双击该图标打开它的演示窗口。

（2）单击“文件”→“导入和导出”→“导入媒体”菜单命令，调出“导入哪个文件？”对话框。在“搜索”下拉列表框内选择文件夹，在预览框内单击要加载的图像文件的名称，再单击【导入】按钮，即可将该图像文件加入显示图标内。

（3）如果没有在流程线上放置显示图标，则单击程序设计窗口流程线上要加入显示图标处，使此处出现粘贴指针。

（4）再重复上边的操作，在“导入哪个文件？”对话框中选择完图像文件（也可以选择文本、数字电影和声音文件）后，单击该对话框中的【导入】按钮后，会自动在流程线上产生一个与选择的文件类型相同的相应类型的图标，图标的名称与文件名（全名）相同。

2. 导入文本文件

导入文本文件的方法与导入图像文件的方法基本一样，只是选择的是文本文件。单击【导入】按钮后会弹出一个“RTF导入”对话框，如图2-3-4所示。该对话框内有2栏，4个单选按钮，它们的作用如下。

（1）“硬分页符”栏：该栏中有两个单选按钮，“忽略”和“创建新的显示图标”。当剪贴板上的文字较多时，选择“忽略”单选按钮会将多余的文字忽略，只粘贴前面一部分文字；选择“创建新的显示图标”单选按钮时，会自动产生新的图标，存放多余的文字。

（2）“文本对象”栏：该栏中也有两个单选按钮，“标准”和“滚动”。如果选择“标准”单选按钮，则粘贴的文字不带滚动条；如果选择“滚动”单选按钮，则粘贴的文字带滚动条。

3. 导入多个图像和文本文件

如果要同时导入多个图像和文本文件，并使一个文件加入一个显示图标中，自动生成多个显示图标，操作步骤如下。

（1）单击程序设计窗口流程线上要加入显示图标处，使此处出现粘贴指针。

（2）单击“文件”→“导入和导出”→“导入媒体”菜单命令，弹出“导入哪个文件？”对话框。该对话框内“文件类型”下拉列表框中除了有图像和文本文件的类型外，还有电影和声音文件的类型，可以导入图像、文本、电影和声音。

（3）单击“导入哪个文件？”对话框右下角的[+]按钮，使对话框如图 2-4-5 所示。

（4）单击图像等的名称，再单击【添加】按钮，使“导入文件列表”列表框内显示该文件名称，然后再重复上述过程，选择其他图像等文件，如图 2-4-6 所示。选择完后，单击“导入哪个文件？”对话框中的【导入】按钮后，会自动在流程线上一次产生与选择的文件数目相同的相应类型的图标，图标的名称与文件名（全名）相同。

（5）如果要同时加载选定文件夹内的全部图像文件和文本文件，可单击“添加全部”按钮，使“导入文件到”预览框内显示所有图像和文本文件的名称，再单击【导入】按钮。

（6）要将选中的个别图标文件取消，可单击“导入文件列表”列表框内相应的文件名称，再单击【删除】按钮即可。

（7）单击“导入哪个文件？”对话框内的【导入】按钮，即可在流程线内自动生成多个显示图标，各显示图标内分别导入选中的文件，如图 2-4-5 所示。如果导入的是文本文件，会自动弹出如图 2-3-4 所示的“RTF 导入”对话框，供用户选择。

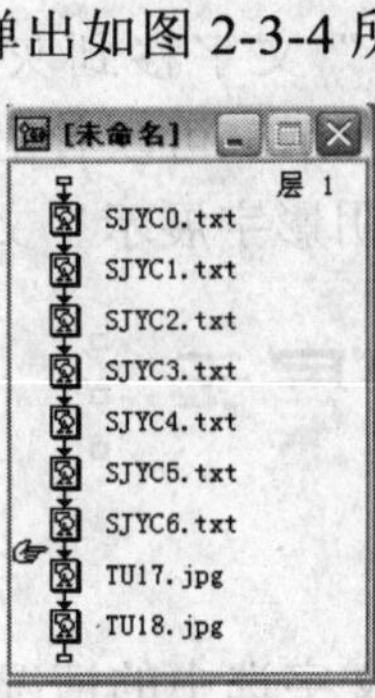

图 2-4-5　创建 10 个显示图标

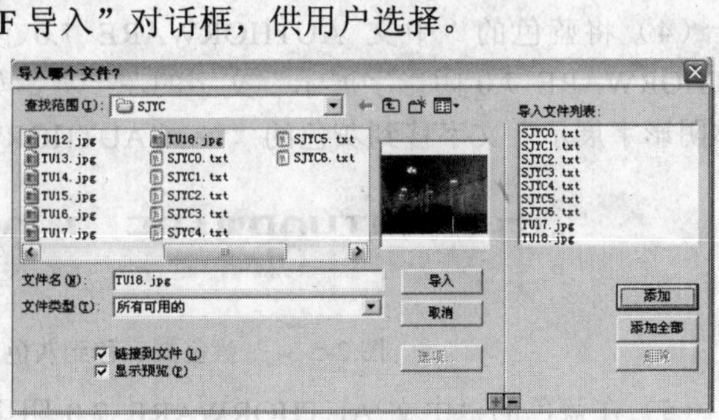

图 2-4-6　“导入哪个文件？”对话框

2.5 【案例 9】阴影文字

案例效果

“阴影文字”程序运行后，显示一个带阴影的文字“中文 AUTHORWARE 7.0 阴影文字展示”，如图 2-5-1 所示。通过本案例的学习，可以进一步掌握对象的编辑方法，以及“属性：显示图标”面板中各选项的作用。

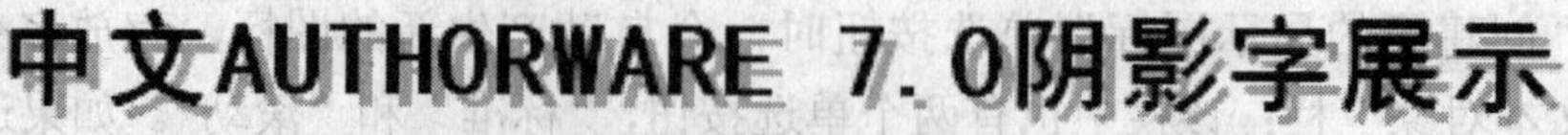

图 2-5-1 “阴影文字”程序运行后的效果

设计过程

制作阴影文字的思路是：将蓝色的文字复制一份，改变一个文字的颜色为灰色，将它们部分重叠，灰色文字置于下边，让红色文字背景透明，最后将两组文字组成群组，即可创建阴影文字。“阴影文字”程序的设计步骤如下。

（1）在流程线上创建一个显示图标，命名为“阴影文字”。双击“阴影文字”显示图标，调出它的演示窗口。在该演示窗口内输入楷体、48 磅、蓝色的“中文 AUTHORWARE 7.0 阴影字展示”文字。然后选中它，单击“文本”→“风格”→“加粗”菜单命令，使文字变为粗体。

（2）单击绘图工具箱中的“选择/移动”工具，选中文字块，单击“编辑”→“复制”菜单命令，将文字块复制到剪贴板中。

（3）将“中文 AUTHORWARE 7.0 阴影字展示”文字块移动一点位置，再单击“编辑”→“粘贴”菜单命令，将剪贴板中的文字块粘贴到演示窗口内，将粘贴的文字改为灰色，如图 2-5-2 所示。

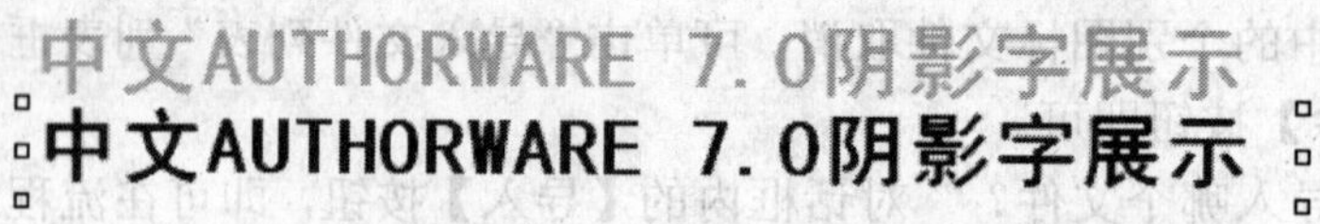

图 2-5-2 两个“中文 AUTHORWARE 阴影字展示”文字

（4）将蓝色的“中文 AUTHORWARE 7.0 阴影字展示”文字移到灰色的“中文 AUTHORWARE 7.0 阴影字展示”文字的左上方，如图 2-5-3 所示，可以看出蓝色的“多媒体阴影字展示”文字移到灰色的“中文 AUTHORWARE 7.0 阴影字展示”文字的下边。

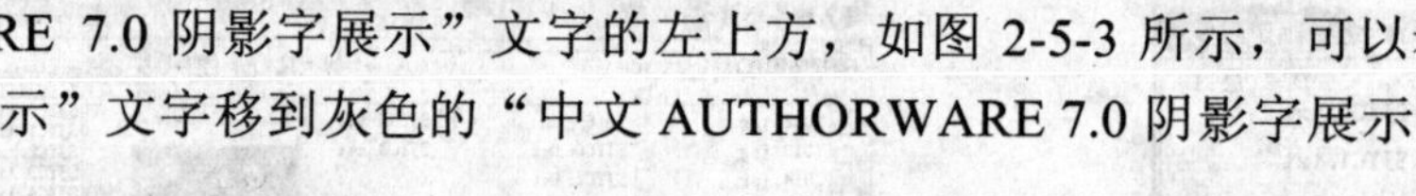

图 2-5-3 蓝色文字移到灰色文字的左上方

（5）在蓝色的“中文 AUTHORWARE 7.0 阴影字展示”文字选中的情况下，再单击“修改”→“置于上层”菜单命令，则屏幕显示如图 2-5-4 所示。由该图可以看出，蓝色的文字块移到灰色的文字块的上边，但是蓝色文字块的白色背景遮盖住了灰色的文字块。

（6）为了将蓝色的“中文 AUTHORWARE 7.0 阴影字展示”文字白色背景遮盖住的文字透视过来，可单击绘图工具箱内的“模式”栏图标，弹出“模式”工具盒。单击“模式”工具盒内的“透明”模式图标，即可使红色文字的白色背景透明。

（7）用光标移动键调整蓝色文字块的位置，最后效果如图 2-5-1 所示。

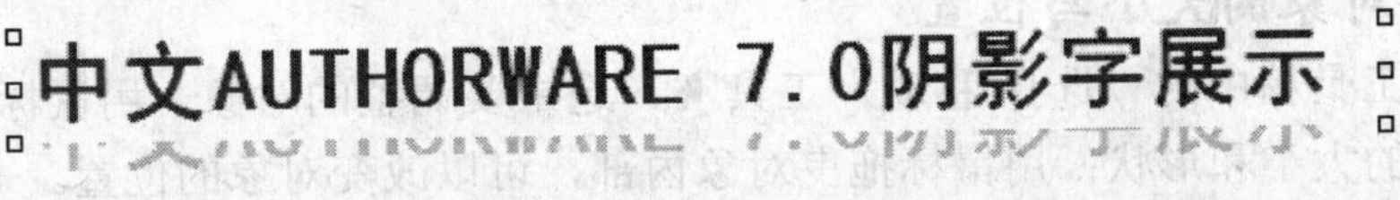

图 2-5-4　蓝色文字块的白色背景遮盖住了灰色文字块

（8）选中两个文字块，单击“修改”→“群组”菜单命令，将它们组成一个群组。

相关知识

显示图标中的对象是指文字块、图形和图像。多个对象的编辑包括：选中多个对象、对象的组合与解除组合、重叠对象上下位置的调整、显示模式的设定等。

1. 选中同一显示图标中的多个对象

要对同一显示图标中的多个对象进行编辑（同时将多个对象移位和改变它们大小，组合成一个对象，调色等），必须先将它们都选中，如图 2-5-5 所示，其方法有 3 种。

- 按住【Shift】键，同时单击要选中的各个对象。如果不想选中其中个别对象，可按住【Shift】键，再单击这些对象，如图 2-5-5 所示。
- 使用工具栏中的“选择/移动”工具 ，然后用鼠标拖曳出一个虚线框，将要选中的对象围起来，如图 2-5-6 所示，再松开鼠标左键。
- 单击“编辑”→“选择全部”菜单命令，可将当前显示图标中的所有对象选中。

图 2-5-5　选中多个对象

图 2-5-6　用一个虚线框将要选中的对象围起来

2. 多个对象的群组与取消群组

如果要将多个对象组合在一起形成一个群组对象（可使以后的编辑操作简便），可首先选中这些对象，再单击“修改”→“群组”菜单命令。图 2-5-5 中多个对象组合成群组后的情况如图 2-5-7 所示。

图 2-5-7　多个对象组成群组

选中已经组成群组的对象，再单击“修改”→“取消群组”菜单命令。

3. 对齐对象

单击“修改”→“排列”菜单命令，会弹出一个“排列”工具箱，如图 2-5-8 所示。利用该工具箱，可以将选定的对象按要求对齐。具体方法是：选中所有要对齐的对象，再单击“排列”工具箱中相应的对齐工具。

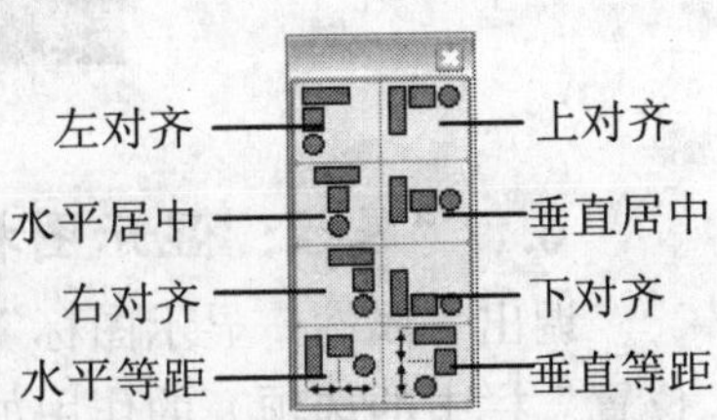

图 2-5-8　“排列”工具箱

4. 调整对象的大小与位置

单击绘图工具箱中的“选择/移动”工具↖，选中要调整的对象。用鼠标拖曳控制柄，可以改变对象的大小和形状；用鼠标拖曳对象内部，可以改变对象的位置。

5. 重叠对象上下位置

（1）一个图标中的重叠对象前后位置的调整：单击要调整位置的对象，选中它。再单击“修改”→“置于上层”菜单命令，即可将选中的对象放置在其他对象的上面；单击“修改”→“置于下层”菜单命令，即可将选中的对象创建在其他对象的下面。图 2-5-9 给出了 3 个对象前后位置不同的 3 种情况。

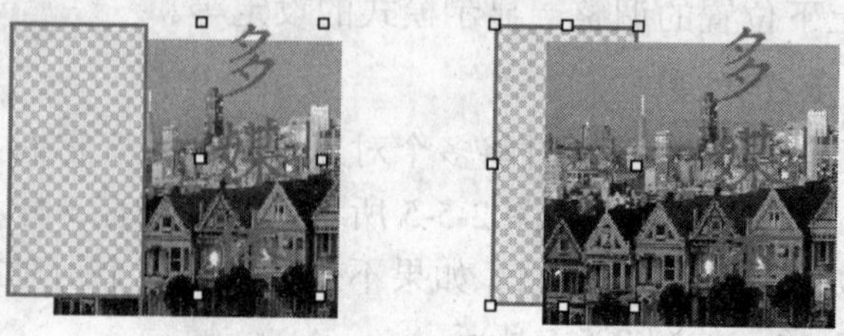

图 2-5-9　3 个对象前后位置的调整

（2）多个显示图标中重叠对象前后位置的调整：选中某一个显示图标，调出“属性：显示图标”面板，如图 2-5-10 所示。在该面板的“层”文本框内输入数字（正整数、零或负整数），该数字越大，显示图标中对象的图层越高，图层高的对象位于图层低的对象上边，会遮挡住图层低的对象，如图 2-5-11 所示。如果多个图标所设的图层一样，则先出现的对象在下边。

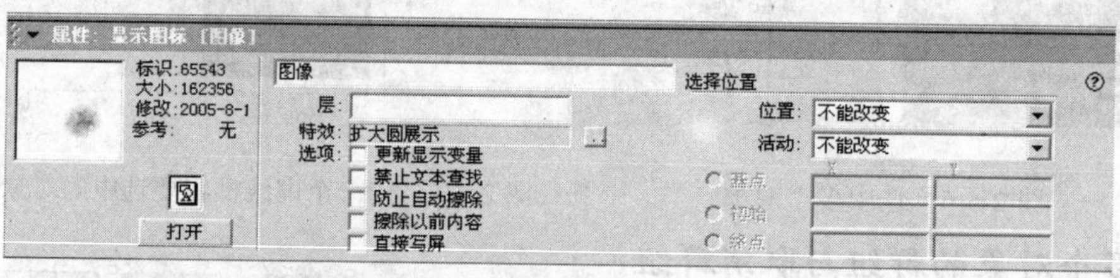

图 2-5-10 “属性：显示图标”面板

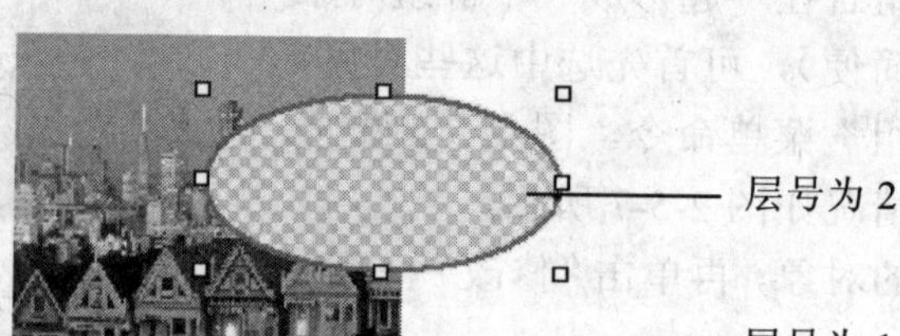

图 2-5-11　不同图层对象的重叠

6. “属性：显示图标”面板中各选项的作用

调出“属性：显示图标”面板，如图 2-5-10 所示。该对话框内各选项（不包括“选择位置”栏中的选项）的作用如下。

（1）“层”文本框：在此文本框内输入显示图标的静态层号。层号大的对象显示在上边。

（2）“特效”栏：单击该栏的 按钮，可以调出“特效方式”对话框，用来设置该显示图标的特效显示方式。“特效方式”对话框中各选项的作用可参看 1.1 节的有关内容。

（3）“更新显示变量”复选框：选择该复选框后，可以使显示图标中文本内的变量值动态显示，即随着变量值的变化显示的内容也跟着改变。

（4）“禁止文本查找”复选框：在进行文本搜索时，将已选择该复选框的图标排除在文本搜索范围之外。

（5）“防止自动擦除”复选框：选择该复选框后，可以使显示图标中的对象不受其他图标中设置的自动擦除的影响，使交互、分支和框架结构对它们分支项的自动擦除设置无效。要擦除这些对象，必须使用擦除图标。

（6）“擦除以前内容”复选框：选择该复选框后，当程序运行到要显示该图标内容时，先将演示窗口中的所有内容擦除，再显示该显示图标的内容。

（7）“直接写屏”复选框：选中它后，显示对象时，该显示图标的对象在其他图标对象的上边，设置的显示特效无效；不选中它时，该显示图标对象的图层设置有效。

2.6 【案例 10】课程表

案例效果

“课程表”程序运行后，一幅图像以圆形的形式由小到大逐渐展开，最后显示的是周围逐渐羽化的圆形图像，如图 2-6-1 左图所示。接着演示窗口内显示如图 2-6-1 右图所示的课程表。由图可以看出，课程表的背景是一幅四边逐渐羽化的风景图像。通过本案例的学习，可以掌握用 OLE 功能粘贴剪贴板的图像和文字的方法，以及使用工具盒中的“Alpha”模式的方法。

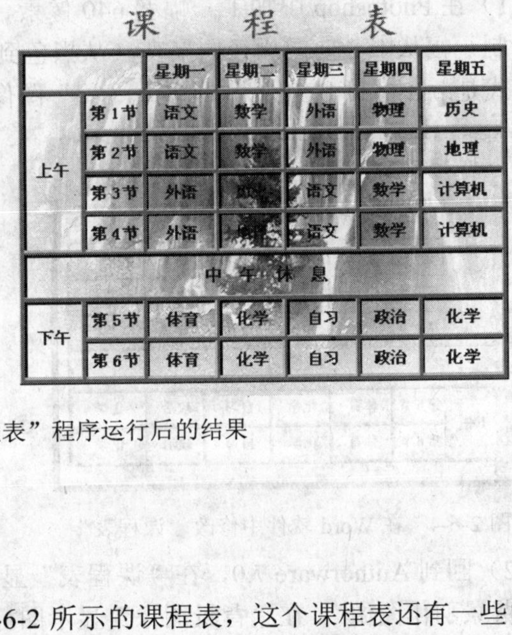

课　　程　　表

		星期一	星期二	星期三	星期四	星期五
上午	第 1 节	语文	数学	外语	物理	历史
	第 2 节	语文	数学	外语	物理	地理
	第 3 节	外语	[illegible]	语文	数学	计算机
	第 4 节	外语	[illegible]	语文	数学	计算机
中　午　休　息						
下午	第 5 节	体育	化学	自习	政治	化学
	第 6 节	体育	化学	自习	政治	化学

图 2-6-1　“课程表”程序运行后的结果

设计过程

1. “课程表”程序设计

（1）在 Word 软件中制作一个如图 2-6-2 所示的课程表，这个课程表还有一些内容没有填入，表格的轮廓线也是普通的线条，还有待进一步加工。选中整个课程表，再将它复制到剪贴板中。

（2）回到 Authorware 7.0 工作环境中，在程序设计窗口流程线上放置一个显示图标，命名为“课程表”。调出“课程表”显示图标的演示窗口，单击“编辑”→“选择粘贴”菜单命令，弹出“选择性粘贴”对话框，如图 2-6-3 所示。

		星期一	星期二	星期三	星期四	星期五
上午	第1节	语文	数学	外语	物理	历史
	第2节	语文	数学	外语	物理	地理
	第3节					
	第4节					
中午休息						
下午	第5节	体育	化学	自习	政治	化学
	第6节	体育	化学	自习	政治	化学

图 2-6-2 Word 软件中制作的“课程表”

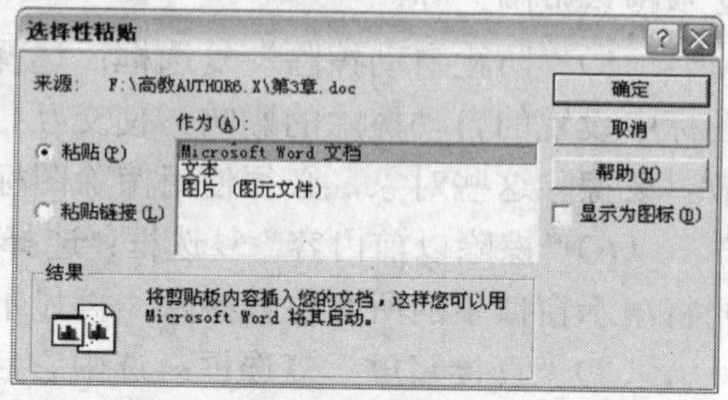

图 2-6-3 “选择性粘贴”对话框

（3）选中该对话框“作为”栏中的“Microsoft Word 文档”选项，如图 2-6-3 所示。再单击【确定】按钮，即可将剪贴板上的课程表内容粘贴到显示图标的演示窗口中。

（4）用鼠标调整课程表的大小，使它正常显示出来，与 Word 中的课程表一样。

（5）双击课程表，调出 Word 软件的工具栏和菜单栏，然后进行课程的填写和修改，再给课程表添加立体框架线和白色底纹，如图 2-6-4 所示。

（6）单击课程表外部，回到 Authorware 7.0 的“课程表”显示图标的演示窗口。可以看到，课程表已经改变了，如图 2-6-1 所示（还没有背景图像）。

2. “背景羽化图像”程序设计

（1）在 Photoshop 中加工一幅宽 640 像素、高 480 像素的白色图像，在它的 Alpha 通道内绘制一幅从中心向四周径向渐变（从黑色到白色）的图像，如图 2-6-5 所示。保存的文件格式是.psd 格式，名称为“遮罩 1.psd”图像。

		星期一	星期二	星期三	星期四	星期五
上午	第1节	语文	数学	外语	物理	历史
	第2节	语文	数学	外语	物理	地理
	第3节	外语	历史	语文	数学	计算机
	第4节	外语	地理	语文	数学	计算机
中午休息						
下午	第5节	体育	化学	自习	政治	化学
	第6节	体育	化学	自习	政治	化学

图 2-6-4 在 Word 软件中修改“课程表”

图 2-6-5 Alpha 通道图像

（2）回到 Authorware 7.0，在“课程表”显示图标流程线上边创建一个显示图标，命名为“背景羽化图像”。在“背景图像”显示图标内导入一幅如图 2-6-6 所示的图像。

（3）在“图像”显示图标中再导入“遮罩 1.psd”图像，将该图像调整为与风景图像一样大小，并完全将图像遮盖住。

（4）选中白色的“遮罩 1.psd”图像，单击绘图工具箱中“模式”栏内部，调出“模式”工具盒，单击工具盒中的“Alpha”模式图标，将“遮罩 1.psd”图像的显示模式设置为“Alpha”模式。此时可以看到，“遮罩 1.psd”图像的 Alpha 通道图像起作用了，Alpha 通道图像中越黑的部分，透明度越高；越白的部分，透明度越低。

（5）单击该显示图标“属性：显示图标”面板内的【特效】按钮，调出“特效方式”对话框，按照图 2-6-7 所示进行设置。然后，单击该对话框内的【确定】按钮，即可完成该显示图标内对象的特效显示（从中心以扩大圆的方式显示，显示时间为 5 秒）。

图 2-6-6　导入的图像

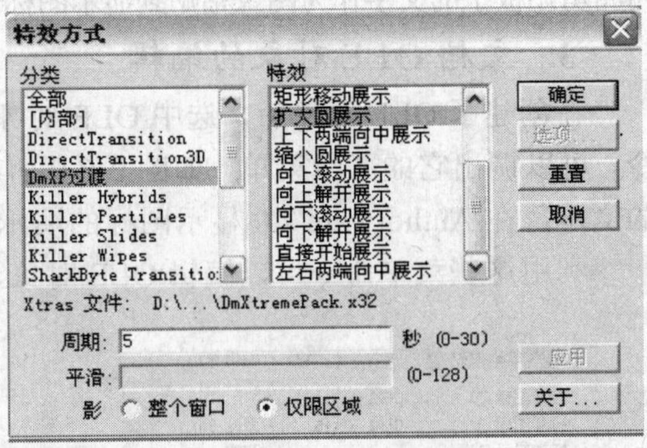

图 2-6-7　“特效方式”对话框

相关知识

1. 用剪贴板粘贴图像和文字

（1）在其他软件中将图像或文字复制到剪贴板上，再单击“编辑”→“复制”菜单命令，即可将选中的图像或文字复制到剪贴板上。

（2）打开显示图标的演示窗口，单击“编辑”→“粘贴”菜单命令。将剪贴板上的文字或图像粘贴到显示图标的演示窗口中。在粘贴文字时，会调出“RFT 导入”对话框。

2. 用 OLE 功能粘贴剪贴板的图像和文字

（1）在其他软件中将图像或文字复制到剪贴板上。在显示图标的演示窗口中，单击“编辑”→“选择粘贴”菜单命令，会弹出一个“选择性粘贴”对话框。

（2）如果粘贴的是 Word 软件中复制的文字，则“选择性粘贴”对话框如图 2-6-8 所示。选中该对话框“作为”栏中的“Microsoft Word 文档”选项，再单击【确定】按钮，可将剪贴板内的文字粘贴到显示图标的演示窗口中。

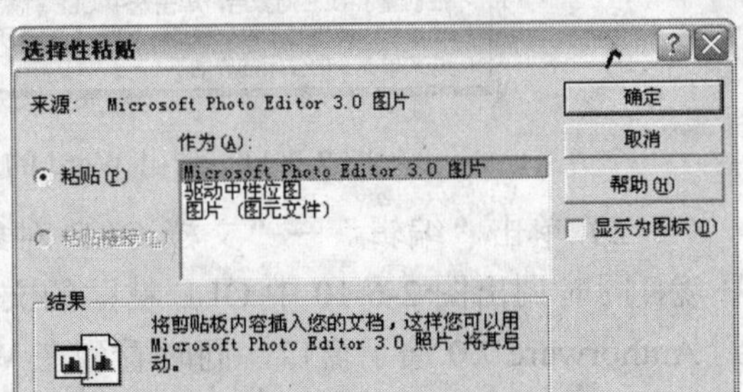

图 2-6-8　“选择性粘贴”对话框

（3）如果粘贴的是 Microsoft Photo Editor 软件中复制的图像时，“选择性粘贴”

对话框如图 2-6-8 所示。选中该对话框“作为”栏中的“Microsoft Photo Editor 3.0 图片”选项，再单击【确定】按钮，即可将剪贴板上的图像粘贴到显示图标的演示窗口中。

这种图像和文字的粘贴还具有 OLE 功能，即双击显示图标演示窗口中的图像或文字时，可以将相应软件的编辑窗口和图像或文字调出来，供用户进行编辑，当关闭软件的编辑窗口返回显示图标的演示窗口后，该窗口中的图像或文字也会随之变化。

（4）如果选中该对话框“作为”栏中的“文本”选项，再单击【确定】按钮，屏幕会弹出如图 2-4-5 所示的“RTF 导入”对话框。按前面所述方法进行操作后，可将剪贴板上的文字粘贴到显示图标的演示窗口中。这种文字粘贴不具有 OLE 功能。

（5）如果选中该对话框“作为”栏中的“图片（图元文件）”选项，再单击【确定】按钮，可将剪贴板上的文字作为图像粘贴到显示图标演示窗口中。这种文字粘贴也不具有 OLE 功能。

3. 文档 OLE 对象的编辑

在创建了 OLE 对象后，选中 OLE 对象，再单击“编辑”→“文档 OLE 对象”菜单命令，可以调出它的联级菜单，如图 2-6-9 所示。假设粘贴的是 Word 软件中复制到剪贴板中的文本，在 Authorware 7.0 显示图标的演示窗口中，OLE 粘贴的文本如图 2-6-10 所示。

利用这些菜单命令可以编辑 OLE 对象，各个菜单命令的作用如下。

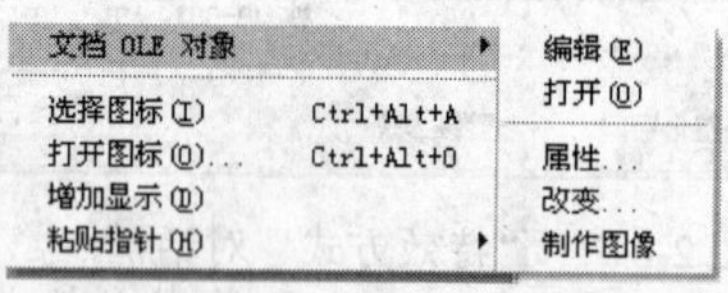

图 2-6-9 文档 OLE 对象菜单的联级菜单

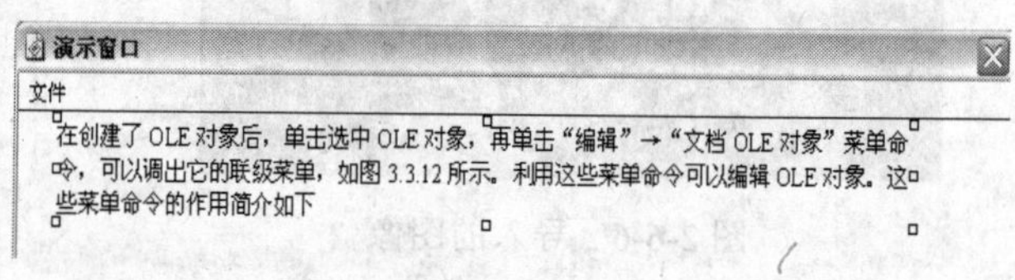

图 2-6-10 在演示窗口中用 OLE 粘贴的文本

（1）单击“编辑”→“文档 OLE 对象”→“编辑”菜单命令，即可调出 Word 的工具和菜单，同时调出图 2-6-10 中的文本，如图 2-6-11 所示。这与双击 OLE 文本对象的效果一样。关闭 Word 软件或单击文档窗口外部，均可回到 Authorware 7.0 的演示窗口，同时看到在 Word 软件中进行的编辑修改已成功地实现了。

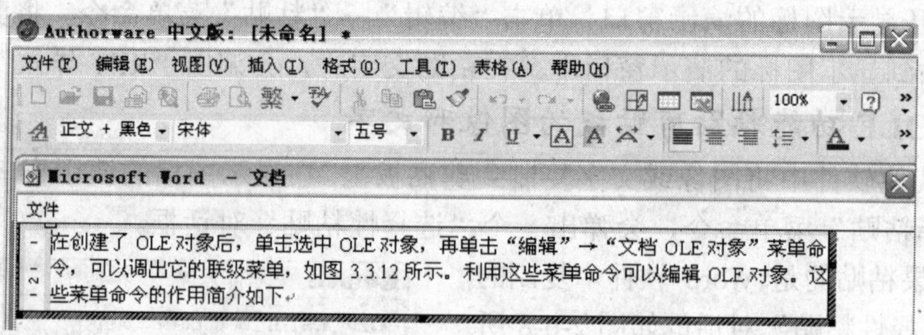

图 2-6-11 调出 Word 的工具和菜单以及 OLE 文本对象

（2）单击“编辑”→“文档 OLE 对象”→“打开”菜单命令，可调出 Word 的工作环境，同时调出图 2-6-10 中 OLE 粘贴的文本，如图 2-6-12 所示。关闭 Word 软件，可以回到 Authorware 7.0 演示窗口，同时看到在 Word 软件中进行的编辑修改已成功地实现了。

（3）单击“编辑”→“文档 OLE 对象”→“属性”菜单命令，可调出“对象属性”对话框，如图 2-6-13 所示。利用该对话框可以改变对象的“激活触发”条件（包括“无”、

“单击”或“双击”)，可以选择激活触发方式等。

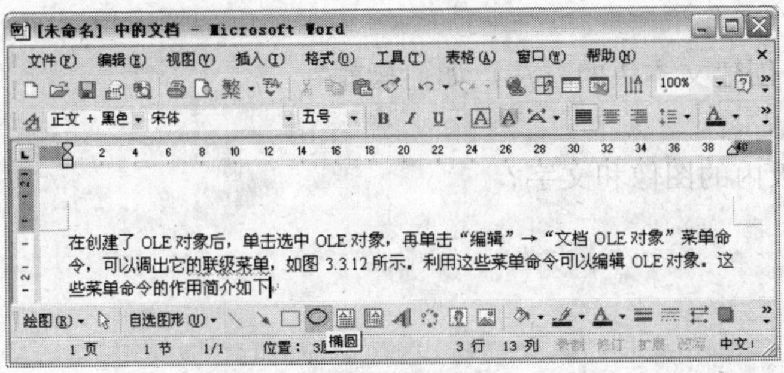

图 2-6-12　调出 Word 的工具和菜单以及 OLE 文本对象

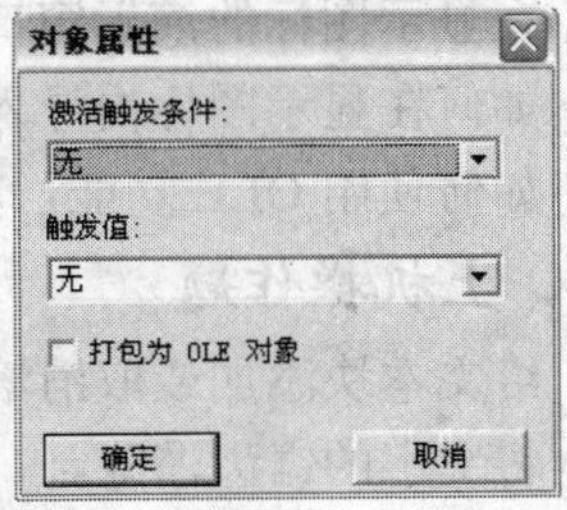

图 2-6-13　“对象属性”对话框

（4）单击“编辑”→“文档 OLE 对象”→“改变”菜单命令，可调出“转换”对话框，如图 2-6-14 所示。利用该对话框可以将 OLE 对象的类型进行转换，例如转换成 Word 图片。

（5）单击“编辑”→“文档 OLE 对象”→“制作图像”菜单命令，即可将 OLE 文本对象转换为粘贴的图像。

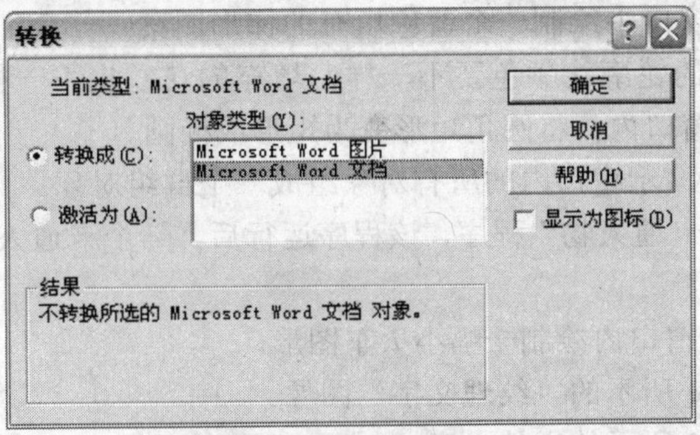

图 2-6-14　“转换”对话框

思考与练习

一、填空题

1. 图形显示模式有______、______、______、______、______和______6 种。
2. 使用绘图工具箱中的“圆角矩形”工具，可以绘制______和______图形。
3. 单击绘图工具箱中的“文本”工具A，再单击显示图标的演示窗口内部，此时，鼠标指针变为______形状，同时出现______。
4. 在显示图标的演示窗口内部输入文字后，单击绘图工具箱中的“选择/移动”工具，则______与______消失，文字四周出现______个小方形句柄，形成文字块。
5. 选中要调整位置的对象，再单击______→______菜单命令，即可将选中的对象放置在其他所有对象的上面
6. 打开显示图标的演示窗口，单击______→______菜单命令，即将剪贴板上的文字粘贴到显示图标的演示窗口中。

二、问答题

1. 如何给文本块添加滚动条？
2. 在显示图标的演示窗口内有几种创建文本块的方法，如何操作？
3. 如何在显示图标内导入外部图像？
4. 如何使用 OLE 功能，粘贴剪贴板内的图像和文字？

三、上机操作题

1. 给文本块添加或取消滚动条。
2. 将文字的锯齿消除。
3. 将 10 个图像一次导入到程序设计窗口的流程线上。
4. 在显示图标的演示窗口中，绘制出一个外切于矩形的椭圆图形。
5. 在显示图标的演示窗口中，绘制一个蓝色边框、填充黄色的棋盘格图案。
6. 在显示图标的演示窗口中，在黄色矩形图形内，制作一个蓝色阴影文字“迎接 2008 年北京奥运”，并使其透明显示。
7. 设置使处在同一个显示图标中的 5 个对象精确顶部对齐并等间距分布。
8. 在显示图标的演示窗口中绘制一个蓝色填充的梯形图案、一个红色填充的平行四边形。另外，还要求它们的轮廓线颜色要不一样，填充的花纹也不一样。
9. 在显示图标的演示窗口内，将圆角矩形变为矩形或椭圆。
10. 将一个显示图标的演示窗口内的所有对象组成一个群组对象。
11. 编写一个“活动的卡通人物”程序，该程序运行后，一个卡通人物的眼睛一会儿睁开，一会儿闭上。
12. 在显示图标的演示窗口内绘制一幅小火车图形。
13. 制作一个如图 2-7-1 所示的“纹理文字”图像。
14. 制作一个如图 2-7-2 所示的立体文字。

图 2-7-1 纹理文字图像

图 2-7-2 立体文字

15. 在显示图标的演示窗口中，输入“$A^3+B^3+C^3=D^3$”数学公式。
16. 在显示图标的演示窗口中，制作几个一元二次方程的公式。

第 3 章 Authorware 语言基本语法和计算图标

通过学习 7 个案例，掌握 Authorware 语言基本语法，了解常量、变量、函数、运算符、表达式和语句等。掌握计算图标盒附属计算图标的使用方法，掌握一些常用的系统变量和系统函数的使用方法。初步掌握“外部媒介浏览器”对话框的使用方法和与外部文件建立链接的方法。同时初步了解一些程序设计的技巧。

3.1 【案例 11】变量值的变化

案例效果

“变量值的变化”程序运行后，屏幕显示“N=50”。单击“继续”按钮或等待 10 秒后，屏幕显示变为“N=500”如图 3-1-1 所示。该程序是用来验证变量改变后，显示图标中显示的变量是如何变化的。通过本案例的学习，可以掌握 Authorware 程序设计的基础知识，掌握常量和变量的概念，了解如何在显示图标中显示变量的数值，如何使显示的变量值随着变量值的变换而变化。

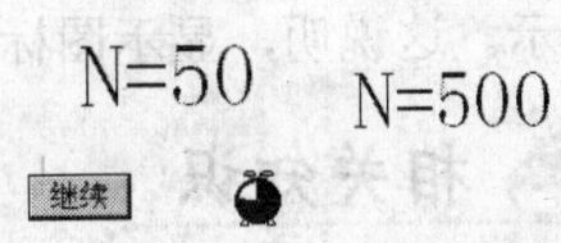

图 3-1-1 “变量值的变化”程序运行后的 2 幅画面

设计过程

“变量值的变化”程序如图 3-1-2 所示，程序设计步骤如下。

（1）在程序设计窗口的流程线上创建一个名为“初始值”的计算图标，里面输入：N:=50。单击“初始值”对话框右上角的【关闭】按钮，调出一个 Authorware 提示框，单击该提示框内的【是】按钮，关闭该对话框，同时调出“新建变量”对话框，按照图 3-1-3 所示，在“初始值”文本框中输入：10。然后，单击【确定】按钮，关闭该对话框。

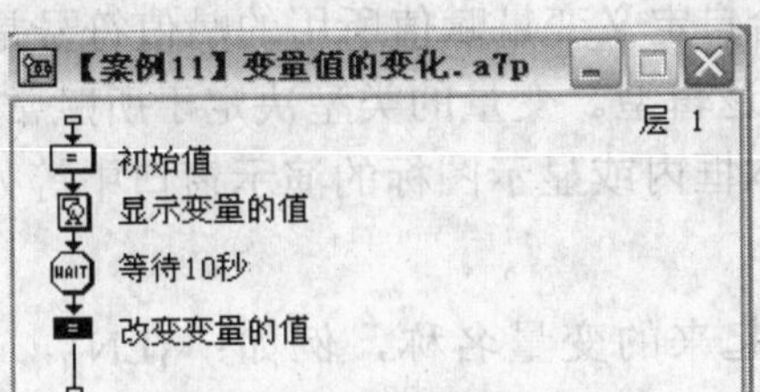

图 3-1-2 “变量值的变化”程序

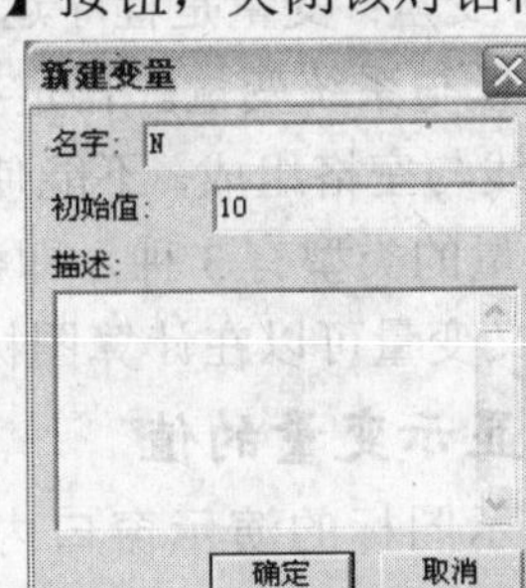

图 3-1-3 “新建变量”对话框

（2）在“初始值”计算图标的下方创建一个“显示变量的值”显示图标，双击“显示变量的值”显示图标，调出显示图标的演示窗口，在该窗口内输入“N={N}”，如图 3-1-4 所示。然后，单击绘图工具箱中的“选择/移动”工具，即可看到在显示图标的演示窗口内显示变量 N 的值 10，如图 3-1-5 所示。

（3）在“显示变量的值”显示图标下面创建一个名称为“等待 10 秒”的等待图标，

等待时间设置为 10 秒。然后，再在“等待”等待图标下面创建一个名为“改变变量的值”的计算图标，其中输入“N:=500”语句，表示给变量 N 重新赋值 500。

运行程序，当程序执行完“赋初始值”计算图标后，变量 N 的值为 50，执行“显示变量的值”显示图标时，演示窗口中会显示变量 N 的新值 50，如图 3-1-1 左图所示。在等待结束后，演示窗口中显示的变量值仍为 50。这说明，显示图标显示的变量值并没有因为以后变量值发生改变而随之改变。

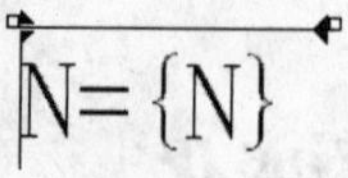

图 3-1-4 输入“N={N}”

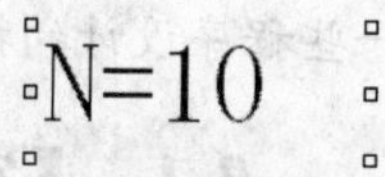

图 3-1-5 显示变量 N 的值

（4）选中程序设计窗口中的“显示变量的值”显示图标，调出“属性：显示图标”面板。选中“更新变量显示”复选框，再运行程序。可以看到，在等待结束前，演示窗口中显示变量的值为 50；在等待结束后，演示窗口中显示的变量值改为 500，如图 3-1-1 右图所示。这说明，显示图标显示的变量值随着以后变量值的改变而改变了。

相关知识

1. 常量和变量

（1）常量：常量是程序运行当中其值不改变的量，有以下 3 种类型。

- 数值型常量：数值型常量可以是整数（例如：123，-654）、实数（例如：1.618，-3.1415926）。数值的范围是：$-1.7\times10^{308}\sim1.7\times10^{308}$。在无小数时，整数部分可以有 17 位；小数部分最多可以有 2 位；在有小数时，整数部分加小数部分可以有 17 位（不算小数点）。
- 字符型常量：字符型常量是用双引号括起来的一串字符，字符个数最多为 3 000 个。
- 逻辑型常量：逻辑型常量有两个，一个是真，可以用 TRUE，True，ON，On，Yes 或 1 表示；另一个是假，可以用 FALSE，False，OFF，Off，No 或 0 表示。

（2）变量：变量是程序运行当中其值可以改变的量。变量都是全局变量，它主要分为自定义变量与系统变量。自定义变量是用户自己定义的变量，它的变量名通常由字母、数字、下画线与空格组成，不能使用系统变量名。给自定义变量赋值所用的赋值符号是“:=”。自定义变量的类型有 3 种，即数值型、字符型和逻辑型。变量的类型决定于所赋常量的类型。自定义变量可以在计算图标内、对话框的文本框内或显示图标的演示窗口中等处使用。

2. 显示变量的值

在显示图标的演示窗口内输入用大括号括起来的变量名称，例如：{LN}，{P1}，{FullTime}，{FullDate}等，即可在非文本输入状态下和程序运行后显示变量的值。

在默认状态下，如果在执行了显示图标并显示了变量值后，变量的值再发生变化，显示的变量值不会随之变化。为了使显示的变量值随着变量值的变化而改变，可选中显示图标，将“属性”面板切换到“属性：显示图标”面板，选中“更新变量显示”复选框。

在显示图标的演示窗口中输入自定义变量的操作步骤如下。

（1）单击绘图工具箱中的“文本”工具 A，将鼠标指针移到演示窗口内，再单击鼠标左键，输入一对大括号“{}”，然后在大括号内输入变量的名称，如图 3-1-4 所示。

（2）单击绘图工具箱中的“选择/移动”工具，调出“新建变量”对话框，如图 3-1-3 所示。在“新建变量”对话框内可以设置变量的初值和变量描述文字，还可以更改变量名称。单击该对话框内的【确定】按钮，即可完成自定义变量的定义和赋初值工作。

3. 计算图标的使用方法

（1）在流程线上创建一个计算图标，命名为“初始值”。双击该计算图标，调出“初始值”窗口（即计算图标窗口），在其中输入如图 3-1-6 所示的程序。

图 3-1-6　“初始值”窗口

（2）将鼠标指针移到该窗口内各工具上时，会显示该按钮的名称和使用该按钮的快捷键。根据这些中文提示，基本可以知道它的作用。

- 单击【插入符号】按钮，弹出“插入符号”对话框，如图 3-1-7 所示。单击该对话框中的一个符号，即可在程序中插入该符号。
- 单击【插入消息框】按钮，弹出“插入消息框”对话框，如图 3-1-8 所示。

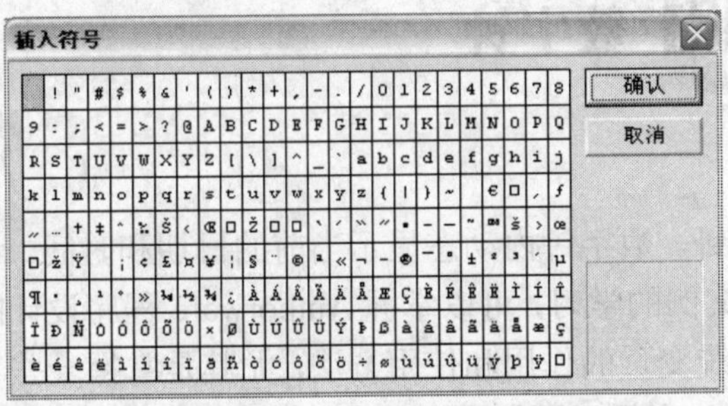

图 3-1-7　“插入符号”对话框

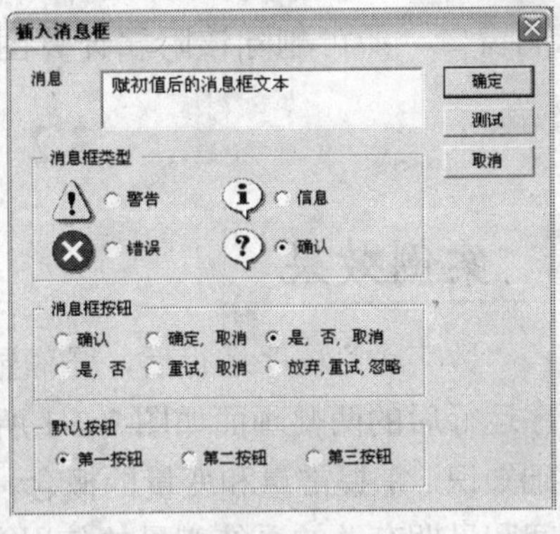

图 3-1-8　“插入消息框”对话框

- 在“插入消息框”对话框中进行设置和输入信息内容，在“消息”文本框中输入提示的文本内容，然后选择所需要的消息类型、提示框按钮和默认按钮等内容（如果单击【测试】按钮，可以调出自动生成的消息框，如图 3-1-9 所示，单击提示框中的任意一个按钮或【关闭】按钮均可以关闭该对话框），单击【确定】按钮，即可关闭“插入消息框”对话框，在计算图标的对话框中自动产生相应的程序，如图 3-1-10 所示。

图 3-1-9　“确认”提示框

图 3-1-10　计算图标窗口中自动加入了程序

（3）单击“初始值”窗口右上角的☒按钮，如果变量是第一次设置的，会调出一个Authorware 提示框。单击 Authorware 提示框中的【是】按钮，再调出“新建变量”对话框。可以在“初始值”文本框内输入变量的初始值，如果在“初始值”文本框中不输入任何内容，则表示赋给变量的初始值为 0；在“描述”文本框中输入变量的说明文字，以利于以后阅读程序。

（4）单击【确定】按钮，可关闭“新建变量”对话框，完成变量的设置和计算图标内程序的设计。

4. 附属计算图标

附属计算图标是附着在其他图标上的一个计算图标，是计算图标的一种。在程序执行到附着有附属计算图标时，先执行附着其上的附属计算图标，再执行该图标。使用附属计算图标可节省图标使用量和优化程序等。

（1）建立与打开附属计算图标的方法是：单击要添加附属计算图标的某个图标，选中它。再单击“修改”→“图标”→“计算”菜单命令或按【Ctrl+=】键，即可打开附属计算图标的窗口，输入内容并退出后，在选中图标的左上方会增加一个小等号标记。它的使用方法与一般计算图标的使用方法完全一样。

（2）要删除附属计算图标，只要删除附属计算图标中的所有程序，再关闭附属计算图标的窗口，即可删除该附属计算图标。

3.2 【案例 12】数字钟

案例效果

“数字钟”程序运行后，屏幕显示一个数字钟。数字钟内动态显示当前的日期和时间。该程序运行后的两幅画面如图 3-2-1 所示。通过本案例的学习，可以掌握 Authorware 程序设计的基础知识，掌握常量和变量的概念，了解一些系统变量的作用和使用方法，尤其是掌握一些与时间和日期有关的系统变量的使用方法，以及如何在显示图标中显示系统变量的值。

图 3-2-1 “数字钟”程序运行的 2 幅画面

设计过程

“数字钟”程序如图 3-2-2 所示，程序设计步骤如下。

（1）在流程线上创建一个名为“框架”的显示图标，在其中导入一幅框架图像。在框架图像内框中绘制一幅黄色边框、填充黑色的矩形，如图 3-2-3 所示，然后将它们组成群组。

（2）在“数字钟框架”显示图标的下边创建一个名为“显示日期和时间”的显示图标，在该显示图标演示窗口内分别输入“{FullDate}”和“{FullTime}”。文字设定为荧光色并加粗，字的大小和字体可自行设置，然后将两个文字块移到框架内的右边，如图 3-2-1 所示。

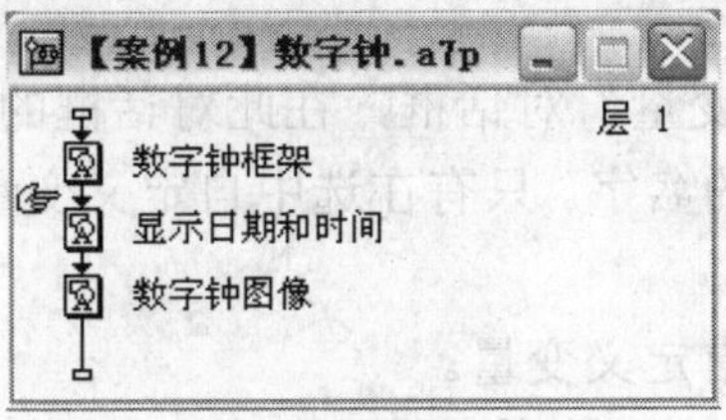

图 3-2-2　“数字钟”程序

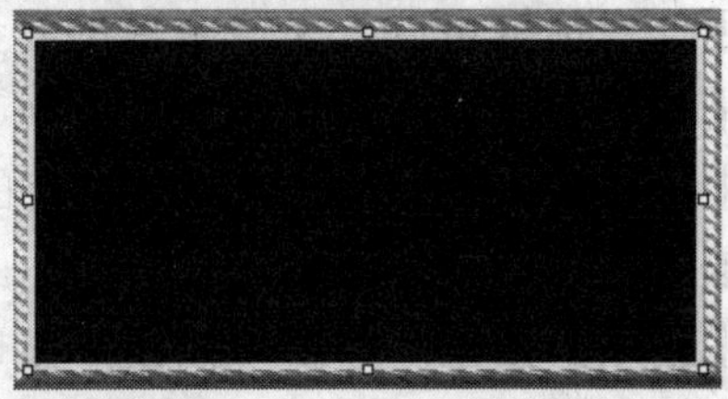

图 3-2-3　“框架”显示图标内的图像和图形

“FullDate”和“FullTime”是系统变量，分别用来保存当前日期和时间，用大括号将变量括起来的目的是为了显示其中变量的值。

（3）选中“显示日期和时间”显示图标，调出“属性：显示图标”面板，选中“更新变量显示”复选框，表示该显示图标内的变量会自动更新，动态显示变量数据。

（4）在“显示日期和时间”显示图标下边创建一个名为“数字钟图像”的显示图标，其内导入一幅图像。在该图标的“属性：功能图标”面板中，设置图层号为 1。调整效果图像的大小和位置，使它位于框架内的左边，如图 3-2-1 所示。

相关知识

1. 系统变量

系统变量是 Authorware 7.0 已定义好的变量，它有唯一的专用变量名，系统变量用于存储计算机系统的日期、时间和其他许多有用的信息。单击快捷工具栏内的【变量】按钮，可调出“变量”面板，如图 3-2-4 所示。“变量”面板中各选项的作用如下。

（1）“分类”下拉列表框和变量名列表框：在“分类”下拉列表框中可以选择变量的类别，选定类别后，它下边的变量名列表框内会显示出该类的系统变量名或自定义变量名（在程序名称的类别中）。用鼠标拖曳列表框的滚动条，可以查找系统变量名和自定义变量名，也可以在单击列表框后输入变量名的第 1 个字母，帮助快速查找变量。在变量名列表框内找到变量名后，单击变量名，即可选中该变量。

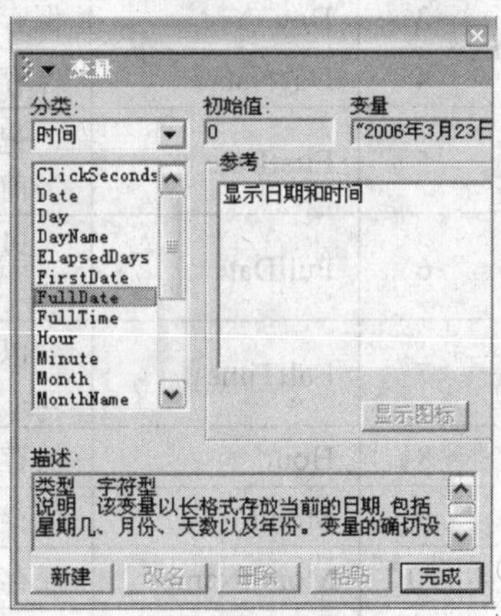

图 3-2-4　“变量”面板

（2）“初始值”文本框：显示变量初值，可在该文本框中输入数值，修改自定义变量的初值。

（3）“变量”文本框：在该文本框内显示变量的当前值，允许修改该数值。

（4）“参考”列表框：在该列表框内显示出当前程序文件中使用该变量的图标名称。

（5）【显示图标】按钮：在“参考”列表框内选中一个图标名称，单击该按钮，即可转至程序设计窗口并选中该图标。

（6）“描述”列表框：在该列表框内，显示变量的使用说明，对于自定义变量还可以进行变量说明的添加和删除。

（7）最下面的 5 个按钮的作用如下。

- 【新建】按钮：单击该按钮，可以调出“新建变量”对话框，如图 3-1-3 所示。利用该对话框可以定义一个新的变量。
- 【改名】按钮：单击该按钮，可调出“重命名变量”对话框，在此对话框的文本框中可以输入变量名，以修改选定的自定义变量的名字。只有在选中自定义变量名时，该按钮才能被使用。
- 【删除】按钮：单击该按钮，可以删除选定的自定义变量。
- 【粘贴】按钮：单击该按钮，可以将选定的变量粘贴到计算图标、附属计算图标和【属性】面板内文本框中的光标处。
- 【完成】按钮：单击该按钮，可以关闭“变量”面板，完成变量的设置。单击“变量”面板右上角的⊠按钮，也可关闭“变量”面板。

系统变量可以在要使用的地方通过键盘输入；也可以在“变量”面板中双击系统变量名，或选中系统变量名后再单击【粘贴】按钮调入。

2. 常用的日期与时间系统变量

Authorware 7.0 提供了许多时间型系统变量，这些变量会自动跟踪记录计算机系统的日期与时间中的一些数据。表 3-2-1 给出了部分常用的日期与时间系统变量。

表 3-2-1 常用的日期与时间类系统变量及其作用

序号	名　称	作　用
1	ClickSecond	保存进入 Authorware 环境后，从第一次单击鼠标左键到当前的时间（单位为秒），例如：256.19
2	Date	以数字形式保存计算机系统的当前日期，日期格式由系统设置的格式决定，例如：当前日期为 2006-3-15（格式为“年-月-日”）
3	Day	保存计算机系统本月份的日子，格式为 1～31 间的数字，例如：15
4	DayName	保存当前的星期，用英文字表示，例如：Friday（星期五）
5	FirstDate	记录用户应用当前文件的第一天，如果重新启动了当前文件，则记录的是当前日期，例如：2006-3-15
6	FullDate	以长格式保存计算机系统当前日期，日期格式由系统设置的格式决定，例如：2006 年 3 月 15 日
7	FullTime	以长格式保存计算机系统当前时间，时间格式由系统设置的格式决定，例如：16:18:26（小时:分:秒）
8	Hour	保存计算机系统当前的小时数，用 0～23 间的数表示，例如：15
9	Month	保存计算机系统当前月份，用 1～12 间的数表示，例如：3
10	MonthName	保存计算机系统当前月份，以英文名表示，例如：June（6 月）
11	Minute	保存计算机系统当前时间的分钟数，用 0～59 间的数表示，例如：15
12	Time	保存计算机系统当前的小时数与分钟数，例如：6:32
13	Sec	保存计算机系统当前的秒数，用 0～59 间的数表示，例如：26
14	Year	保存计算机系统当前的年数，例如：2,006
15	SystemSeconds	保存重新启动计算机后，到目前所用的时间，以秒为单位。该变量是数值型的，可以用来进行计算，例如：16,123.45

续上表

序号	名　称	作　用
16	SessionHours	保存当前用户任务所用的时间（小时数）用十进制小数表示，例如：1 小时 30 分钟表示为 1.50
17	SessionTime	保存当前用户任务所用的时间（小时、分钟数），例如：0:15
18	StartTime	保存进入 Authorware 当前文件的起始时间，用小时、分钟数表示。具体格式由计算机系统的设置决定，例如：01:30 下午
19	TotalHours	保存用户用于当前文件中所有任务的时间，用十进制小数表示，例如：0.75。若文件置为在返回时重新开始，则该变量的值与系统变量 SessionTime 相同
20	TotalTime	保存用户用于当前文件中所有任务的时间，用小时和分钟数表示，例如：0:26。若文件置为在返回时重新开始，则该变量的值与系统变量 SessionHours 相同

3.3 【案例 13】跟踪鼠标和键盘

案例效果

“跟踪鼠标和键盘”程序运行后的画面如图 3-3-1 所示。这时，移动鼠标指针，可以看到在“当前鼠标指针位置”栏内的数据会发生变化，它给出当前鼠标指针距离演示窗口左边和上边的间距（单位为像素）；鼠标单击演示窗口内部任何地方，可以看到在“鼠标单击处鼠标指针位置”栏内的数据会发生变化，它给出当前鼠标指针距离演示窗口左边和上边的间距（单位为像素）；在框架图像外部双击鼠标后，会发现“鼠标是否双击”栏内的数据由“0”变为“1”，单击鼠标后，“1”又变回“0”。另外，还显示从鼠标上次单击后到目前的时间（单位为秒），按键的名称和 ASCII 码，是否拖曳圆图形等信息。

通过本案例的学习，可以掌握与鼠标动作和按键动作有关的一些常用系统变量的使用方法，掌握 ClickSecond 时间系统变量的使用方法。用户可以采用本案例所使用的方法来验证其他一些系统变量的功能。

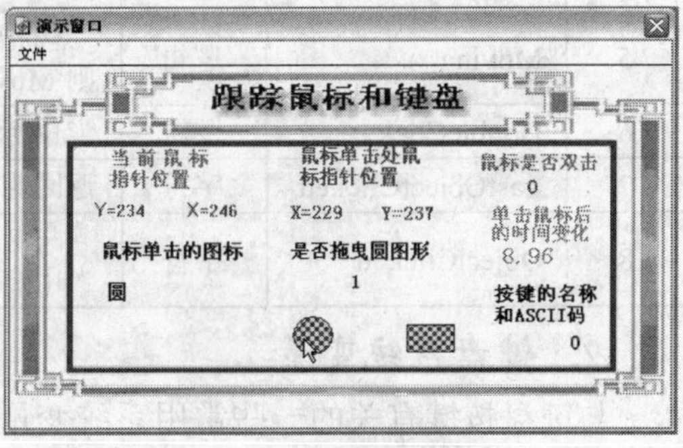

图 3-3-1　“跟踪鼠标和键盘”程序运行后的画面

设计过程

“跟踪鼠标和键盘”程序如图 3-3-2 所示，程序设计方法如下。

（1）在流程线上创建一个名为“框架和标题”的显示图标，在其中导入一幅框架图像和红色带阴影的标题文字“跟踪鼠标和键盘”。

（2）在“框架和标题”显示图标下边的流程线上创建一个名为“圆”的显示图标，在其中绘制一个圆形图形，如图 3-3-1 所示。在“圆”显示图标下边的流程线上创建一个名为“矩形”的显示图标，在其中绘制一个矩形图形，如图 3-3-1 所示。

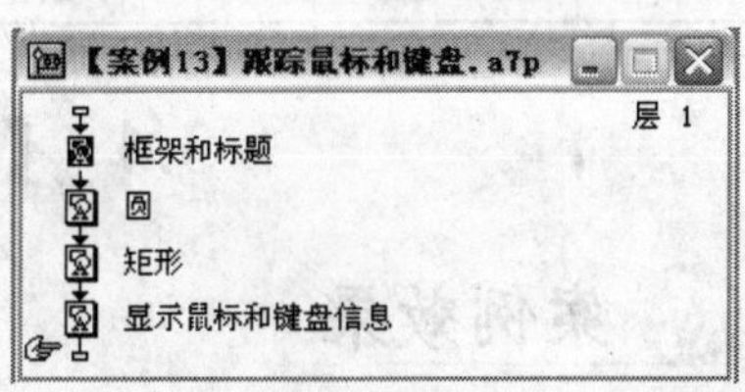

图 3-3-2　“跟踪鼠标和键盘”程序

（3）在“矩形”显示图标下边的流程线上创建一个名为“显示鼠标和键盘信息”的显示图标，在其中的第 1，3，5 行输入如图 3-3-1 所示的信息。

（4）在“显示鼠标和键盘信息”显示图标内其他行输入如下内容：

在第 2 行输入：“X={CursorX}”、“Y={CursorX}”和“X={ClickX }”、“Y={ClickY}”，以及{DoubleClick}。

在第 4 行输入：“{ LastObjectClicked }”、“{Moving@"圆"}”和“{ClickSecond}”。

在第 6 行输入：“{Key}　　{KeyNum}”。

使用这些系统变量来分别显示与鼠标动作和按键动作有关的信息。

（5）选中“属性：显示图标”面板内的“更新变量显示”复选框。从而可以使系统变量的显示自动更新。变量的值随着鼠标操作和按下的不同按键而随之改变。

相关知识

1. 鼠标系统变量

与鼠标有关的一些常用系统变量如表 3-3-1 所示。

表 3-3-1　与鼠标有关的一些常用系统变量

序号	变量名称	类型	作用
1	ClickX	数值	返回鼠标单击时鼠标指针距离演示窗口左边界的像素数
2	ClickY	数值	返回鼠标单击时鼠标指针距离演示窗口上边界的像素数
3	CursorX	数值	返回当前鼠标指针距离演示窗口左边界的像素数
4	CursorY	数值	返回当前鼠标指针距离演示窗口上边界的像素数
5	Moving	逻辑	当指定图标中的显示对象被用户拖曳或被移动图标移动时，则 Moving@"IconTitle"的返回值为真（1）
6	DoubleClick	逻辑	当鼠标双击时，该变量的值为 1（TRUE），否则为 0（False）。
7	LastObjectClicked	字符	返回用户单击的最后一个显示对象的名称
8	ObjectClicked	字符	与 LastObjectClicked 变量的作用基本相同，唯一不同的是，当用户在屏幕上其他地方单击时，该变量返回一个空字符串

2. 键盘系统变量

与键盘按键有关的一些常用系统变量如表 3-3-2 所示。

表 3-3-2 与键盘有关的一些常用系统变量

序号	变量名称	类型	作用
1	Key	字符	返回用户最后一次按键的名称，例如：b，A，Enter 等，注意：应在英文输入状态下按键
2	KeyNum	数值	返回用户最后一次按键的 ASCII 码，例如：98，65，13 等

3.4 【案例 14】1 位数乘法测验

案例效果

“1 位数乘法测验”程序运行后的画面如图 3-4-1 左图所示，可以看出，本案例在一个框架内显示计算机随机产生的 1 位数加法算术题目，还显示学生做题所用的时间。学生答完题后，不但可以显示成绩，还可以显示学生答题所用的时间，如图 3-4-1 右图所示。

通过本案例的学习，可以了解函数和常用的文本输入和数学系统函数，进一步掌握计算图标和附属计算图标的使用方法，初步了解文本输入交互的使用方法。

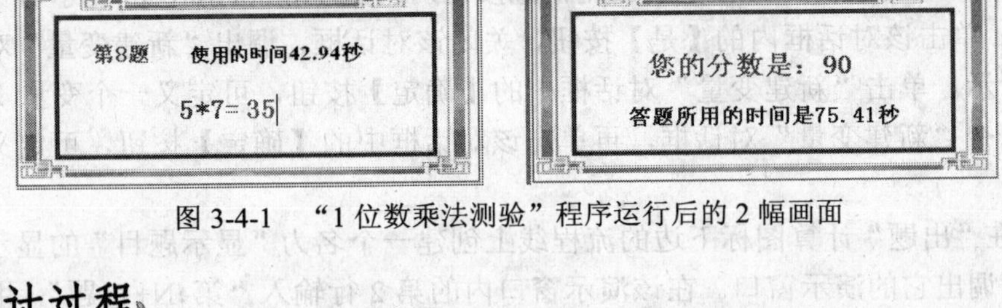

图 3-4-1 “1 位数乘法测验”程序运行后的 2 幅画面

设计过程

“1 位数乘法测验”程序如图 3-4-2 所示。程序设计方法如下。

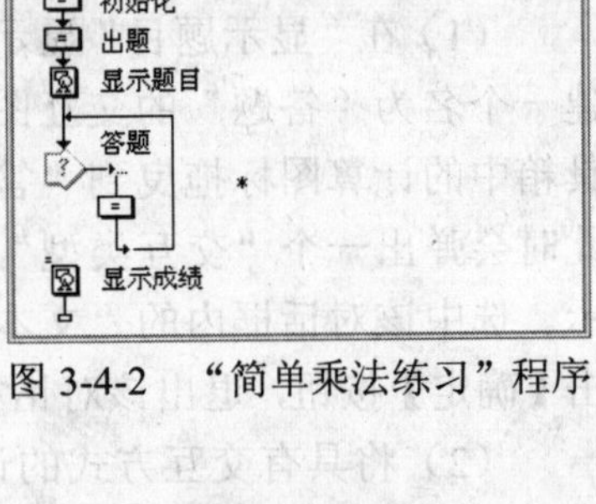

图 3-4-2 “简单乘法练习”程序

1. 出题

（1）在流程线上创建一个名为“框架”的显示图标，在它的演示窗口内导入一幅框架图像，框架图像内有蓝色、加粗、楷体、大小为 24 磅，带阴影的文字“1 位数乘法测验”。

（2）选中“框架”显示图标，单击“修改”→“图标”→“计算”菜单命令，调出附属计算图标的窗口。在该附属计算图标的窗口内输入如下程序：

```
Movable:=OFF          --使当前图标内的对象不可以被移动
```

（3）在“框架”显示图标下边的流程线上创建一个名为“初始化”的计算图标。双击该计算图标，调出“初始化”窗口，在其内输入如下程序：

```
T1:=SystemSeconds     --将此时的计算机运行时间赋给变量 T1
FS:=0                 --变量 FS 用来保存分数
```

（4）单击“初始化”对话框右上角的☒按钮，调出 Authorware 的提示对话框，如图 3-4-3 所示。单击该对话框内的【是】按钮，关闭该对话框，调出“新建变量”对话框，如图 3-4-4 所示（“名字”文本框中显示的变量名称为“T1”）。

图 3-4-3 “Authorware”对话框

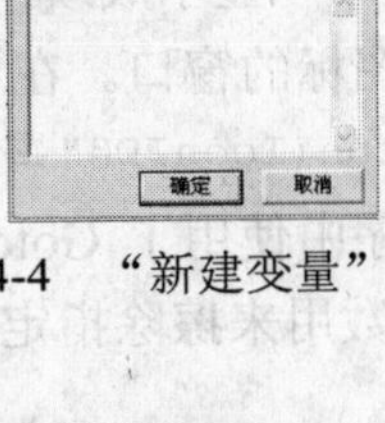

图 3-4-4 “新建变量”对话框

（5）单击“新建变量”对话框中的【确定】按钮，即可定义一个变量 T1，同时又调出下一个“新建变量”对话框，再单击该对话框中的【确定】按钮，即可定义一个变量 FS。

（6）在“初始化”显示图标下边的流程线上创建一个名为“出题”的计算图标。双击该计算图标，调出“出题”窗口，在其内输入如下程序：

```
ZS1:=Random(1, 9, 1 )              --产生一个一位随机正整数，赋给变量 ZS1
ZS2:=Random(1, 9, 1)               --产生一个一位随机正整数，赋给变量 ZS2
```

（7）单击“初始化”对话框右上角的☒按钮，调出 Authorware 的提示对话框，如图 3-4-3 所示。单击该对话框内的【是】按钮，关闭该对话框，调出“新建变量”对话框，如图 3-4-4 所示。单击“新建变量”对话框中的【确定】按钮，可定义一个变量 ZS1，同时又调出下一个“新建变量”对话框，再单击该对话框中的【确定】按钮，可定义一个变量 ZS2。

（8）在“出题”计算图标下边的流程线上创建一个名为“显示题目”的显示图标。双击该图标，调出它的演示窗口。在该演示窗口内的第 2 行输入“第{N+1}题”，用来显示题号；在第 3 行输入“{ZS1}*{ZS2}=”，用来显示计算机出的随机乘法练习题；另外，还要在第 2 行输入“使用的时间{SystemSeconds-T1}秒”，用来显示所用的时间。

2. 输入答案、判分和显示成绩

（1）在“显示题目”显示图标下边的流程线上创建一个名为“答题”的交互图标。再用鼠标将图标工具箱中的计算图标拖曳到“答题”交互图标右下边，此时会弹出一个“交互类型”对话框，如图 3-4-5 所示。选中该对话框内的“文本输入”单选按钮，再单击【确定】按钮，退出该对话框，创建文本交互方式。

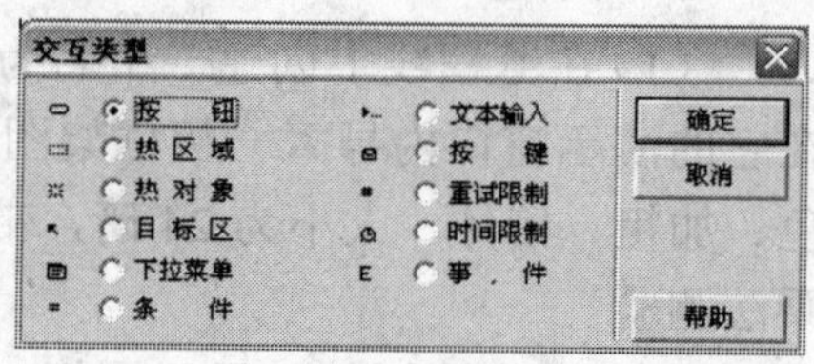

图 3-4-5 “交互类型”对话框

（2）将具有交互方式的计算图标名称改为“*”，表示用户输入任何数据均产生响应，去执行计算图标。

（3）双击“*”计算图标，打开“*”计算图标的窗口，输入如下程序：

```
Beep()                                --响一声
CFC:=NumEntry                         --将用户输入的内容赋给变量 CFC
Test(CFC=ZS1*ZS2, FS:=FS+10)          --判断 SUM 是否等于 ZS1+ZS2，如果等于则加 10 分
N:=N+1                                --变量 N 自动加 1，变量 N 用来保存题号
Test(N=10, GoTo(IconID@"显示成绩"), GoTo(IconID@"出题"))--判断 N 是否等于 10，
如果等于则转到"显示成绩"图标执行，否则转到“出题”图标执行
```

（4）在“答题”交互图标下边创建一个名为“显示成绩”的显示图标，在它的演示窗口内输入如下内容：

```
“分数为:`{FS}”                              --用来显示成绩
“答题所用的时间是{SystemSeconds-T1}秒”      --用来显示做题所用的时间
```

（5）选中“显示成绩”显示图标，单击“修改”→“图标”→“计算”菜单命令，调出附属计算图标的窗口。在该附属计算图标的窗口内输入如下程序：

```
EraseIcon(IconID@"显示题目")       --擦除“显示题目”显示图标中的对象
```

上述程序中使用了 Goto 函数和 EraseIcon 函数，Goto 函数用于转移到指定的图标，EraseIcon 函数用来擦除指定图标内的所有对象。这两个函数将在下一节详细介绍。

相关知识

常量、变量、函数、表达式和数组除了可以在计算图标、附属计算图标内使用外，还可以在显示图标、“属性”面板和一些对话框中使用。

1. 函数和系统函数

函数主要用来执行某种特定的操作。Authorware 7.0 的函数有系统函数与自定义函数。系统函数已安装在 Authorware 7.0 系统中，可以直接使用。自定义函数在使用前必须加载，自定义函数加载后，就可以像使用系统函数那样去使用它。

系统函数可以通过键盘输入到要使用的地方，也可以在“函数”面板中，双击系统函数名或单击【粘贴】按钮调入。单击快捷工具箱内的【函数】按钮，可调出“函数”面板，如图 3-4-6 所示。由图 3-4-6 可以看出“函数”面板中各选项与“变量”面板中的选项名称基本一样，其作用也基本一样。只是操作的对象不是变量而是函数。

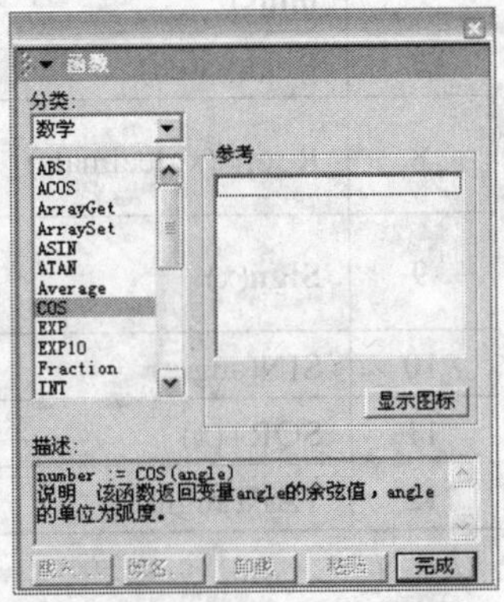

图 3-4-6　“函数”面板

系统函数可以在计算图标与附属计算图标的窗口中使用，也可以在各种对话框和“属性”面板内的文本框中输入。在使用系统函数时特别要注意函数各项参数的使用方法，如果参数是字符串、文件名，则必须要用双引号括起来；如果用字符型变量替换字符串时，变量名不应用双引号括起来。系统函数的各项参数不一定都必须使用，可根据需要来选择使用哪些参数。系统函数的使用方法可通过调用“函数”面板，选中该函数，再在“描述”预览框中查阅有关信息。

例如：Beep 系统函数的格式是 Beep()，它的功能是执行到该函数时，计算机喇叭响一声。

2. 常用的一些文本输入系统变量

常用的一些文本输入系统变量如表 3-4-1 所示。

表 3-4-1　常用的文本输入系统变量的名称和作用

序号	变量名称	类型	作　用
1	FileLocation	字符	该变量给出了程序所在的目录，即当前目录，包括文件所在的磁盘盘符与路径，盘符、路径间有“\”分隔，例如：F:\程序\
2	NumCount	数值	该变量用来存储用户在文本中最后输入的数字的数目，用 NumCount@"IconTitle"可获取该变量在指定交互中的值
3	NumEntry	数值	该变量用来存储用户在文本中输入的第一个数字
4	NumEntry2	数值	该变量用来存储用户在文本中输入的第二个数字
5	NumEntry3	数值	该变量用来存储用户在文本中输入的第三个数字
6	EntryText	字符	该变量存放用户最后一次交互中最后一次响应的文本。用 EntryText@"IconTitle"获取一指定交互中的用户响应的文本
7	PresetEntry	字符	该系统变量的内容可保证在文本输入框内显示出来

3. 常用的数学系统函数

Authorware 7.0 提供了许多数学系统函数。部分数学系统函数的作用如表 3-4-2 所示。

表 3-4-2 常用的数学系统函数和它们的作用

序号	函数名称	作　用
1	ABS(x)	返回 x 的绝对值。ABS(-5)的值为 5，ABS(5)的值为 5
2	COS(angle)	返回变量 angle 的余弦值，angle 的单位为弧度
3	INT(x)	返回浮点数 x 的整数部分。同时把非整型的参数 x 转换成整型
4	MOD(x, y)	返回 x/y 的余数
5	Number(value)	将数值 value 转化为实型或整型
6	Random(min,max, units)	产生在 min ～ max 之间的一个随机数，两个随机数相差是 units 的整数倍。例如：Random(10,99,1)可产生两位整数
7	Real(value)	将数据从当前值转化为实数形式
8	Round(x,decimals)	即“四舍五入”函数，返回数值 x 的四舍五入的数值。Decimals 是四舍五入的位数，它的默认值为 0
9	Sign(x)	即符号函数。如果 x 为负数，Sign(x)返回 -1；如果 x 为 0，Sign(x)返回 0；如果 x 为正数，Sign(x)返回 1
10	SIN(angle)	返回 angle 正弦值，angle 的单位为弧度
11	SQRT(x)	返回 x 的平方根
12	TAN(angle)	返回 angle 的正切值，angle 的单位为弧度

3.5 【案例 15】数字钟和通讯录

案例效果

“数字钟和通讯录”程序运行后，屏幕显示一个数字钟。数字钟内除了可以动态显示当前的日期和时间外，还可以动态显示当前的星期，可以用鼠标拖曳滚动条来查看内容，其中的一幅画面如图 3-5-1 所示。通过本案例的学习，可以进一步掌握 Authorware 程序设计的有关知识，进一步掌握 DayName 和 FileLocation 等系统变量，掌握 Test 和 ReadExtFile 等系统函数的使用方法，进一步了解运算符和表达式的使用方法。

图 3-5-1 “数字钟和通讯录”程序运行的画面

设计过程

“数字钟和通讯录”程序如图 3-5-2 所示，程序的设计方法如下。

1. 制作有星期的荧光数字钟

（1）打开“【案例 12】数字钟”程序，将程序中的“图像”显示图标删除。

（2）双击“框架和图像”显示图标，调出它的演示窗口，调整框架图像和黑色矩形图形的大小和位置，再在该演示窗口内导入一幅图像，调整该图像的大小和位置。绘制一个黄色的矩形框架。此时，该演示窗口如图 3-5-3 所示。

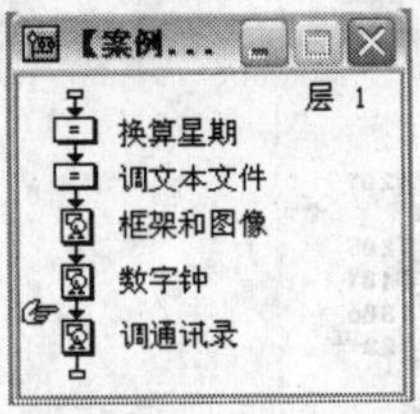

图 3-5-2 程序

图 3-5-3 “框架和图像”显示图标内的对象

（3）双击“数字钟”显示图标，调出它的演示窗口，在该演示窗口内左边显示时间的字符下边，输入“{XQ}”。

（4）在“换算星期”显示图标下边的流程线上创建一个名为“换算星期”的计算图标。双击“换算星期”计算图标，调出它的对话框，输入如下程序。这段程序用来将 DayName 系统变量获得的英文星期名称转换为中文星期名称。

```
--如果 DayName="Monday"，则变量 XQ 赋值"星期一"
Test(DayName="Monday" , XQ:="星期一")
--如果 DayName=" Tuesday "，则变量 XQ 赋值"星期二"
Test(DayName="Tuesday",XQ:="星期二")
Test(DayName="Wednesday" ,XQ:="星期三")
Test(DayName="Thursday" ,XQ:="星期四")
Test(DayName="Friday" ,XQ:="星期五")
Test(DayName="Saturday",XQ:="星期六")
Test(DayName="Sunday",XQ:="星期日")
```

2. 制作显示通讯录程序

（1）在“换算星期”显示图标下边的流程线上创建一个名称为“调用文本文件”的计算图标，该计算图标的对话框内输入如下程序：

```
CXJY:=ReadExtFile(FileLocation^"TXT\\通讯录.txt") --调用文本文件
```

（2）在“数字钟”显示图标下边的流程线上创建一个名为“调通讯录”的显示图标。双击“框架和图像”显示图标，调出它的演示窗口，然后将该演示窗口关闭。

（3）按住【Shift】键，双击“调通讯录”显示图标，调出它的演示窗口。使用绘图工具箱中的“文本”工具 **A**，再单击框架内部，进入文字输入状态，显示一条水平长线。单击该水平线上不同点，产生几个制表标记，各个字段的间隔与文本宽度相同。输入各个字段的标题“编号 姓名 年龄 电话 手机 家庭地址”，每输入一个标题按一下【Tab】键。设置文字为黄色、10 磅大小、宋体。最后效果如图 3-5-4 所示。

图 3-5-4 图标内输入的标题文字

（4）在字段标题的下面一行的最左边，输入{CXJY}，输入完后，给它加滚动条，并将它的宽度、长度和位置调整合适。设置文字为黄色、10 磅大小、宋体。

（5）在该程序所在“程序”目录下，创建一个名称为“TXT”的文件夹，其中保存有一个名称为“通讯录.txt”的文本文件，如图 3-5-5 所示。该文件内的文字是每输入完一项，按一下【Tab】键。每输入完一行，按一次【Enter】键。

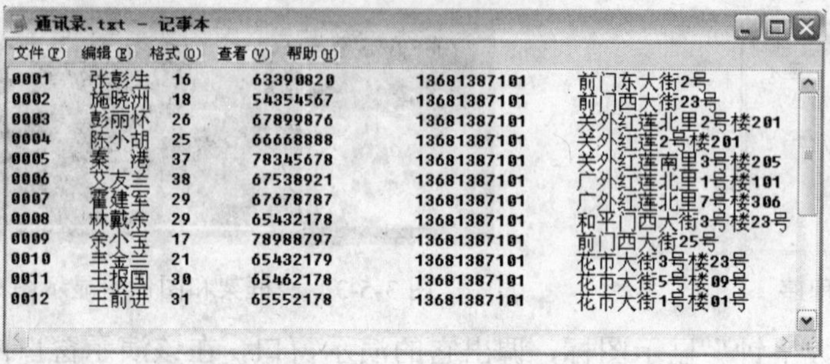

图 3-5-5　通讯录中的记录

相关知识

1. 运算符

运算符有如下几类。所有运算符应是西文半角字母。

（1）算术运算符：+（加）、-（减）、*（乘）、/（除）、**（乘方）、+（正）、-（负）。由算术运算符组成了算术表达式，算术表达式的值是数值型数据。

例如：X**3+2*X+1，如果 X 等于 2，则该算术表达式的值是 13。

（2）字符运算符：它只有一个，即连字符^ 。可以用连字符^将它两边的字符串连接成一个字符串表达式。字符串表达式的值是字符型数据。

例如："Authorware 7"^"程序设计" 字符表达式的值是：Authorware 7.0 程序设计。

（3）关系运算符：=（等于）、<>（不等于）、<（小于）、>（ 大于）、>=（大于等于）、<=（小于等于）。用关系运算符组成的表达式是关系表达式，关系表达式的值是真（TRUE）或假（FALSE）。例如：X>=28，如果小于 28，则该关系表达式的值是 FALSE；如果 X 大于或等于 18，则该关系表达式的值是 TRUE。

（4）逻辑运算符：&（与）、|（或）、~（非）。用逻辑运算符组成的表达式是逻辑表达式，逻辑表达式的值是真（TRUE）或假（FALSE）。

例如：X<=26|"XY"="ZY"，如果 X 的值不大于 26，则该逻辑表达式的值是 TRUE；如果 X 大于 26，则该逻辑表达式的值是 FALSE。

（5）赋值运算符（:=）：它可以将该运算符右边的值赋给其左边的变量。赋值运算符构成了赋值表达式，赋值运算符左边的变量类型决定于赋值运算符右边的常量类型或表达式值的类型。例如：X:=123456，PI=3.1415926，ZF:="抗日战争胜利 80 周年"。

在表达式中，先执行优先级别高的运算符，再执行优先级别低的运算符。同一级的运算符从左向右顺序执行。各种运算符的优先级如表 3-5-1 所示。

表 3-5-1　运算符优先级列表

级 别	运 算 符	级 别	运 算 符	级 别	运 算 符
1	()	4	*、/	7	=、<>、<、>、>=
2	~、+（正）、-（负）	5	+、-	8	& |
3	**	6	^	9	:=

2. 表达式

表达式是由运算符将常量、变量、函数连接而成的式子，用来完成某一种运算或操作，它可以用于一些图标的“属性”面板的文本框、计算图标、附属计算图标和一些对话框的文本框中。表达式可分为字符、赋值、算术、关系和逻辑表达式 5 种。字符表达式的值是字符型数据，数值表达式的值是数值型数据，关系表达式和逻辑表达式的值是逻辑型数据。使用表达式的注意事项如下。

（1）字符串必须用双引号括起来，字符串中有反斜杠“\”时，一般应在反斜杠前增加一个反斜杆，例如：G:\\AUTH\\A3Wmme.u32"。如果在字符串中使用双引号，则必须在双引号前加一个反斜杠，例如：程序:\"多媒体程序设计\"。

（2）在表达式末尾可加注释内容，以说明该表达式的作用，注释内容前必须加两个“-”号。例如：NT:＝100 --给变量 NT 赋值 100。

（3）表达式中的数字不能使用逗号“,”，不能采用科学记数法的书写格式。

（4）表达式中的所有字符应在一行，不能有上标、下标。

3. 常用的判断和图标系统函数

（1）Test 系统函数

【格式】Test(condition, true expression, false expression)

【功能】Test 系统函数用来判断关系表达式 condition 的值或变量 condition 的值，如果 condition 的值为 TRUE，则 Test 返回 true expression；如果 condition 的值为 FALSE，则 Test 返回 false expression。true expression 和 false expression 是表达式。

例如：Test(N<10，L:=68,L:=89)函数执行后，如果 N 小于 10，则变量 L 的值为 68，否则变量 L 的值为 89。

再例如：Test(N，L:= "ABC",L:= "DEF")函数执行后，如果 N 等于 1，则变量 L 的值为“ABC”，否则变量 L 的值为“DEF”。

（2）GoTo 系统函数

【格式】GoTo (IconID@"IconTitle")

【功能】执行到该函数时，程序会跳转到“IconTitle”指示的图标去执行，并从此位置继续往下执行。“IconTitle”是图标的名称。

（3）EraseIcon 系统函数

【格式】EraseIcon(IconID@"IconTitle")

【功能】执行到该函数时，程序会删除“IconTitle”指示的图标中的内容。该函数可让你在运行时决定擦除内容，它只在计算图标中使用。

（4）EraseAll 系统函数

【格式】`EraseAll()`

【功能】执行到该函数时，程序会删除擦除演示窗口内的所有内容。它只能在计算图标中使用。

（5）DisplayIcon 系统函数

【格式】`DisplayIcon(IconID@"IconTitle")`

【功能】执行到该函数时，可显示指定图标的内容。它只能在计算图标中使用，不能插入到表达式中。

（6）LayerDisplay 系统函数

【格式】`LayerDisplay(LayerNumber,IconID@"IconTitle")`

【功能】执行到该函数时，可以改变显示和数字电影等图标中对象的层数。如果用户没有在数字电影图标的属性对话框内选定直接写屏的话，Authorware 自动将数字电影对象放在 1 层，将其他类型的对象放在 0 层。

（7）IconTitle

【格式】`string:=IconTitle(IconID)`

【功能】当指定一个图标的 ID 标识时，该函数返回该 ID 标识所对应的图标标题。

（8）Initialize

【格式】`Initialize([variable1,variable2,…,variable10]`

【功能】将 variable1，variable2，…的值恢复成初始化值，最多可指定 10 个变量。

（9）ExecutingIconTitle

【格式】`ExecutingIconTitle`

【功能】返回当前图标的名称，它对调试程序非常有用，返回值为字符型数据。

（10）Movable

【格式】`Movable@"IconTitle"`

【功能】用户可以给该变量赋值，以控制图标中的对象成为可移动的或不可移动的。在创作时，用户可以移动所有的显示对象。为了防止无意中移动对象，可以给该对象所在的图标附加一个附属计算式，其内输入 Movable:=FALSE。若用户移动了指定的图标内的对象，则 Movable@"IconTitle"的值为 TRUE。缺省时，用户不能移动打包的应用中的对象，除非用户通过图标的“属性”面板设置它们为可移动的，或者它们是目标区域交互的一部分。值为逻辑型数据。

3.6 【案例 16】祖国名胜

案例效果

“祖国名胜”程序运行后，首先在屏幕上边，从中间向两边以开门方式显示该程序的标题“祖国名胜”立体文字、图像框架和带滚动条的文字（介绍中国有哪些世界文化遗产）。然后，画面中添加了【下一个】按钮，如图 3-6-1 左图所示。

图 3-6-1 “祖国名胜”程序运行后的 2 幅画面

单击【下一个】按钮后，即可在图像框架内显示下一幅图像，同时在图像框架右边显示相应的文字（第 1 次单击“下一个”按钮后，显示颐和园的文字），如图 3-6-1 上图所示。以后，每显示 3 幅图像就更换一次文本内容。当显示完 6 组图像后（共显示 18 幅图像），会自动关闭演示窗口，退出程序的运行。

程序浏览的所有图像均是通过与外部图像建立链接来实现的。这些图像均存放在当前程序所在目录下的“SJYC”文件夹中，如果更换了图像，只要图像名称不改，即可通过该程序浏览更换后的图像。通过本案例的学习，可以掌握采用链接方式导入文件的方法，以及掌握导入多幅外部图像文件和其他文件的方法，以及一些常用系统函数的使用方法。

设计过程

“祖国名胜”程序如图 3-6-2 所示，程序设计方法如下。

1. 初始化和创建界面

（1）在流程线上创建一个“初始化”计算图标。双击“初始化”计算图标，调出“初始化”计算图标窗口。在“初始化”计算图标窗口内输入如下程序：

```
ResizeWindow(720,330)        --设置演示窗口大小
ShowTitleBar(OFF)            --不显示演示窗口的标
题
ShowMenuBar(ON)              --显示演示窗口的菜单
N:=0
SJYCZZG:=ReadExtFile ("SJYC/SJYC0.TXT")
```

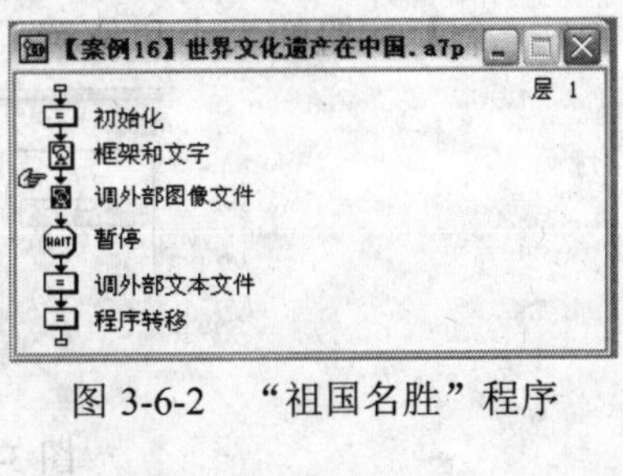

图 3-6-2 “祖国名胜”程序

在程序中，变量N用来保存显示的第几幅图像，给它赋初值0；变量SJYCZZG用来保存外部文本文件内容，ReadExtFile ("SJYC/SJYC0.TXT")函数用来读取当前目录下SJYC文件夹内的"SJYC0.txt"文本文件。第2条语句是将读取的"SJYC0.txt"文本文件内容赋给变量SJYCZZG。

（2）在"初始化"计算图标下边的流程线上创建一个"框架和文字"显示图标。双击"框架和文字"显示图标，调出它的演示窗口和"属性：显示图标"面板。

（3）在"框架和文字"显示图标的演示窗口内导入一幅框架图像。再在框架图像的右边输入12磅、黑色、宋体、加粗的"{SJYCZZG}"，用来显示变量SJYCZZG的内容，即外部文本文件的内容。调整它的宽度与左内框宽度一样。

（4）选中输入的文本"{SJYCZZG}"，单击"文本"→"卷帘文本"菜单命令，使"卷帘文本"菜单命令左边出现对钩，将选定的文本加上滚动文本框。

（5）选中"属性：显示图标"面板内的"更新变量显示"复选框，使显示图标演示窗口内的变量值动态显示，即随着变量值的变化显示的内容也跟着改变。

2. "外加图像"和"暂停"图标设计

（1）在"框架和文字"显示图标下边的流程线上创建一个"调外部图像文件"显示图标。单击"文件"→"导入和导出"→"导入媒体"菜单命令，调出"导入哪个文件？"对话框。选择"SJYC"文件夹，选中文件列表框内的"TU0.jpg"图像文件（即天安门图像文件），选中"链接到文件"复选框，再单击【导入】按钮，将天安门图像导入到"调外部图像文件"显示图标的演示窗口内。

（2）双击"框架和文字"显示图标，调出它的演示窗口，再关闭该演示窗口。按住【Shift】键，双击"调外部图像文件"显示图标，调出它的演示窗口，同时在演示窗口内保留"框架和文字"显示图标中的内容。调整天安门图像，使它与框架图像左边内框大小一样。

（3）单击"修改"→"文件"→"属性"菜单命令，调出"属性：文件"面板，单击"交互作用"标签，在该面板内的"标签"文本框内输入"下一个"文字，如图3-6-3所示。

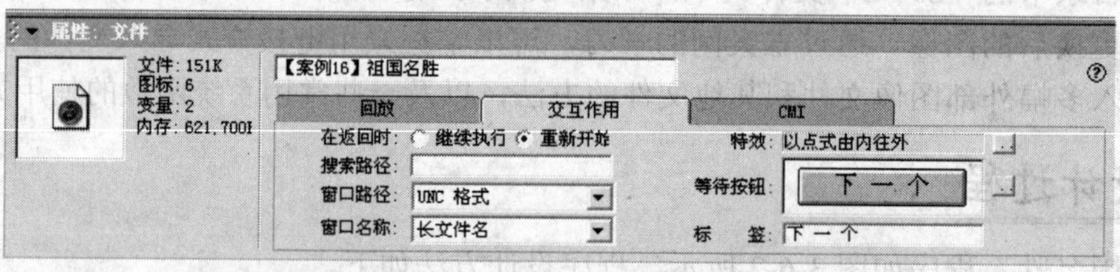

图3-6-3 "属性：文件"（交互作用）面板设置

（4）在"调外部图像文件"显示图标下边的流程线上创建一个名为"暂停"的等待图标，在该图标的"属性：等待图标"面板内进行设置，如图3-6-4所示。运行程序，调整【下一个】按钮的大小和位置，如图3-6-1所示。

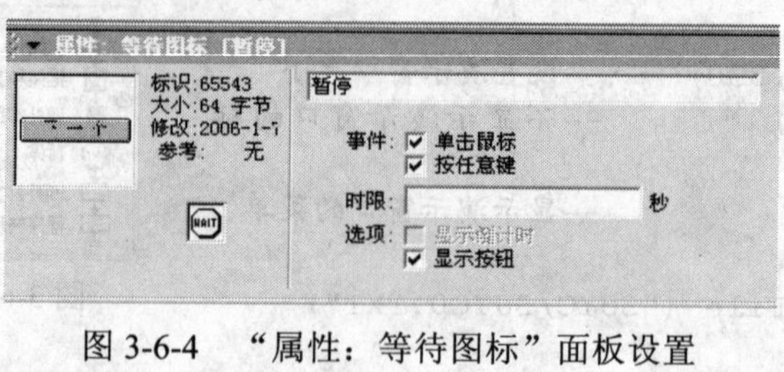

图3-6-4 "属性：等待图标"面板设置

3. “调文本文件”和“程序转移”图标设计

（1）在“暂停”等待图标下边的流程线上创建一个“调外部文本文件”计算图标。双击“调文本文件”计算图标，调出“调外部文本文件”计算图标窗口，在其内输入如下程序：

```
N:=N+1
Test(N>18,Quit(0))
Test(N=1,SJYCZZG:=ReadExtFile ("SJYC/SJYC1.txt"))
Test(N=4,SJYCZZG:=ReadExtFile ("SJYC/SJYC3.txt"))
Test(N=7,SJYCZZG:=ReadExtFile ("SJYC/SJYC3.txt"))
Test(N=10,SJYCZZG:=ReadExtFile ("SJYC/SJYC4.txt"))
Test(N=13,SJYCZZG:=ReadExtFile ("SJYC/SJYC5.txt"))
Test(N=16,SJYCZZG:=ReadExtFile ("SJYC/SJYC6.txt"))
```

在程序中，N:=N+1 语句用来使变量 N 自动加 1；Test 是系统函数，括号内的第 1 项是关系表达式，当该关系表达式成立时，则执行括号内第 2 项语句。Quit(0)系统函数是用来退出程序的运行；ReadExtFile()系统函数用来调外部文本文件。在当前目录下的 SJYC 文件夹内保存了“SJYC/SJYC0.txt”，“SJYC/SJYC1.txt”……“SJYC/SJYC6.txt”文本文件。

（2）在“调外部文本文件”计算图标下边的流程线上创建一个“程序转移”计算图标。双击“程序转移”计算图标，调出“程序转移”计算图标窗口，在其中输入如下程序：

```
EraseIcon(IconID@"调外部图像文件")
GoTo(IconID@"调外部图像文件")
```

在程序中，第 1 条语句用来擦除“调外部图像文件”显示图标内的图像；第 2 条语句的作用是跳转到“调外部图像文件”显示图标去执行程序。

4. 设置“外部媒介浏览器”对话框

在导入图像或文本文件时，如果选中了“导入哪个文件？”对话框中的“链接到文件”复选框，则导入的不是真正的图像，而是建立了该图标与外部图像或文本文件的一种链接。运行程序时，再根据这种链接来调出相应的文件并显示。

（1）单击“窗口”→“外部媒介浏览器”菜单命令，调出“外部媒介浏览器”对话框，如图 3-6-5 左图所示。由该对话框可以看到链接文件的路径（SJYC）和名称（TU0.jpg）。

（2）选中“表达式”单选按钮，在“表达”文本框内输入"SJYC\\TU"^N^".jpg"表达式，如图 3-6-5 右图所示。当变量 N 改变时，分别和当前目录下“SJYC”文件夹内的图像 TU1.jpg，TU3.jpg…，TU18.jpg 进行链接和导入相应的图像。

（3）单击“外部媒体浏览器”对话框内的【确定】按钮，完成链接任务。

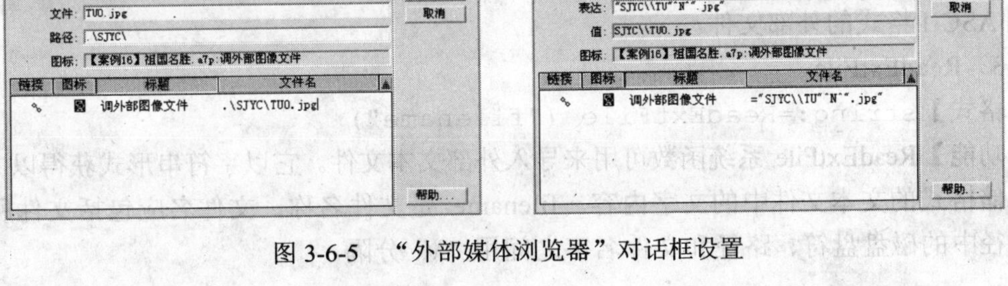

图 3-6-5 “外部媒体浏览器”对话框设置

相关知识

1. “外部媒体浏览器”对话框中各选项的作用

如果在显示图标内有采用链接方式导入的图像或文本文件，则单击“窗口”→“外部媒体浏览器”菜单命令后，会调出“外部媒体浏览器”对话框，如图 3-6-5 所示。由该对话框可以看出链接文件的路径和名称。

“外部媒体浏览器”对话框中的各选项的含义如下。

（1）“类型”栏：该栏有两个单选按钮，它们的作用如下。

- “文字的”单选按钮：选中它时，其下边的“文件”文本框内输入的是采用链接方式加载的文件名（如图像文件“TU0.jpg”）。
- “表达”单选按钮：应为“表达式”。选中它时，下边的“文件”文本框内输入的是以公式形式表示的采用链接方式加载的文件名。

（2）“路径”文本框：输入采用链接方式加载的文件的路径。

（3）“图标”预览框：显示加载外部文件的图标，并指示它是外部文件。

（4）最下边的预览框：显示链接外部文件的图标名称（Title）、链接的外部文件路径和文件名（File Name）、图标类型和是否断链（Link：断链符号是：⁂ ，链接成功的符号是：⚭）。

（5）【浏览】按钮：它只有在选中“文字的”单选按钮时才有效。单击它可以调出“导入哪个文件？”对话框。利用该对话框可以导入外部图像，更换链接的文件。

2. 有关文本文件的系统函数

（1）AppendExtFile

【格式】`number:=AppendExtFile("filename","string")`

【功能】将字符串 string 插入到用户用 filename 指定的文本文件的末尾。该函数生成一个新的文本文件。若用户没有为文件指定存储路径，Authorware 以 FileLocation 的内容为存储路径。不能将该函数嵌入在表达式中使用。用该函数可在文件中添加文本。

【实例】将 NowUser 的内容加到文本文件 DATA.txt 的末尾。

```
AppendExtFile(RecordsLocation^"DATA.txt",NowUser)
```

（2）WriteExtFile

【格式】`WriteExtFile("filename", "string")`

【功能】创建或覆盖文件 filename，其内容为字符串 string。该函数用新文本覆盖文件的内容。它和 AppendExtFile 函数都可以写任意类型的数据，例如用户的名称、记分或主题，到 ASCII 格式的外部文件。

（3）ReadExtFile

【格式】`string:=ReadExtFile ("filename")`

【功能】ReadExtFile 系统函数可用来导入外部文本文件。它以字符串形式获得以 ASCII 码为存储格式的文本文件中的文字内容。filename 是文件名称，文件名应包括文件所在路径。路径中的磁盘盘符、路径和文件名字之间用“\”分隔。

（4）GetLine 系统函数

【格式】`GetLine(string,n)`

【功能】从字符串 String 中取出第 n 行，并将它赋给变量。

（5）GetNumber 系统函数

【格式】`GetNumber(string,n)`

【功能】给出由数字组成的字符串 String 中第 n 个数字。如果 n 超出了 String 中总的字符个数，则返回值为 0。String 也可以是 Character 变量，字符串中的各个数字用“,”分隔。

（6）GetWord 系统函数

【格式】`GetWord(n,String)`

【功能】给出字符串 String 中第 n 个单词，如果 n 的值超出字符串 String 中的总单词数，则返回""（空字符串）。

3.7 【案例 17】简单的猜字母游戏

案例效果

“简单的猜字母游戏”程序运行后，演示窗口显示如图 3-7-1 左图所示，输入 A～Z 之间的英文大写字母。在猜字母过程中，一直显示所用时间和猜字母的次数。

如果猜的字母比计算机随机产生的字母大，则显示“太大!”，如图 3-7-1 右图所示。如果猜的字母比计算机随机产生的字母小，则显示“太小!”，如图 3-7-2 左图所示。

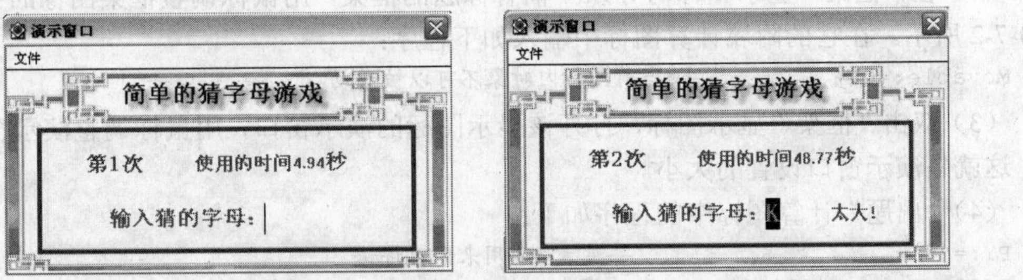

图 3-7-1　“简单的猜字母游戏”程序运行后的 2 幅画面

如果猜的字母与计算机随机产生的字母一样，则显示“正确!”。猜的字母与计算机随机产生的字母一样后，擦除画面中的提示信息和输入的字母，接着显示猜字母用的次数和所用的时间，如图 3-7-2 右图所示。

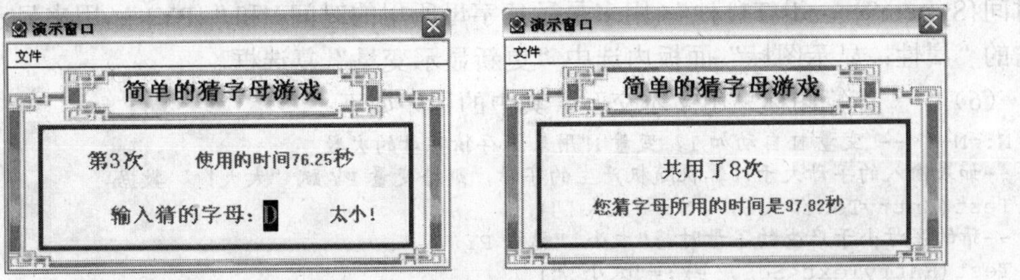

图 3-7-2　“简单的猜字母游戏”程序运行后的 2 幅画面

设计过程

“简单的猜字母游戏”程序如图 3-7-3 所示，程序的设计步骤如下。

（1）单击“文件”→“属性”菜单命令，调出“属性：文件”面板，单击“回放”标签。在“大小”下拉列表框中选择“根据变量”选项，如图 3-7-4 所示。

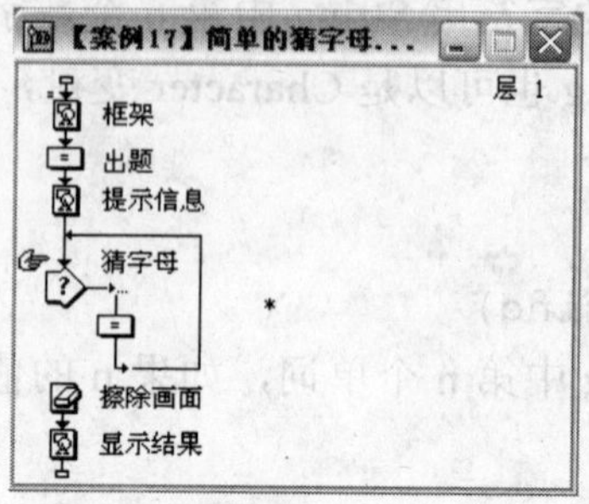

图 3-7-3 “简单的猜字母游戏”程序

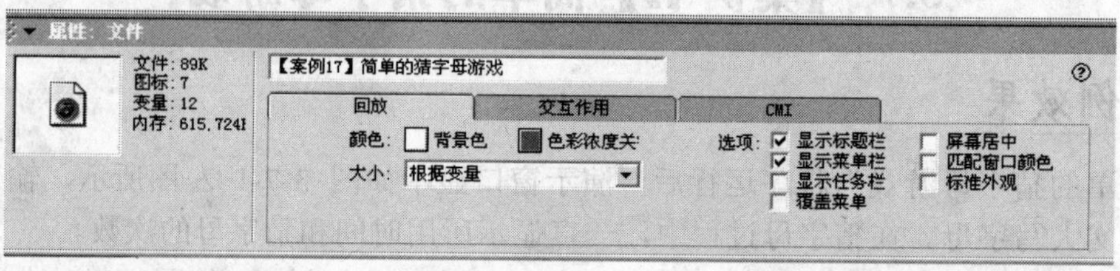

图 3-7-4 “属性：文件”（回放）面板设置

（2）在“框架”显示图标内导入一幅有标题的框架，用鼠标调整框架图像的大小，如图 3-7-2 所示。在它的附属计算图标中输入如下程序：

```
Movable:=OFF              --使当前图标内对象不可以被移动
```

（3）双击“框架”显示图标，打开该显示图标的演示窗口，用鼠标调整演示窗口的大小，这就是演示窗口设置的大小。

（4）“出题”计算图标中的程序如下：

```
PY:=""                   --变量 PY 用来保存评语
SJS1:=Random(65, 90, 1)  --产生一个 65 到 90 以内的随机正整数，赋给变量 SJS1
SJS:=Char(SJS1)          --将 ASCII 码转换为字符
T1:=SystemSeconds        --保存程序运行后到此时所用的时间
N:=1                     --变量 N 用来保存猜字母的次数
```

（5）“显示提示”显示图标内输入：“第{N+1}次”（用来显示猜字母的次数）、“使用的时间{SystemSeconds-T1}秒”（用来显示猜字母所用的时间）和“{PY}”（用来显示评语）。在它的“属性：显示图标”面板内选中“更新显示变量”复选框。

（6）“*”计算图标采用文本交互，其中的程序如下：

```
N:=N+1 -- 变量 N 自动加 1，变量 N 用来保存猜字母的次数
--如果输入的字母大于计算机随机产生的字母，则给变量 PY 赋“太大！”数据
Test(EntryText>SJS, PY:="太大！")
--猜的字母小于产生的字母时将"太小！"赋给 PY
Test(EntryText<SJS, PY:="太小！")
--猜的字母等于产生的字母时将"正确！"赋给 PY
```

```
Test(EntryText=SJS, PY:="正确!")
--猜的字母等于产生的字母时转到"擦除画面"图标执行
Test(EntryText=SJS, GoTo(IconID@"擦除画面"))
```

（7）“擦除画面”图标用来擦除“显示提示”显示图标内的内容，擦除方式为从左向右推出，时间 3 秒。“显示结果”显示图标内输入：“共用了{N}次”和“猜字母所用的时间是{SystemSeconds-T1}秒”。

相关知识

1. 有关演示窗口设置的系统函数

（1）ResizeWindow 系统函数

【格式】`ResizeWindow(Width,Height)`

【功能】用来设置演示窗口的大小，Width 表示演示窗口的宽度，Height 表示演示窗口的高度，单位为像素。例如：ResizeWindow(200，150)。

（2）ShowTitleBar 系统函数

【格式】`ShowTitleBar(ON/OFF)`

【功能】设置在演示窗口内是否显示标题，OFF 为不显示，ON 为显示。

（3）ShowMenuBar 系统函数

【格式】`ShowMenuBar(ON/OFF)`

【功能】设置在演示窗口内是否显示菜单，OFF 为不显示，ON 为显示。

（4）Quit 系统函数

【格式】`Quit([option])`

【功能】其作用是退出程序运行。option 参数为 0（默认值）时，退出 Authorware 回到 Windows 桌面，如果当前的 Authorware 文件是从另一个 Authorware 文件跳转来的，则回到原来的 Authorware 文件。option 参数为 1 时，退出 Authorware ，回到 Windows 桌面。option 参数为 2 时，重新启动 Windows 系统。option 参数为 3 时，关闭 Windows。

2. “属性：文件”（回放）面板

在程序设计的一开始或在输出程序前，通常还需要进行文件属性的设置。单击“修改”→“文件”→“属性”菜单命令，可调出“属性：文件”面板。利用该面板可以对文件演示窗口的大小、背景色和等待按钮的样式等进行设置。“属性：文件”（回放）面板如图 3-7-4 所示，其中各选项的作用如下。

（1）提示信息与演示窗口标题的设置。

- 提示信息：在“属性：文件”面板的左边，给出了文件占用的磁盘空间，以及图标、变量的个数和内存剩余空间，如图 3-7-4 所示。
- 演示窗口的标题设置：在该面板上边的文本框内（默认情况下为程序文件的名称）可输入文件的标题，它只是提示用户该程序叫什么名称，不会改变原文件名。

（2）“颜色”栏：其中各选项的作用如下。

- 【背景色】按钮：单击它会调出“颜色”对话框，如图 3-7-5 所示。利用它可设置演示窗口的背景色。

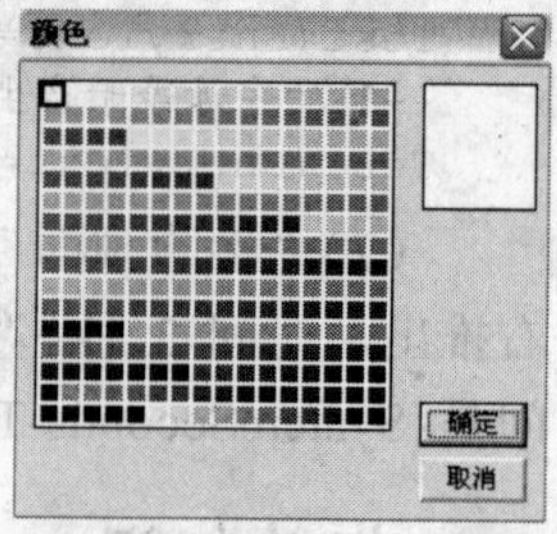

图 3-7-5 “颜色”对话框

- 【色彩浓度关键色】按钮：单击它会调出“色彩浓度关键色”对话框，利用它可设置视频显示专用的透明底色。

（3）“大小”下拉列表框：该下拉列表框中各选项的含义如下。

- “根据变量”选项：选择该选项后，在运行程序后或调出演示窗口后，可以像调整一般 Windows 应用程序窗口那样，用鼠标调整演示窗口的大小和位置，即可完成演示窗口大小和位置的调整。最终打包后的文件中，演示窗口的大小和位置以最后的状态为准。
- 640×480（VGA，Mac12"）、800×600（SVGA）、1024×768（SVGA，Mac17"）等选项：表示演示窗口按显示器的不同分辨率设定。其数值表示水平像素数×垂直像素数。
- “使用全屏”选项：可使演示窗口占满整个屏幕。由于演示窗口内对象的大小与位置已经确定，不会随着分辨率的变化而改变，因此也会出现显示不全或没充分利用屏幕现象，还会将 Windows 98 或 Windows XP 等的任务栏覆盖，使切换不方便。

（4）“选项”栏：“选项”栏中各复选框的作用如下。

- “显示标题栏”复选框：选中它后，程序运行时，可使演示窗口保留标题栏。通常，当演示窗口小于屏幕时，运行程序后的演示窗口的标题栏中会显示标题；打包生成.exe 文件后，运行程序时演示窗口的标题栏中会显示所设置的标题。
- “显示菜单栏”复选框：选中它后，程序运行时，会使演示窗口中增加“文件”菜单栏，单击“文件”→“退出”菜单命令，可退出演示窗口。不选此项时可按【Ctrl＋Q】退出演示窗口。
- “显示任务栏”复选框：选中它后，程序运行时，会使 Windows 桌面的任务栏出现在演示窗口下边。
- “覆盖菜单”复选框：选中它后，程序运行时，演示窗口的菜单栏覆盖在演示窗口上方；不选它时，菜单栏位于演示窗口之上。
- “在屏幕上居中”复选框：选中它后，程序运行时，将窗口置于显示屏的中央。
- “匹配窗口颜色”复选框：选中它后，程序运行时，可以匹配系统窗口的颜色。
- “标准外观”复选框：选中它后，程序运行时，用户可以使用 Windows 的颜色设置来设置应用软件中 3D 图像（例如：按钮等）的颜色。

3. “属性：文件”（交互作用）面板

单击图 3-7-4 所示对话框内的“交互作用”标签，打开“属性：文件”（交互作用）面板如图 3-7-6 所示。其中主要的选项的作用如下。

（1）“等待按钮”栏：该栏用来设置等待按钮的形状和按钮上的文字。

- “等待按钮”区：单击按钮预览框内的按钮或单击 按钮，会弹出一个“按钮”对话框，利用该对话框可以选择按钮和设计按钮样式。可参看后边介绍的有关内容。
- “标签”文本框：在此文本框内可键入等待按钮上的文字标签。

（2）“在返回时”栏：它有两个单选按钮，用来设置在程序返回时，程序如何继续运行。在打包时，会自动在 Windows 目录下生成一个名称为 A7w_data 的文件夹（称为 Authorware 7.0 的用户记录文件夹），并在该文件夹内生成一个扩展名为 .rec 的用户记录文件，用来存储程序的运行状态。两个单选按钮的作用如下。

- “继续执行”单选按钮：选中它后，Authorware 7.0 将从用户离开的地方继续执行。
- “重新开始”单选按钮：选中它后，Authorware 7.0 将从文件开头重新执行，所有变量变为初始值。

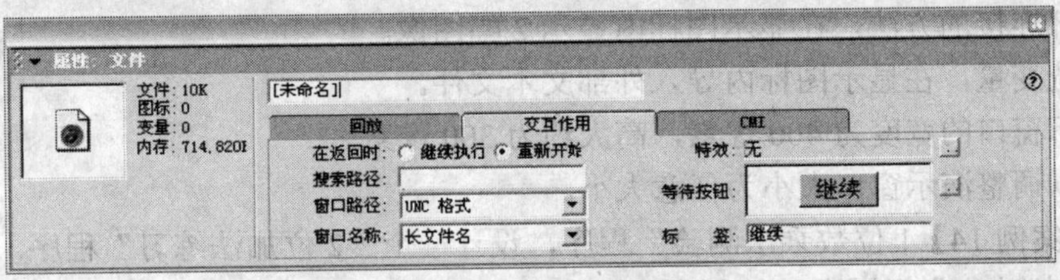

图 3-7-6 “属性：文件”（交互作用）面板

（3）“特效”栏：该栏有一个小按钮 ...，单击它后屏幕会显示“返回特效方式”对话框。利用该对话框可以设置用户离开程序后，再返回继续执行程序时的特效显示方式。

思考与练习

一、填空题

1．逻辑型常量有________和________两种。

2．变量都是________，它主要分为________与________。变量名通常由________、________、________与________组成，不能使用________。给自定义变量赋值所用的赋值符号是________。

3．在显示图标的演示窗口内输入用______括起来的变量名称，即可在程序运行后显示变量的值。选中“属性：显示图标”面板内________复选框，则运行程序后，可以看到，显示图标显示的变量值会随着以后变量值的改变而改变。

4．系统变量 ClickX 可以获取________________________数值。

5．如果在显示图标内有采用________链接方式导入的________或________文本文件，则单击________→________菜单命令后，会调出“外部媒介浏览器”对话框。

6．ResizeWindow(Width,Height)函数用来____________，Width 表示____________，Height 表示____________。

二、问答题

将下列 Visual Basic 表达式转化为数学代数式，这些数学代数式是什么？

1．A**2+2*A*B++B**2

2．(A*(A−B)*(B−C)*(C−D))/(A**2+B**2+C**2)

3．X−1/(X−(1/(X−1/X)))

4．N1*X**3+2*N2*X*X+N3+15*((8−5/2)+9)−10

5．(A*A*A+B*B*B)/SQRT(A**3+B**3)

6. SIN(2*a**2-3*b+c)+COS(a+b*c+d)
7. SIN(5*(6-(A/5*3)))+TAN(A*B/2)
8. 1/(N-(1/(N-1/(N-1/(N-1)))))

三、上机操作题

1. 在名称为“初值”的计算图标内定义 N 和 M 两个变量，并给它们赋初值 0。
2. 使名称为“背景图像”的显示图标内的图像不可以用鼠标拖曳改变移动。
3. 使用外部连接的方法，在显示图标内显示 2 幅图像。
4. 使用系统变量，在显示图标内导入外部文本文件。
5. 调整演示窗口的宽度为 400 像素，高大约为 300 像素。
6. 设置可以调整演示窗口大小为任意大小。
7. 参考“【案例 14】1 位数乘法测验”程序，设计一个“2 位加法练习”程序。
8. 参考“【案例 16】祖国名胜”程序，设计一个“名车浏览”程序。该程序可以浏览 5 种名车的 20 幅图像，同时显示相应的文字介绍。
9. 设计一个可以倒计时的数字钟。该数字钟的起始时间为 100 秒。数字钟架中显示剩余的时间。该程序要使用 SystemSeconds 系统变量。
10. 设计一个“浏览外部文本文件”程序，该程序运行后，演示窗口内显示标题和框架图像。单击【浏览文本】按钮后，框架内会显示出一个带滚动条的文本框和文字，同时显示一个【继续】按钮。单击【继续】按钮后，又可以显示下一个文本文件。
11. 设计一个“计算运费”程序，程序运行后，可以输入货物的质量（单位：千克）和运费单价（元/千克），计算并显示出运费。
12. 设计一个“计算运费”程序，程序运行后，可以输入货物的质量（单位：千克）和运费单价（元/千克），计算并显示出运费。
13. 参考“【案例 17】简单的猜字母游戏”程序，设计一个“简单的猜数字游戏”程序。该程序运行后，用户可以输入 1 到 100 之间猜的一个正整数，按【Enter】键后，计算机会显示相应的提示信息（“太大！”、“太小！”或“正确！”）。在猜数过程中，一直显示所用时间和要用的次数。当猜的数与计算机随机产生的数一样后，擦除画面中的提示信息和输入的数，接着显示猜数所用的次数和所用的时间。

第 4 章 动画制作

通过学习 7 个案例，掌握使用移动图标设计 5 种动画的方法，进一步掌握一些程序设计的技巧。

4.1 【案例 18】祖国名胜浏览

案例效果

“祖国名胜浏览”程序运行后，一幅祖国名胜图像从图像内框的下边向上移动，完全移到框架内后，暂停 2 秒消失。接着又一幅中国名胜图像从下向上移动。程序运行中的 2 幅画面如图 4-1-1 所示。一共可以展示 18 幅图像，展示完第 18 幅图像后，又开始从头展示图像，如此循环往复，不断进行。

通过本案例的学习，可以进一步掌握用公式链接外部大量文件的方法，初步掌握制作“指向固定点”动画的方法，以及掌握利用层实现遮挡的技巧。

图 4-1-1　“祖国名胜浏览”程序运行后的两幅画面

设计过程

“祖国名胜浏览”程序如图 4-1-2 所示，程序的设计步骤如下。

（1）在该程序文件所在目录下，创建一个名称为“中国建筑图”的文件夹，在其中放置 16 幅大小基本一样的图像，它们的名称分别为“建筑 0.jpg”、“建筑 1.jpg”……“建筑 15.jpg”。

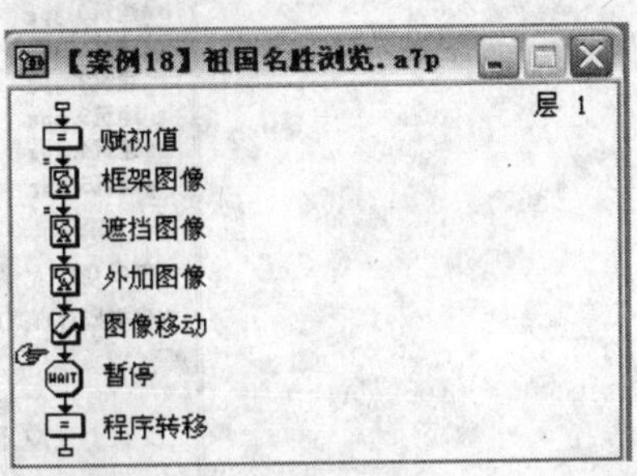

图 4-1-2　“祖国名胜浏览”程序

（2）“赋初始”计算图标内输入的语句是：N:=0（N 用来存储外部图像的图号）。

（3）在“赋初值”计算图标下边创建一个名称为“框架图像”的显示图标，在该显示图标内导入一幅名称为“祖国名胜浏览”的框架图像，不调整云图图像的大小（图像应与演示窗口大小一样），只调整它的位置（居中）。

（4）在“框架图像”显示图标下边放置一个名称为“遮挡图像”的显示图标，在该图标内导入名称为“祖国名胜浏览 1”和“祖国名胜浏览 2”的框架图像，如图 4-1-3 所示。它们分别是从“祖国名胜浏览”图像中裁切出的图像，一幅是上边的一横条图像，另一幅是下边的一横条图像。裁切图像可以使用 Photoshop 软件。

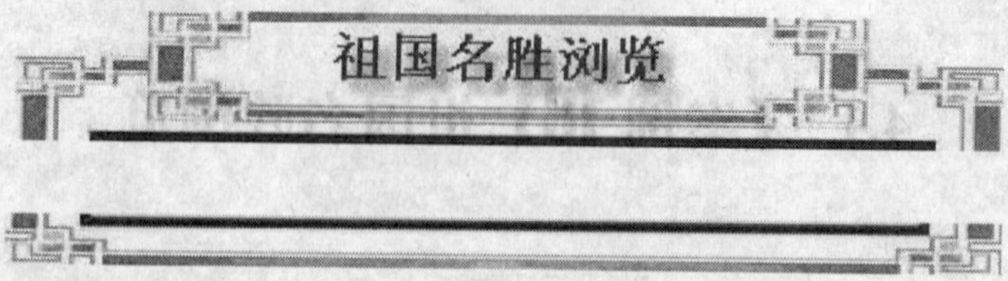

图 4-1-3　2 幅裁切的画面

（5）双击“框架图像”显示图标，显示该图标中的框架图像。按住【Shift】键，双击“遮挡图像”显示图标，在保留“框架图像”显示图标内框架图像的同时，显示“遮挡图像”显示图标中的图像。调整“遮挡图像”显示图标中的图像，使它们与“框架图像”显示图标中的框架图像拼接准确，看不出有接缝。

（6）在“遮挡图像”显示图标的演示窗口内，在框架图像的下边，绘制一个白色的矩形图形，用来遮挡框架图像下边的图像。

（7）选中“框架图像”显示图标，单击“修改”→“图标”→“计算”菜单命令或按【Ctrl+=】键打开附属计算图标的对话框，输入语句：Movable:=False，目的是为了不让鼠标拖曳移动“框架图像”显示图标内的图像。采用同样方法，也可以用程序控制鼠标不可以拖曳移动“遮挡图像”显示图标内的图像。

（8）在“遮挡云图”图标下边创建一个名称为“外加图像”的显示图标，双击该图标，调出它的演示窗口，再单击“文件”→“导入和导出”→“导入媒体”菜单命令，调出“导入哪个文件？”对话框。利用该对话框选择“中国建筑图”目录下的“建筑 0.jpg”图像文件，再单击选中“链接到文件”复选框，如图 4-1-4 所示，表示以链接方式导入外部图像，程序运行到该图标时，才从外部导入链接的外部图像。单击该对话框中的“导入”按钮，完成图像的链接导入。

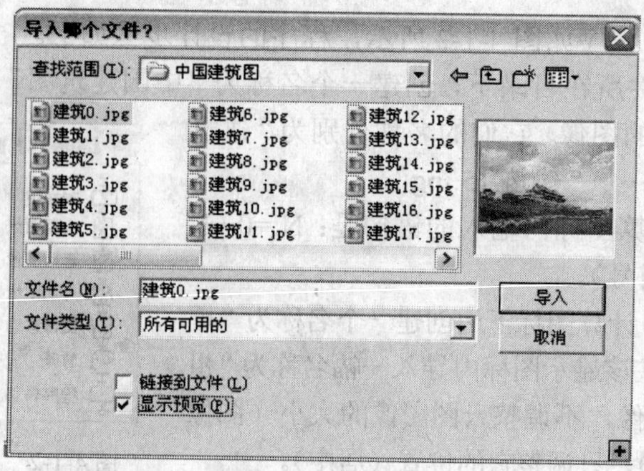

图 4-1-4　“导入哪个文件？”对话框

（9）暂时将“外加图像”显示图标的图层设置为3，目的是为了方便移动动画的制作。然后将“外加图像”显示图标内的图像移到框架图像的下边。

（10）在“外加图像”显示图标的下边加入一个名字为“图像移动”的移动图标。运行程序，调出“属性：移动图标”面板。在该面板的“类型”下拉列表框中选择“指向固定点”选项，设置为“指向固定点”动画；在“定时”下拉列表框中选择“时间（秒）”选项，在其文本框中输入6，表示移动时间为6秒。在“层”文本框中输入1，设置动态图层为1。此时的“属性：移动图标”面板（软件中翻译的是“属性：移运图标”面板，是翻译的错误）设置如图4-1-5所示。

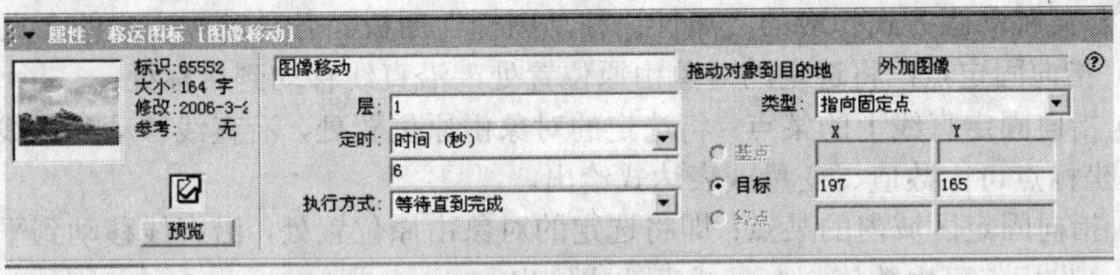

图4-1-5　移动图标的“属性：移动图标”（指向固定点）面板

（11）在“图像移动”移动图标的下边创建一个名称为“暂停”的等待图标，设置等待3秒，不显示“等待”按钮和倒计时小钟。

（12）单击“外加图像”显示图标内导入的图像，确定移动动画的对象，用鼠标水平拖曳该图像到框架图像内框中，制作该图像垂直从下向上移动的动画。如果移动图像后，“属性：移动图标”面板内“目标”栏“X”文本框中的数据发生变化，应将该文本框中的数据还原（此处为197），使该数据与图像处于起点时的数据一样。

（13）在“图像移动”显示图标的下边加入一个名字为“程序转移”计算图标。其内输入的程序如下。

```
EraseIcon(IconID@"外加图像")
N:=N+1
Test(N<17,GoTo(IconID@"外加图像"))
```

（14）单击选中流程线上的“外加图像”图标，再单击“窗口”→“外部媒介浏览器”菜单命令，调出“外部媒介浏览器”对话框。

（15）单击“外部媒介浏览器”对话框内的“表达型”单选按钮，选中它，再在“文件”文本框内输入："中国建筑图\\建筑"^N^".jpg"，表示调用的外部图像的名称由该公式给出。图像文件的序号由变量N给出。要注意：文件夹与文件夹或文件名之间应用“\\”分隔。这时的“外部媒介浏览器”对话框如图4-1-6所示。单击“确定”按钮即可完成程序的设计。

（16）为了实现外部链接图像从框架中移入框架的效果，设置“框架图像”显示图标的静态图层号为0。设置“遮挡图像”显示图标的静态图层号为2。设置“外加图像”显示图标的图层为1。

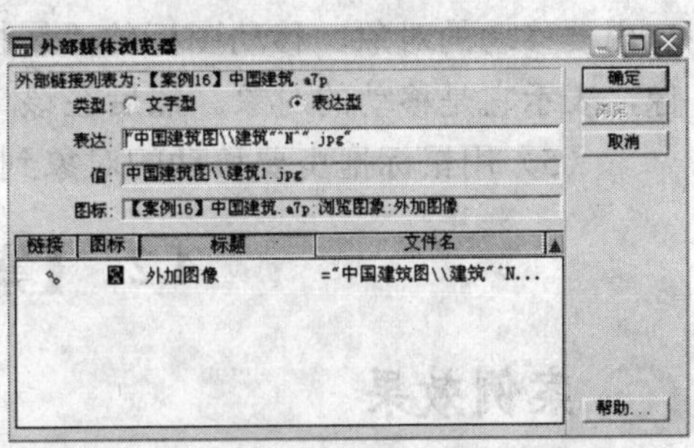

图4-1-6　“外部媒体浏览器”对话框

相关知识

1. 移动动画概述

在程序设计窗口流程线上的显示图标、电影图标或功能图标（插入媒体等对象后生成的图标）下边创建一个移动图标，给移动图标命名。然后，运行该程序或单击选中移动图标，会调出移动图标的“属性：移动图标”面板。

在该面板中的“类型”下拉列表框内选择一个选项，即可选择一种动画方式，并调出与它相应的“属性：移动图标”面板。在选定某种动画方式后，只要单击选中移动图标，即可调出与某种动画方式相应的“属性：移动图标”面板。各种动画方式的含义如下。

（1）指向固定点：将选定的对象由原位置处，沿直线移动到目标处。

（2）指向固定直线上的某点：将选定的对象由原位置处，沿直线移动到直线坐标的坐标点处，坐标点可由数值、变量或表达式给出。

（3）指向固定区域内的某点：即将选定的对象由原位置处，沿直线移动到平面坐标的坐标点处，坐标点可由数值、变量或表达式给出。

（4）指向固定路径的终点：即将对象由原位置处，沿设定的曲线路径移动到终点处。

（5）指向固定路径上的任意点：即将选定的对象由原位置处，沿曲线路径移动到曲线坐标的坐标点处，坐标点可由数值、变量或表达式给出。

上述第1和第4类动画均与坐标无关，不需要创建坐标系。其他三类动画均与坐标有关，需要在创建动画时，创建坐标系。在调出移动图标的“属性：移动图标”面板后，单击演示窗口中的一个对象，即可确定移动的对象。如果被移动的对象是显示图标中的对象，此时该面板左上角的预览框内会显示该对象的缩览图。注意：移动的对象必须单独占有一个图标。

2. “指向固定点”动画的制作方法

（1）在程序设计窗口流程线上创建一个显示图标、电影图标或功能图标，其内导入要移动的对象。在显示图标、电影图标或功能图标下边创建一个移动图标。为了保证后边的操作正常进行，应调出它的“属性”面板。

（2）双击要移动对象所在的图标，打开演示窗口，用鼠标拖曳要移动的对象到起始位置。

（3）双击移动图标，调出移动图标的“属性：移动图标”面板，同时保留刚刚调出的演示窗口和其中要移动的对象。另外，运行程序，当程序执行到移动图标时，也会调出“属性：移动图标”面板和相应的演示窗口（其中有被移动对象）。

（4）在该面板内的“类型”下拉列表框中选择“指向固定点”选项。单击选中演示窗口内要移动的对象，移动图标的“属性：移动图标”面板内左上角会显示该对象的缩小图像，表示它是移动的对象。然后在该“属性”面板内进行设置。

（5）用鼠标拖曳要移动的对象到目标点处，即可完成“指向固定点”动画的制作。

4.2 【案例19】滚动文字

案例效果

“滚动文字”程序运行后，字幕文字从蓝天白云下半部中缓慢地，自下向上地移出，再在蓝天白云中消失。字幕文字在移动时，在下边时逐渐显示，在上边时逐渐消失。程序运行中的一幅画面如图 4-2-1 所示。

通过本案例的学习，可以进一步掌握“属性：移动图标”（指向固定点）面板的设置方法，掌握制作“指向固定点”动画的方法，掌握利用有 Alpha 通道图像实现文字渐变的技巧，以及掌握利用层实现遮挡的技巧。

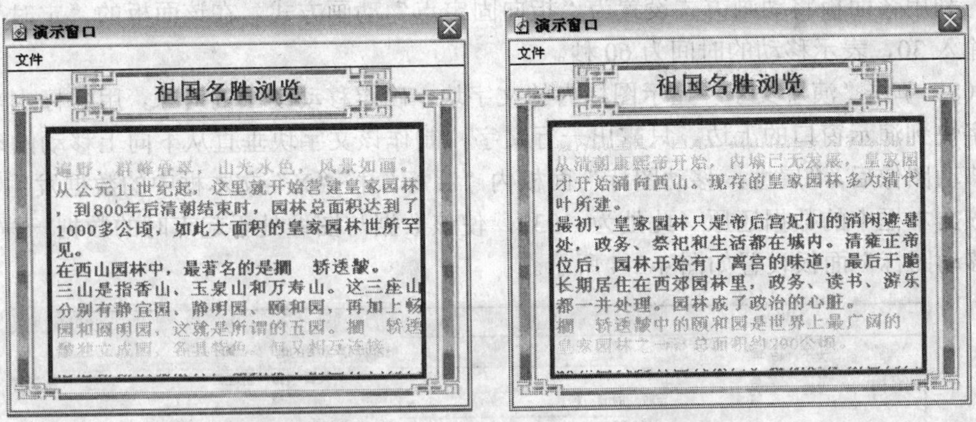

图 4-2-1 “滚动文字”程序运行后的 2 幅画面

设计过程

“滚动文字”程序如图 4-2-2 所示，“滚动文字”程序设计过程如下。

（1）由图 4-2-2 可以看出，该程序由 4 个图标组成，3 个显示图标和一个移动图标，它们分别命名为“框架图像”、“遮挡图像”、“演示文字”和“文字移动”。

（2）“框架图像”和“遮挡图像”显示图标的设计与“【案例 18】祖国名胜浏览”程序中“框架图像”和“遮挡图像”显示图标的设计完全一样。

（3）在中文 Photoshop 软件中创建一个宽为 300 像素、高为 200 像素、背景色为白色的画布。调出“通道”调板，创建一个 Alpha 通道，在该通道的画面中，自上到下填充由白色到黑色，再由黑色到白色的线性渐变色。然后，以名字为“遮罩.psd”保存。制作该图像时的画布画面为白色，“通道”调板中 Alpha 通道的图像如图 4-2-3 所示。

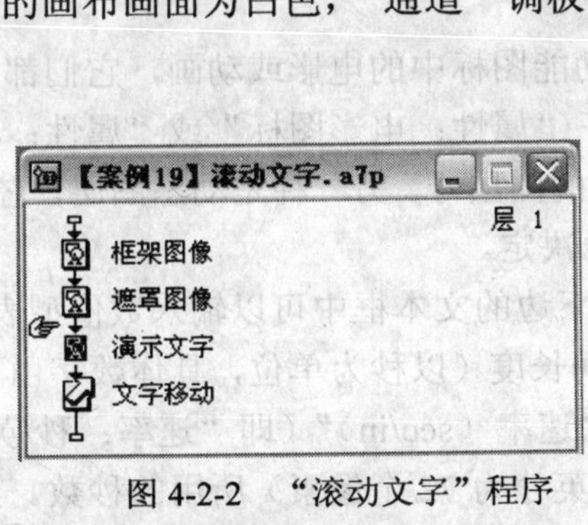

图 4-2-2 “滚动文字”程序

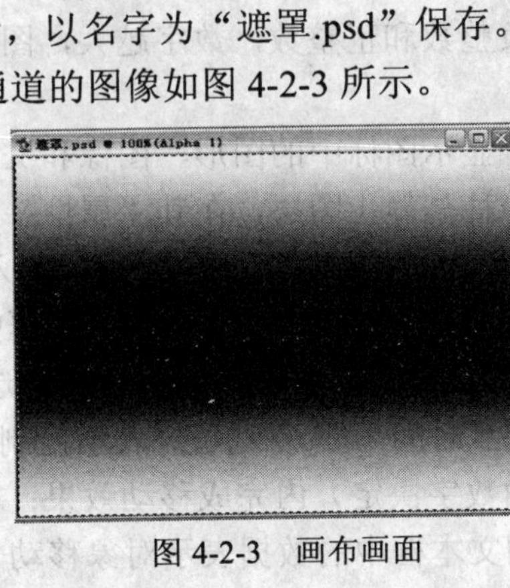

图 4-2-3 画布画面

（4）在“遮罩图像”显示图标中还导入“遮罩.psd”图像，然后适当调整它的大小，使它充满框架图像内框。

（5）单击“窗口”→“显示工具盒”→“模式”菜单命令，可调出“模式”工具盒，单击“Alpha”模式图案，应用“遮罩.psd”图像的 Alpha 通道。

（6）双击“演示文字”显示图标，调出它的演示窗口，其内输入或复制粘贴一些要演示的文字。然后将文字块移到云图图像的下边，只露出一行文字。

（7）运行程序，当蓝天白云的图像显示出来后，会调出移动图标的“属性：移动图标”面板。利用该面板将动画方式设置为“指向固定点”动画方式。在该面板的“定时”文本框中输入 30，表示移动的时间为 60 秒。

（8）单击“演示文字”显示图标内的文字块，确定移动动画的对象，用鼠标水平拖曳该文字快到演示窗口的上边，只露出一行文字，制作该文字块垂直从下向上移动的动画。如果移动图像后，“属性：移动图标”面板内“目标”栏“X”文本框中的数据发生变化，应将该文本框中的数据还原（此处为 193），使该数据与图像处于起点时的数据一样。“属性：移动图标”面板设置如图 4-2-4 所示。

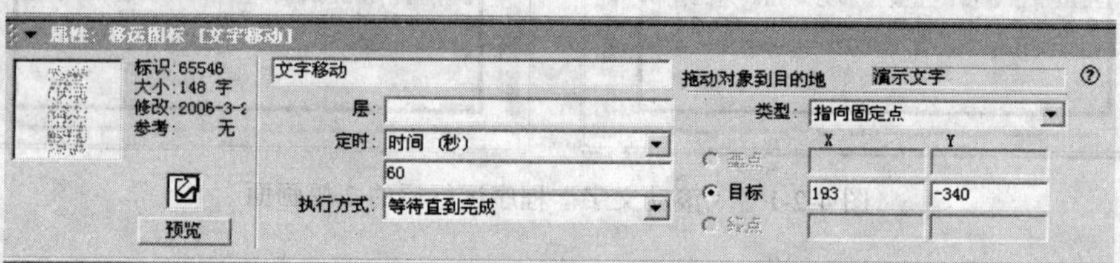

图 4-2-4 移动图标的“属性：移动图标”（指向固定点）面板

（9）在该程序中，“框架图像”、“遮罩图像”和“演示文字”显示图标的静态图层分别设置为：0、2、1，而“文字移动”移动图标的动态层次设置为 1。

相关知识

1. “属性：移动图标”（指向固定点）面板

“属性：移动图标”（指向固定点）面板如图 4-2-4 所示。面板中各选项的作用如下。

（1）“层”文本框：其内可输入数值型变量，其值是移动对象的动态图层号码，可以是零、负整数和正整数，数字越大，图层越高。几个对象移至重叠处时，图层号码大的在上面。

对于显示图标中的图形、图像和文本，以及功能图标中的电影或动画，它们都有两种图层，一种是静止图层，在其“属性：显示图标”（“属性：电影图标”或“属性：功能图标”）面板中的“层”文本框内，可以输入静态图层的图层号。另一种是动态图层，它由“属性：移动图标”面板中的“层”文本框中的图层号决定。

（2）“定时”下拉列表框：有两个选项，在它下边的文本框中可以输入数值型表达式。如果选择“时间（秒）”选项，表示控制在固定时间长度（以秒为单位，具体数字由下面文本框内的数字决定）内完成移动效果；如果选择“速率（sec/in）”（即“速率：秒/英寸”）选项，则文本框中的数据表示对象移动 1 英寸（1 英寸为 72 个像素）所用的秒数。当对移动和其他事件的同步要求较高时选择前者；对移动速度要求较高时选择后者。

（3）“执行方式”下拉列表框：有两个选项，它们的作用如下。

- “等待直到完成”选项：表示该图标的对象移动结束后，再执行下一个图标。
- “同时”选项：表示图标的对象开始移动后，就马上执行下面的图标，可以做到几个图标的对象同时动作。

（4）“目标”文本框：可输入移动对象的目标点的精确坐标位置（以演示窗口的左上角为坐标原点）。“X”文本框用来确定水平坐标值，“X”文本框用来确定垂直坐标值。演示窗口左上角的坐标为 X=0，Y=0。

2. “属性：移动图标”面板使用技巧

在“属性：移动图标”面板内有“层”、“定时”、“目标 X”和“目标 Y”4 个文本框。在文本框内不但可以输入常数，还可以输入变量、函数或表达式，用它们的值控制目标对象所在的层、移动的快慢和目标位置。下面以“小球正弦曲线移动”程序来说明。

“小球正弦曲线移动”程序运行后，一个小球沿正弦曲线不断上下移动，直到移出演示窗口右边，会再返回起始位置。“小球正弦曲线移动”程序如图 4-2-5 所示，该程序的设计方法如下。

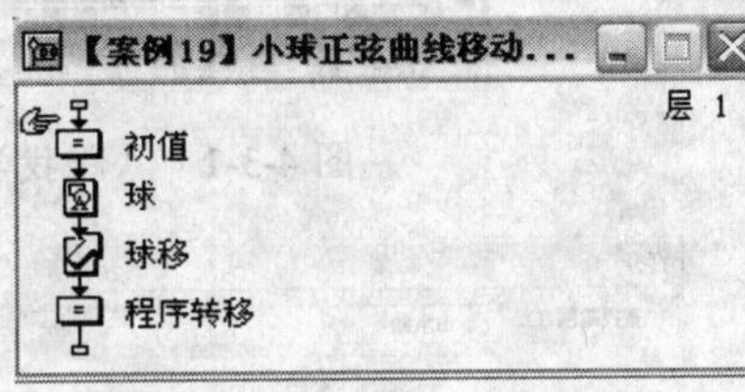

图 4-2-5　“小球正弦曲线移动”程序

（1）在“初值”计算图标内输入“X:=25”语句。在“球”显示图标内导入一幅小球图像。在“球”显示图标下放置一个名字为“球移”的移动图标，不进行设置。

（2）在“程序移动”计算图标内输入如下程序。

```
X:=X+0.1
Test(X>=600,X:=25)
GoTo(IconID@"球移")
```

（3）运行程序，执行到“球移”移动图标时会自动调出该图标的“属性：移动图标”面板。单击小球图像，选中移动对象，在“定时”文本框内输入 0，表示移动到目标点所用时间为 0 秒。在“目标”栏内的“X”文本框内输入“X”，在“Y”文本框内输入如下表达式：

```
100*SIN(X*3.1415926/180)+150
```

其中，“3.1415926/180”是将度数转换为弧度，乘 100 的目的是使正弦幅度为 100，加 150 时考虑到演示窗口左上角的坐标值为（0，0），用来调整坐标系。

（4）如果在“属性：移动图标”面板的“Y”文本框内输入“Y”，在“程序移动”计算图标内输入如下程序，也可以获得相同的效果。

```
X:=X+0.1
Test(X>=600,X:=25)
Y:=100*SIN(X*3.1415926/180)+150
GoTo(IconID@"球移")
```

4.3 【案例 20】跟我学画图软件 1

案例效果

“跟我学画图软件 1”程序是一个教学生学习 Windows 的“画图”软件的电子课件。这个程序的一些核心程序是演示具体的设计方法，其中较多的操作是鼠标移动和单击菜单命令的设计方法。下面要介绍的程序就是“跟我学 Windows 画图软件”程序中一段演示在

Windows 画图软件中打开一幅图像的设计方法，其中有鼠标移动和单击菜单命令等设计方法，如图 4-3-1 和图 4-3-2 所示。通过本案例的学习，可以掌握制作学习 Windows 软件的教学程序的基本方法和技巧，掌握“指向固定路径的终点”动画的制作方法。

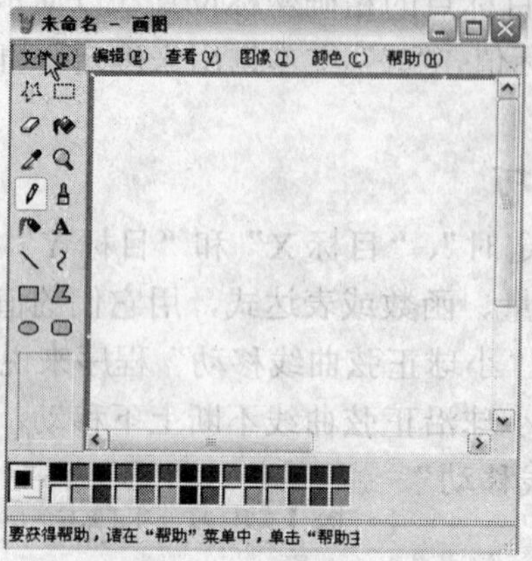

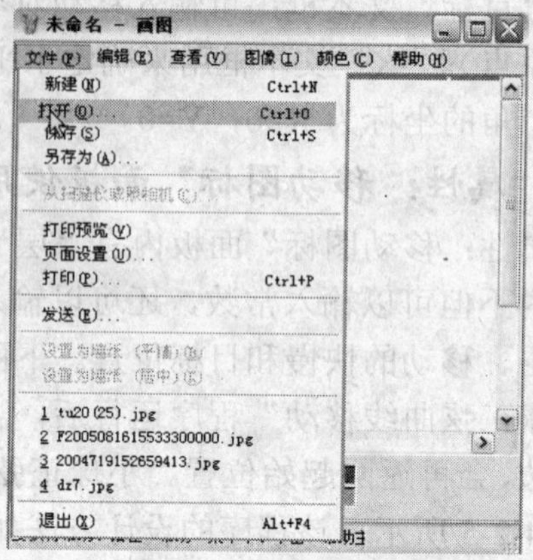

图 4-3-1 “跟我学 Windows 画图软件”程序运行后的两幅画面

图 4-3-2 “跟我画图软件 1”程序运行后的两幅画面

设计过程

1. 素材准备

打开 Windows 画图软件，进行在该软件中打开一幅图像的操作，在出现画面有变化时（不包括鼠标指针的移动变化），就要将新的画面中变化了的部分图像裁切出来，并保存为相应的图像文件（保存在“教学图片”文件夹内）。另外再裁切一幅鼠标指针的图像，鼠标指针内部涂上黄颜色（在以后设置透明模式时，它可以不透明）。

要裁切屏幕画面中的部分图像，可以使用 SnagIt（这是一个非常好用的捕获屏幕图像和编辑图像的软件）等捕获屏幕图像软件来完成。另外，也可以通过按【Print Screen】键将整个屏幕画面复制到剪贴板中，或者通过按【Alt+Print Screen】键来将当前对话框窗口画面复制到剪贴板中，然后再粘贴到图像处理软件中进行图像裁切。

图像处理软件很多，可以使用 Office XP 的照片编辑器、SnagIt 和 Photoshop 等。

2. 程序设计

（1）单击“文件”→“导入和导出”→“导入媒体”菜单命令，调出“导入哪个文件？”对话框。利用该对话框一次导入全部要使用的图像，在流程线上自动创建 9 个显示图标，其内分别导入一幅相应的图像。此时的程序设计窗口如图 4-3-3 所示。

将鼠标指针移到程序设计窗口内，单击鼠标右键，调出它的快捷菜单，单击该菜单中的“滚动条”菜单命令，给程序设计窗口添加滚动条。

（2）按照各显示图标中导入图像的内容，更改图标的名称，如图 4-3-4 所示。在调出“属性”面板的情况下，单击某一个显示图标，即可在“属性：显示图标”面板内左上角看到该显示图标内缩小的图像。然后，调整各显示图标中图像的位置。

（3）双击“鼠标指针 1”显示图标，调出它的演示窗口，单击选中鼠标指针图像，设置它为透明显示模式。设置“鼠标指针 1”显示图标的图层号为 2。

（4）将流程线上的“鼠标指针 1”显示图标移到“文件菜单项”显示图标的上边。再在“鼠标指针 1”显示图标下边创建一个“鼠标指针移动 1”移动图标。

（5）运行程序，当执行到“鼠标指针移动 1”移动图标时，程序停止运行，调出“属性：移动图标”面板。在该面板内“类型”下拉列表框中选择“指向固定路径的终点”选项，设置移动动画的类型为指向固定路径的终点的动画。

（6）单击鼠标指针图像，确定移动对象。用鼠标拖曳鼠标指针图像到“文件”菜单名称处，此时会在鼠标指针的起点到终点之间产生一条直线，如图 4-3-5 所示，表示运动的路径。

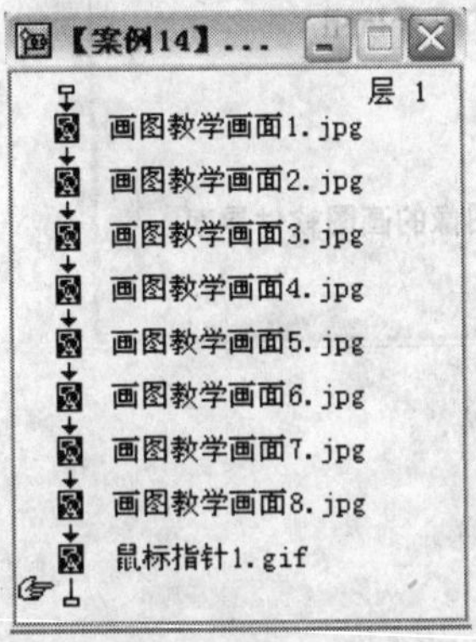

图 4-3-3 程序设计窗口

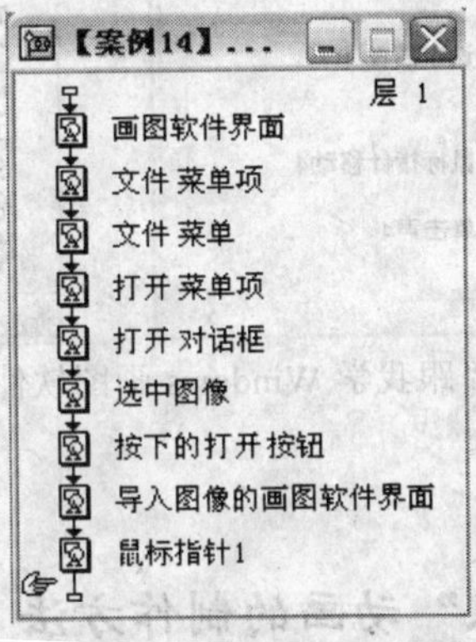

图 4-3-4 更改图标名称

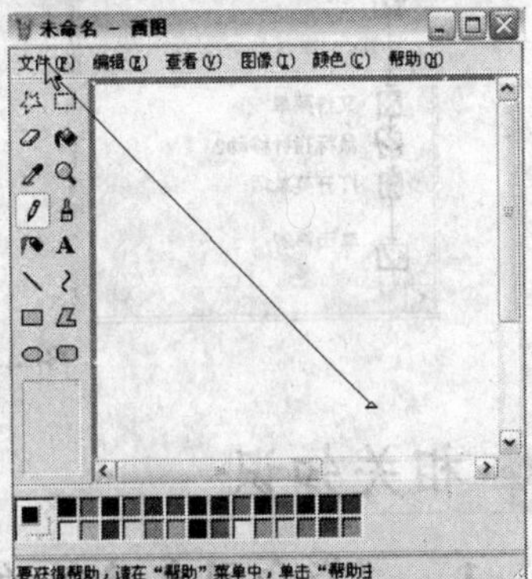

图 4-3-5 产生一条直线

（7）再在“属性：移动图标”面板内“定时”文本框中输入 3，表示移动的时间为 3 秒；在“层”文本框中输入 2，可以保证鼠标指针移动的过程中在其他图像的上边。最终的“属性：移动图标”（指向固定路径的终点）面板设置如图 4-3-6 所示。

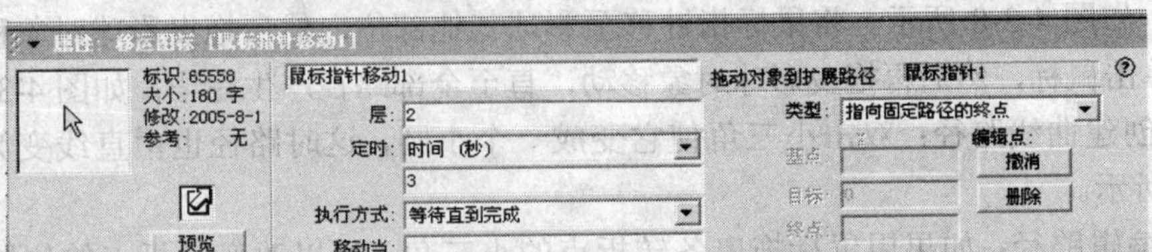

图 4-3-6　指向固定路径的终点动画的“属性：移动图标”面板

（8）在“文件菜单项”显示图标上边的流程线上创建一个名称为“单击声1”的声音图标。在该图标内导入一个鼠标单击的声音。

（9）单击选中“文件菜单”显示图标，调出它的“属性：移动图标”面板，利用该面板设置它的特效显示为从上向下推出显示，显示时间为0.5秒。

（10）在“文件菜单”显示图标下边的流程线上创建一个名称为“鼠标指针移动 2”的移动图标。按照上述方法，创建鼠标指针由“文件”菜单项处移到“文件菜单”内的“打开”菜单命令处的“指向固定路径的终点”移动动画。

（11）在“打开菜单项”显示图标下边的流程线上创建一个名称为“单击声 2”的声音图标。在该图标内导入一个鼠标单击的声音。

至此，两个鼠标操作的过程的程序设计完毕，此时的程序如图4-3-7左图所示。以后，还要制作两个鼠标指针移动的动画，一个是鼠标指针移到“打开”对话框内的要打开的图像之上，单击选中该图像；另一个是鼠标指针移到【打开】按钮之上，单击【打开】按钮，调出选中的图像。这部分的程序如图4-3-7中图和右图所示，其中“擦除1”图标用来擦除演示窗口内的所有对象，具体设计由读者来完成。

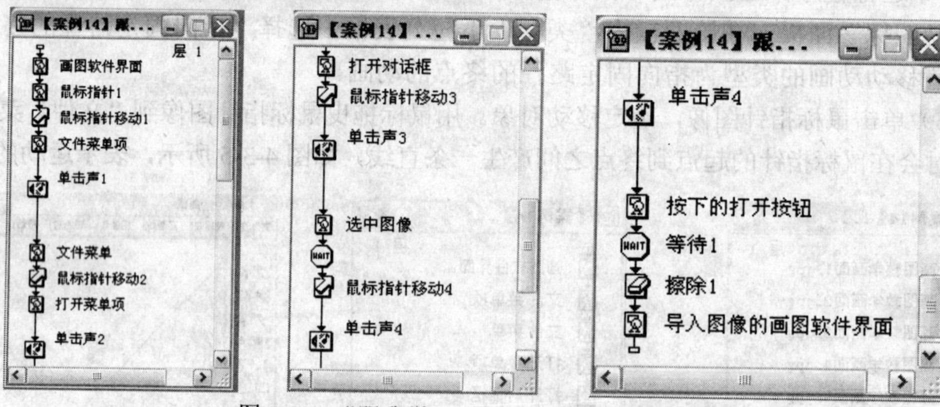

图4-3-7 “跟我学Windows画图软件”程序

相关知识

1. “指向固定路径的终点”动画的制作方法

创建“指向固定路径的终点”动画的方法与创建“指向固定点”动画的方法基本一样，不同的是：在移动图标的“属性：移动图标”面板的“类型”下拉列表框中应选择“指向路径的终点”选项，另外还需要创建对象移动的曲线或直线路径。创建路径的方法如下。

（1）创建直线和折线路径：单击要移动的对象（例如：彩球），可以看到对象上出现一个黑三角，如图4-3-8所示。将鼠标指针移至彩球其他部位，然后拖曳彩球对象移动，移至转折点时单击鼠标，然后再拖曳彩球对象移动，直至全部路径产生完毕，如图4-3-9所示。

（2）创建曲线路径：双击小三角使它变成一个小圆，这时路径也由直线变为曲线，如图4-3-10所示。

（3）编辑路径：如果用鼠标拖曳各转折点的小三角，可以改变转折点的位置及路径形状。单击路径线还可以产生一个新的小三角，使该点变为转折点（即控点）。双击路径线，可以产生一个新的小圆，与它相连的路径也会由直线变为曲线路径。如果双击小圆，还可以将它变为小三角，与它相连的路径会由曲线变为直线路径。

图 4-3-8　选中移动对象

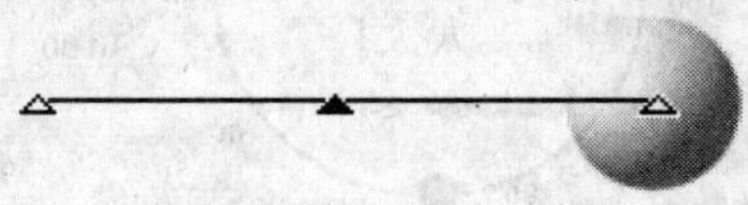

图 4-3-9　创建直线路径

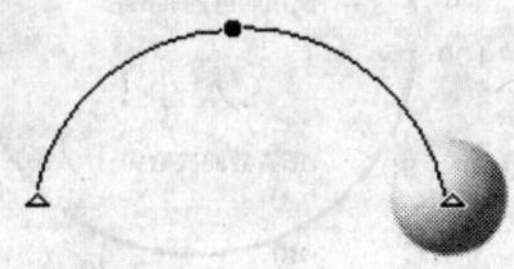

图 4-3-10　创建曲线路径

通常把小三角和小圆叫“控点”。单击某控点可选中它，选中的控点会由空心变为实心。综合使用上述方法可以创建各种形状的路径，如圆弧、圆圈等。

（4）删除控点和恢复删除的控点：选中某控点后，单击对话框中的【删除】按钮，可以删除该控点；单击对话框中的【撤销】按钮，可以恢复删除的控点。

2. “属性：移动图标”（指向固定路径的终点）面板

“指向固定路径的终点”动画的“属性：移动图标”面板如图 4-3-6 所示。该面板与图 4-2-4 所示的“指向固定点”动画的“属性：移动图标”面板基本一样，只是增加了“移动当”文本框，在“执行方式”下拉列表框内增加一个“永久”选项，增加了【撤销】和【删除】两个按钮。该面板中增加选项的作用如下。

（1）“移动当”文本框的作用：可以输入逻辑常量、变量、函数和表达式。当它们的值为真（TRUE）时，对象才会移动；当它们的值为假（FALSE）时，对象不移动。如果该文本框内不输入任何内容，不管“执行方式”下拉列表框内选择哪一选项，执行此图标时，对象只移动一次。

（2）“执行方式”下拉列表框内“永久”选项的作用：如果“移动当”文本框内没有输入任何内容时，则选择“永久”选项，与选择“同时”差别不大。表示对象开始移动后，马上执行下面的图标。如果“移动当”文本框内输入 TURE 常量，则在“执行方式”下拉列表框内选择任何选项后，动画都会永久反复进行。如果“移动当”文本框内输入变量或表达式，则当变量或表达式的值为真时，动画也会永久反复进行。

（3）“编辑点”栏中两个按钮的作用：其中【删除】按钮用来删除选中的控点，【撤销】按钮用来恢复刚刚删除的控点，使用这两个按钮可以修改路径。

4.4 【案例 21】猜数大小

案例效果

“猜数大小”程序运行后，用户可以在文字框内的光标处输入一个 1～100 之间的正整数（此处输入 50），然后按【Enter】键，可以看到彩球沿着圆形轨迹移到 50 处，屏幕显示时用的时间和猜数的次数，如图 4-4-1 左图所示。接着用户可以输入第 2 个数值（此处输入 75），按【Enter】键后，彩球沿着圆形轨迹移到 75 处，如图 4-4-1 中图所示。当输入的数与计算机产生的随机数相同时，会以开门方式在圆形轨迹内显示“猜数结束！”文字，表示猜数游戏结束，屏幕显示出猜数共用的时间和猜数的次数，如图 4-4-1 右图所示。

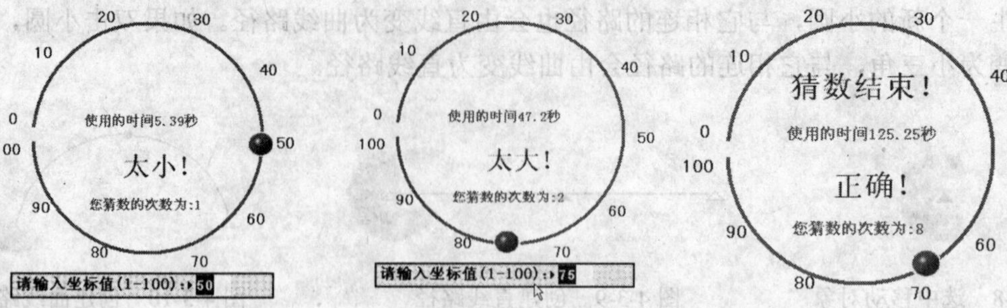

图 4-4-1 “猜数大小”程序运行后的 3 幅画面

设计过程

“猜数大小”程序如图 4-4-2 所示，程序的设计过程如下。

1. “彩球沿圆形曲线到坐标点”动画设计方法

（1）在流程线上创建一个名称为“坐标曲线”的显示图标，在其演示窗口中绘制出一个红色、无填充色的圆，再绘制一个白色线条、无填充色的小矩形，移到圆的左边，遮挡住圆的一部分。再输入一些坐标数字，分别放置在圆外边的相应位置处，如图 4-4-1 所示。

（2）创建“彩球”显示图标和“控制彩球移动”交互图标，在“彩球”显示图标内导入一幅彩球图像，并将它移至曲线坐标的发出点（坐标数为 0）处，如图 4-4-1 所示。

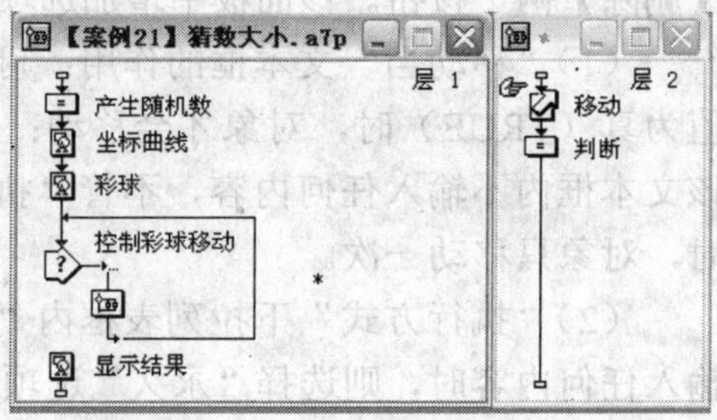

图 4-4-2 “猜数大小”程序

（3）将一个移动图标放在“控制彩球移动”交互图标右下方，这时会弹出一个“交互类型”对话框。单击选中该对话框的“文本输入”单选按钮，设定为“文本输入”交互方式，再单击【确定】按钮，回到程序设计窗口。

（4）将移动图标命名为“*”，表示对键盘输入的任何内容都会产生响应，去执行其下边的响应图标（此处即是移动图标）。然后，双击“控制彩球移动”交互图标，调出它的演示窗口，在此演示窗口内，绘制一个矩形框和输入提示文字“请输入坐标值（0-100）:”。

（5）运行程序，屏幕会出现一个带黑三角的文本输入虚线矩形框，表示在此可输入字符。按【Ctrl+P】键，使程序运行暂停，再用鼠标将虚线矩形框移到提示文字的右边。

（6）单击选中“*”移动图标，调出它的“属性”面板，再选择“类型”下拉列表框中的“指向固定路径上的任意点”选项，在“定时”文本框中输入 1，“执行方式”下拉列表框内选择“等待直到完成”选项，“远端范围”下拉列表框中选择“到终点停止”选项，在“基点”文本框内输入 0，“终点”文本框内输入 100，“目标”文本框内输入 NumEntry。

（7）创建一个与圆形图形完全重合的路径，坐标起点（即基点）为曲线坐标数 0 处，坐标终点为曲线坐标数 100 处，如图 4-4-3 所示。创建圆形路径的方法很多，可以参考下一节中介绍的方法。

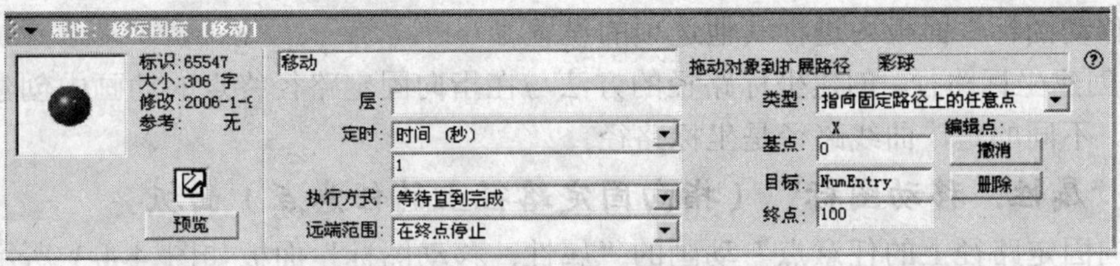

图 4-4-3 “属性：移动图标”面板

2. 猜数程序设计方法

（1）在“坐标曲线”显示图标上边的流程线上创建一个名称为“产生随机数”的计算图标，双击“产生随机数”计算图标，调出它的窗口，输入如下程序。

```
T1:=SystemSeconds              --将此时的计算机运行时间赋给变量 T1
N:=Random(0, 100, 1 )          --产生一个 0 到 100 的随机正整数,赋给变量 N
K:=0                           --变量 K 用来保存猜数的次数
PY:=""                         --变量 PY 用来保存猜数的信息
```

（2）双击“坐标曲线”显示图标，调出它的演示窗口，在其中的圆形轨迹图形内部分三行输入如下内容:{使用的时间“SystemSeconds-T1}秒”、“{PY}”、“您猜数的次数为:{K}”。

调出“属性：显示图标”面板，选中“更新变量显示”复选框，表示该显示图标内的变量会自动更新，动态显示变量数据。

（3）选中“*”移动图标，单击“修改”→“群组”菜单命令，则程序设计窗口的流程线上会出现一个名称为“*”的群组图标，取代了原来选中的图标。

（4）双击“*”群组图标，调出第 2 层程序设计窗口。将“*”移动图标更名为“移动”。

（5）在“移动”移动图标下边的流程线上创建一个名称为“判断”的计算图标，双击“判断”计算图标，调出它的窗口，输入如下程序。这段程序由读者自行分析。

```
K:=K+1
Test(NumEntry>N,PY:="太大!")
Test(NumEntry<N,PY:="太小!")
Test(NumEntry=N,PY:="正确!")
Test(NumEntry=N,GoTo(IconID@"显示结果"))
```

（6）在“控制彩球移动”交互图标右下方的流程线上创建一个名称为“显示结果”的显示图标，其内输入“猜数结束!”文字。

相关知识

1. 制作“指向固定路径上的任意点”动画的方法

“指向固定路径上的任意点”动画是使对象由原位置沿固定的曲线路径移动到曲线路径坐标上的一点，该点叫目标点，是曲线路径坐标系上的一点。通过对变量或表达式的计算可得到目标点的坐标值。制作指向固定路径上的任意点动画的方法如下。

（1）双击要移动的对象所在图标，打开演示窗口，用鼠标拖曳要移动的对象到起始位置。

（2）双击移动图标，打开演示窗口，单击选中演示窗口内要移动的对象，在“属性：移动图标”面板的“类型”下拉列表框中应选择“指向固定路径上的任意点”选项，再在

"属性：移动图标"面板内进行其他选项的设置。

（3）创建坐标路径，创建坐标路径的方法与在指向固定路径终点的动画中创建路径的方法一样。不同的是，曲线路径是坐标路径。

2. "属性：移动图标"（指向固定路径上的任意点）面板

"指向固定路径上的任意点"动画的"属性：移动图标"面板如图 4-4-3 所示。该面板与图 4-3-6 所示面板基本一样。只是取消了"移动当"文本框，增加"远端范围"下拉列表框，右边的 3 个文本框变为有效。该面板中增加选项的作用如下。

（1）"执行方式"下拉列表框内"永久"选项的作用：选择"永久"选项后，则在退出该图标时，Authorware 7.0 会时刻检查"属性：移动图标"面板中"目标"文本框内变量和表达式的值是否发生变化，如果其值发生变化，则对象会根据其值移到相应的新坐标位置处，直到退出程序运行为止。"目标"文本框内可以输入常量、变量或表达式。如果在"目标"文本框内没有输入任何内容时，则选择"永久"与选择"同时"几乎没有什么差别。

（2）"远端范围"下拉列表框中有两个选项，它们的含义如下。

- "到终点停止"：无论"目标"文本框内变量和表达式的值比"终点"文本框中数值大多少，对象都会停在终点（路径终点）处；无论其值比"基点"文本框中的数值小多少，对象都会停在基点（路径基点）处。
- "循环"：将"目标"文本框内变量和表达式的值对终点值求余数，来确定目标点的值。例如："目标"文本框内的值为 40，终点的值为 25，则目标点的坐标值为 15。

3. 创建曲线路径坐标的方法

（1）在"属性：移动图标"面板（如图 4-4-3 所示）中，在"基点"文本框内输入坐标的起点值。单击要移动的对象，可以看到对象上出现一个黑三角。

（2）将鼠标指针移至移动对象其他部位，然后拖曳移动对象，移至转折点时单击鼠标，然后再拖曳对象移动，直至全部路径产生后完毕。

（3）参照指向固定路径的终点动画创建路径的方法，编辑调整曲线路径坐标线。

（4）单击曲线路径坐标线终点的控点，然后，在"终点"文本框中输入坐标终点值。

4.5 【案例 22】卡通数字钟

案例效果

"卡通数字钟"程序运行后，屏幕显示一个卡通数字钟，有一个小红球沿圆形钟架按秒移动，每过一秒移动一位，一分钟转一圈，然后再重复转圈移动。在圆内上方有一个猫头鹰图像，两眼中有一个红眼珠，交替变化，下方还有一个数字表，显示当前日期、时间和星期几。该程序运行中的画面如图 4-5-1 所示，程序如图 4-5-2 所示。

图 4-5-1　“卡通数字钟”程序运行后的一幅画面

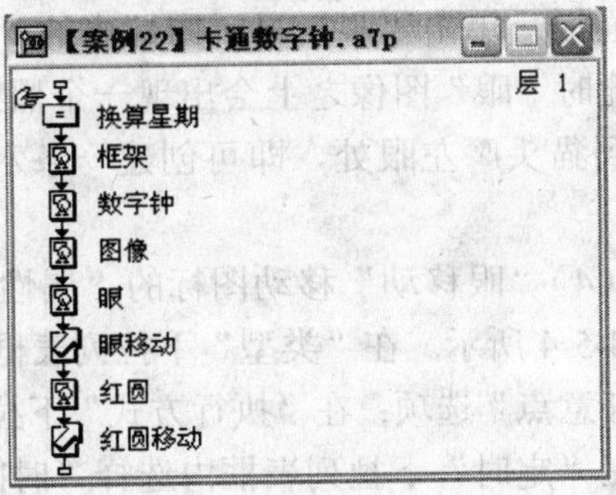

图 4-5-2　“卡通数字钟”程序

设计过程

1. 制作数字钟

（1）单击“修改”→“文件”→“属性”菜单命令，调出“属性：文件”面板。在该面板内的“大小”下拉列表框中选择“根据变量”选项。

（2）在“框架”显示图标内绘制一个绿色粗边框的圆。将鼠标指针移到演示窗口的边缘，拖曳鼠标，调整演示窗口的大小比圆形图形稍大一点，从而确定了运行程序后的演示窗口大小。

（3）在“数字钟”显示图标内输入{FullTime}、{FullDate}和{XQ}，设置文字大小为14 磅，颜色为红色，字体为宋体，用来显示数字钟。

（4）单击“修改”→“图标”→“属性”菜单命令，调出“属性：显示图标”面板，再单击选中“更新变量显示”复选框，可使数字钟读数随时间变化。

（5）在“换算星期”计算图标内输入如下程序。这段程序与“【案例 15】数字钟和通讯录”程序中“换算星期”计算图标内的程序的作用完全一样。

```
--如果 DayName="Monday"，则变量 XQ 赋值"星期一"
if DayName="Monday" then XQ:="星期一"
if DayName="Tuesday" then XQ:="星期二"
if DayName="Wednesday" then XQ:="星期三"
if DayName="Thursday" then XQ:="星期四"
if DayName="Friday" then XQ:="星期五"
if DayName="Saturday" then XQ:="星期六"
if DayName="Sunday" then XQ:="星期日"
```

2. 制作动画

（1）在“图像”圆内导入一幅猫头鹰图像。在“眼”和“红圆”显示图标内分别导入一幅红色小圆图像，将它们分别调整得与猫头鹰眼睛大小一样。将“眼”显示图标内的红色小圆图像移到猫头鹰右眼处，将“红圆”显示图标内红色小圆图像移到圆形图形上边外框的中间 0 秒处。

（2）“眼移动”移动图标是用来产生按秒来回移动的红眼珠的。“红圆移动”移动图标是用来产生按秒转圈移动的红圆。

（3）运行程序，当执行到“眼移动”移动图标时，调出该移动图标的“属性：移动图标”面板。单击“眼”显示图标内的“眼”图像，确定移动对象。此时“眼”图像之上会出现一个黑三角。用鼠标拖曳“眼”图像到猫头鹰左眼处，即可创建一条水平路径线，如图 4-5-3 所示。

图 4-5-3　建立的坐标路径

（4）“眼移动”移动图标的“属性：移动图标”面板设置如图 4-5-4 所示。在“类型”下拉列表框内选择“指向固定路径上的任意点”选项；在“执行方式”下拉列表框选择“永久”选项；在“定时”下拉列表框内选择“时间（秒）”选项，其文本框内输入 0；在“目标”文本框内输入“Sec/2=INT（Sec/2）”，在“基点”文本框内输入 0，“终点”文本框内输入 1。

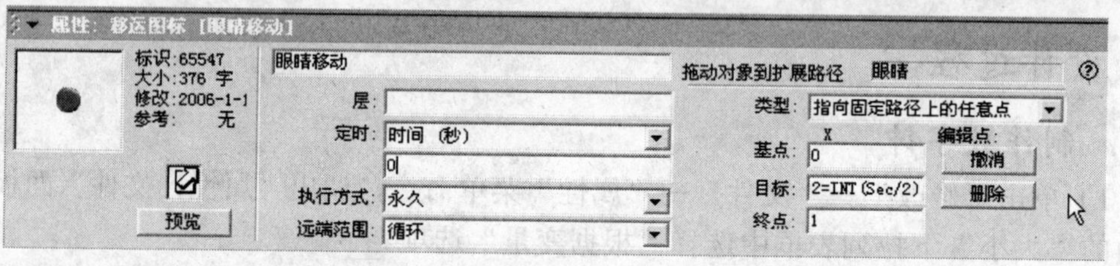

图 4-5-4　“眼移动”移动图标的“属性：移动图标”（指向固定直线上的任意点）面板设置

基点坐标值为 0，终点坐标值为 1，目的是让红点只在这两点交替移动；移动过程所用的时间定为 0 秒，是为了产生跳跃的效果。INT 是系统的取整函数，当 Sec 值为偶数时，该表达式成立，其值为 1；当 Sec 值为奇数时，该表达式不成立，其值为 0。

（5）按【Ctrl+P】键，继续运行程序。当程序执行到“红圆移动”移动图标时，会调出它的“属性：移动图标”面板。单击“红圆”显示图标内的“红圆”图像，确定移动对象。此时“红圆”图像之上会出现一个黑三角。然后按照 4.4.3 节相关知识内介绍的方法创建一个圆形路径，如图 4-5-5 所示，终点与基点控点不重合，终点控点在 59 秒处。

图 4-5-5　圆形路径

（6）“红圆移动”移动图标的“属性：移动图标”面板设置如图 4-5-6 所示。在“类型”下拉列表框内选择“指向固定路径上的任意点”选项；在“执行方式”下拉列表框选择“永久”选项；在“计时”下拉列表框内选择“时间（秒）”选项，其文本框内输入 0；在“基点”文本框内输入 0，“终点”文本框内输入 59，“目标”文本框内输入“Sec”。“属性：移动图标”（移动）对话框设置如图 4-5-6 所示一样。

图 4-5-6　“红圆移动”移动图标的“属性：移动图标”面板设置

相关知识

1. 圆形路径制作方法和实例——卫星绕着地球转

"卫星绕着地球转"程序运行后，卫星围绕地球作圆周运动。该程序运行后的一幅画面如图 4-5-7 所示。程序如图 4-5-8 所示，程序的设计方法如下。

图 4-5-7　程序运行后的一幅画面

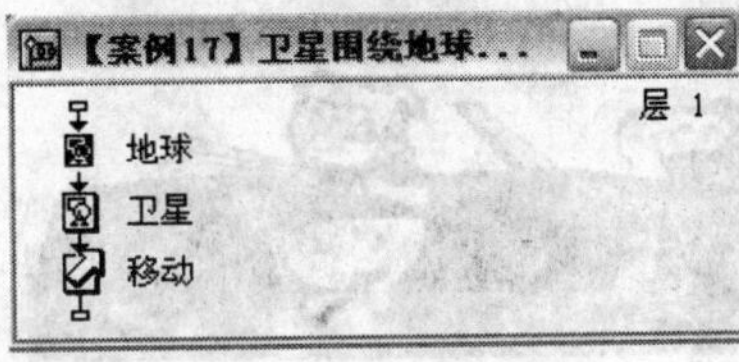

图 4-5-8　"卫星绕着地球转"程序

（1）在程序设计窗口的流程线上创建一个名称为"地球"的显示图标，其内导入一个"地球"图像。

（2）在"地球"显示图标的下边创建一个名称为"卫星"的显示图标，其内导入一个彩球图像，并将卫星图像移到"地球"图像的左边。

（3）在"卫星"显示图标下边的流程线上创建一个移动图标，命名为"移动"。运行程序，当执行到"移动"移动图标时，调出它的"属性：移动图标"面板。

（4）在"属性：移动图标"面板内的"类型"下拉列表框中选择"指向固定路径的终点"选项，并在"定时"文本框中输入 30，设定移动的时间为 30 秒；在"执行方式"下拉列表框中选择任意选项，在"移动当"文本框中输入 TRUE，表示永久执行该移动图标。其"属性：移动图标"面板的设置如图 4-5-9 所示。

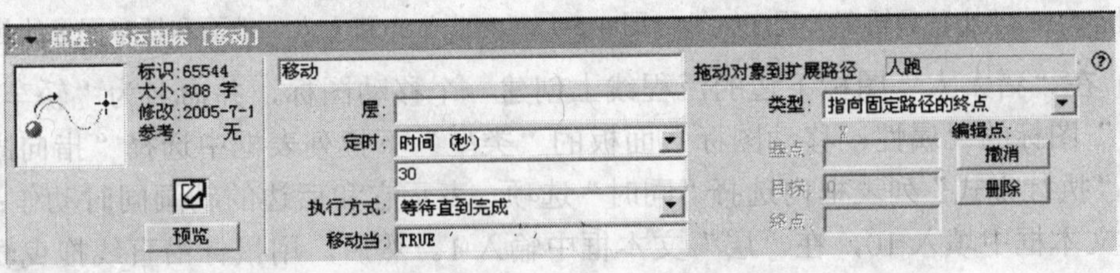

图 4-5-9　"属性：移动图标"面板

（5）按照下述方法创建圆形路径：单击沿着圆形移动的对象（此处为"卫星"显示图标中的彩球图像），以产生起始控点，如图 4-5-10 左图所示。然后沿直线拖曳对象产生直线路径。再将对象移到起始控点的旁边，产生第 3 个控点，如图 4-5-10 中图所示。再双击两个控点使控点为圆形。然后，把第 3 个控点拖曳到起始控点处，与起始控点重合，即可产生一个圆形的路径，如图 4-5-10 右图所示。

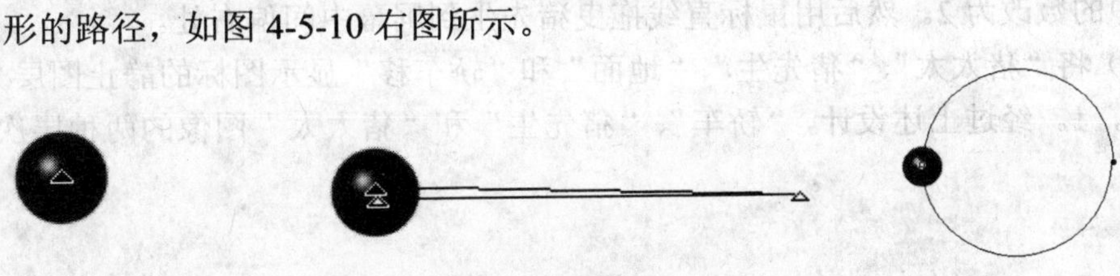

图 4-5-10　创建圆形路径的方法

2. 两种图层验证实例——“小猪和轿车”程序

“小猪和轿车”程序运行后，两只小猪和一辆轿车同时向屏幕中间移动，在它们都移到中间位置时，猪先生在轿车后面，猪太太在轿车前面；静止后，猪先生在轿车前面，猪太太在轿车后面。通过观察它们移动中和静止后的前后位置变化，可以了解两种不同的图层的不同作用。该程序运行后正在移动中的一个画面如图 4-5-11 左图所示，静止后的画面如图 4-5-11 右图所示。“小猪和轿车”程序如图 4-5-12 所示，程序设计的方法如下。

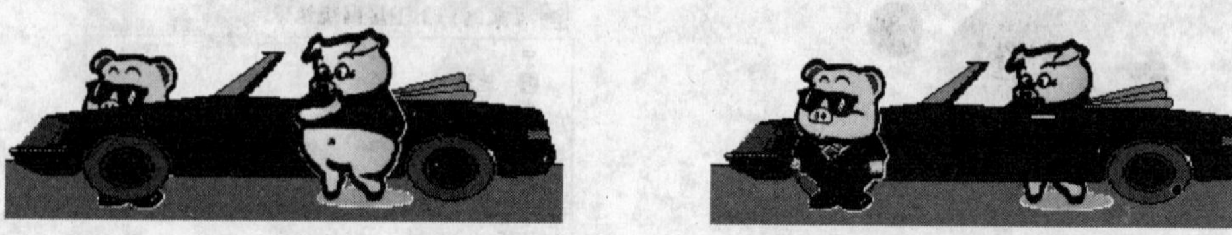

图 4-5-11　“小猪和轿车”程序运行后的两幅画面

（1）在程序窗口的流程线上创建 4 个显示图标，分别将它们命名为“地面”、“轿车”、“猪先生”和“猪太太”。然后分别在各显示图标中加载地面、轿车、猪先生和猪太太图像。4 个图像的起始位置如图 4-5-13 所示。

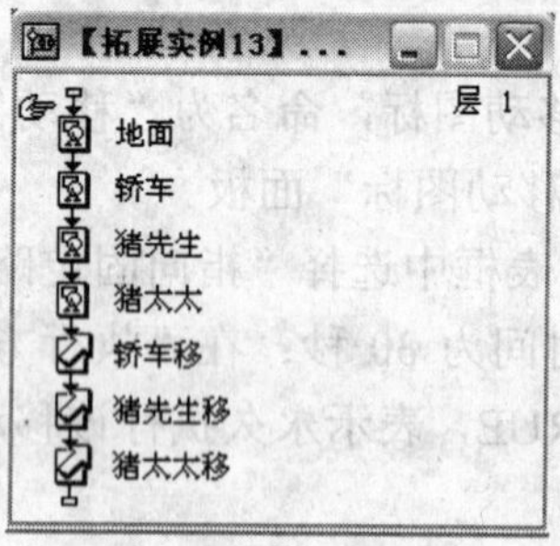

图 4-5-12 “小猪和轿车”程序

图 4-5-13　猪先生、猪太太、地面和轿车图像的起始位置

（2）在“猪太太”图标下边的流程线上创建一个移动图标，并命名为“轿车移”。在“轿车移”图标的“属性：移动图标”面板的“类型”下拉列表框中选择“指向固定点”选项；在“执行方式”列表框内选择“同时”选项，表示它和后边的动画同时动作；在“时间”栏的文本框中填入 10，在“层”文本框中输入 1。然后，用鼠标沿直线拖曳轿车到屏幕的中间。

（3）将“轿车移”移动图标复制到剪贴板中，再在“轿车移”图标下边粘贴两个，更名为“猪先生移”和“猪太太移”。再单击“猪先生移”移动图标，调出它的“属性：移动图标”面板，将“层”文本框中的数字改为 0。然后，用鼠标沿直线拖曳猪先生到屏幕中间偏左处。再单击“猪太太移”移动图标，调出它的“属性：移动图标”面板，将“层”文本框中的数改为 2。然后用鼠标直线拖曳猪先生到屏幕中间偏右处。

（4）将“猪太太”、“猪先生”、“地面”和“轿车移”显示图标的静止图层分别设置为 0，2，0，1。经过上述设计，“轿车”、“猪先生”和“猪太太”图像的两种层次如表 4-5-1 所示。

表 4-5-1　“轿车”、“猪先生”和“猪太太”图像的两种层次

	轿　车	猪 先 生	猪 太 太
静态图层	1	2	0
动态图层	1	0	2

4.6 【案例 23】飞箭射飞鸟

案例效果

“飞箭射飞鸟”程序运行后的画面如图 4-6-1 左图所示，输入一个数后，箭会沿直线射到右边标尺的相应位置，如图 4-6-1 右图所示。

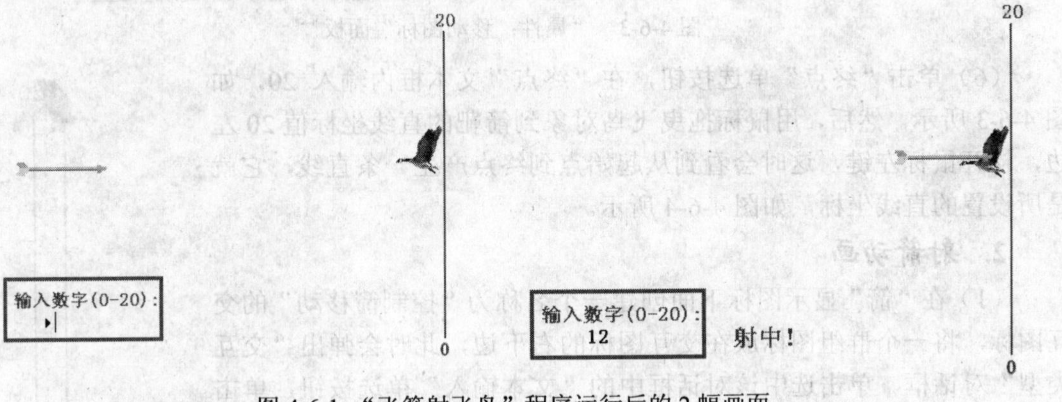

图 4-6-1　“飞箭射飞鸟”程序运行后的 2 幅画面

设计过程

“飞箭射飞鸟”程序如图 4-6-2 所示，程序的设计过程如下。

1. 飞鸟随机移动

（1）在流程线上创建 3 个显示图标，分别命名为“箭靶”、“飞鸟”和“箭”。在“箭靶”图标内绘制一条垂直的箭靶线，输入起始坐标值 0 和终止坐标值 20，箭靶图像放在演示窗口内偏右处。在“飞鸟”显示图标内导入一个飞鸟图像，放在演示窗口内起始坐标处；在“箭”显示图标内导入一个箭图像，放在演示窗口中间偏左处。

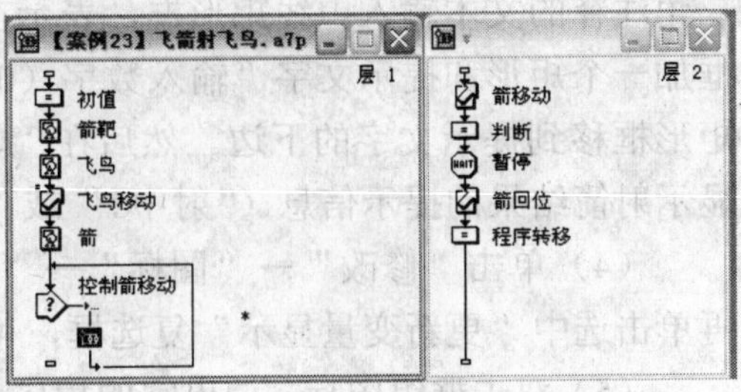

图 4-6-2　“飞箭射飞鸟”程序

（2）在“初值”计算图标内输入程序“PY:=""”，变量 PY 用来显示射箭结果信息。

（3）在“飞鸟”显示图标的下边创建一个名称为“飞鸟移动”的移动图标，该移动图标用来使飞鸟图像随机移动到箭靶线的一个坐标位置处。

（4）在“飞鸟移动”显示图标的附属计算图标内输入如下程序。

```
Y:=Random(0, 20, 1 )    --产生一个0到20之间的随机整数，用来确定飞鸟的位置
```

（5）运行程序，当执行到“飞鸟移动”移动图标时，调出它的“属性：移动图标”面板。在该面板内的“类型”下拉列表框中选择“指向固定直线上的某点”选项。单击“基点”单选按钮，在“基点”文本框内输入 0，如图 4-6-3 所示。然后，用鼠标拖曳飞鸟图像到箭靶的 0 坐标点左边。松开鼠标左键，这时对象上会产生一个小灰点。

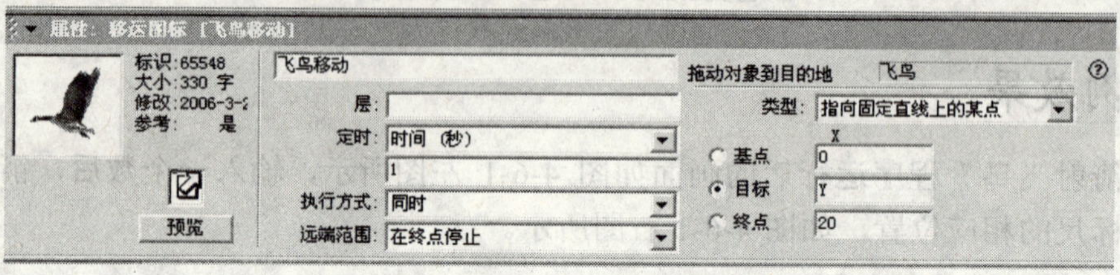

图 4-6-3 “属性：移动图标”面板

（6）单击“终点”单选按钮，在“终点”文本框内输入 20，如图 4-6-3 所示。然后，用鼠标拖曳飞鸟对象到箭靶的直线坐标值 20 左边，松开鼠标左键，这时会看到从起始点到终点产生一条直线，它就是所设置的直线坐标，如图 4-6-4 所示。

图 4-6-4 直线坐标

2. 射箭动画

（1）在“箭”显示图标下面创建一个名称为“控制箭移动”的交互图标，将一个群组图标放在交互图标的右下边，此时会弹出“交互类型”对话框。单击选中该对话框中的“文本输入”单选按钮，单击“确定”按钮，退出该对话框，设置了文本输入交互方式。

（2）将文本输入交互图标右下边的群组图标命名为“*”，表示可以接收输入的任何字符。

（3）双击交互图标，调出它的演示窗口，此窗口内出现一个带黑三角注释的文本输入虚线矩形框，表示在此可输入字符。在上述演示窗口内，给文本输入框加一个矩形和提示文字“输入数字（0-20）：”，如图 4-6-1 左图所示。再将文本输入虚线矩形框移到提示文字的下边。然后在“输入数字（0-20）：”文字右边输入“{PY}”，用来显示射箭结果的提示信息（“射中！”或“没射中！”）。

（4）单击“修改”→“图标”→“属性”菜单命令，调出“属性：显示图标”面板，再单击选中“更新变量显示”复选框，可使提示信息随时更换。

（5）双击群组图标，调出它的程序设计窗口，在该程序窗口内创建一个名称为“箭移动”的移动图标，在该程序窗口内再创建其他图标。

（6）单击选中“箭移动”移动图标，调出它的“属性：移动图标”面板，再选择“类型”下拉列表框中的“指向固定直线上的某点”选项。在该“属性”面板内进行如下设置：“定时”文本框内输入 1，表示移动时间为 1 秒；“远端范围”下拉列表框内选择“在终点停止”选项；“执行方式”下拉列表框内选择“等待直到完成”选项，如图 4-6-5 所示。

（7）单击“属性：移动图标”面板中的“基点”单选按钮，在“基点”文本框内输入

0，如图 4-6-5 所示。然后，用鼠标拖曳箭到箭靶的 0 坐标点左边，松开鼠标左键，这时对象上会产生一个小灰点。

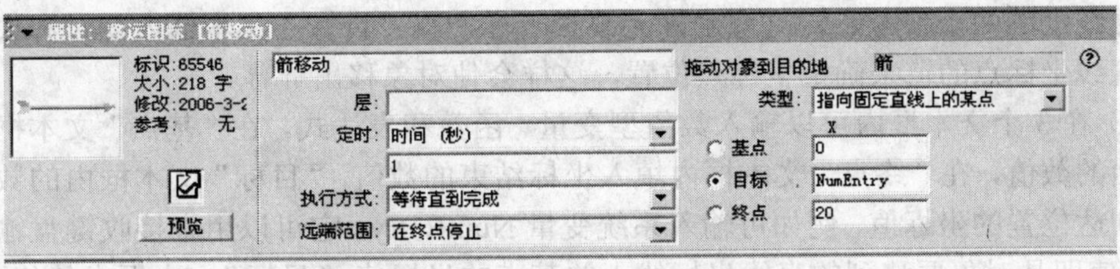

图 4-6-5　“属性：移动图标”面板

（8）单击“终点”单选按钮，在“终点”文本框内输入 20，如图 4-6-5 所示。然后，用鼠标拖曳对象到箭靶的直线坐标值 14 处，松开鼠标左键，这时会看到从起始点到终点产生一条直线，它就是所设置的直线坐标。创建的直线坐标的基点在 0 坐标点左边，终点在箭靶 20 坐标点的左边。

（9）在“目标”文本框内输入 NumEntry，如图 4-6-5 所示。NumEntry 是系统变量，用来接收键盘输入的数值，该数值即是对象要移到的直线坐标线上的某点的坐标值。

（10）在“判断”计算图标内输入如下程序：

```
Test(NumEntry=Y,PY:="射中!",PY:="没射中!")
```

上边的程序用来根据输入的数据给变量 PY 赋不同的提示文字。

（11）“暂停”等待图标设置的等待时间为 2 秒，不显示【等待】按钮和倒计时小钟。

（12）“箭回位”移动图标用来将箭图像移回原来的位置，采用“指向固定点”动画方式，移动时间为 0.2 秒，在“执行方式”下拉列表框内选择“等待直到完成”选项。

（13）在“程序转移”计算图标内输入如下程序：

```
GoTo(IconID@"飞鸟移动")    --返回执行“飞鸟移动”图标
```

至此，整个动画制作完毕。

相关知识

1. 制作“指向固定直线上的某点”动画的方法

“指向固定直线上的某点”动画制作，可以使对象由原位置移动到一条直线坐标上的一点，该点是直线坐标系上的一点，叫坐标点。通过对变量或表达式的计算可得到它的坐标值。制作指向固定直线上的某点动画的方法如下。

（1）双击要移动对象所在的图标，打开演示窗口，用鼠标拖曳要移动的对象到起始位置。

（2）双击移动图标，打开演示窗口，调出移动图标的“属性：移动图标”面板。在该面板的“类型”下拉列表框中选择“指向固定直线上的某点”选项，再进行其他设置。

（3）创建直线坐标，即可完成“指向固定直线上的某点”动画的制作。创建直线坐标需使用“属性：移动图标”面板，如图 4-6-3 所示。

2. “属性：移动图标”（指向固定直线上的某点）面板

“指向固定直线上的某点”动画的“属性：移动图标”面板如图 4-6-3 所示。该面板与图 4-6-5 所示面板基本一样。只是“远端范围”下拉列表框内增加了“到上一终点”选项，3 个文本框左边增加了 3 个单选按钮，没有原来的两个按钮。该面板中增加选项的作用如下。

（1）“远端范围”下拉列表框中“到上一终点”选项的含义是：将基点和终点的值作为坐标直线上的两个参考点，好像坐标无限长一样，将“目标”文本框内变量和表达式的值作为直线坐标点的值来确定坐标点位置，这样会使对象移出屏幕。

（2）在 3 个文本框内可以输入数值型变量、函数和表达式。在“基点”文本框内输入坐标起始的数值，在“终点”文本框内填入坐标结束的数值，“目标”文本框内的数值是对象所要到达位置的坐标值，例如可输入系统变量 NumEntry，它可以用来接收键盘输入的数值，该数值即是对象要移到的直线坐标线上的某点的坐标值。“目标”文本框内的值不同时，移动对象最终移动的目标位置也不相同。

3. 创建直线坐标的方法

（1）在“属性：移动图标”面板（如图 4-6-3 所示）中，单击选中“基点”单选按钮（一开始默认选中它），在其右边的文本框内输入坐标的起点值。拖曳要移动对象到直线坐标的起点，松开鼠标左键，可以看到对象上出现一个灰色小点，表示是坐标的起点（或基点）。

（2）再单击选中“终点”单选按钮，并用鼠标拖曳移动对象到坐标的终点处，松开鼠标左键，这时会看到从起点到终点之间产生一条直线，它就是所设置的直线坐标。

如果要调整株标位置，可单击选中“基点”单选按钮，再用鼠标拖曳移动对象的位置；然后，单击选中“终点”单选按钮，再用鼠标拖曳移动对象的位置。

4.7 【案例 24】挖地雷游戏

案例效果

“挖地雷游戏”程序运行后，屏幕显示的两个画面如图 4-7-1 所示。用户在文本框内的光标处输入 1～10 之间的两个数（两个数之间加入空格或逗号），再按【Enter】键，小人就会依据键盘输入的数据自动移到棋盘中相应的棋盘格处。如果该棋盘格内有地雷，则显示“地雷被挖出！”文字，如果该棋盘格内没有地雷，则显示相应的“没有地雷！”文字和其他提示文字。玩者可根据提示输入数据，直到将地雷挖出为止。同时，屏幕显示挖地雷所用次数和时间。当挖到地雷后，屏幕会显示挖地雷所用的时间和次数。

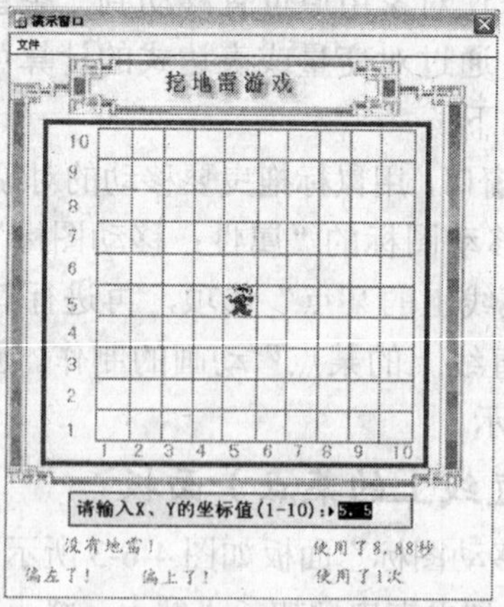

图 4-7-1 “挖地雷游戏”程序运行后的两个画面

通过本案例的学习，可以掌握制作指向固定区域内的某点动画的方法。

设计过程

“挖地雷游戏”程序如图 4-7-2 所示，程序设计过程如下。

（1）单击“修改”→“文件”→“属性”菜单命令，调出“属性：文件”面板。在该面板内的“大小”下拉列表框中选择“根据变量”选项。

（2）在流程线上创建一个显示图标，命名为“框架图像”。在其演示窗口中导入如图 4-7-1 所示的棋盘图像。单击“修改”→“图标”→“属性”菜单命令，调出“属性：显示图标”面板，再单击选中“更新变量显示”复选框，可使数字钟读数随时间变化。

将鼠标指针移到演示窗口的边缘，拖曳鼠标，调整演示窗口的大小比框架图像在垂直方向稍大一点。

（3）在“棋盘格”显示图标内绘制棋盘格图形和输入坐标数值，如图 4-7-3 所示。

（4）单击选中“框架图像”显示图标，再单击“修改”→“图标”→“计算”菜单命令，调出附属计算图标的对话框，其内输入如下语句：

```
Movable:=FALSE               --使框架图像不可移动
PY:=""                       --变量 PY 赋初值为空字符串
PY1:=""                      --变量 PY1 赋初值为空字符串
PY2:=""                      --变量 PY2 赋初值为空字符串
K:=0                         --变量 K 赋初值为 0
X:=Random(1, 10, 1 )         --产生一个 0 到 10 之间的随机整数，用来确定地雷的 X 坐标值
Y:=Random(1, 10, 1 )         --产生一个 0 到 10 之间的随机整数，用来确定地雷的 Y 坐标值
```

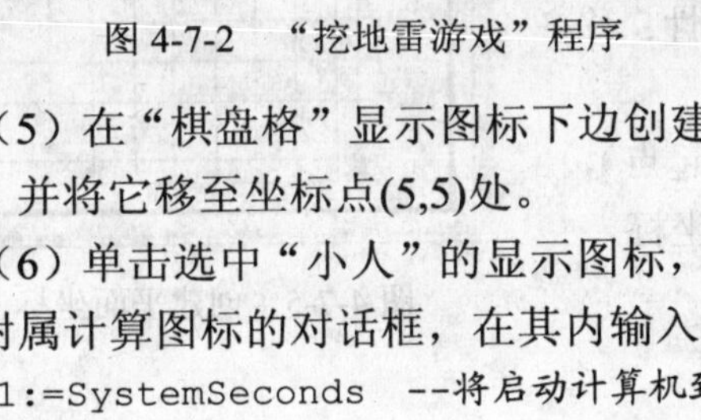

图 4-7-2　“挖地雷游戏”程序

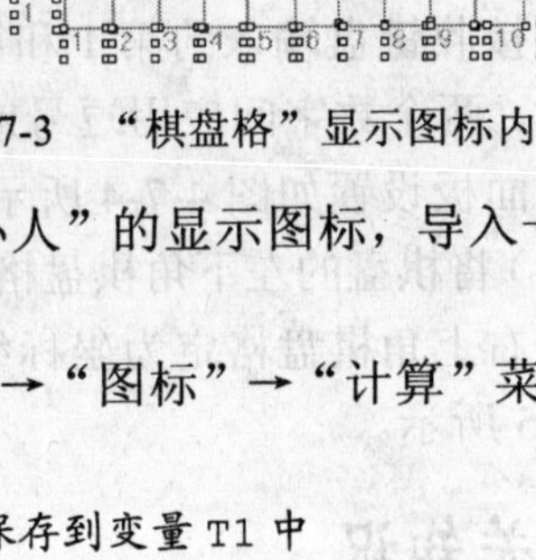

图 4-7-3　“棋盘格”显示图标内的内容

（5）在“棋盘格”显示图标下边创建一个名字为“小人”的显示图标，导入一幅小人图像，并将它移至坐标点(5,5)处。

（6）单击选中“小人”的显示图标，再单击“修改”→“图标”→“计算”菜单命令，调出附属计算图标的对话框，在其内输入如下语句：

```
T1:=SystemSeconds  --将启动计算机到目前所用的时间保存到变量 T1 中
```

（7）在“小人”显示图标下面创建一个名称为“控制小人移动”的交互图标，再将一个群组图标放在“控制小人移动”交互图标右下方，设置为“文本输入”交互方式。将移动图标命名为“*”。

（8）双击“控制小人移动”交互图标，调出它的演示窗口，在此演示窗口内，绘制一个矩形框和输入提示文字“请输入 X、Y 的坐标值（1-10）：”，如图 4-7-1 所示。

（9）运行程序，屏幕会出现一个带黑三角注释的文本输入虚线矩形框，表示在此可输入数字。再用鼠标将文本输入虚线矩形框移到提示文字的右边，如图 4-7-1 所示。

（10）在“*”群组图标的程序设计窗口内放置一个名称为“移动”的移动图标和一个名称为“判断”的计算图标。

（11）在“判断”计算图标内输入如下语句：

```
K:=K+1                          --变量 K 用来统计挖地雷的次数，自动加 1
PY1:=""                         --变量 PY1 赋空字符串
PY2:=""                         --变量 PY2 赋空字符串
Test(NumEntry=X & NumEntry2=Y,PY:="地雷被挖出！",PY:="没有地雷！")
Test(NumEntry>X,PY1:="偏右了！")
Test(NumEntry<X,PY1:="偏左了！")
Test(NumEntry2>Y,PY2:="偏上了！")
Test(NumEntry2<Y,PY2:="偏下了！")
--如果挖到地雷，则转到”显示结果“图标执行
Test(NumEntry=X & NumEntry2=Y,GoTo(IconID@"显示结果"))
```

（12）单击选中“移动”移动图标，调出它的“属性：移动图标”面板，再选择该面板中“类型”下拉列表框内的“指向固定区域内的某点”选项，如图 4-7-4 所示。

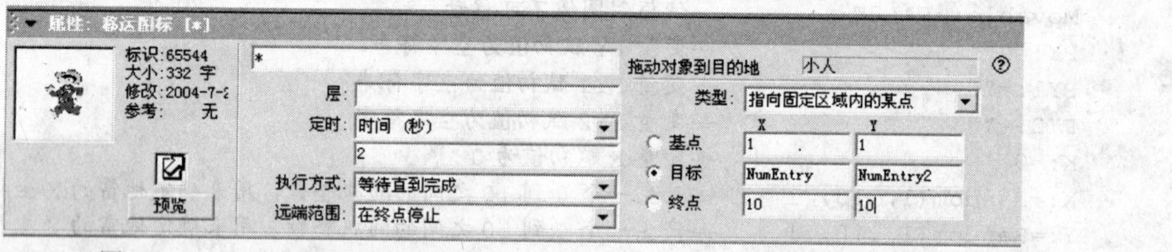

图 4-7-4 “指向固定区域内的某点”动画的“属性：移动图标”面板

（13）在该“属性：移动图标”面板内的“定时”文本框内输入 2，“执行方式”下拉列表框内选择“等待直到完成”选项，“远端范围”下拉列表框内选择“在终点停止”选项，在“基点”文本框内输入 1，在“终点”文本框内输入 10，在“目标”文本框内分别输入 NumEntry 和 NumEntry2。这两个系统变量分别接收键盘输入的第 1 和第 2 个数字。在进行键盘输入时，两个数字间应用逗号或空格分隔。“属性：移动图标”面板设置如图 4-7-4 所示。

（14）将棋盘的左下角棋盘格定为基点（坐标起点），将棋盘的右上角棋盘格定为坐标终点，创建平面坐标，如图 4-7-5 所示。

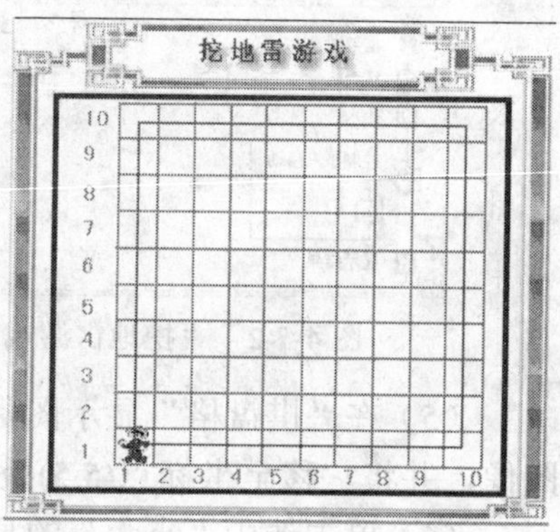

图 4-7-5 创建平面坐标□

相关知识

1. 制作“指向固定区域内的某点”动画的方法

“指向固定区域内的某点”动画的制作，可以使对象由原位置移动到平面坐标上一点（叫目标点）。通过对变量或表达式的计算可得到它的坐标值。制作这种动画的方法如下。

（1）双击要移动对象所在的图标，打开演示窗口，用鼠标拖曳要移动的对象到起始位置。

（2）双击移动图标，打开演示窗口，调出移动图标的"属性：移动图标"面板。单击选中演示窗口内要移动的对象，在"属性：移动图标"面板的"类型"下拉列表框中应选择"指向固定区域内的某点"选项。再在"属性：移动图标"面板内进行其他设置。

（3）创建平面坐标，即可完成"指向固定区域内的某点"动画的制作。创建平面坐标需使用"属性：移动图标"面板，如图 4-7-4 所示。

2. "属性：移动图标"（指向固定区域内的某点）对话框

"指向固定区域内的某点"动画的"属性：移动图标"面板与"指向固定路径上的任意点"动画的"属性：移动图标"面板基本一样。只是增加了 3 个文本框，少了两个按钮，用这 6 个文本框和相应的 3 个单选按钮可以创建平面坐标。

在 6 个文本框内可以输入数值型变量、函数和表达式。在"基点"文本框内输入出发的坐标值，在"终点"文本框内输入结束的坐标值，"目标"文本框内的数值是对象所要到达的位置的坐标值。"目标"文本框内的值不同时，移动对象最终移动的目标位置也不相同。

3. 创建平面坐标

（1）在"基点"和"终点"的"X"文本框内分别输入水平轴坐标最小值与最大值，例如 1 和 10；再在"基点"和"终点"的"Y"文本框内分别输入垂直轴坐标最小值与最大值，例如 1 和 10。在"目标"的"X"文本框和"Y"文本框内分别输入决定水平和垂直坐标值的变量，例如 X 和 Y，NumEntry 和 NumEntry2。

（2）单击选中"基点"单选按钮，将要移动的对象拖曳到坐标区域出发（如左下角）处，松开鼠标左键，设置平面坐标的出发。单击选中"终点"单选按钮，然后拖曳对象到平面坐标的结束（如右上角）处，松开鼠标左键，这时会看到从起点到结束点产生一个灰色的矩形框，如图 4-7-5 所示，它就是所设置的平面坐标。拖曳对象还可调整坐标区大小和位置。

思考与练习

一、填空题

1. 使用 Authorware 中的移动图标可以创建__________、__________、__________、__________和__________ 5 种动画。其中__________、__________和__________动画与坐标有关。
2. 对于__________和__________中的对象，都有两种图层，一种是__________图层，在其"属性"面板中的__________内，可以输入__________图层的图层号。另一种是__________图层，它由__________图标的"属性"面板中的__________内的图层号决定。
3. 图层号码可以是__________、__________和__________，数字越大，图层__________。几个对象移至重叠处时，图层号码小的在__________。
4. 在移动图标的"属性：移动图标"面板内的"移动当"文本框中，可以输入__________、__________、__________和__________。当它们的值为真（TRUE）时，__________；当它们的值为假（FALSE）时，__________。如果该文本框内不输入任何内容，不管"执行方式"下拉列表框内选择哪一选项，则执行此图标时，移动对象__________。

5．“属性：移动图标”面板内“远端范围”下拉列表框中“到上一终点”选项的含义是____。

二、问答题

1．移动图标的动画方式有几种？各有什么特点？哪几种与坐标有关？哪几种与坐标无关？

2．在移动图标的“属性：移动图标”面板内有一个“定时”下拉列表框，其中有几个选项？这些选项的作用是什么？

3．在移动图标的“属性：移动图标”面板内，有哪些动画方式有“远程范围”下拉列表框？这些选项的作用是什么？

4．在移动图标的“属性：移动图标”面板内的“执行方式”下拉列表框内有几个选项？这些选项的作用是什么？

5．在移动图标的“属性：移动图标”面板内，有哪些动画方式有“移动当”文本框？该文本框的作用是什么？

三、上机操作题

1．设计一个“彩球移动”程序。该程序运行后，一个彩球沿着一条螺旋线移动，同时另一个彩球沿着椭圆线移动。

2．设计一个“中国建筑”程序，该程序运行后，一幅中国建筑图像从右边云图中移出并向左移动，6秒后消失在左边的云图中。接着又一幅中国建筑图像从右向左移动。程序运行中的一幅画面如图4-8-1左图所示。如此循环往复，不断进行。当浏览了16幅图像后，字幕文字从蓝天白云下半部中缓慢地、自下向上地移出，再在蓝天白云中消失。字幕文字在移动时，在下边时逐渐显示，在上边时逐渐消失。程序运行中的一幅画面如图4-8-1右图所示。

图4-8-1 “中国建筑”程序运行后的两幅画面

3．设计一个“台球演示”程序，该程序运行后，模拟了一个击打台球的过程，球杆击中白球，由白球击中彩球。球杆再击打白球，直至所有彩球进洞为止。要求在击打10次内将所有台球击打入洞。该程序运行后的2幅画面如图4-8-2所示。

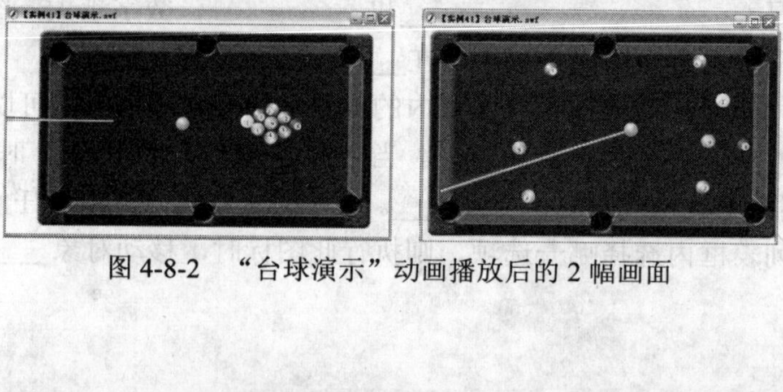

图4-8-2 “台球演示”动画播放后的2幅画面

4．设计一个“撞击框架四边的四个彩球”程序，该程序运行后，四个不同颜色的彩球不断依次撞击框架的内边框中点，而且四个彩球是错开的。动画播放后的 2 幅画面如图 4-8-3 所示。

图 4-8-3　“撞击框架四边的四个彩球”动画播放后的 2 幅画面

5．设计一个“彩球撞击”程序，该程序运行后的画面如图 4-8-4 所示。单击“彩球撞击 1”按钮，上边质量相同的两个彩球相对移动，撞击后沿着相反的路径移回原处。单击【彩球撞击 2】按钮，下边质量不相同的两个彩球相对移动，撞击后左边彩球沿着相反的路径迅速移出画面，右边的彩球缓慢移到接近原处的位置，同时还显示一个秒表。

6．设计一个“高空跳伞”程序，程序运行后的画面如图 4-8-5 所示。输入 1~9 之间的一个整数，按【Enter】键后，跳伞运动员即可跳落到指定的位置。

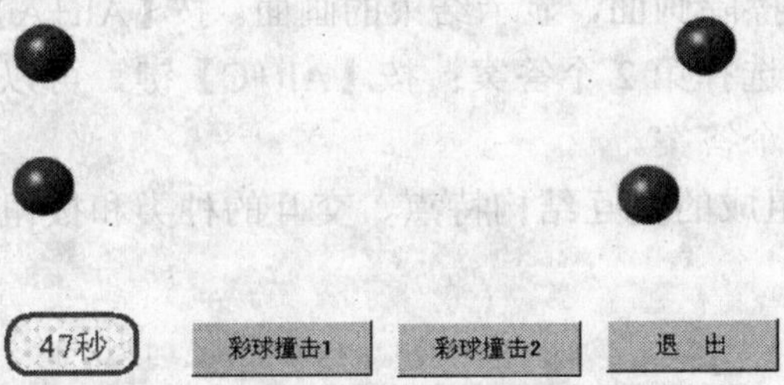

图 4-8-4　“撞击效果”程序运行后的一幅画面

图 4-8-5　“高空跳伞”程序运行后的两幅画面

7．制作一个“框架中移动的文字”程序，该程序运行后，文字字幕在一个立体框架中从下向上移动，在框架中出现，在框架中消失。框架的背景是一幅风景图像。

8．设计一个“温度计式计时器”程序，该程序运行后屏幕显示的一幅画面如图 4-8-6 所示。红色计时条随时间变化而水平向右移动计时。每过 1 分钟，红色计时条会自动复位，重新移动计时。在数字秒表中，有一个红色小圆点在两个小圆耳朵之间来回跳跃移动，每次变化的间隔时间为 1 秒。单击【结束】按钮后，程序结束运行。

9．设计一个“彩球沿正弦轨迹运动”程序，该程序运行后的，单击【开始移动】按钮，在坐标原点处出现一个彩球，然后它将按正弦规律运动，其中的一幅画面如图 4-8-7 所示。

图 4-8-6　“温度计式计时器”程序运行后的一幅画面

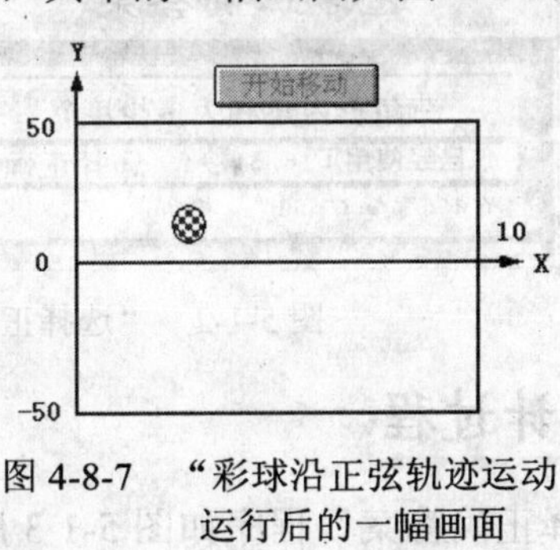

图 4-8-7　“彩球沿正弦轨迹运动”程序运行后的一幅画面

第 5 章　交互程序设计

通过学习 12 个案例，掌握使用交互图标设计 11 种交互程序的方法，进一步掌握一些程序设计的技巧。利用交互图标可以实现人机对话，让用户参与到程序的运行中，通过单击按钮、输入文本、单击对象、拖曳对象等来控制程序的走向。另外，还进一步掌握一些程序设计的技巧。

5.1 【案例 25】选择正确答案

案例效果

“选择正确答案”程序运行后，屏幕显示的画面，如图 5-1-1 左图所示。单击题目下面的单选按钮，选择正确的答案。如果选错了，会显示“选择错误！”文字，如图 5-1-1 右图所示。如果选对了，会显示“选择正确！”文字，如图 5-1-2 左图所示。接着显示成绩和作题所用的时间，如图 5-1-2 右图所示。然后擦除画面，显示结束的画面。按【Alt+A】键，可以选择第 1 个答案；按【Alt+B】键，可以选择第 2 个答案；按【Alt+C】键，可以选择第 3 个答案；按【Alt+D】键，可以选择第 4 个答案。

通过本案例的学习，可以掌握交互图标组成的交互结构特点、交互的种类和按钮交互的设计方法等。

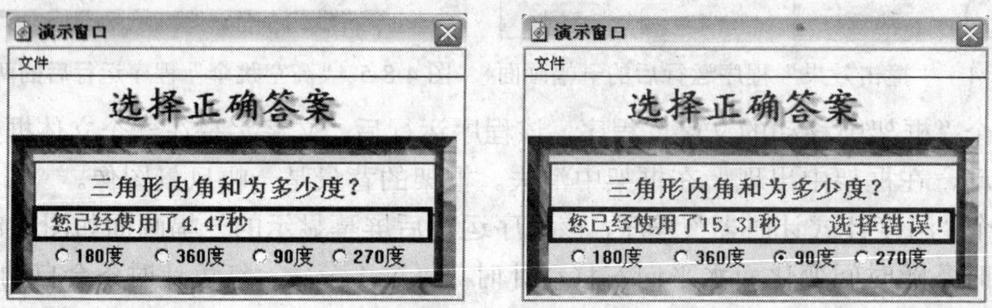

图 5-1-1　“选择正确答案”程序运行后的 2 幅画面 1

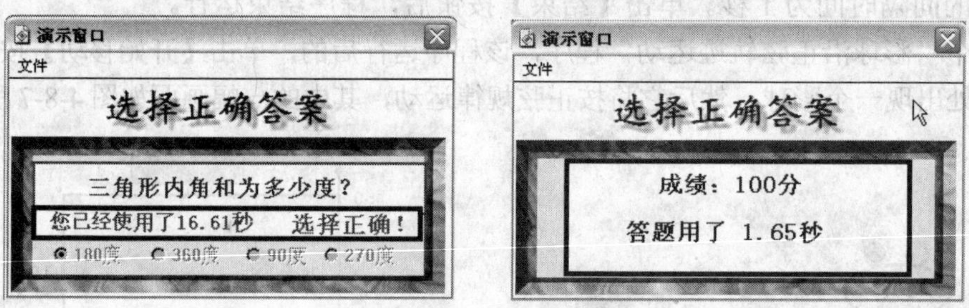

图 5-1-2　“选择正确答案”程序运行后的 2 幅画面 2

设计过程

“选择正确答案”程序如图 5-1-3 所示，程序的设计过程如下。

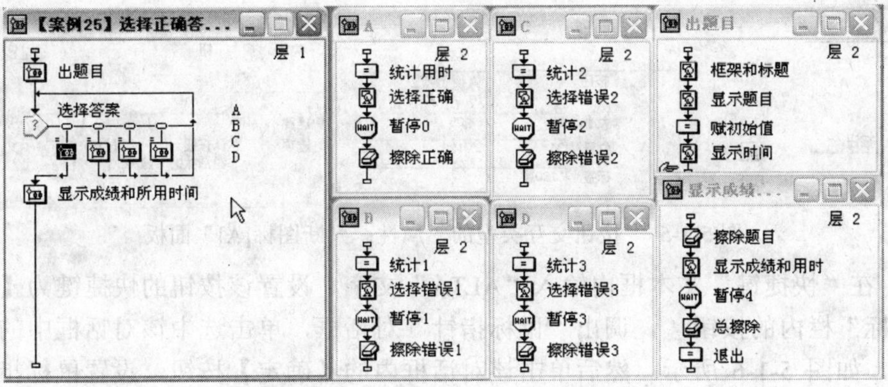

图 5-1-3　“选择正确答案”程序

1. “出题目”群组图标设计

（1）在“框架和标题”显示图标内导入一幅框架图像和一幅“选择正确答案”文字图像。在“显示题目”显示图标内输入题目的文字和绘制一个蓝色矩形框，如图 5-1-1 所示。然后设置它的显示方式为从中间向四周逐渐展开显示。

（2）单击“修改”→“文件”→“属性”菜单命令，调出“属性：文件”面板，选中“大小”下拉列表框内的“根据变量”选项。双击“框架和标题”显示图标，调出演示窗口，调整演示窗口的大小，使演示窗口大小合适。

（3）在“赋初始值”计算图标内输入如下程序。

```
N:=100                  -- 表示给变量 N 赋初始值 100，即满分 100
T0:=SystemSeconds       -- 将启动计算机后到目前所用的时间赋给变量 T0
TZ:=0                   -- 该变量用来保存答完题目后使用的时间，此处赋初值
```

（4）在“显示时间”显示图标内输入“所用时{SystemSeconds-T0-2}秒”，用来显示作题的时间。减 2 秒的作用是为了在显示出题目后开始从 0 秒计时。然后，在它的“属性：显示图标”面板中，选中“更新显示变量”复选框，设置该显示图标中的变量值为自动更新。

2. “选择答案”交互图标设计

（1）在程序设计窗口中“显示题目”群组图标下边的流程线上创建一个交互图标，命名为“选择答案”。然后在交互图标右下方放置一个群组图标，会自动调出一个如图 5-1-4 所示的“交互类型”对话框。它给出了 11 种交互方式，以供选择。对话框默认的是“按钮”交互方式，单击“确定”按钮，确定为按钮交互方式，同时关闭该对话框。

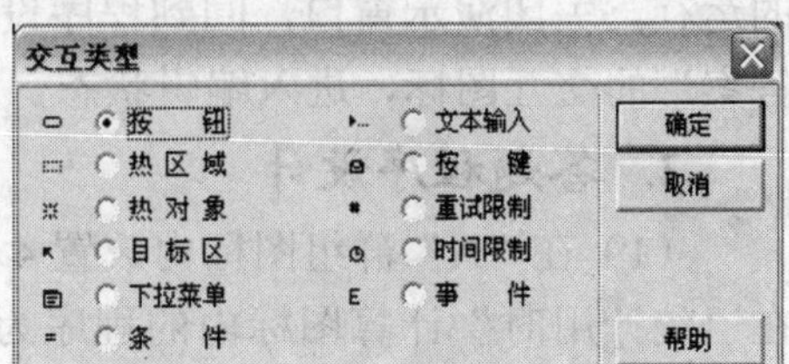

图 5-1-4　“交互类型”对话框

（2）再在交互图标右下方放置一个群组图标，分别将两个群组图标命名为“A”和“B”，它们的交互方式均为按钮交互。按住【Ctrl】键，单击群组图标“A”下边的流程线，使流程线的走向改变，如图 5-1-3 所示。

（3）双击“A”群组图标上边的交互判断图标-○-，调出按钮交互判断图标的“属性：交互图标[A]”（应翻译为“属性：判断图标[A]”）面板，如图 5-1-5 所示。

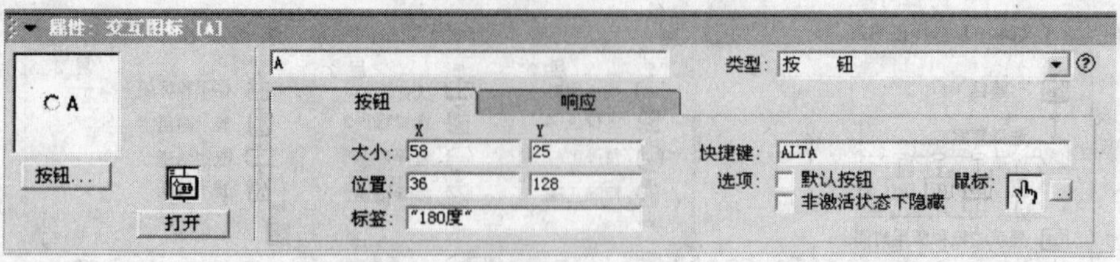

图 5-1-5 按钮交互类型的“属性：判断图标[A]”面板

（4）在“快捷键”文本框内输入“ALTA”文字，设置该按钮的快捷键为【Alt+A】。单击“鼠标”栏内的按钮...，调出“鼠标指针”对话框，单击选中该对话框中的小手鼠标指针图形，如图 5-1-6 所示。然后单击该对话框内的【确定】按钮，设置鼠标指针移到该按钮之上时的鼠标指针形状为小手状。

（5）单击该面板内的【按钮】按钮，调出【按钮】对话框，选中“预览”栏内的单选按钮，它是标准的 Windows 系统按钮，如图 5-1-7 所示。在右边的下拉列表内选择 12，设置按钮标题文字大小为 12 磅。然后，单击【确定】按钮，完成按钮外型的设置。

图 5-1-6 “鼠标指针”对话框

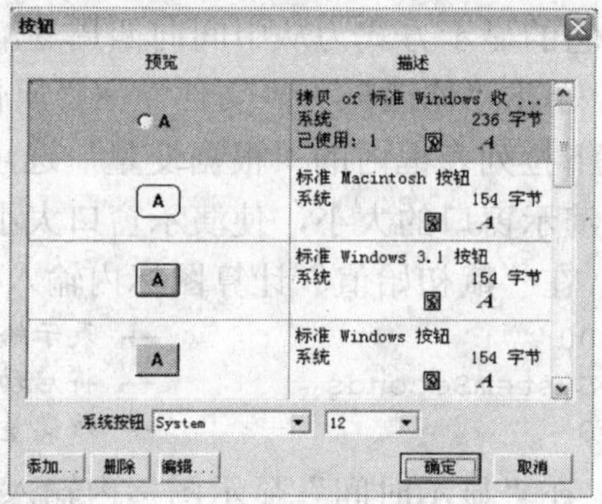

图 5-1-7 “按钮”对话框

（6）按照相同的方法，调出“B”群组图标上边交互判断图标的“属性：判断图标[B]”面板，设置按钮也为 Windows 系统的单选按钮。

（7）运行程序，当程序运行到出现按钮时，单击演示窗口右上角的×按钮，终止程序的运行，关闭演示窗口，回到程序设计窗口。然后，按住【Shift】键，双击名字为“选择答案”的交互图标，进入编辑状态，再调整按钮的大小和位置。

3. 答题程序设计

（1）在“A”群组图标内放置 4 个图标，并给它们分别命名，如图 5-1-3 所示。其中，在“统计用时”计算图标内的程序为“TZ:=SystemSeconds-T0-2”，将做题所用时间赋给变量 TZ。“选择正确”显示图标中输入红色的“选择正确！”文字；“擦除正确”图标用来擦除“选择正确”显示图标中的文字。

（2）群组图标 B 内放置 3 个图标，并给它们分别命名，如图 5-1-5 所示。其中，“统计 1”计算图标内的程序是 N:=N-25，表示当选错答案时扣 25 分；“选择错误 1”显示图标中输入红色的“选择错误！”文字；“擦除错误 1”图标用来擦除“选择错误！”文字。

（3）单击选中“B”群组图标，再单击工具栏内的【复制】按钮，将群组图标 B 复制到剪贴板中。单击群组图标 B 右边，使粘贴指针出现，再两次单击工具栏中的【粘贴】按钮，将剪贴板中的群组图标“B”两次粘贴到小手指示的位置。然后，将粘贴的群组图标名字分别改为“C”和“D”。此时的程序如图 5-1-3 所示。

（4）再按照前面介绍过的方法，初步调整按钮 C 和 D 的大小与位置，再修改“C”和“D”群组图标内各个图标的名称，如图 5-1-3 所示。

（5）单击选中“A”按钮交互的判断图标，调出它的“属性：判断图标”面板，在其中的“标签”文本框中输入："180 度"（引号为英文半角引号），用来设置按钮的标签名称为“180 度”；在“快捷键”文本框内输入 ALTS，设置快捷键为【Alt+S】，如图 5-1-6 所示；在“大小”栏内的两个文本框中分别输入 58 和 25，即精确调整按钮的宽和高分别为 58 像素和 25 像素。“位置”栏内，在“Y”文本框内输入 128，“X”文本框中输入 36，如图 5-1-5 所示。

（6）其他按钮的“属性：判断图标”面板中的“标签”文本框内分别依次输入：“360 度”、“90 度”和“270 度”。在“大小”栏内的两个文本框中也分别输入 58 和 25，在“位置”栏内的“Y”文本框中输入 128，“X”文本框中的数据可根据计算后填入，也可以按光标移动键微调。

4. “显示成绩”群组图标设计

（1）“显示成绩和所用时间”群组图标内的“擦除题目”擦除图标用来擦除显示的题目。在“显示成绩和用时”显示图标内输入红色的“成绩：{N}分”和“您答题所用的时间：{TZ}秒”，分别用来显示成绩和所用时间。

（2）“暂停”等待图标设置的暂停时间为 5 秒，不显示暂停按钮和暂停小钟。

（3）“总擦除”擦除图标用来擦除背景图像画面和“显示成绩”图标内的文字，采用关门方式逐渐擦除，所用时间为 1 秒。

（4）“退出”计算图标中的程序是 Quit(0)，表示退出程序的运行。

相关知识

1. 交互类型的种类和特点

交互图标提供了 11 种交互类型（也叫交互方式）。利用它可以实现人机对话，让用户参与到程序的运行中，通过单击按钮、输入文本、单击对象、拖曳对象等，来控制程序的走向。

把一个交互图标放在流程线上后，第 1 次将一个图标（不含交互、分支和框架图标）放在交互图标右下方时，会调出“交互类型”对话框。单击某一个单选按钮，选中一种交互类型选项，再单击“确定”按钮，即可选择相应的交互类型。

（1）交互结构：交互图标右下方创建的图标可以统一称为响应图标，响应图标上方的小图标叫交互判断图标（也叫交互类型图标或判断图标），如图 5-1-8 所示。响应图标的名称会按照响应图标的顺序（从左到右），从上到下依次列在交互图标的右边。

交互判断图标决定于交互的类型，响应图标是产生交互事件（例如：单击按钮等）后所执行的图标。执行完响应图标后，程序会有不同的走向，这是由判断图标决定的。

（2）交互图标的演示窗口：双击交互图标，调出它的演示窗口，其内有与交互类型对应的一些对象，例如，按钮、图形、图像和文本输入框（有输入文本交互时）等，如图 5-1-9 所示。可以像显示图标的演示窗口那样，创建交互的界面，调整各对象的大小与位置。

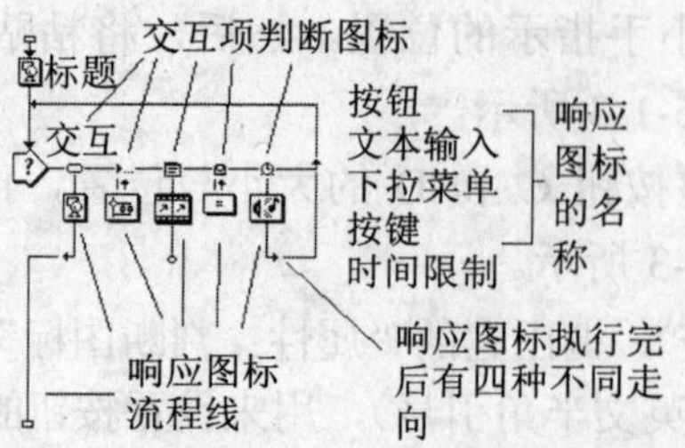

图 5-1-8 交互图标、判断图标和响应图标

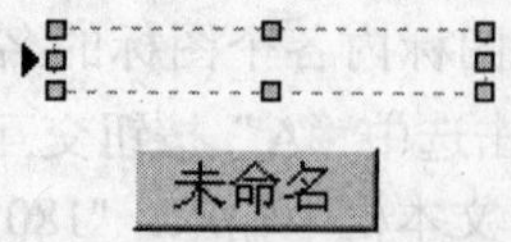

图 5-1-9 交互图标的演示窗口

（3）11 种交互类型的含义如下。

- 按钮类型：单击按钮后，程序会立即执行相应的响应图标。
- 文本输入交互类型：用户输入文本后（通常还需要按【Enter】键），当用户输入的文本与约定的文本一致时，程序会立即执行相应的响应图标。
- 热对象交互类型：热对象也叫热件。当单击、双击或鼠标指针经过设定的对象（即热对象）时，激活该对象，程序会立即执行相应的响应图标。
- 热区域交互类型：热区域也叫热区或热点。热区域是在演示窗口内设定的一个区域，当它被激活（单击、双击或鼠标指针经过热区域时均可以激活它）时，程序会立即执行相应的响应图标。
- 下拉菜单交互类型：单击下拉菜单中的菜单命令，程序会立即执行相应的响应图标。
- 重试限制交互类型：重试限制也叫次数限制交互，当用户进行同一个交互图标下的交互操作次数与限定的次数一样时，程序会立即执行相应的响应图标。
- 时间限制交互类型：当用户进行同一个交互图标下的交互操作所用的时间与限定的时间一样时，程序会立即执行相应的响应图标。
- 条件类型交互：当设定的条件成立时，程序会立即执行相应的响应图标。
- 目标区交互类型：用鼠标拖曳对象到所设定的目标区时，松开鼠标左键，程序会立即执行相应的响应图标。
- 按键交互类型：当用户按下指定的按键时，程序会立即执行相应的响应图标。
- 事件类型：当指定的事件产生时，程序会立即执行相应的响应图标。

2. “属性：交互图标”（交互作用）面板

单击选中交互图标，再单击“修改”→“图标”→“属性”菜单命令，或按住【Ctrl】键的同时双击交互图标，都可以调出交互图标的“属性：交互图标”面板。

交互图标的“属性：交互图标”（交互作用）面板如图 5-1-10 所示。该面板有 4 个选项卡，单击标签切换到相应的选项卡。图 5-1-10 所示面板中各选项的作用如下。

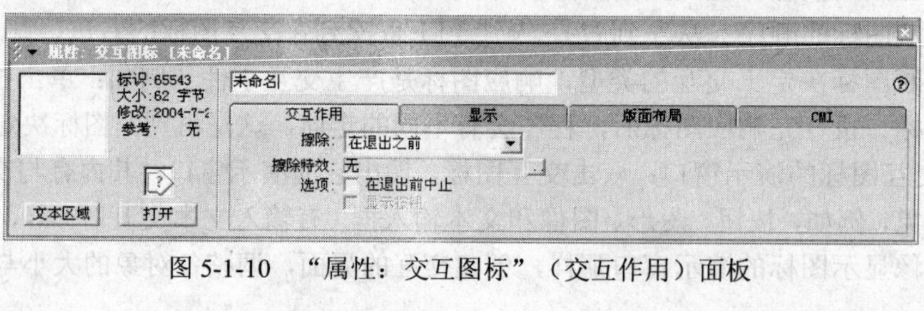

图 5-1-10 “属性：交互图标”（交互作用）面板

（1）“擦除”下拉列表框：交互图标具有显示图标的功能，可以显示文字、图形和图像等，因此，要确定是否擦除这些显示的内容，以及何时擦除这些显示的内容。此下拉列表框中有 3 个选项，它们的含义如下。

- “在退出之前”：当程序流程离开当前交互时，前一次交互显示的信息才会被擦除。
- “在下次输入之后”：当用户完成下一次输入之后，前一次交互显示的信息才被擦除。
- “不擦除”：不擦除交互图标演示窗口内的内容，其内容一直保留在屏幕上。除非用户设置一个擦除图标来擦除这些显示信息。

（2）“擦除特效”栏：单击该栏的按钮，会调出“擦除模式”对话框，它与擦除图标的“擦除模式”对话框完全一样，作用也一样。

（3）“选项”栏：它有两个复选框，其作用如下。

- “在退出前中止”复选框：选中此项后，则在程序退出该交互图标时，程序暂停，单击鼠标或按任意键后，程序正式退出交互，继续往下执行。
- “显示按钮”复选框：在选中了“在退出前中止”复选框后，该按钮才有效。在有文本输入交互方式时，选中“显示按钮”复选框，则在退出交互后的暂停期间内，屏幕会显示一个【继续】按钮，单击它后，程序才继续往下执行。

3. “属性：交互图标”（显示）面板

“属性：交互图标”（显示）面板如图 5-1-11 所示。可以看出，它与显示图标的“属性：显示图标”面板基本一样，使用方法也基本一样。此外，它还增加了【文本区域】按钮，【打开】按钮的功能也不一样了。

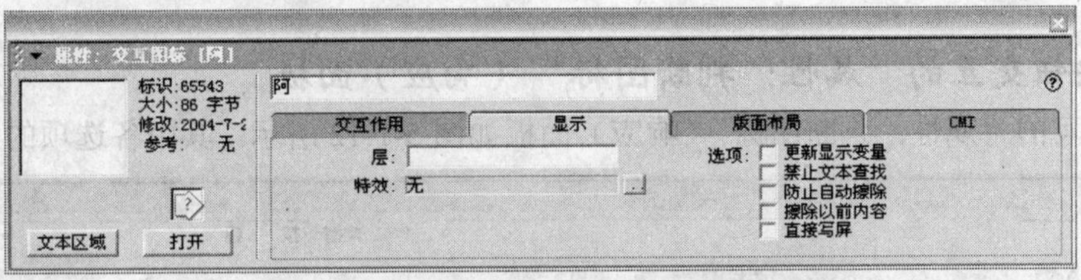

图 5-1-11 “属性：交互图标”（显示）面板

（1）【文本区域】按钮：单击该按钮，可调出“属性：交互作用文本字段”对话框，利用该对话框可设置文本交互时的有关输入文字的内容。例如，文字的大小、颜色，文本输入框的大小与位置等。

（2）【打开】按钮：单击该按钮，可调出交互图标的演示窗口。

4. 按钮交互的“属性：判断图标”面板

双击按钮交互的判断图标，可调出按钮判断图标的“属性：判断图标”面板，如图 5-1-5 所示。“属性：交互图标”（按钮）面板中各选项的作用如下。

（1）“类型”下拉列表框：该下拉列表框内有 11 个选项，用来确定交互类型。

（2）“大小”和“位置”文本框：它们用来精确确定按钮的大小与位置。

（3）“标签”文本框：该文本框内输入按钮的标题。它可以是字符串常量、数值常量、变量（变量的值作为按钮的名称）和函数（函数的值作为按钮的名称）等。当该文本框内不输入任何内容时，按钮的名称为响应图标的名称。当“标签”文本框内的变量值改变时，按钮上的标题也会随之改变。

（4）“快捷键”文本框：该文本框内输入按键（快捷键）的名称。当用户按该快捷键时，也可达到与单击按钮相同的效果。例如：输入 F6，则快捷键是【F6】，按【F6】键与单击按钮的作用一样；输入 AltD，则快捷键是【Alt+D】。

（5）“选项”栏：它有两个复选框，其含义如下。

- “默认按钮”复选框：选中它时，按钮为默认的标准按钮，按钮形状与其他按钮形状稍不相同，它的四周有粗线条，这种默认按钮在按【Enter】键时会执行相应的响应图标。
- “非激活状态下隐藏”：不选中它时，按钮不可用时呈灰色；选中它时，按钮不可用时自动消失。

（6）“鼠标”栏：单击该栏中的按钮，可调出“鼠标指针”对话框，如图 5-1-6 所示。在此对话框中单击某一种鼠标指针，再单击【确定】按钮，即可确定鼠标指针移至按钮之上时的鼠标指针形状。

利用该对话框还可以添加新的鼠标指针，单击“鼠标指针”对话框中的【添加】按钮，调出“加载指针”对话框。找到鼠标指针文件，再单击【打开】按钮，即可将新的鼠标指针加载到“鼠标指针”对话框中（即鼠标指针库）。这时，“鼠标指针”对话框中的【删除】与【编辑】按钮变为有效，单击【删除】按钮可以删除“鼠标指针”对话框中选中的鼠标指针，单击【编辑】按钮可以对加入的鼠标指针进行重新设定。

（7）【按钮】按钮：单击它可调出“按钮”对话框，利用该对话框可以改变按钮样式、加载按钮等。

5. 按钮交互的“属性：判断图标”（响应）面板

按钮交互的“属性：判断图标”（响应）面板如图 5-1-12 所示。其中各选项的作用如下。

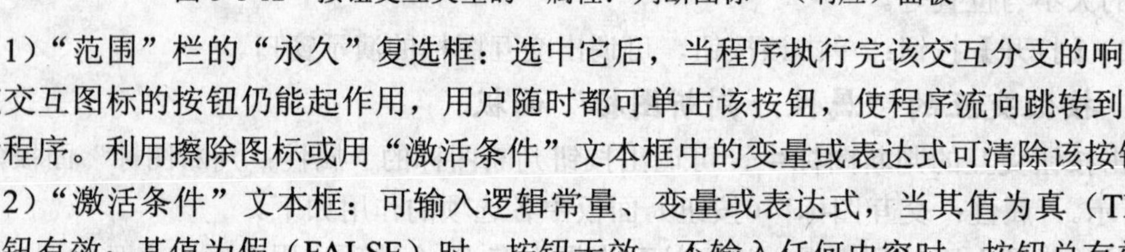

图 5-1-12　按钮交互类型的“属性：判断图标”（响应）面板

（1）“范围”栏的“永久”复选框：选中它后，当程序执行完该交互分支的响应图标后，该交互图标的按钮仍能起作用，用户随时都可单击该按钮，使程序流向跳转到此图标处执行程序。利用擦除图标或用“激活条件”文本框中的变量或表达式可清除该按钮。

（2）“激活条件”文本框：可输入逻辑常量、变量或表达式，当其值为真（TRUE）时，按钮有效；其值为假（FALSE）时，按钮无效。不输入任何内容时，按钮总有效。

（3）“擦除”下拉列表框：用来选定退出交互后的擦除交互信息（按钮）的方式。该下拉列表框中各选项的含义如下。

- “在下一次输入之后”：在执行下一次交互后擦除交互信息。

• “在下一次输入之前”：在执行下一次交互前就擦除交互信息。
• “在退出时”：在退出该交互状态时擦除交互信息。
• “不擦除”：不擦除交互信息。

（4）“分支”下拉列表框：用来确定执行完一次交互后的程序流向类型。它有 4 个选项，各选项的作用如下（4 种程序流向类型在程序中会有不同形式的流程线来描述，如图 5-1-13 所示）。

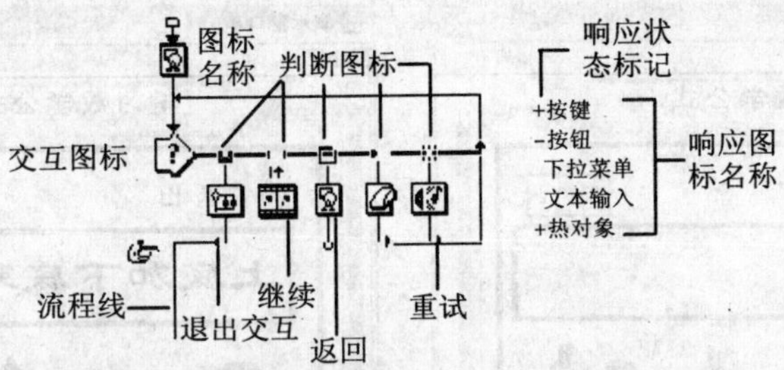

图 5-1-13　四种程序流向类型的流程线表示方式

• “重试”类型：程序执行完该交互后，返回到交互图标入口处，重新判断是否能进入该交互下面的某一个交互项。
• “继续”类型：当前交互项执行结束后，程序流向沿原路返回，以检查其右边是否有符合条件的其他交互要执行，直到没有符合条件的其他交互，才返回交互图标入口处。
• “退出交互”类型：退出交互分支结构，执行交互图标下边流程线上的后续图标。
• “返回”类型：在选中了“永久”复选框后，该下拉列表框内会增加此项，它表示返回跳转至此的原程序处。

另外，按住【Ctrl】键的同时，单击交互图标下边的分支流程线或区域，即可依次改变程序流向类型，从流程线的不同形式的变化可以看出程序流向类型的变化。

（5）“状态”下拉列表框：用来选择跟踪响应的正确与错误。3 个选项的作用如下。

• “不判断”：即对是否进入该交互项不做判断和记录。不跟踪交互，是默认选项。
• “正确响应”：跟踪正确响应（也叫正确交互），将正确响应次数累加，并存入系统变量中。响应图标的名字前会增加一个响应状态标记“+”，如图 5-1-13 所示。
• “错误响应”：跟踪错误响应（也叫错误交互），将错误响应次数累加，并存入系统变量中。响应图标的名字前会增加一个响应状态标记“-”，如图 5-1-13 所示。

（6）“计分”文本框：可以输入变量或表达式，如果这个响应是正确的，则计分是正数；如果这个响应是错误的，则计分是负数。

5.2　【案例 26】学习数学公式

案例效果

“学习数学公式”程序运行后的 2 幅画面如图 5-2-1 所示。由该图可以看出，窗体内显示一个预览框和 4 个图形按钮。当鼠标指针移过按钮、单击按钮或按钮无效时，按钮的样式会发生变化。按钮是否有效受时间变化的影响，大于 5 秒后，【圆形面积】按钮才有效；大于 15 秒后，【矩形面积】按钮才有效；大于 25 秒后，【三角形面积】按钮才有效；大于 35 秒后，【梯形面积】按钮才有效。单击不同按钮后，预览框内就会显示相应的几何图形面积公式的文字叙述。单击“退出”复选框，可以退出程序的运行。

通过本案例的学习，可以掌握按钮交互中按钮的创建和编辑方法等知识。

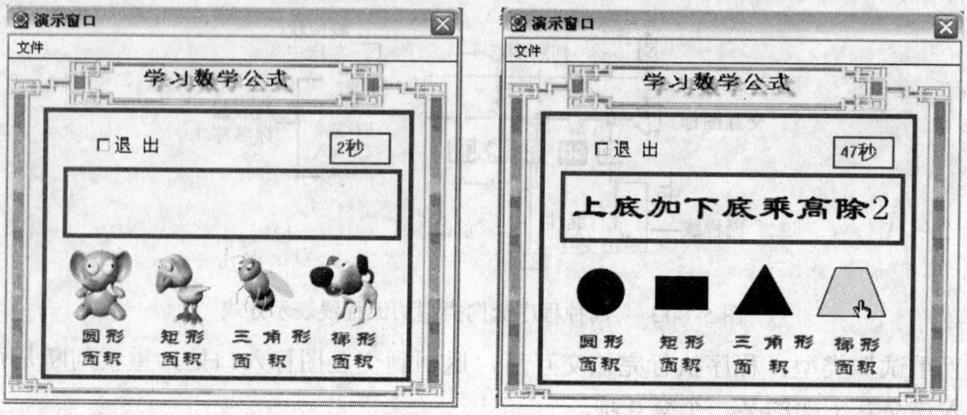

图 5-2-1 “学习数学公式”程序运行后 2 幅画面

设计过程

“学习数学公式”程序如图 5-2-2 所示，程序的设计过程如下。

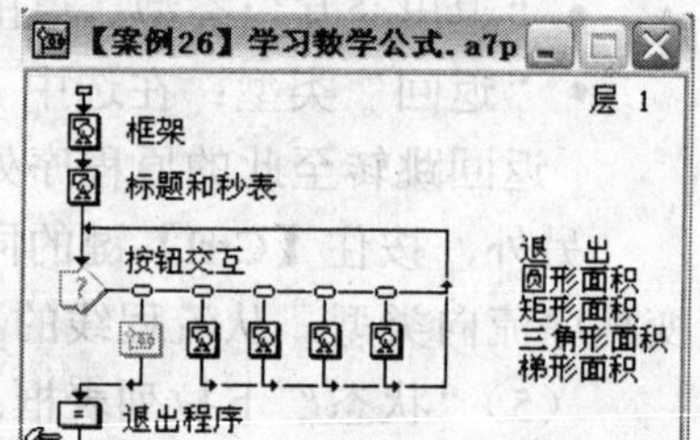

图 5-2-2 “学习数学公式”程序

1. 设计按钮

（1）程序中使用了 4 个图像按钮。4 个按钮的无效状态均是一个小图像，其他 3 种状态分别是不同颜色的几何图形。准备好 16 幅按钮图形或图像，图形和图像不要太大。

（2）将一个交互图标拖曳到程序设计窗口中的流程线上，命名为“按钮交互”。然后在交互图标右下方放置一个群组图标，调出“交互类型”对话框。单击【确定】按钮，确定为按钮交互方式，同时关闭该对话框。将群组图标的名称改为“退出”。

（3）再在交互图标右下方放置一个显示图标，命名为“圆形面积”，交互方式设置为按钮交互。按住【Ctrl】键，单击“退出”群组图标下边的流程线，使流程线的走向改变，如图 5-2-2 所示。

（4）双击“圆形面积”群组图标上边的交互判断图标，调出按钮交互判断图标的“属性：判断图标[圆形面积]”）面板，如图 5-2-3 所示。

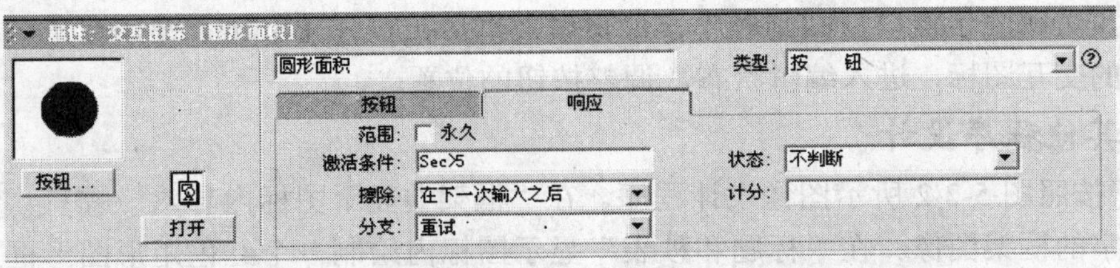

图 5-2-3　“圆形面积”交互判断图标的“属性：判断图标”（响应）面板设置

（5）单击该面板内的【按钮】按钮，调出“按钮”对话框，如图 5-2-4 所示。单击该对话框内的【添加】按钮，调出“按钮编辑”对话框，如图 5-2-5 所示。

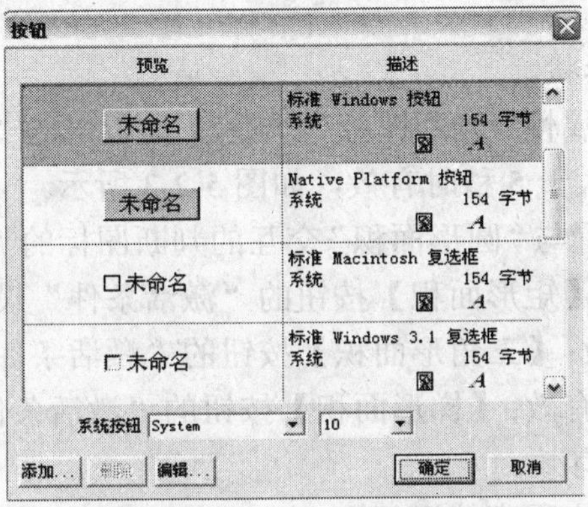

图 5-2-4　“按钮”对话框

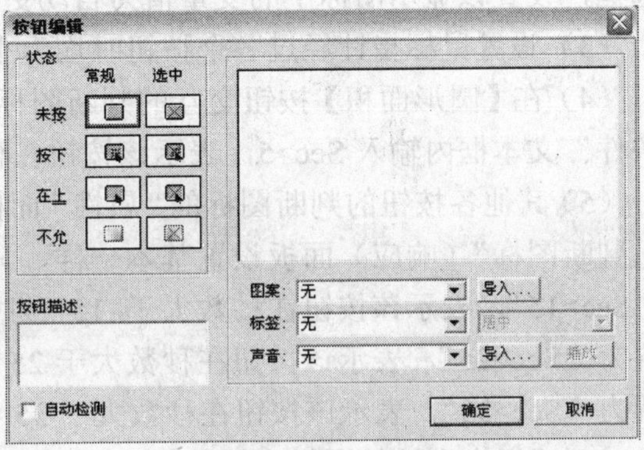

图 5-2-5　“按钮编辑”对话框

（6）单击选中“按钮编辑”对话框中“状态”栏内“常规”列中的第 1 个按钮，如图 5-2-5 所示。单击“图案”下拉列表框右边的【导入】按钮，调出“导入哪个文件？”对话框，利用该对话框可为新按钮选择图案。再在其左边的下拉列表框内选中“使用导入图”选项。这样，按钮的未被按下的正常状态图像被确定了。

（7）单击选中“按钮编辑”对话框中“状态”栏内“常规”列中的第 2 个按钮，按照上述方法设置按钮被按下后的图像。单击选中“状态”栏内“常规”列中的第 3 个按钮，按照上述方法设置鼠标指针移到按钮之上时的图像。单击选中“状态”栏内“常规”列内的第 4 个按钮，按照上述方法设置按钮无效时的图像。

（8）单击选中“按钮编辑”对话框中的【确定】按钮，关闭该对话框，完成按钮创建，回到“按钮”对话框。此时“按钮”对话框内出现了新创建的按钮图像。再单击“按钮”对话框内的【确定】按钮，完成按钮设置工作。

（9）按照上述方法，再在“按钮交互”交互图标右下方创建“矩形面积”、“三角形面积”和“梯形面积”群组图标，设置为按钮交互，创建各自的图像按钮。

（10）双击“退出”群组图标上边的交互判断图标，调出按钮交互判断图标的“属性：判断图标[退出]”）面板，单击该面板内的【按钮】按钮，调出“按钮”对话框，如图 5-1-7 所示。选中“按钮”对话框内“预览”栏中的复选按钮，它是标准的 Windows 系统按钮，在右边的下拉列表内选择 12，设置按钮标题文字大小为 12 磅。然后，单击【确定】按钮，完成按钮外型的设置。

（11）运行程序，当程序运行到出现按钮时，单击演示窗口右上角的按钮，终止程序的运行，关闭演示窗口，回到程序设计窗口。然后，按住【Shift】键，双击名字为“按钮交互”的交互图标，进入编辑状态，调整按钮的位置。

2. 其他程序设计

（1）按照图 5-2-2 所示图像设计程序。在“框架”显示图标内导入一幅有“学习数学公式”文字的框架图像。在“标题和秒表”显示图标内绘制一个红色矩形图形框，一个秒表（矩形框内输入“{Sec}”）和文字“圆形面积”、“矩形面积”、“三角形面积”、“梯形面积”。

（2）在“标题和秒表”显示图标的“属性：显示图标”面板中，选中“更新显示变量”复选框，设置该显示图标中的变量值为自动更新。

（3）设置鼠标指针经过各个按钮时均为小手形状。

（4）在【圆形面积】按钮交互的判断图标的“属性：判断图标”（响应）面板内的“激活条件”文本框内输入 Sec>5，表示该按钮在秒数大于 5 秒时有效，如图 5-2-3 所示。

（5）其他各按钮的判断图标的“属性”面板设置与“圆形面积”交互的判断图标的“属性：判断图标”（响应）面板设置基本一样，只是，【矩形面积】按钮的“激活条件”设置为“Sec>15”，表示该按钮在秒数大于 15 秒时有效；【三角形面积】按钮的“激活条件”设置为“Sec>25”，表示该按钮在秒数大于 25 秒时有效；【梯形面积】按钮的“激活条件”设置为“Sec>35”，表示该按钮在秒数大于 35 秒时有效。

（6）“退出”计算图标内输入 Quit(0)，表示退出程序的运行。

相关知识

1. “按钮”对话框

单击交互判断图标“属性：交互”面板内的【按钮】按钮，调出“按钮”对话框，如图 5-2-4 所示。利用该对话框中的【添加】、【删除】和【编辑】按钮，可以增加、删除和编辑按钮。“按钮”对话框中各选项的作用如下。

（1）“预览”栏与“描述”栏的作用如下。

- “预览”栏：此栏列出了按钮库的按钮形状，单击此栏中的一个按钮图案，再单击“确定”按钮，即可改变按钮的样式。
- “描述”栏：此栏是按钮的说明内容。

（2）“系统按钮”栏有两个下拉列表框，分别用来设置按钮标题的字体与字号。

（3）几个按钮的作用如下。

- 【添加】按钮：单击该按钮，可以调出“按钮编辑”对话框，如图 5-2-5 所示。利用它可以给按钮库添加新按钮。
- 【删除】按钮：单击该按钮，可以删除按钮库中选定的按钮。
- 【编辑】按钮：单击该按钮，可以调出“按钮编辑”对话框，利用它可以编辑按钮库中选定的按钮。

2. 按钮编辑

利用“按钮编辑”对话框可以设定按钮的形状、图案、名字和伴音，各选项的作用如下。

（1）“状态”栏：用来确定按钮的状态，它有“常规”和“选中”两列，这两列都有 4 种按钮的状态。单击一个图标即可选中一种按钮状态。该栏中各行图标的含义如下。

- 未按：表示按钮没被鼠标单击按下而处于弹起时按钮的状态。
- 按下：表示按钮被鼠标单击而处于按下时按钮的状态。
- 在上：表示鼠标指针经过按钮或置于按钮之上时按钮的状态。
- 不允（即无效）：表示按钮处于无效时按钮的状态。

（2）单击“图案”下拉列表框右边的【导入】按钮，可调出“导入哪个文件？”对话框，利用该对话框可为新按钮选择图案。再在其左边的下拉列表框内选中“使用导入图”选项。

（3）在“标签”栏左边的第 1 个下拉列表框中选中一种按钮标题显示样式，即“显示卷标”与“无”两项。在“标签”下拉列表框中选中“显示卷标”选项后，其右边的下拉列表框变为可选的，用来选择标题居于按钮中的位置（居中、居左和居右）。

（4）单击“声音”下拉列表框右边的【导入】按钮，调出“导入哪个文件？”对话框。利用该对话框，可选择按钮在动作时的声音。单击其右边的【播放】按钮，可播放选定的声音。再在其左边的下拉列表框内选中“无”（取消声音）或“使用导入图”（应为“使用导入声音”，即使用声音）选项。

（5）“按钮描述”文本框：其内可输入按钮样式的说明。

（6）“自动检测”复选框：选中它时，按钮被定义为自动被检测的。即用户单击一下该按钮，按钮在“常规”和“选中”按钮之间变换一次，并将该信息记录在系统变量 Checked 之中，“常规”按钮的 Checked 值为假（FALSE 或 0），“选中”按钮时为真（TRUE 或 1）。

5.3 【案例 27】按钮变换

案例效果

“按钮变换”程序运行后的画面如图 5-3-1 左图所示，可以看出，在框架图像内显示第 1 幅图像（故宫八角楼图像）。将鼠标指针移到演示窗口内左下角的豹子图像按钮之上，该按钮图像会发生变化；在该图像按钮之上单击按下鼠标左键，按钮图像也会发生变化；松开鼠标左键后（即单击该图像按钮后），在框架图像内会以关门方式显示第 2 幅图像（天坛图像），如图 5-3-1 右图所示。此时，图像按钮变为飞鸟图像。在显示完第 2 幅图像后，进入暂停状态，有一个倒计时小钟显示出来，飞鸟图像按钮处于无效状态，如图 5-3-2 左图所示。当暂停结束后，飞鸟图像按钮变为有效状态。

单击飞鸟图像按钮，可以关门方式显示第 3 幅图像（颐和园图像），如图 5-3-2 右图所示。此时，飞鸟图像按钮又变为豹子图像按钮。当第 3 幅图像显示完毕后，豹子图像按钮处于无效状态。当暂停结束后，豹子图像按钮变为有效状态。豹子和飞鸟图像按钮都有 4 种状态。单击【退出】按钮，可以退出程序的运行。

通过本案例的学习，可以初步掌握两种状态按钮的特点，了解“按钮编辑”对话框中“自动检测”复选框的作用，以及 Checked 系统变量的特点和使用方法。

图 5-3-1 “按钮变换”程序运行后的 2 幅画面

图 5-3-2 “按钮变换”程序运行后的 2 幅画面

设计过程

“按钮变换”程序如图 5-3-3 所示，“按钮变换”程序的设计过程如下。

图 5-3-3 “按钮变换”程序

（1）准备 4 幅豹子不同奔跑姿势的图像，如图 5-3-4 所示，作为【常规】按钮的 4 种状态图像。准备 4 幅飞鸟的不同飞翔姿势的图像，如图 5-3-5 所示，作为【选中】按钮的 4 种状态图像。

图 5-3-4 “常规”按钮的 4 种状态图像

图 5-3-5 “选中”按钮的 4 种状态图像

（2）在“框架”显示图标内导入一幅框架图像，在“背景图像”显示图标内导入一幅故宫八角楼图像，如图 5-3-1 左图所示。

（3）双击“浏览图像”群组图标按钮交互的判断图标，调出该判断图标的“属性：判断图标”面板，如图 5-1-5 所示。

（4）按照上一节所述方法，创建一个“常规”的图像按钮，该按钮的 4 种状态图像如图 5-3-4 所示，创建一个“选中”图像按钮，该按钮的 4 种状态的图像如图 5-3-5 所示。

（5）选中图 5-2-5 所示的“编辑按钮”对话框内的“自动检测”复选框，使用户单击一下该按钮，按钮在“常规”和“选中”之间变换一次，并将该信息记录在系统变量 Checked 之中，“常规”状态下 Checked 值为假（FALSE 或 0），“选中”状态下 Checked 值为真（TRUE 或 1）。

（6）在“浏览图像”群组图标的程序设计窗口内添加两个显示图标、两个计算图标、一个等待图标，如图 5-3-3 所示。两个显示图标内分别导入一幅图像，显示方式为开门方式。“暂停”等待图标的暂停时间为 2 秒。

（7）“判断”计算图标内输入如下程序：

```
Test(Checked@"浏览图像"=FALSE,GoTo(IconID@"图像 2"),GoTo(IconID@"图像 1"))
```

该语句用来判断“浏览图像”按钮的 Checked 变量值是否为真，当该值为假时，程序转到“图像 2”显示图标去执行，否则程序转到“图像 1”显示图标去执行。

（8）“程序转移”计算图标内输入如下程序：

```
GoTo(IconID@"暂停")
```

相关知识

1. Checked 系统变量

【格式】Checked@"BottonIcon Tottle"

【说明】系统变量 Checked 可以作为图标变量来使用，可以获取按钮的类型状态。其中，引号内的 BottonIcon Tottle 是按钮响应图标的名称。

如果按钮是“按钮编辑”对话框“选中”（Checked）列中的任何一种按钮，则

Checked@"BottonIcon Tottle"的值为真（TRUE 或 1），即为“选中”状态；否则 Checked@"BottonIcon Tottle"的值为假（FALSE 或 0），即为“常规”状态。

如果设置 Checked@"BottonIcon Tottle"的值为真，相当于选中了“选中”列中的一种按钮；如果设置 Checked@"BottonIcon Tottle"的值为假，相当于选中了“常规”列中的一种按钮，自动取消按钮的“选中”状态。

在选中“自动检测”复选框的情况下，按钮会自动在“常规”和“选中”两类按钮间切换。在不选中“自动检测”复选框的情况下，可以使用系统变量 Checked 来控制按钮在“常规”和“选中”两类按钮间切换。例如：按钮交互的响应图标是一个计算图标，里面输入“Checked@"BottonIcon Tottle" =~ Checked@"BottonIcon Tottle"”语句。

2. 改进案例 25“选择正确答案”程序

运行“选择正确答案”程序后，会发现 4 个一组的单选按钮会同时选中 2 个或多个，这与单项选择的答题要求不符合。为了做到在选中某一个单选按钮时，其他单选按钮不被选中，可以采取下述方法。

（1）选中“A”群组图标，单击“修改”→“图标”→“计算”菜单命令，调出它的附属计算图标窗口，在该窗口内输入如下程序：

```
Checked@"A":=TRUE
Checked@"B":=FALSE
Checked@"C":=FALSE
Checked@"D":=FALSE
```

（2）选中“B”群组图标，在它的附属计算图标窗口内输入如下程序：

```
Checked@"A":=FALSE
Checked@"B":=TRUE
Checked@"C":=FALSE
Checked@"D":=FALSE
```

（3）选中“B”群组图标，在它的附属计算图标窗口内输入如下程序：

```
Checked@"A":=FALSE
Checked@"B":=FALSE
Checked@"C":= TRUE
Checked@"D":=FALSE
```

（4）选中“B”群组图标，在它的附属计算图标窗口内输入如下程序：

```
Checked@"A":=FALSE
Checked@"B":=FALSE
Checked@"C":=FALSE
Checked@"D":=TRUE
```

5.4 【案例 28】四种运算练习

案例效果

“四种运算练习”程序运行后演示窗口如图 5-4-1 左图所示，输入的默认值为 1，按【Enter】键即可进行 1 位数加法练习，如图 5-4-1 右图所示；输入 4 后，按【Enter】键即可进行 2 位数减法练习，如图 5-4-2 左图所示。做完 10 道题后，显示出分数和答题所用的时间，如图 5-4-2 右图所示。其他与案例 12“简单加法练习”程序基本一样。通过本案例的学习，可以更进一步掌握文本输入交互的使用方法，了解有关的编程技巧。

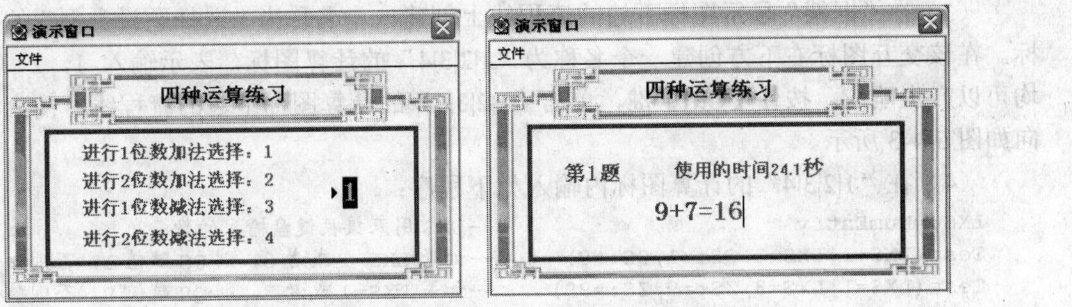

图 5-4-1　“四种运算练习”程序运行画面 1

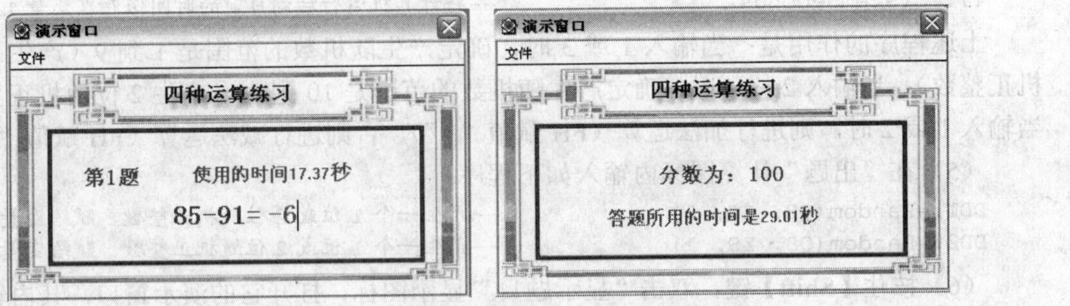

图 5-4-2　“四种运算练习”程序运行画面 2

设计过程

“四种运算练习”程序如图 5-4-3 所示，程序设计过程如下。

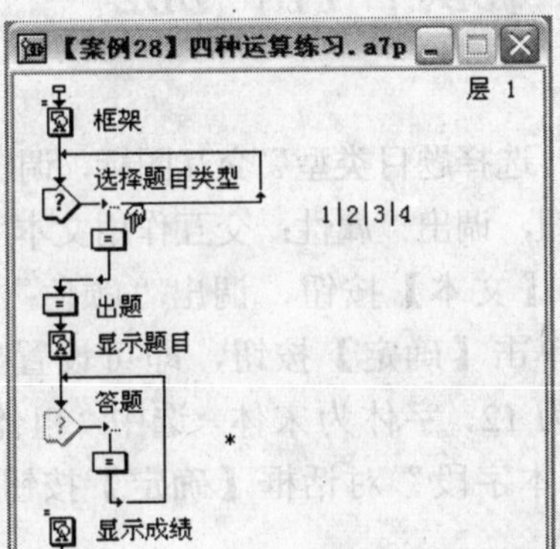

图 5-4-3　“四种运算练习”程序

1. 出题程序

（1）在“框架”显示图标内导入有“四种运算练习”文字的框架图像。在“框架”显示图标的附属计算图标内输入如下程序：

```
Movable:=OFF          --使当前图标内的对象不可以被移动
PresetEntry:=1        --使输入文本框中的数据默认为 1
```

（2）单击“修改”→“文件”→“属性”菜单命令，调出“属性：文件”面板，选中

“大小”下拉列表框内的“根据变量”选项。双击“框架”显示图标，调出演示窗口，调整演示窗口的大小和位置，使演示窗口大小与框架图像大小一样。

（3）在“框架”显示图标下边的流程线上创建一个名称为“选择题目类型”的交互图标。在该交互图标右下方创建一个名称为“1|2|3|4”的计算图标，表示输入 1，2，3 或 4 均可以产生响应。按住【Ctrl】键，单击“1|2|3|4”的计算图标下边的流程线，使流程线走向如图 5-4-3 所示。

（4）在“1|2|3|4”的计算图标内输入如下程序：

```
LXS:=NumEntry                               --LXS 用来接收键盘输入的数
Test(LXS=1|LXS=3,QS:=1,QS:=9)               --如果 LXS=1 或者 3，则 QS 赋值 1，否则赋值 9
Test(LXS=1|LXS=3,ZS:=9,ZS:=99)              --如果 LXS=1 或者 3，则 QS 赋值 9，否则赋值 99
Test(LXS=1|LXS=2,FH:="+",FH:="-")           --如果 LXS=1 或者 2，则 FH 赋值“+”，否则赋值“-”
T1:=SystemSeconds                           --将计算机运行后到目前的时间保存在变量 T1 中
```

上述程序的作用是：当输入 1 或 3 时，确定产生随机数的范围是 1 到 9（产生 1 位随机正整数）；当输入 2 或 4 时，确定产生随机数的范围是 10 到 99（产生 2 位随机正整数）。当输入 1 或 2 时，则进行加法运算（FH 赋值“+”），否则进行减法运算（FH 赋值“-”）。

（5）在“出题”计算图标内输入如下程序：

```
DD1:=Random(QS, ZS, 1)                      --产生一个 1 位或 2 位随机正整数，赋给变量 DD1
DD2:=Random(QS, ZS, 1)                      --产生一个 1 位或 2 位随机正整数，赋给变量 DD2
```

（6）按住【Shift】键，双击“显示题目”显示图标，打开它的演示窗口，其内输入如下内容，用来显示题号、使用的时间和题目。

第{N+1}题　使用的时间{SystemSeconds-T1}秒

{DD1}{FH}{DD2}=

2. 其他程序

（1）按住【Ctrl】键，双击“选择题目类型”交互图标，调出它的“属性：交互图标”面板，单击该面板内的“文本区域”按钮，调出“属性：交互作用文本字段”对话框，如图 5-4-4 所示。

（2）单击“颜色”栏内的【文本】按钮，调出“颜色”对话框，如图 5-4-5 所示，单击该对话框中的蓝色色块，再单击【确定】按钮，即可设置文本输入文字的颜色为蓝色。再利用该对话框设置文字大小为 12，字体为宋体，选中“粗体”复选框，然后单击内部【确定】按钮，“属性：交互作用文本字段”对话框【确定】按钮。

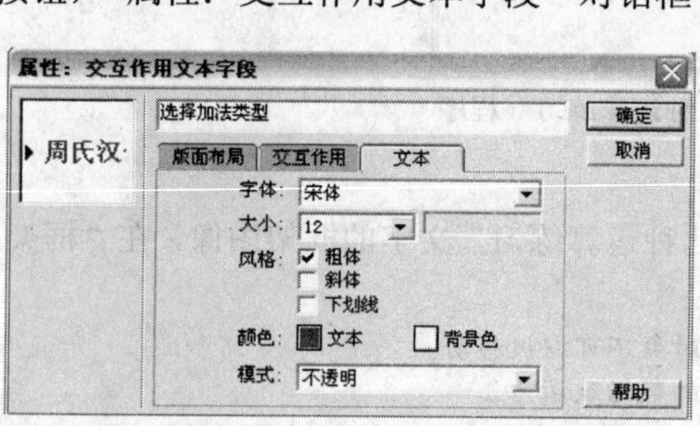

图 5-4-4　“属性：交互作用文本字段”对话框

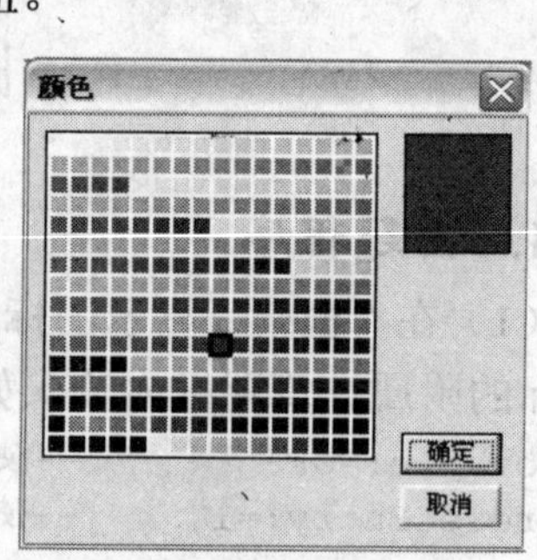

图 5-4-5　“颜色”对话框

（3）按住【Ctrl】键，双击“答题”交互图标，调出它的“属性：交互图标”面板，单击该面板内的“文本区域”按钮，调出“属性：交互作用文本字段”（文本）对话框，如图 5-4-4 所示。单击“版面布局”标签，切换到如图 5-4-6 所示的“属性：交互作用文本字段”（版面布局）对话框。利用该对话框可以设置文本输入区域的大小和位置。

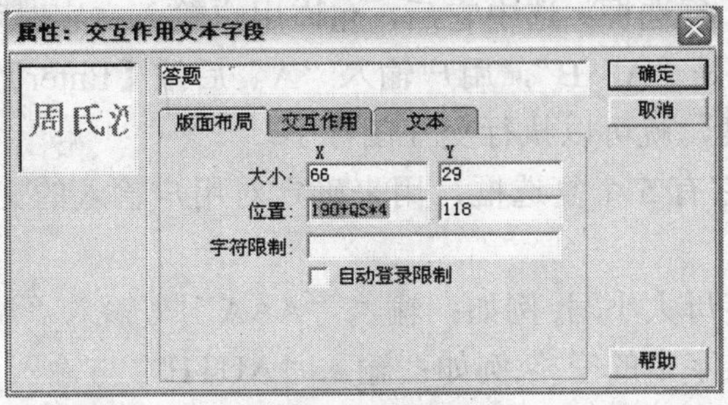

图 5-4-6　“属性：交互作用文本字段”（版面布局）对话框

（4）在“属性：交互作用文本字段”（版面布局）对话框内“位置”栏的“Y”文本框中输入 190+QS*4。其中，进行 1 位数加法练习时，调整的文本输入区域的水平坐标值（用鼠标拖曳调整文本输入区域的位置后获得的）为 190+1*4=194，进行 2 位数加法练习时，调整的文本输入区域的水平坐标值为 190+9*4=216。加上 QS*4 的目的是为了在进行两位数加法练习时，该文本输入区域向右移动一段距离，不使文本输入区域挡住第 2 个加数。

（5）双击“框架”显示图标，调出它的演示窗口，再关闭该窗口。按住【Shift】键，双击“答题”交互图标，调出它的演示窗口，调整其中的文字和文本输入框的大小和位置；按住【Shift】键，双击“选择题目类型”交互图标，调出它的演示窗口，调整其中的文字和文本输入框的大小和位置。

相关知识

1. 文本输入交互类型的“属性：判断图标”面板

双击“文本输入”交互的判断图标，调出文本输入交互的“属性：判断图标”面板。

文本输入交互类型的“属性：判断图标”（文本输入）面板如图 5-4-7 所示，其中各选项的作用如下。

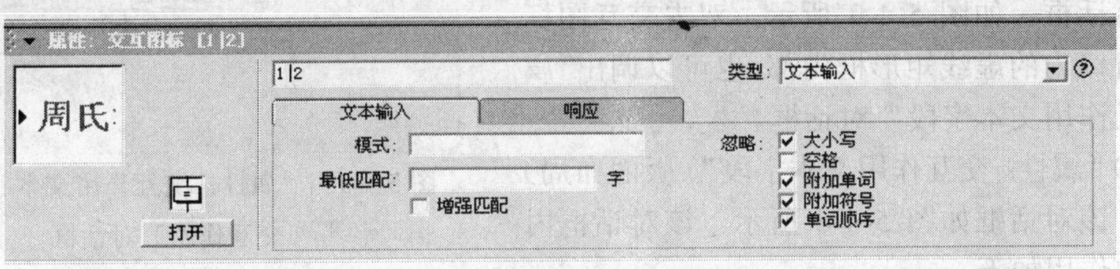

图 5-4-7　文本输入交互类型的“属性：判断图标”（文本输入）面板

（1）“模式”文本框：其内输入用双引号括起来的字符或文字，用户进行文本交互时，必须输入这些字符或文字。可以使用分隔符“|”来连接两个对等的交互文字，也可使用通配符“*”（代表一串字符或文字）和“?”（代表一个字符）。如果不输入任何内容，则响应图标的名字决定可以产生响应的输入内容。

（2）“最低匹配”文本框。在此文本框内输入一个数字 n，表示用户只要输入 n 个符合“模式”文本框中的字符，就能继续执行交互图标。例如：在“最低匹配”文本框内输入数字 3，在“模式”文本框内输入“ABCDEF”，则用户只要输入“ABC”三个字符就能执行相应的交互图标。

（3）“增加的匹配”复选框：选中它后，允许用户输入文字时可以有多次输入的机会。例如：“模式”文本框内是“A　B”，用户输入“A”后按【Enter】键，此时不交互，再输入“B”并按【Enter】键，就可以执行交互图标了。

（4）“忽略”栏：它有 5 个复选框，用来确定对用户输入的文字可以忽略什么内容。各复选框作用如下。

- “大小”：忽略字母大小写，例如：输入“AAA”与输入“Aaa”或“AaA”一样。
- “空格”：忽略文字中的空格，例如：输入“AUTH”与输入“A　U T H”一样。
- “附加单词”：忽略多余的字符，例如：“AUTHORWARE”与“AU”一样。
- “附加符号”：忽略标点符号，例如：输入“A,U”与输入“AU”一样。
- “单词顺序”：忽略文字顺序，例如：输入“AUTHORWARE”与输入“UATHORWAER”一样。

单击“响应”标签，切换到文本输入交互类型的“属性：判断图标”（响应）面板，如图 5-4-8 所示。该面板与按钮交互类型的“属性：判断图标”（响应）面板基本一样。

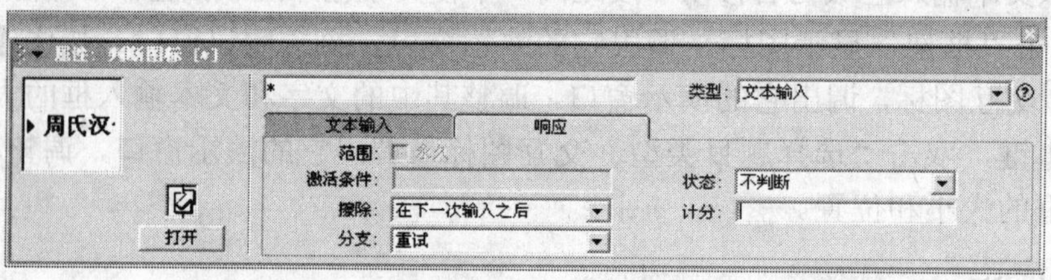

图 5-4-8　文本输入交互类型的“属性：判断图标”（响应）面板

2. “属性：交互作用文本字段”对话框

按住【Ctrl】键，双击交互图标，调出“属性：交互图标”面板。单击该面板中的“文本区域”按钮，可调出“属性：交互作用文本字段”（版面布局）对话框，如图 5-4-9 所示。双击交互图标的演示窗口内的虚线矩形框内部，也可以调出“属性：交互作用文本字段”对话框。

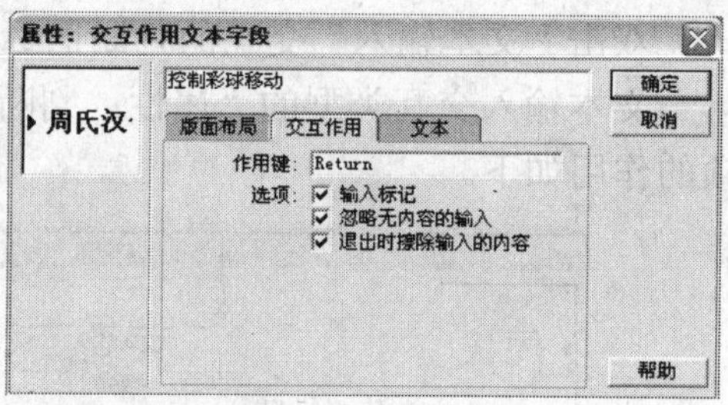

图 5-4-9　“属性：交互作用文本字段”（交互作用）对话框

（1）“属性：交互作用文本字段”（版面布局）对话框：该对话框如图 5-4-6 所示。该对话框内各选项的作用如下。

- “大小”和“位置”文本框：在这 4 个文本框内可以输入变量和表达式，它们的值可精确调整文本输入框的位置和大小。
- “字符限制”文本框：其内应输入允许用户在文本输入交互时输入的最多字符个数。
- “自动登录限制”复选框：选中该复选框后，当用户输入的字符个数超过“字符限制”文本框内的限制数时，立即读取输入的数据。

（2）“属性：交互作用文本字段”（交互作用）对话框：该对话框如图 5-4-9 所示，其中各选项的作用如下。

- “作用键”文本框：在此输入某一按键的名称（默认为【Enter】或【Return】键），当用户在文本输入交互时，输入完字符后，按所设定的键，即可让计算机接收输入的字符。
- “输入标记”复选框：不选中它时，则文本输入框左边没有黑三角的标记；选中它时，则在文本输入交互执行时，文本输入框左边有一个黑三角标记。
- “忽略无内容的输入”复选框：选中它时，忽略在文本输入交互时输入内容中的空格。
- “退出时擦除输入的内容”复选框：不选中它时，则退出文本输入交互时，不擦除文本交互信息。选中它时，在退出文本输入交互时，擦除文本交互信息。

（3）“属性：交互作用文本字段”（文本）对话框：该对话框如图 5-4-4 右图所示，其中各选项的作用如下。

- “字体”和“大小”下拉列表框：设置输入文字的字体和大小。
- “风格”的 3 个复选框：决定输入文字的风格。
- “颜色”栏：用来选定颜色：“文本”色块可确定文字颜色，“背景”色块可确定文字的背景颜色。单击色块可调出“颜色”对话框，利用该对话框可以设置颜色。
- “方式”下拉列表框：用来选择显示方式。其中有“不透明”、“透明”、“反转”（即反相显示）、“擦除”（即不显示输入的内容）。

5.5 【案例 29】看图识字 1

案例效果

“看图识字 1”程序运行后，屏幕会显示多个不同的北京名胜小图像，如图 5-5-1 左图所示。单击某一个图像，在框架内会显示出该图像的放大图像和它的名称，例如：单击天安门小图像后，演示窗口显示如图 5-5-1 右图所示。单击演示窗口内右上角的【退出】按钮，可以擦除整个画面，退出程序的运行。通过本案例的学习，可以掌握热对象和热区域交互的使用方法，了解有关的编程技巧。

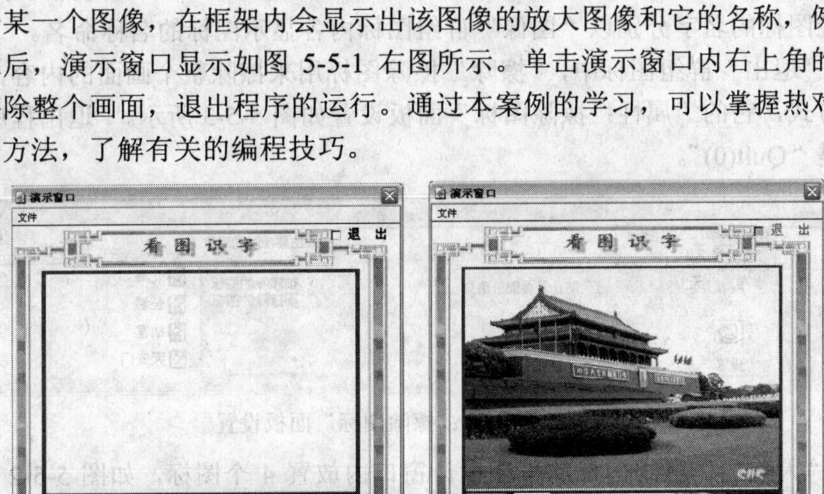

图 5-5-1　“看图识字 1”程序运行后的 2 幅画面

设计过程

“看图识字 1”程序如图 5-5-2 所示，程序设计过程如下。

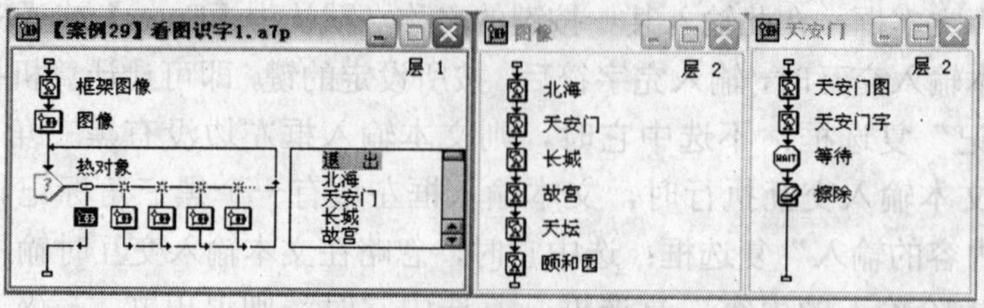

图 5-5-2 “看图识字 1”程序

（1）准备 6 幅北京名胜大图图像，使用 Photoshop 软件将这 6 幅图像的宽和高分别调整为 400 像素和 300 像素，再将这 6 幅图像另存为 6 幅小图像，图像的宽和高分别调整为 80 像素和 60 像素。

（2）单击“修改”→“文件”→“属性”菜单命令，调出“属性：文件”（回放）面板；再选中前 3 个复选框，背景色设置为白色；然后，选中“大小”下拉列表框内的“根据变量”选项。

（3）在流程线上放置一个名字为“框架图像”的显示图标。在“框架图像”显示图标内导入一幅框架图像，并调整它们的大小和位置，如图 5-5-1 所示。双击“框架图像”显示图标，调出演示窗口，调整演示窗口的大小和位置，使演示窗口大小与框架图像大小一样。

（4）在“框架”显示图标下面的“图像”群组图标内放置 6 个显示图标，如图 5-5-2 右图所示。在这些显示图标内分别导入相应的小图像，显示图标的名称就是导入图像的名称。

（5）将一个交互图标放在“图像”群组图标下边，命名为“热对象”。其下放置一个名字为“退出”、“北海”、“天安门”、“长城”、“故宫”、“天坛”和“颐和园”的 6 个群组图标。其中，“退出”群组图标设置为按钮交互方式，其他群组图标设置为热对象交互方式。各热对象响应图标的名字分别以“图像”群组图标内各显示图标的名称命名。

（6）在“退出”群组图标中，“擦除”擦除图标用来擦除整个画面的内容，擦除特效为从左往右方式，它的“属性：擦除图标”面板设置如图 5-5-3 所示。“退出程序”计算图标内的程序是“Quit(0)”。

图 5-5-3 “属性：擦除图标”面板设置

（7）在“天安门”群组图标的程序设计窗口内放置 4 个图标，如图 5-5-2 所示。“天安门图”显示图标内导入一幅天安门大图，调整它的位置和大小，使它正好放置在框架内。“天安门图”显示图标内输入文字“天安门”和绘制一幅黄色填充、蓝色框的矩形图形，如图 5-5-1 右图所示。“暂停”等待图标用来等待 2 秒，不显示【等待】按钮和倒计时小钟。

“擦除”擦除图标用来擦除“天安门图”显示图标内的文字和图形。

（8）按照“天安门”群组图标的设计方法，设计“北海”等其他 5 个群组图标。

（9）运行程序，演示窗口内会显示“图像”群组图标中各显示图标的内容，以及热对象交互方式的“属性：判断图标”面板。这时用鼠标单击要选定为热对象的对象，则该对象所在的图标名称会显示在“属性：判断图标”面板标题栏中，其图像会出现在“属性：判断图标”面板左上角的预览框内，如图 5-5-4 所示，表示该图标对象已成为相应的热对象。

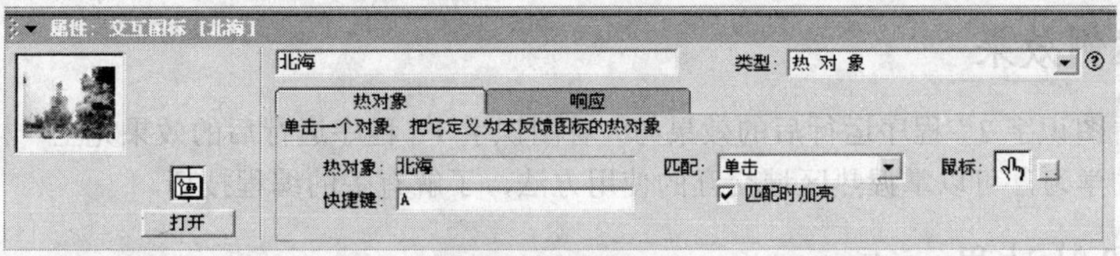

图 5-5-4 热对象交互的“属性：判断图标”（热对象）面板

（10）再在热对象交互方式的“属性：判断图标”（热对象）面板内，进行鼠标指针形状设置，设置快捷键为 A，“匹配”下拉列表框中选择“单击”选项等，如图 5-5-4 所示。这时下一个热对象的“属性：判断图标”（热对象）面板又会出现，仍按上述方法重复操作，直到全部完成各热对象对话框的设置为止。应注意不同热对象的属性面板出现时，应单击与它相应的对象。各快捷键分别为 A，B，C，D，E，F。

相关知识

1. 热对象交互的特点

热对象交互类型也叫热件交互。所谓“热”，是指“激活”的意思，比如单击、双击或鼠标指针移到指定的对象之上，以及按快捷键，都可以“激活”相应的对象，该对象就叫热对象。热对象交互就是在激活某对象后，使程序立即执行相应的响应图标。

2. “属性：判断图标”（热对象）面板

双击热对象交互的判断图标※，调出热对象交互判断图标的“属性：判断图标”（热对象）对话框，如图 5-5-4 所示。同时调出以前的图标对象，单击某一对象，使该对象成为热对象。不同的热对象应附属于不同的图标。“属性：判断图标”（热对象）对话框内各选项的作用如下。

（1）“匹配”下拉列表框：该下拉列表框中有 3 项，它们分别表示用鼠标激活对象的一种方法，3 个选项的含义如下。

- 单击：单击热对象（即热件）后，程序执行相应的响应图标。此选项是默认设置。
- 双击：双击热对象后，程序执行相应的响应图标。
- 指针在对象上：当鼠标指针移到热对象之上时，程序执行相应的响应图标。

（2）“快捷键”文本框：该文本框内输入按键（快捷键）的名称。当用户按此按键时，也可以达到与单击按钮相同的效果。例如：输入 F8，则快捷键是【F8】，按【F8】键与单击按钮的作用一样；输入 AltA，则快捷键是【Alt+A】。

（3）“匹配时加亮”复选框：选中它后，被鼠标单击等操作激活的对象以互补色高亮度显示一下，提示用户已开始执行相应的响应图标程序。

（4）“鼠标指针”按钮：单击它可以调出“鼠标指针”对话框，用来确定鼠标指针形状。

热对象交互的“属性：判断图标”（响应）面板与按钮交互类型的“属性：判断图标”（响应）面板基本一样。

5.6 【案例 30】看图识字 2

案例效果

“看图识字 2”程序运行后的效果与“看图识字 1”程序运行后的效果完全一样。通过本案例的学习，可以掌握热区域交互的使用方法，了解有关的编程技巧。

设计过程

“看图识字 2”程序如图 5-6-1 所示，程序设计过程如下。

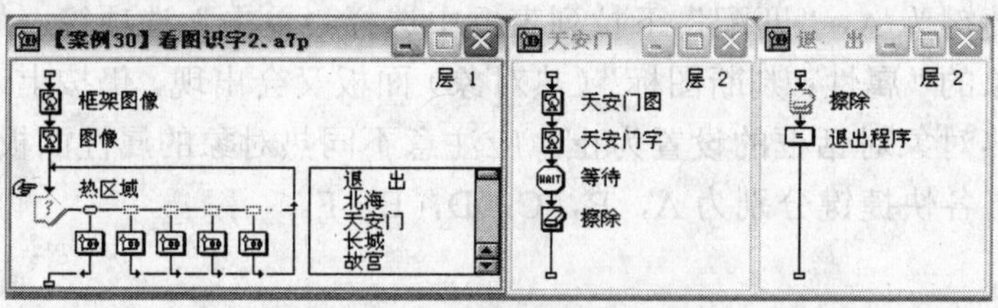

图 5-6-1 “看图识字 1”程序

（1）准备一幅如图 5-6-2 所示（有 6 幅北京名胜小图像）的图像。

图 5-6-2 6 幅小图像

（2）打开“【案例 29】看图识字 1”程序，以名字“【案例 30】看图识字 2.a7p”保存。

（3）将“图像”群组图标删除，在相同位置添加一个名称为“图像”的显示图标，其内导入图 5-6-2 所示的图像，位置的调整如图 5-5-1 所示。

（4）将“热对象”交互图标的名称改为“热区域”，将“热区域”交互图标下面的 6 个群组图标的交互方式改为“热区域”交互方式。

（5）运行程序，退出程序运行，再按住【Shift】键，同时双击“热区域”交互图标。然后调整热区域虚线矩形框的位置和大小，使它与相应的图像完全重合。双击“热区域”交互图标，可以看到所有热区的大小和位置，如图 5-6-3 所示。

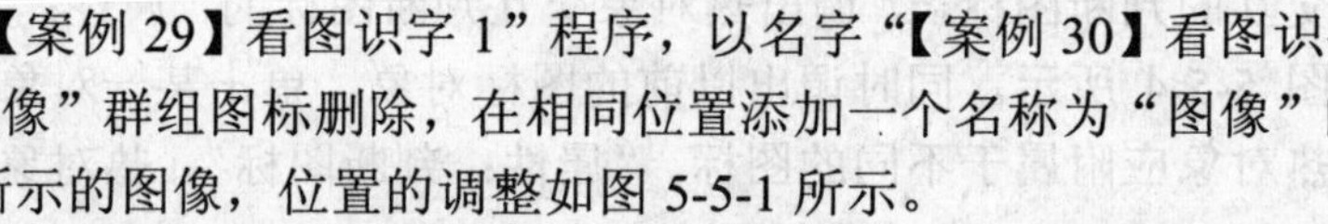

图 5-6-3 所有热区的大小和位置

相关知识

1. 热区域交互特点

热区域交互类型也叫热区交互。热区域是用户设定的一个矩形区域。程序运行后，只要单击、双击或鼠标指针进入该热区域，以及按快捷键，都可使相应的响应图标得到执行。采用热区域交互类型可以对一幅图像的不同区域产生交互。

2. "属性：判断图标"（热区域）面板

（1）双击热区域交互判断图标，调出热区域交互的"属性：判断图标"（热区域）面板，如图 5-6-4 所示。

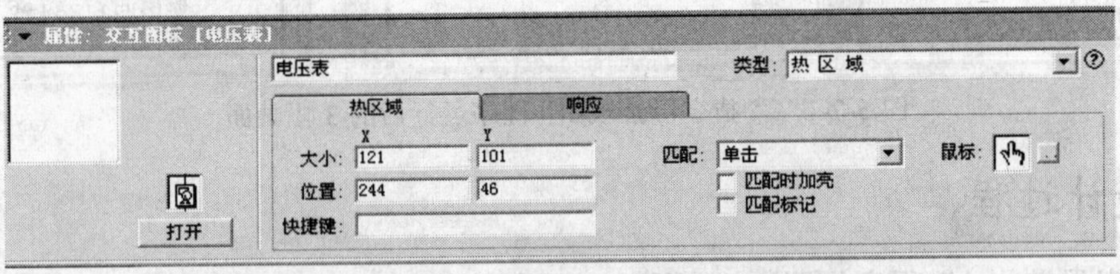

图 5-6-4　热区域交互的"属性：判断图标"（热区域）面板

同时演示窗口内还会出现一个虚线矩形框，"属性：判断图标"（热区域）面板标题栏会显示相应的响应图标的名称，虚线框四周有 8 个控制柄，用鼠标拖曳这些控制柄或虚线框可调整虚线框的大小与位置，这个虚线矩形框就表示了相应的热区域的范围。"属性：判断图标"（热区域）面板中各选项的作用如下。

- "大小"文本框与"位置"文本框：分别用来确定热区域的大小与位置，可以修改这些数据，使热区域的大小与位置更精确。如果从热对象交互类型转到热区域交互类型，则热区域的大小与位置会自动调整到与原热对象大小与位置一样。热区域的位置会自动调整到原热对象处。
- "匹配"下拉列表框：与热对象交互相应的选项类似，它仍有 3 个选项，但是用"指针处于指定区域内"选项取代了原来的"指针在对象上"选项。它表示当鼠标单击、双击或移入热区域时，就执行相应的交互图标。
- "匹配时加亮"复选框：选中它后，当单击该热区域等操作激活热区域时，热区域会瞬间出现互补色。如果热区域为灰色长方形按钮，则按钮被激活时会产生被按下去的感觉。
- "匹配标记"复选框：选中此项后，在热区域内部左侧会出现一个小矩形标记。当热区域没被激活时，小矩形标记为白色；当热区域被激活后，小矩形标记为黑色。

（2）热区域交互的"属性：判断图标"（响应）面板：热对象交互的"属性：判断图标"（响应）面板与按钮交互类型的"属性：判断图标"（响应）面板基本一样。

5.7 【案例 31】猜字母游戏 1

案例效果

"猜字母游戏 1"程序运行后，用户可以开始输入大写字母。在猜字母当中，如果所猜的字母比随机字母小，则显示“太小了!”，如图 5-7-1 左图所示；如果所猜的字母比随机字母大，则显示“太大了!”，如图 5-7-1 中图所示。如果猜对了，则显示猜数所用的次数和所用的时间，如图 5-7-1 右图所示。在猜字母的过程中一直显示猜字母所用的时间。

通过本案例的学习，可以掌握条件交互的设计方法。

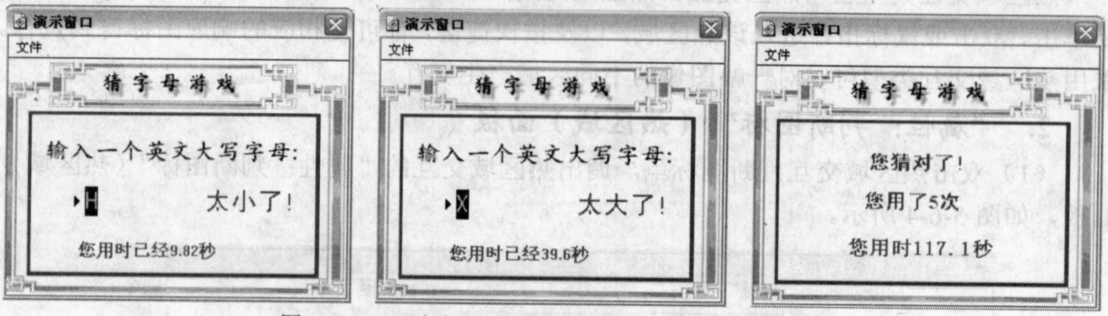

图 5-7-1 “猜字母游戏 1”程序运行后的 3 幅画面

设计过程

“猜字母游戏 2”程序如图 5-7-2 所示，程序的设计过程如下。

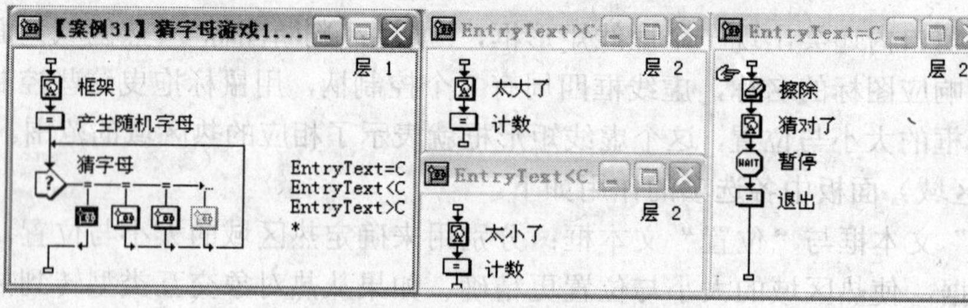

图 5-7-2 “猜字母游戏 1”程序

（1）在“框架”图标内导入一幅框架图像，调整它的大小与位置。

（2）“产生随机字母”计算图标内的程序如下：

```
N:=Random(65, 90,1)      --产生 65 到 90 之间的随机整数，并赋给变量 N
C:=Char(N)               --将数据转换成相应的字母（A 到 Z）
K:=0                     --变量 K 用来存储用户猜数的次数
T0:=SystemSeconds        --变量 T0 用来存储运行 Authorware 到此时的时间
```

（3）创建如图 5-7-2 所示的交互结构程序，“猜字母”交互图标下添加 4 个群组图标。左边 3 个响应图标采用条件交互方式，右边 1 个交互项采用文本输入交互方式。

（4）双击“猜字母”交互图标，调出它的演示窗口，输入蓝色的提示信息“输入一个英文大写字母:”，以及红色文字“您用时已经{SystemSeconds-T0}秒”。调整文本输入框的大小和位置，以及设置输入文字的字体、颜色和大小。

（5）单击选中“猜字母”交互图标，在其“属性：交互图标”面板内，选中“更新显示变量”复选框。

（6）“EntryText=C”、“Entr yText>C”和“EntryText<C”三个群组图标的交互方式均为条件交互方式，在它们的“属性：判断图标”（条件）对话框中的“自动”下拉列表框中选择“关”选项，如图 5-7-3 所示。各群组图标中的图标如图 5-7-2 所示。

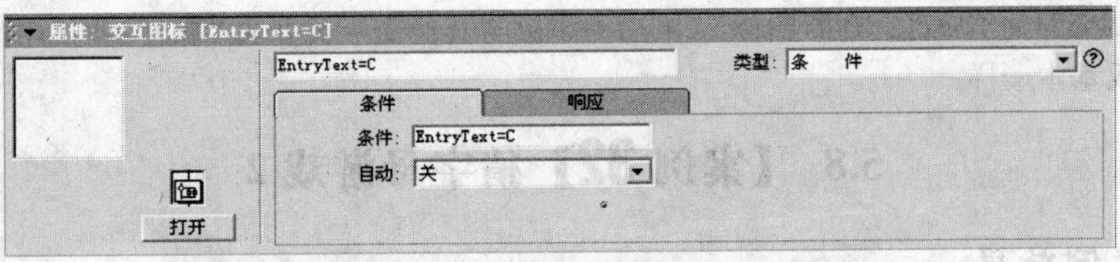

图 5-7-3 条件交互的“属性：判断图标”（条件）面板

（7）“EntryText=C”群组图标内的“猜对了！”显示图标中输入“猜对了！”、“你用了{K+1}次”和“用时{SystemSeconds-T0}”文字；“暂停”图标用来暂停 0.5 秒，以便用户可以看清楚屏幕上的文字；“退出”计算图标内的程序为“Quit(0)”。

（8）“EntryText<C”群组图标内的“擦除”图标用来擦除框架内的文字；“太小了”显示图标用来显示“太小了！”文字；“计数”计算图标内输入“K:=K+1”，用来计数。“EntryText>C”群组图标内的“太大了”显示图标用来显示“太大了！”信息；“计数”计算图标内输入“K:=K+1”，用来计数。

（9）各群组图标中的“擦除”图标用来擦除框架中的所有内容。

（10）“猜字母”交互图标下面的“*”响应图标的交互方式为文本输入方式，当在它的“属性：判断图标”（响应）对话框中的“分支”下拉列表框选择“重试”选项时，一定要将它放在最右边，否则在输入完字母后，不会显示提示信息。

相关知识

1. 条件交互特点

条件交互一般不是通过用户的操作来执行响应图标的，而是根据是否满足所设置的条件来决定是否执行其相应的响应图标。所设置的条件就是逻辑型的变量、函数或表达式，其值为真（TRUE）时执行响应图标，为假（FALSE）时不执行响应图标。

2. “属性：判断图标”（条件）面板

条件交互的“属性：判断图标”（条件）面板如图 5-7-3 所示。其中各选项的作用如下。

（1）“条件”文本框：其内输入逻辑型变量、函数或表达式，它也是相应的响应图标的名字。当它的值为真（TRUE）时执行响应图标，为假（FALSE）时不执行响应图标。

（2）“自动”下拉列表框：该下拉列表框有 3 个选项，用来确定是否自动匹配。

- “关”：关闭自动匹配，表示在“条件”文本框内的值为真（TRUE，即条件成立时），而且用户有交互操作（如单击对象）时，才会执行相应的响应图标。
- “为真”：表示在条件成立时，不用等待用户有交互操作，就能自动执行相应的响应图标。当条件为真时，它会重复匹配，为了能使它与其他交互再匹配，应在其响应图标中将条件设为假。
- “当由假为真”：只有当条件由假变为真时，才能自动执行相应的响应图标。

（3）选中条件交互的“属性：判断图标”（响应）面板内的“永久”复选框后，只要设置了自动匹配或“条件”文本框中变量的值为真，则在执行程序时，条件交互会一直存在。

条件交互的“属性：判断图标”（响应）面板与其他交互类型的“属性：判断图标”（响应）面板基本一样。

5.8 【案例 32】猜字母游戏 2

案例效果

“猜字母游戏 2”程序运行后，屏幕会显示如图 5-8-1 所示界面。这个程序的运行结果与案例 31“猜字母游戏 1”程序基本一样，只是在标题栏内添加了两个菜单。单击“AUTHORWARE 程序”菜单项下边的菜单命令（如图 5-8-2 上图所示），可以调出相应的 AUTHORWARE 程序，单击调出的 AUTHORWARE 程序标题栏内的“文件”→“退出”按钮，可以关闭调出的 AUTHORWARE 程序，回到图 5-8-1 所示状态。单击“游戏和应用程序”菜单项下边的菜单命令（如图 5-8-2 下图所示），可以调出相应的游戏、画图软件（同时打开一幅图像）和记事本软件（同时打开一个文本文件）。

通过本案例的学习，可以掌握下拉菜单交互的设计方法，以及模块文件的使用方法。

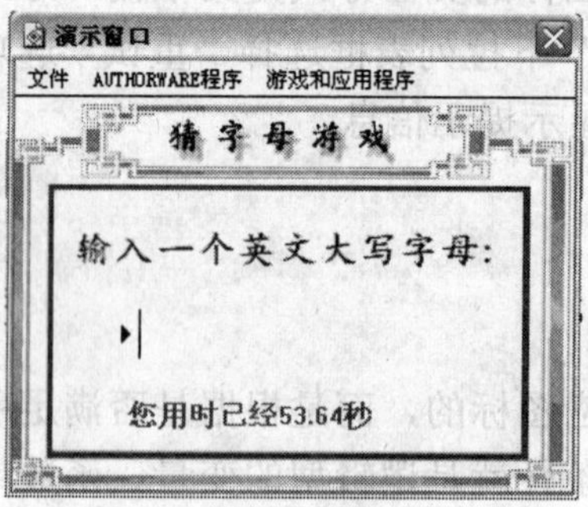

图 5-8-1 “猜字母游戏 2”程序运行后的一幅画面

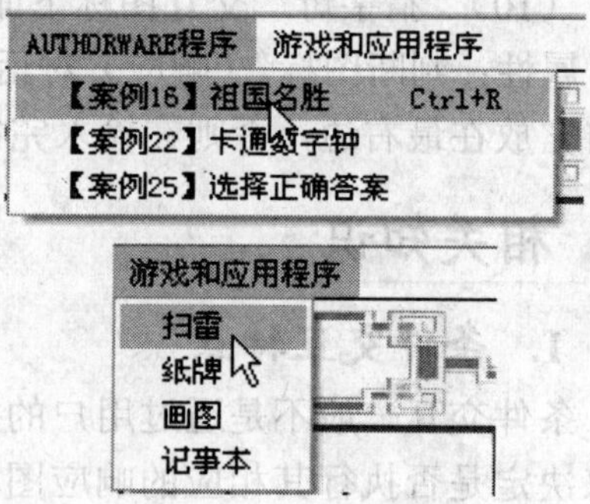

图 5-8-2 菜单命令

设计过程

“猜字母游戏 2”程序如图 5-8-3 所示，程序设计过程如下。

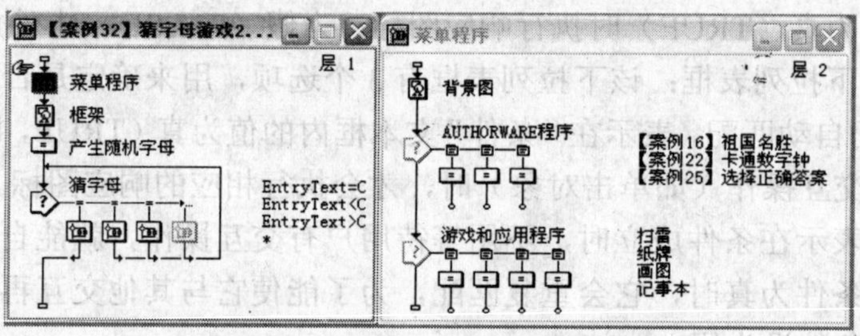

图 5-8-3 “猜字母游戏 2”程序

1. 菜单程序设计

菜单程序如图 5-8-3 右图所示，程序设计方法如下。

（1）在流程线上创建一个交互图标，命名为“AUTHORWARE 程序”，再在该交互图标右下方放入 3 个计算图标，响应方式均设定为下拉菜单方式。各计算图标的名字如图

5-8-3 所示。在此之前，应保证调用的 AUTHORWARE 程序文档在当前目录下。

（2）双击“【案例 16】祖国名胜”计算图标上边的下拉菜单交互判断图标，调出它的“属性：判断图标”（交互）对话框中，选中“永久”复选框，在“分支”下拉列表框内选择“返回”选项。单击“菜单”标签，切换到“属性：判断图标”（菜单）对话框，在“快捷键”文本框内输入“R”，如图 5-8-4 所示，表示该菜单命令的快捷键为【Ctrl+R】，如图 5-8-2 上图所示。

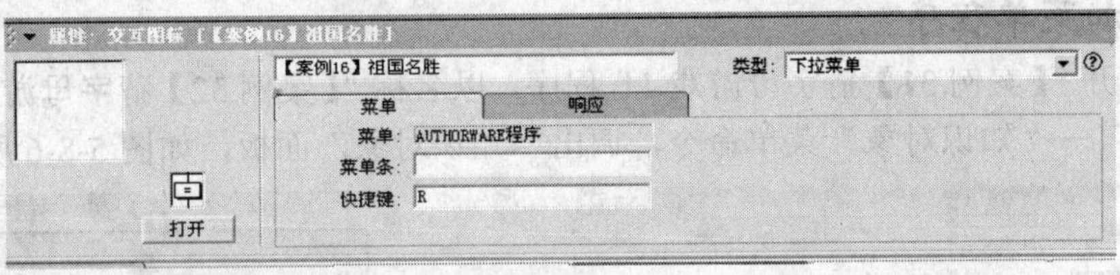

图 5-8-4　下拉菜单交互的“属性：判断图标”（菜单）面板

（3）“【案例 16】祖国名胜”计算图标中的程序如下：

```
JumpFileReturn("【案例 16】祖国名胜")
```

（4）“【案例 22】卡通数字钟”计算图标中的程序如下：

```
JumpFileReturn("【案例 22】卡通数字钟")
```

（5）“【案例 25】选择正确答案”计算图标中的程序如下：

```
JumpFileReturn("【案例 25】选择正确答案")
```

（6）用鼠标拖曳选中“AUTHORWARE 程序”交互图标和它的所有响应图标，单击快捷工具栏内的“复制”按钮，将这些图标复制到剪贴板中。

（7）单击“AUTHORWARE 程序”交互图标下面的流程线，使小手指示图标出现，再单击快捷工具栏内的【粘贴】按钮，将剪贴板中的内容粘贴到粘贴指针指示的流程线处。

（8）将复制的交互图标和交互响应图标的名字更改，如图 5-8-3 所示。

（9）“扫雷”计算图标中的程序如下：

```
JumpOutReturn(FileLocation^"应用程序\\winmine.exe")
```

（10）“纸牌”计算图标中的程序如下：

```
JumpOutReturn(FileLocation^"应用程序\\spider.exe")
```

（11）“画图”计算图标中的程序如下：

```
JumpOutReturn(FileLocation^"应用程序\\mspaint.exe",FileLocation^"图像\\TU1.JPG")
```

（12）“记事本”计算图标中的程序如下：

```
JumpOutReturn(FileLocation^"应用程序\\notepad.exe",FileLocation^"TXT\\XFGL.TXT")
```

上述调用的外部程序和打开的文件分别存放在该程序所在目录下边的“应用程序”、“图像”和“TXT”文件夹下。如果没将外部程序、打开的文件存放在相应目录下，读者可在改写该程序前，先将这些软件和其他文件存放在相应的文件夹内。

另外，因为扫雷、画图和记事本等软件是 Windows 操作系统自带的小软件，所以不用知道出路径，Authorware 也可以找到它们，因此在语句中可以省略“FileLocation^"应用程序\\"”。

2. 将菜单程序保存为模块文件

（1）选中菜单程序内的所有图标，将它们组成一个名称为“菜单程序”的群组图标。

（2）选中要生成模块文件的“菜单程序”群组图标。单击“文件”→“存为模板”菜单命令，调出“保存在模板”对话框，如图 5-8-5 所示。选择 Authorware 7.0\Knowledge Object（知识对象）文件夹，输入“菜单.a7d”，再单击【保存】按钮，即可将“菜单.a7d”模块文件保存在磁盘中，可供以后随时调用。

3. 添加菜单程序

（1）打开“【案例 31】猜字母游戏 1”程序，以名称“【案例 32】猜字母游戏 2”保存。单击“窗口”→“知识对象”菜单命令，调出“知识对象”面板，如图 5-8-6 所示。

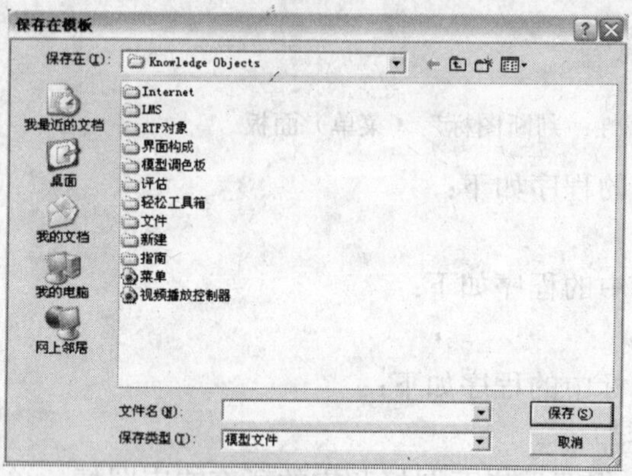

图 5-8-5 “保存在模版”对话框

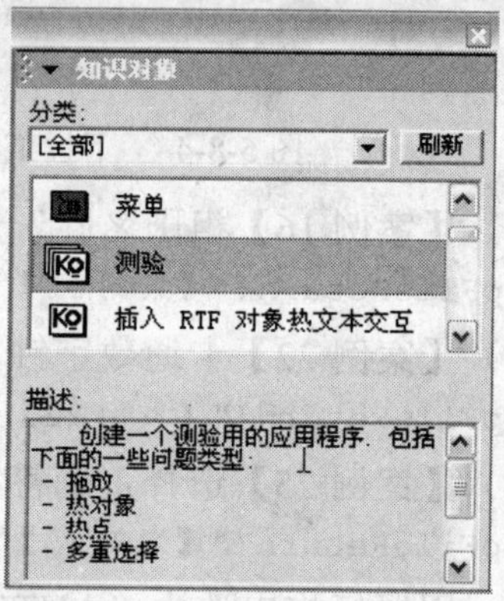

图 5-8-6 “知识对象”面板

（2）单击“知识对象”面板内的【刷新】按钮，即可在该面板中找到名称为“菜单”的知识对象。将该面板内的“菜单”知识对象（模块）拖曳到流程线的最上边，即可在程序一开始的流程线上创建一个名称为“菜单程序”的群组图标，即将“菜单”程序加入到当前“【案例 32】猜字母游戏 2”程序中。

（3）双击“菜单”群组图标，打开它的程序如图 5-8-3 所示。

相关知识

1. 下拉菜单交互

（1）下拉菜单交互的“属性：判断图标”（菜单）面板：双击下拉菜单交互的判断图标，调出该面板，如图 5-8-4 所示。其中各选项的作用如下。

- “菜单条”文本框：其中应输入下拉菜单的菜单命令名称。主菜单名称就是交互图标的名字。如果不输入任何内容，则下拉菜单的菜单命令名称与响应图标的名称一样。

如果菜单命令名称第一个是字母，且在字母左边加一个“&”字符，则该字母成为快捷键，按相应的字母键即可产生交互。而该菜单命令中，该字母的下面会出现一条下画线。如果在菜单选按钮名称左边加一个“(”左括号，可使该子菜单名呈浅灰色，表示不可选。如果菜单选按钮名称处只有一个“(”左括号，则空一行，起到菜单分栏作用。

- “快捷键”文本框内应输入一个字母，例如“R”，则建立的子菜单名右边会出现

Ctrl＋字母（例如：Ctrl＋R）快捷键提示。在不用调出下拉菜单的情况下可以使用该快捷键。

（2）下拉菜单交互的“属性：判断图标”（响应）面板与其他交互类型相应的面板基本一样。

2. 程序走向的跳转函数

程序走向的跳转可以通过两种方法来实现：一种是使用跳转函数，另一种是使用导航图标。使用的跳转函数有3类：第1类是同一程序中不同图标间的跳转函数，第2类是Authorware中不同程序文件间的跳转函数，第3类是由Authorware程序文件跳转到其他可执行文件的函数。下面介绍这3类函数。

（1）无条件跳转函数——同一程序中不同图标间的跳转

【格式】`GOTO(Icon ID@"title")`

【功能】执行此函数时，程序将无条件地跳转到title（图标名称）指定的图标去执行。

（2）不返回跳转函数——跳转到其他Authorware程序文件

【格式】`JumpFile("filename"[,"variable1,variable2,…",["folder"]])`

【功能】执行该函数后可使程序跳转到filename指定的Authorware程序文件，去执行该程序，还可将Variable1等变量的值传递给filename指定的Authorware程序文件。打包的Authorware文件只能跳到另一个打包文件。在函数格式中，filename是要跳转到的程序文件的名字，其后边的参数为可选项。当要跳转到的程序文件不在当前文件夹时，需指明文件所在的盘符、路径与文件夹。Variable1，Variable2…是需要传递数据的变量名，用来将某些数据传回原来的文件。当用户需要交换动态信息时，这是非常有用的，在使用时务必注意两个文件都应该有这些变量。用户列出多个参数时，应用逗号分开。当多个参数有相同前缀时，可使用通配符“*”。

folder参数可以将用户的记录存放在指定的文件夹。

（3）返回跳转函数——跳转到其他Authorware程序文件

【格式】`JumpFileReturn("filename"[,"variable1,variable2,…",["folder"]])`

【功能】调用filename指定Authorware的程序文件，调用的程序执行完退出后，或者是被调程序遇到Quit(0)或QuitReturn(0)函数时，程序将返回到调用处。Quit(0)与QuitReturn(0)函数一般是计算图标内最后一条语句。JumpFileReturn函数可以多级嵌套，例如：由文件1跳转到文件2，再由文件2跳转到文件3，执行完程序后，由文件3返回文件2，由文件2返回文件1。

在计算图标中，JumpFile和JumpFileReturn都只能是唯一的语句或最后一条语句，它们不能在表达式或对话框中使用。如果Authorware在用户指定的位置上找不到文件，它就检查当前文件所在的目录。所以如果要跳转的文件和当前文件在同一个目录，可以不指定路径。

（4）不返回跳转函数——跳转到其他可执行文件的函数

【格式】`JumpOut("program",["document"]`

【功能】打开program指定的应用程序并退出Authorware，但Authorware仍在后台运行。参数document用来指定和应用程序一起打开的文件。这个文件最好和Authorware文件存储在同一个文件夹里,否则需要指明路径。如果用户指定了 document 却没有指定 program，Authorware 将自动找出适当的应用程序。

（5）返回跳转函数——跳转到其他可执行文件的函数

【格式】`JumpOutReturn("Program","document")`

【功能】调用 Program 指定的可执行文件，执行完后返回原 Authorware 程序。函数格式中，Program 是程序名，程序名必须有扩展名，如果该程序不在当前文件夹中，应指明盘符、路径、文件夹。使用参数 document 可允许用户在其应用程序中打开指定的文件，document 是文件名。

5.9 【案例 33】扑克牌归位游戏 1

案例效果

“扑克牌归位游戏 1”程序运行后，演示窗口内显示 9 幅扑克牌图像和【退出】按钮，以及使用的时间和拖曳图像所用的次数，如图 5-9-1 上图所示。等待约 5 秒后，9 幅图像同时移到下边，如图 5-9-1 下图所示。

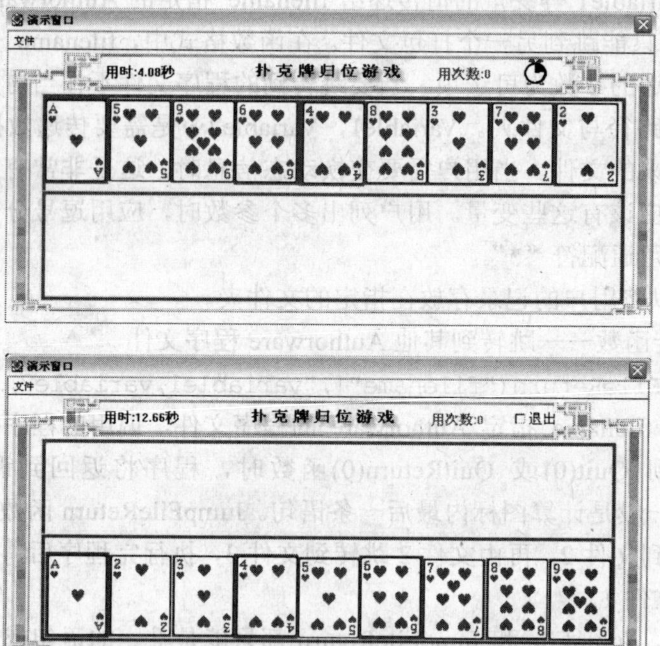

图 5-9-1 “扑克牌归位游戏 1”程序运行后的 2 幅画面 1

游戏要求用户用鼠标分别将下边扑克牌图像拖曳到原处，如果拖曳的正确，则图像会停在原处，如图 5-9-2 上图所示；如果拖曳的不正确，则图像会自动移到原来的位置处。游戏完成后，会显示用户拖曳图像的有关信息，如图 5-9-2 下图所示。

通过本案例的学习，可以掌握目标区和按键交互程序设计方法，以及了解部分交互类系统变量的使用方法。

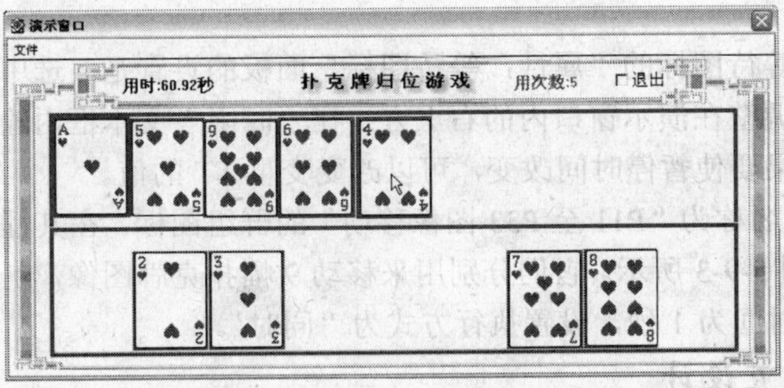

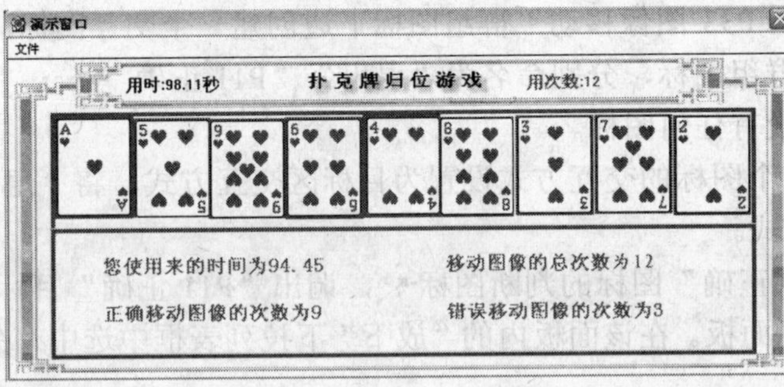

图 5-9-2　“扑克牌归位游戏 1”程序运行后的 2 幅画面 2

设计过程

“扑克牌归位游戏 1”程序如图 5-9-3 所示，程序设计过程如下。

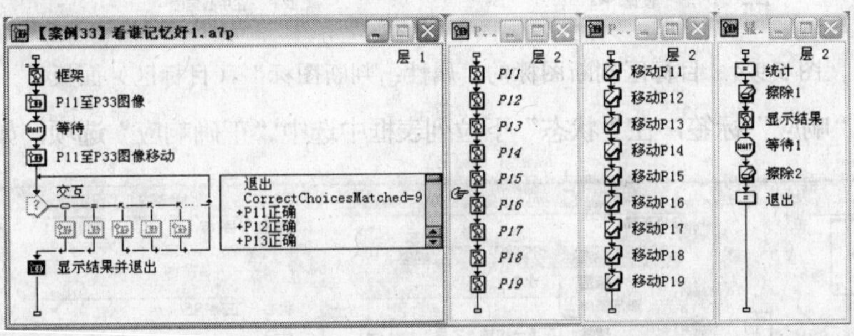

图 5-9-3　“扑克牌归位游戏 1”程序

1. 扑克牌图像移动设计

（1）在“框架”显示图标内导入一幅框架图像，输入“用时：{ SystemSeconds-T0}秒”和“用次数：{JudgedResponses}”如图 5-9-1 所示。给“框架”显示图标添加一个附属计算图标，其内输入如下程序，用来设置“框架”显示图标的图像不可被鼠标移动等。

```
Movable@"框架":=FALSE   --设置“框架”显示图标的图像不可被鼠标移动
TT:=5                --变量 TT 用来保存图像显示后的暂停时间，暂停时间越短，游戏难度越大
T0:=SystemSeconds   --变量 T0 用来保存运行 Authorware 后到此时所用的时间
```

（2）在“框架”显示图标下边创建的流程线上，创建一个名为“P11 到 P33 图像”的群组图标，其程序设计窗口内有 9 个显示图标，分别导入 9 幅扑克牌图像，它们的位置如

图 5-9-1 上图所示。

（3）“等待”等待图标的“属性：等待图标”面板的设置是，选中“显示倒计时”复选框，倒计时小钟调整在演示窗口内的右上方；在“时限”文本框内输入“TT”变量名，可以暂停 5 秒。如果要使暂停时间改变，可以改变变量 TT 的值。

（4）创建一个名称为“P11 至 P33 图像移动”的群组图标，在其程序设计窗口内创建 9 个移动图标，如图 5-9-3 所示。它们分别用来移动 9 幅扑克牌图像，在“属性：移动图标”面板内，设置移动时间为 1 秒，设置执行方式为“同时”。

2. 目标区交互设计

（1）在“P11 至 P33 图像移动”群组图标下边创建一个交互图标，命名为“交互”，其右下方创建 11 个群组图标，分别命名为“退出”、“P11 正确”……“P33 正确”和“错误”。各群组图标内没有任何图标。

（2）再将后 10 个图标的交互方式设置为目标区交互方式，将“退出”图标的交互方式设置为按钮交互方式。

（3）双击“P11 正确”图标的判断图标-↖-，调出“P11 正确”目标区交互的“属性：判断图标”（目标区）面板。在该面板内的“放下”下拉列表框中选中“在中心定位”选项，如图 5-9-4 所示。

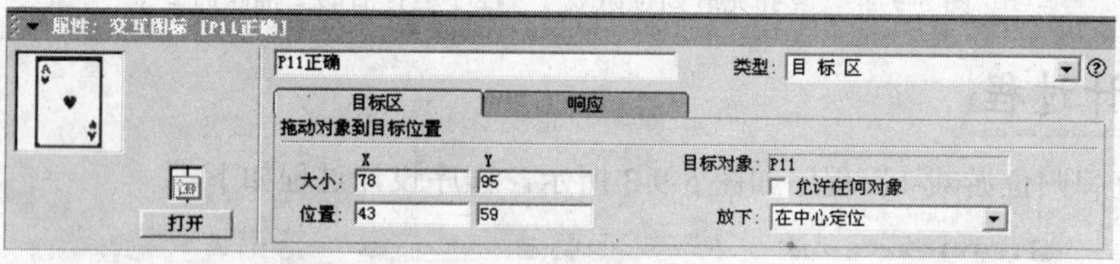

图 5-9-4 目标区判断图标的“属性：判断图标”（目标区）面板

（4）单击“响应”标签，在“状态”下拉列表框中选中“正确响应”选项，如图 5-9-5 所示。

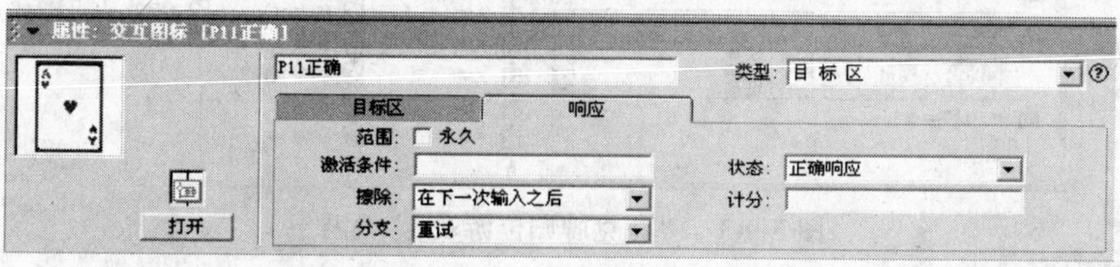

图 5-9-5 目标区判断图标的“属性：判断图标”（响应）面板

（5）在双击“P11 正确”图标的判断图标-↖-时，还调出演示窗口，其内有目标区虚线框。单击“P11”图标内的图像对象，会看到“属性：判断图标”面板中的“目标对象”预览框内出现了“P11”文字，使“P11 图像”显示图标内的图像成为被拖曳的图像。

（6）按上述方法，完成“P12 正确”……“P33 正确”图标和它们的判断图标的设置，如图 5-9-6 所示。

（7）“错误”显示图标的交互方式设置为目标区交互方式。单击“错误”图标的判断图标-↖-，调出“错误”目标区交互方式的“属性：判断图标”面板和目标区虚线框。在目标区交互的“属性：判断图标”面板中，选中“允许任何对象”复选框，在“放下”下拉列表框中选中“返回”选项；在“状态”下拉列表框中选中“错误响应”选项。再将目标区虚线框调得与整个演示窗口大小一样，如图 5-9-6 所示。

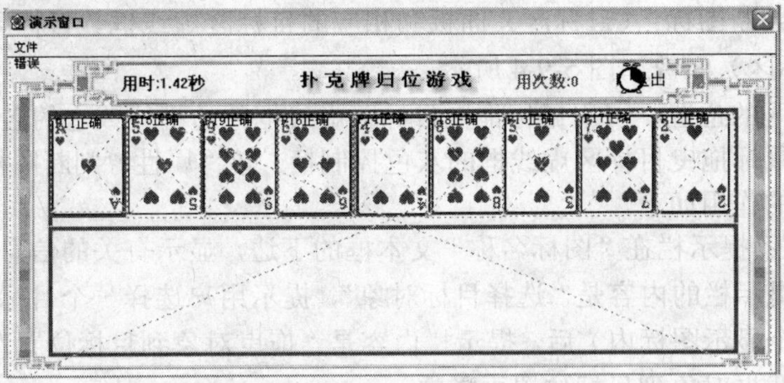

图 5-9-6　调整“正确”目标区和“错误”目标区

（8）运行程序，再停止程序运行。按住【Shift】键，双击“交互”交互图标，打开它的演示窗口，同时看到各个目标区虚线框。用鼠标拖曳调整各个目标区虚线框到正确的位置，如图 5-9-6 所示。用鼠标拖曳目标区虚线框左上角的名称文字，可以移动目标区虚线框的位置；用鼠标拖曳目标区虚线框的灰色控制柄，可以调整目标区虚线框的大小。

3. 显示结果

（1）在“交互”交互图标的右下方创建一个名称为“CorrectChoicesMatched=9”的群组图标，设置为条件交互方式。因此，当正确响应的次数为 9 次时，程序会自动执行该群组图标。它和“退出”响应图标的流程方向均设置为退出交互方式，在其判断图标的“属性：判断图标”面板的“状态”下拉列表框中均选中“不判断”选项。

（2）在“交互”交互图标的下边放置一个名字为“显示结果并退出”群组图标。其内放置一个名字为“统计”的计算图标，该计算图标内的程序如下。

```
T2:=SystemSeconds-T1              --变量 T2 存储交互中所用的时间（单位为秒）
K0:=JudgedResponses-1             --变量 K0 用来存储交互中移动图像的次数
K1:=CorrectChoicesMatched         --变量 K1 用来存储交互中正确响应的次数
K2:=K0-K1  --移动图像的次数减正确响应的次数为错误响应的次数，并赋给变量 K2
```

JudgedResponses 是系统变量，用来存储交互中的响应次数，减 1 的目的是减去一次响应（因为对于最后一次正确响应，同时会产生 2 个响应）。

（3）“擦除 1”、“显示结果”、“等待 1”、“擦除 2”和“退出”图标分别完成擦除屏幕画面（不包括标题）、显示完整的拼图、暂停 1 秒（不显示小钟）、擦除拼图、暂停 10 秒和退出运行程序的任务。“显示结果”图标内输入的文字如图 5-9-2 右图所示，显示的变量值分别是：{T2}，{K0}，{K1}，{K2}。这些由读者自行完成。

相关知识

1. 目标区交互

目标区交互类型就是在程序执行到此交互状态时，用户可用鼠标拖曳某一对象至一个指定的目标区中，如果该目标区设定为正确交互区域，则对象会停留在此区域中；如果该目标区设定为错误交互区域，则对象会自动返回原处。一个目标区可以对应多个可移动对象，一个可移动对象也可以对应多个目标区。

在建立目标区交互后，运行程序或双击目标区交互的判断图标，均可以调出目标区交互的“属性：判断图标”（目标区）面板和相应的目标区虚线框。目标区交互的“属性：判断图标”（目标区）面板如图 5-9-4 所示。

要改变目标区的位置，可用鼠标拖曳目标区虚线框的边框线或它的名字；要改变目标区的大小，可用鼠标拖曳目标区虚线框的灰色控制柄。该“属性：判断图标”（目标区）面板中各新增选项的作用如下。

（1）提示栏：提示栏在“图标名称”文本框的下边，显示有关的信息。当没有选中要拖曳的对象时，提示栏的内容是“选择目标对象”，提示用户选择一个目标对象；单击选中目标对象（在一个显示图标内）后，提示栏内容是“拖曳对象到目标位置”，提示用户用鼠标拖曳目标区虚线框对象到目标位置再释放。

单击对象（例如“P11 正确”对象）后，则该对话框左上角预览框中会显示该对象的缩小图，说明已经建立了对象和目标区的链接，即当用鼠标拖曳该对象到链接的目标区中并释放时，会产生相应的交互，程序会立即执行相应的响应图标。此时目标区虚线框会移到单击的对象处，所以需要再将目标区虚线框移到目标区处，调整目标区虚线框的大小与位置，使目标区虚线框与目标区一致。

（2）“大小”和“位置”文本框：可输入数值型变量或常量，用来精确确定目标区虚线框的大小与位置。

（3）“放下”下拉列表框：用来决定用户拖曳对象后，一旦松开鼠标左键，对象的去向。它有 3 个可选项。

- “在目标点放下”选项：对象位于松开鼠标左键时所处的位置。
- “在中心定位”选项：对象移至相应目标区的正中央。
- “返回”选项：对象回到拖曳前的位置，一般用于处理将对象放错位置的交互。

（4）“允许任何对象”复选框：选中它后，可建立所有对象和该目标区的链接，即用鼠标拖曳任何对象到链接的目标区中并释放时，均会产生相应的交互。

设置对象为可移动，可以选中该对象的图标，调出“属性：显示图标”（版面布局）面板，在“可移动性”下拉列表框内选中“任何地方”选项，表示允许用户任意移动该对象。

2. 部分交互系统变量

（1）CorrectChoicesMatched 变量：用来存储用户在当前交互中处于正确匹配状态的响应的数目。用 CorrectChoiceMatched@"IconTitle"获取该变量在指定交互中的值。

（2）EntryText 变量：用来存储用户最后一次交互中最后一次输入的文本内容。用 Entry Text@"IconTitle"可获取指定交互中的用户响应的文本。当交互中的任一响应被触发时，该变量都会被设置，即使当用户进入响应时没有触发文本，该变量也要更新。只有当用户触发一个具有返回分支的循环响应时，该变量才不会被更新。

（3）JudgedResponses 变量：用来存储用户在交互程序中遇到的所有判断交互的响应数目。若交互响应设置为“正确”或“错误”，则 Authorware 认为该交互被判断。每当用户响应一个交互，该变量加 1。若文件设置为在返回时“重新开始”，则当用户重新运行交互程序时该变量置 0。

（4）PresetEntry 变量：用来将保存的内容在文本输入框内显示出来。

（5）PercentCorrect 变量：用来存储正确判断的判断响应的百分比。

（6）PercentWrong 变量：用来存储错误判断的判断响应的百分比。

（7）TotalCorrect 变量：用来存储用户对文件中所有判断交互的正确响应的次数。

（8）TotalWrong 变量：用来存储用户对文件中所有判断交互的错误响应的次数。

将变量 TotalCorrect 和变量 TotalWrong 置为 0 时，变量 PercentCorrect 和变量 PercentWrong 会自动置 0。

5.10 【案例 34】扑克牌归位游戏 2

案例效果

“扑克牌归位游戏 2”程序运行后，要求用户输入限制的时间和次数（例如：输入“120，20，6”，表示限制时间为 120 秒，限制次数为 20 次，观察时间 6 秒），如图 5-10-1 所示。

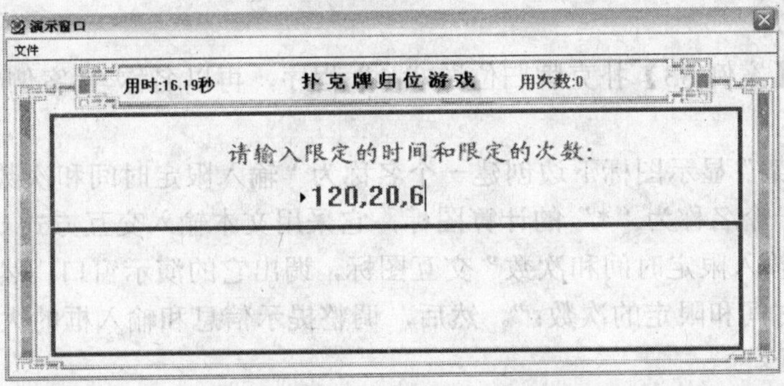

图 5-10-1 “扑克牌归位游戏 2”程序运行后的一幅画面 1

回车后，可以开始玩扑克牌归位游戏。其中的一幅画面如图 5-10-2 所示。可以看出，演示窗口内的下边还显示剩余时间和剩余的次数。如果在限定时间内没完成将图像还原的任务，则显示相应的提示信息。如果在限定次数内没完成将图像还原的任务，也会显示相应的提示信息。如果在限定时间和次数内完成了将图像还原的任务，则显示所用的时间和次数等信息。

通过本案例的学习，可以掌握限制时间和重试限制交互的设计方法。

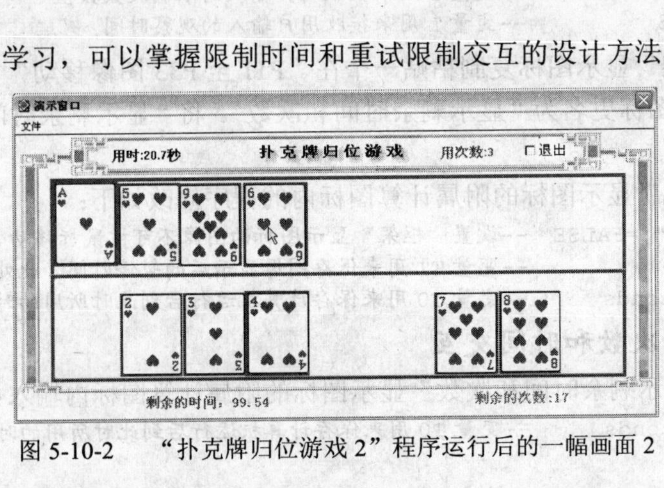

图 5-10-2 “扑克牌归位游戏 2”程序运行后的一幅画面 2

设计过程

“扑克牌归位游戏 2”程序如图 5-10-3 所示，程序的设计过程如下。

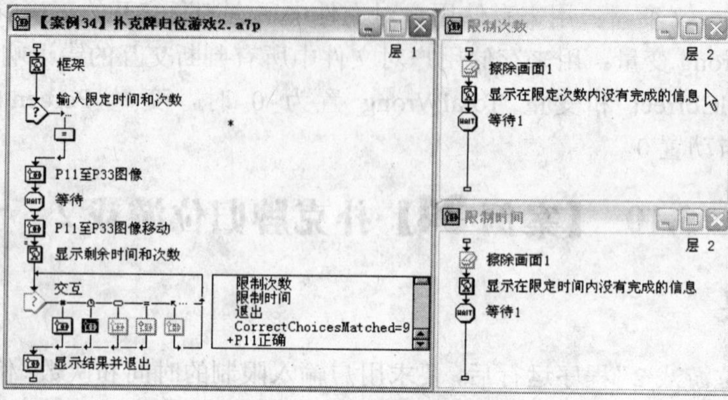

图 5-10-3 “扑克牌归位游戏 2”程序

1. 修改程序

（1）打开“【案例 33】扑克牌归位游戏 1”程序，再以名称“【案例 34】扑克牌归位游戏 2”保存。

（2）在“框架”显示图标下边创建一个名称为“输入限定时间和次数”交互图标，在它的右下方创建一个名称为“*”的计算图标，它采用文本输入交互方式。

（3）双击“输入限定时间和次数”交互图标，调出它的演示窗口，然后输入提示信息“请输入限定的时间和限定的次数：”。然后，调整提示信息和输入框的大小和位置，使它位于框架内中间处。

（4）双击“输入限制时间和次数”交互图标，调出它的“属性：交互图标”面板。单击该面板中的【文本区域】按钮，调出“属性：交互作用文本字段”对话框。利用该对话框设置输入文本的大小为 18 磅、蓝色，字体为楷体、加粗，方式透明等。

（5）在“*”计算图标内输入如下程序：

```
S:=NumEntry                 --变量 S 用来接收用户输入的限制时间
L: =NumEntry2               --变量 L 用来接收用户输入的限制次数数值
TT:=NumEntry3               --变量 L 用来接收用户输入的观察时间
```

（6）将“框架”显示图标复制粘贴一个在“P11 至 P33 图像移动”群组图标的下边。将复制粘贴的显示图标更名为“显示剩余时间和次数”。将“显示剩余时间和次数”显示图标内的框架图像。

（7）将“框架”显示图标的附属计算图标内的程序修改如下：

```
Movable@"框架":=FALSE  --设置“框架”显示图标的图像不可被鼠标移动
TT:=0                   --变量 TT 用来保存图像显示后的暂停时间，此处赋初值 0
T0:=SystemSeconds       --变量 T0 用来保存计算机运行后到此时所用的时间
```

2. 添加限制次数和时间交互

（1）在将“显示剩余时间和次数”显示图标的附属计算图标内输入如下程序。

```
T0:=SystemSeconds       --变量 T0 用来保存计算机运行后到此时所用的时间
```

（2）在“显示剩余时间和次数”显示图标内输入“剩余的时间：{T0+S-SystemSeconds}和剩余的次数：{L-JudgedResponses}。

在该显示图标的“属性：显示图标”面板内，选中“更新显示变量”复选框。

（3）在“交互”交互图标右下边创建两个群组图标，分别命名为“限制次数”和“限制时间”，如图 5-10-2 所示。

（4）“限制时间”群组图标的交互方式采用限制时间交互方式，其“属性：判断图标”（限制时间）面板设置如图 5-10-4 所示。该面板内的“时限”文本框中输入“S”变量，选择显示小钟，并将小钟调到预览框内。

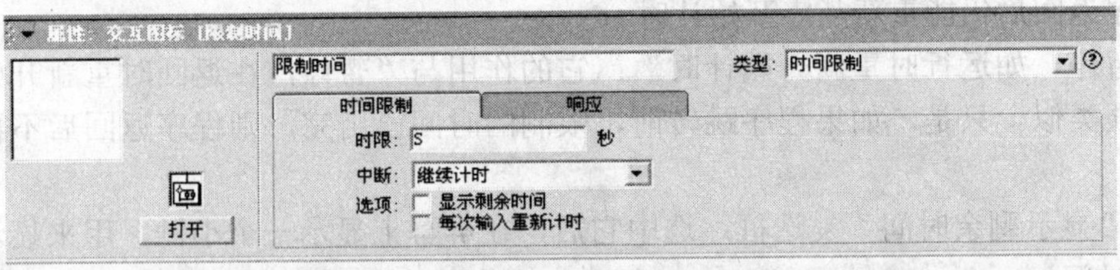

图 5-10-4　限制时间交互类型的“属性：判断图标”（限制时间）面板

（5）“限制次数”群组图标的交互方式采用重试限制交互方式，“属性：判断图标”（重试限制）面板的设置如图 5-10-5 所示。该面板内的“最大限制”文本框中输入“L”变量。

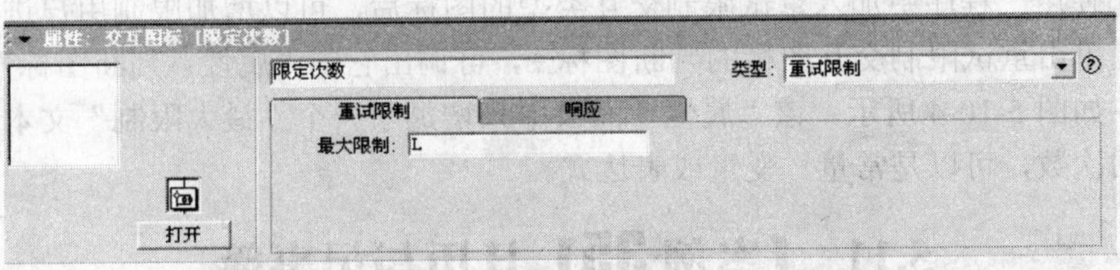

图 5-10-5　“属性：判断图标”（重试限制）面板

（6）在“限制次数”群组图标的程序设计窗口内放置 3 个图标，如图 5-10-3 所示。“擦除画面 1”擦除图标用来擦除扑克牌图像，“显示在限定次数内没有完成的信息”显示图标内输入提示信息“您没有在限定的次数内完成！”，“等待 1”等待图标用来暂停 2 秒。

（7）在“限制时间”群组图标的程序设计窗口内也放置 3 个图标，如图 5-10-3 所示。它们的作用与“限制次数”群组图标内 3 个图标的作用一样。在“显示在限定时间内没有完成的信息”显示图标内输入提示信息“您没有在限定的时间内完成！”

相关知识

1. 限制时间交互

限制时间交互类型是用来限制用户的交互时间的，通常它与其他交互类型一起使用。如果在限定时间内没能完成全部正确交互，则程序会自动执行该判断图标下面的响应图标。限制时间的判断图标的“属性：判断图标”（响应）面板与其他交互类型判断图标的“属性：判断图标”（响应）面板基本一样。单击限制时间的判断图标，可调出它的“属性：判断图标”（限制时间）面板，如图 5-10-3 所示。其中各选项的作用如下。

（1）“时限”文本框中应输入限制交互的时间，单位为秒。可以是常量、变量或表达式。

（2）“中断”下拉列表框用于在其他交互图标选中“永久”复选框后，程序跳转到其他图标时，限制时间采取何种计时方式。它有4个选项，它们的作用如下。

- “继续计时”：当程序跳转到其他图标时，限制时间继续计时。
- “暂停,在返回时计时”：限制时间计时暂停，当程序返回后继续计时。
- “暂停，在返回时重新开始计时”：当程序跳转到其他图标时，限制时间计时暂停，当程序返回后重新从零开始计时。而且，如果程序跳转前，限制的时间已用完，当程序返回后仍能重新从零开始计时。
- “暂停，如运行时重新开始计时”：它的作用与“暂停，在返回时重新开始计时”选项类似。只是，如果程序跳转前，限制的时间已用完，则程序返回后不再重新计时。

（3）“显示剩余时间”复选框：选中它后，在屏幕上显示一个小钟，用来显示用户交互的剩余时间。

（4）“每次输入重新计时”复选框：选中它后，每执行一次交互，就重新从零开始计时。

2. 重试限制交互

重试限制（即限制次数）交互类型是用来限制用户的交互次数的，通常它应与其他交互类型一起使用。程序中加入重试限制交互类型的图标后，可以增加限制用户进行交互操作的次数。单击重试限制交互图标的判断图标-#-，可调出它的“属性：判断图标”（重试限制）面板，如图5-10-4所示。该“属性”面板中只增加了一个“最大限制”文本框，其中输入限制的次数，可以是常量、变量或表达式。

5.11 【案例35】日历与记事簿

案例效果

“日历与记事簿”程序运行后，屏幕显示一个日历画面，单击日历中的日期按钮，会显示出该日期在记事簿中记录的内容，如图5-11-1所示。用鼠标单击图5-11-1所示画面中下拉列表框的箭头按钮，可以调整年和月份。单击标题，可退出日历程序。本实例主要使用了事件交互方式和ActiveX控件。事件交互是针对ActiveX控件的事件产生交互。

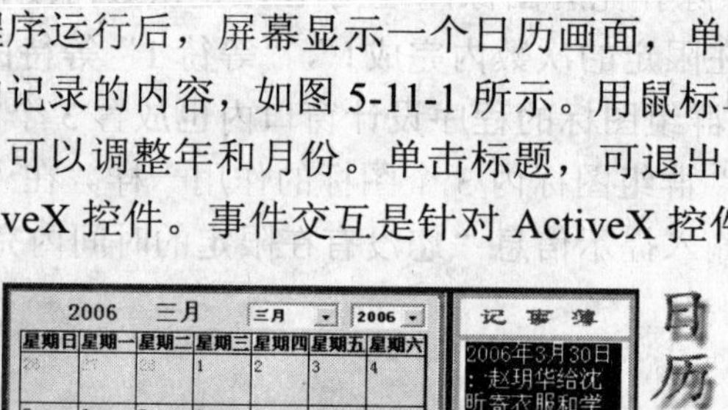

图5-11-1 “日历与记事簿”程序运行后的一幅画面

设计过程

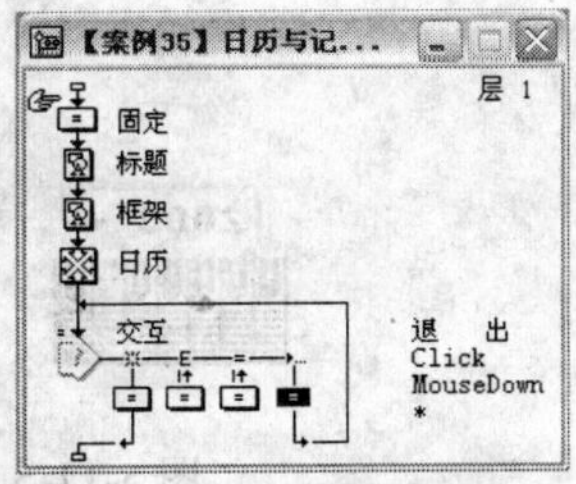

图 5-11-2 “日历与记事簿”程序

“日历与记事簿”程序如图 5-11-2 所示，程序设计的过程如下。

1. 日历与记事簿外形设计

（1）“标题”图标内加载“日历记事簿”标题图像，“框架”图标内绘制框架图形和输入“记事簿”文字，如图 5-11-1 所示。

（2）“固定”计算图标内输入的语句用来使“标题”和“框架”图标的图像不能被用户用鼠标移动。“固定”计算图标内的程序如下：

```
Movable@"标题":=FALSE
Movable@"框架":=FALSE
```

（3）单击“框架”图标下边的流程线，出现指示小手。单击“插入”→“控件”→“ActiveX”菜单命令，调出“选择 ActiveX 控件”对话框，如图 5-11-3 所示。从中选择“日历控件 10.0”选项，单击【确定】按钮，调出“ActiveX 控件属性-日历控件 10.0”对话框，如图 5-11-4 所示。利用该对话框设置日历的属性，如图 5-11-4 所示。

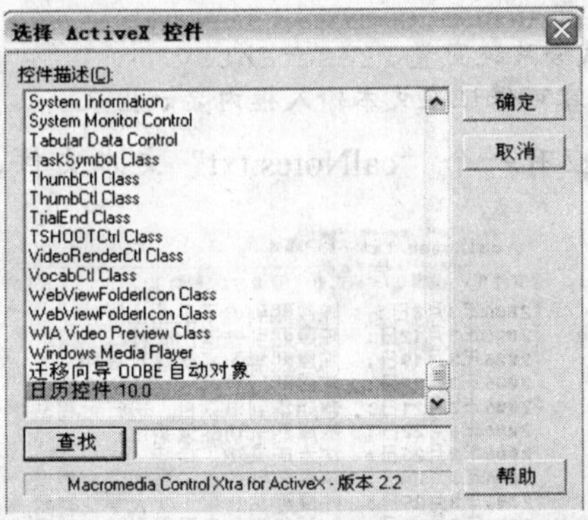

图 5-11-3 “选择 ActiveX 控件”对话框

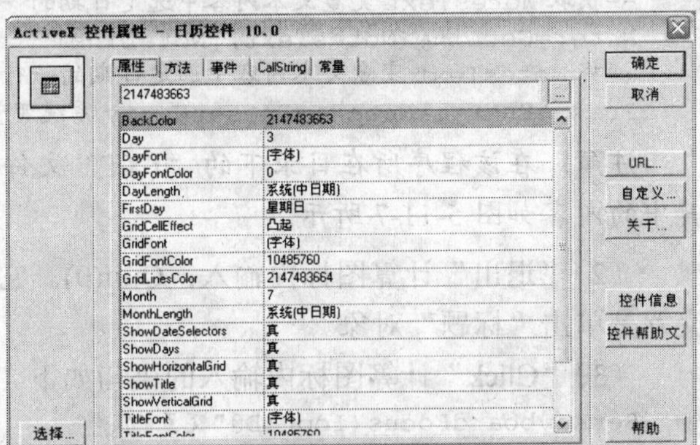

图 5-11-4 “ActiveX 控件属性”（属性）对话框

（4）运行程序，当屏幕显示如图 5-11-5 左图所示的画面时，按【Ctrl+P】键，再单击图 5-11-5 左图所示的图像，使它四周出现句柄，如图 5-11-5 右图所示。用鼠标拖曳句柄，调整它的大小和位置，使它与图 5-11-1 中左边框架内框大小与位置一样。

（5）“交互”图标下面有四个计算图标，“退出”图标采用热物件交互方式，“Click”计算图标采用事件交互方式，“MouseDown”图标采用条件交互方式，“*”计算图标采用文本输入交互方式。

（6）运行程序，再退出程序的运行。按住【Shift】键，双击交互图标，调出文本输入框（见图 5-11-6），将它调整得与图 5-11-1 右边框架内框大小与位置一样。再双击文本输入框，调出“属性：交互作用文本字段”对话框，利用该对话框，设置文本框中文字的字体、大小，取消文本输入框的箭头。此时，文本输入框如图 5-11-1 所示。

图 5-11-5　日历控件

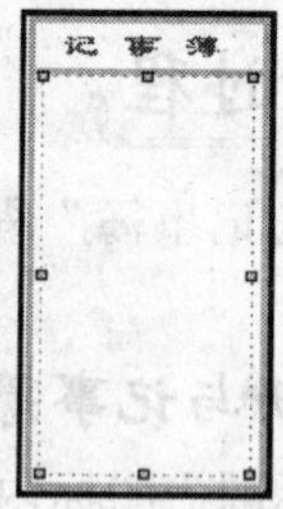

图 5-11-6　文本输入框

2. 交互程序设计

（1）“交互”图标的附属计算图标中的程序如下：

```
-获取"日历"ActiveX 图标的年(Year)、月（Month）、日（Day）属性的值
NoteYEAR:=GetSpriteProperty(@"日历", #Year)
NoteMONTH:=GetSpriteProperty(@"日历", #Month)
NoteDAY:=GetSpriteProperty(@"日历", #Day)
NoteDate:=NoteYEAR^"年"^NoteMONTH^"月"^NoteDAY^"日："
--读取 CalNotes.txt 文本文件的内容，赋给变量 NotesText
NotesText:=ReadExtFile(FileLocation^"TXT\\calNotes.txt")
--获取 NotesText 变量文本内容中选定日期的行号，并赋给变量 NoteLine
NoteLine:=LineCount(SubStr(NotesText,1,Find(NoteDate^Tab, NotesText)))
--获取 NotesText 变量文本内容中选定日期的一行内容，并赋给变量 Note
Note:=GetLine(NotesText, NoteLine)
--将 NotesText 变量文本内容中选定日期的一行内容赋给系统变量 PresetEntry
PresetEntry:=Note --PresetEntry 系统变量的内容可保证在文本输入框内显示出来
```

注意：在该程序所在目录下的“TXT”文件夹内应有一个“calNotes.txt”文本文件，其中的内容如图 5-11-7 所示。

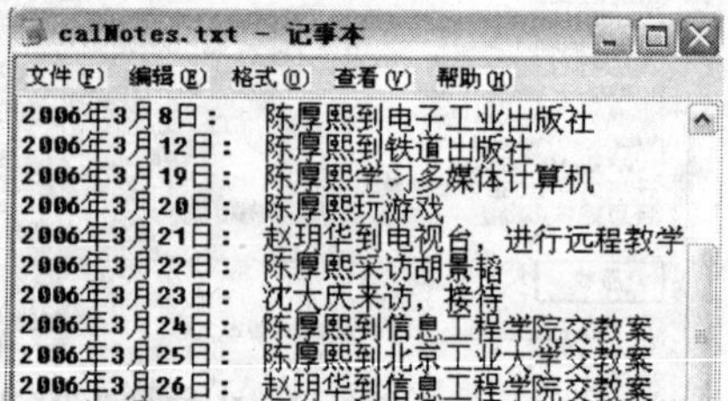

图 5-11-7　“calNotes.txt”文本文件内容

（2）“退出”计算图标内输入：Quit(0)。它的交互是单击“标题”对象。

（3）“Click”计算图标内输入的语句如下。

```
SetKeyboardFocus(IconID@"交互")
```

它用来设置一个指定的 Sprite（精灵）图标或文本输入响应图标、数字电影图标的当前焦点。

双击“Click”计算图标上边的判断图标，调出“属性：判断图标”（事件）面板，如图 5-11-8（没有“事件名称”下拉列表框中的内容）所示。单击选中该面板中“发送”预览框内的“图标 日历”选项，使该选项左边出现“X”符号，以建立与“日历”ActiveX 图标的联系。单击“事件名称”下拉列表框内的 Click 选项，使左边出现“X”符号，如图 5-11-8 所示。

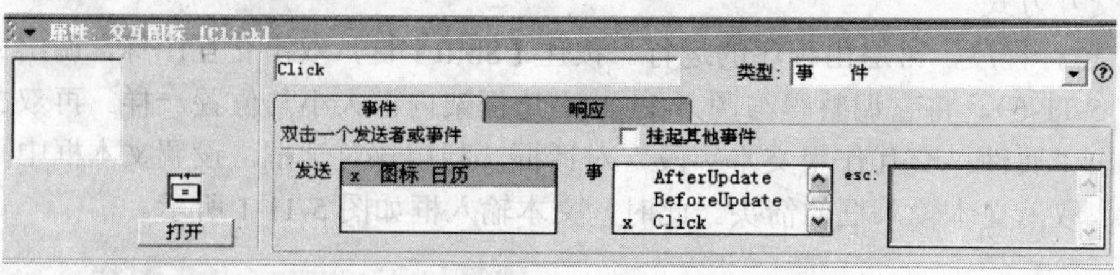

图 5-11-8　“Click”计算图标的交互判断图标的“属性：判断图标”（事件）面板

（4）“MouseDown”图标的交互方式是：当用户用鼠标单击演示窗口时产生响应。“MouseDown”计算图标内输入的内容如下。

```
PresetEntry:=Note
```

该语句的作用是：将 NotesText 变量的文本内容中选定日期的一行内容（Note）赋给系统变量 PresetEntry，PresetEntry 系统变量的内容可保证在文本输入框内显示出来。

（5）“*”计算图标内输入如下程序。关于 if 语句可参看第 9 章内容。

```
--如果 CalNotes.txt 文本文件中没有选定日期的内容，即 NoteLine=0，则将日期、Tab、文本输入的内容和回车符追加到 calNotes.txt 文本文件尾部，否则将用新输入的文本内容替换原来的内容
if NoteLine=0 then
   AppendExtFile(FileLocation^"TXT\\calNotes.txt",
NoteDate^Tab^EntryText^Return)
else
   NotesText:= ReplaceLine(NotesText, NoteLine, NoteDate^Tab^EntryText)
   WriteExtFile(FileLocation^"TXT\\calNotes.txt", NotesText)
end if
```

相关知识

日历控件 10.0

“日历控件 10.0”控件支持多种属性，可以使用这些属性来设置和检索日期，并控制日历的显示。该控件还支持方法，可以使用这些方法来设置日、月及年，显示“关于”框，并且刷新日历。当用户移动到日历的新日期时，当用户在日期中单击或双击，或当用户按下按键时，“日历”控件同时支持相应的事件过程，用于通知应用程序。

“日历控件 10.0”控件的属性如表 5-11-1 所示，详细内容可查看帮助信息。

表 5-11-1　“日历控件 10.0”控件的属性

属性名称	属性含义
BackColor	“日历”控件的背景颜色
Day	月份中当前所选的日期
DayFont	用于在“日历”控件中显示一星期内日期的字体。
DayFontColor	用于显示一星期内日期的颜色
DayLength	用于显示一星期内日期的格式
FirstDay	在“日历”控件中所显示的每星期的第一天。可以确定一周中的哪一天显示在“日历”控件的第一列
GridCellEffect	用于日历的显示效果
GridFont	用于在网格中显示的每月日期的字体
GridFontColor	用于显示每月日期的字体颜色
GridLinesColor	“日历”控件的网格线颜色，它的 GridCellEffect 属性设置成“平面”
Month	在“日历”控件中显示的当前月
MonthLength	用于显示一年中月份的格式
ShowDateSelectors	月和年日期选定器的可见性
ShowDays	每星期内日期的可见性

续上表

属 性 名 称	属 性 含 义
ShowHorizontalGrid	“日历”控件的水平网格线的可见性。在 GridCellEffect 属性设置成“平面”的情况下有效
ShowTitle	月/年标题的可见性
ShowVerticalGrid	“日历”控件的垂直网格线的可见性。在 GridCellEffect 属性设置成“平面”的情况下有效
TitleFont	用于显示日历网格上的月/年标题的字体
TitleFontColor	用于显示月/年标题所使用的颜色
Value	与“日历”控件中所选定的日期相对应的日期值
ValueIsNull	当前日期外观的突出显示或不突出显示
Year	当前选定的年份

（2）“日历控件 10.0”控件中的事件如表 5-11-2 所示，详细内容可查看帮助信息。

表 5-11-2　“日历控件 10.0”控件的事件

事 件 名 称	事 件 含 义
AfterUpdate	用户在“日历”控件中移动到新日期之后，并且日历更新之后发生
BeforeUpdate	当用户在“日历”控件中移动到新日期之后和日历更新之前发生
Click	在用户单击“日历”控件中的日期时发生
KeyDown	在用户按某个按键，“日历”控件具有焦点时发生 DblClick 在用户双击“日历”控件中的日期时发生
KeyPress	在用户按下和释放 ANSI 键后，“日历”控件获得焦点时发生
KeyUp	当用户释放按键，同时“日历”控件获得焦点时发生
NewMonth	在“日历”控件日期更改为新的月份时发生

“日历控件 10.0”控件的方法参看帮助信息。

5.12 【案例 36】彩球移动

案例效果

“彩球移动”程序运行后，演示窗口内会显示一个棋盘、一个棋子和一些提示信息。通过按下述按键，可以使棋子在棋盘格内移动，如图 5-12-1 所示。按【U】或【u】键向上移；按【N】或【n】键向下移；按【H】或【h】键向左移；按【J】或【j】键向右移；按【Y】或【y】键向左上移；按【I】或【i】键向右上移；按【B】或【b】键向左下移；按【M】或【m】键向右下移。棋子不会移出棋盘外。

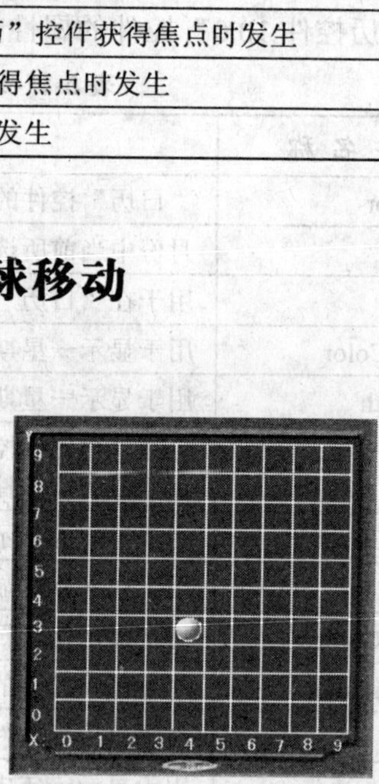

图 5-12-1　“彩球移动”程序运行中的一幅画面

通过本案例的学习，可以掌握按键交互的设计方法。

设计过程

“彩球移动”程序如图 5-12-2 所示，程序的设计步骤如下。

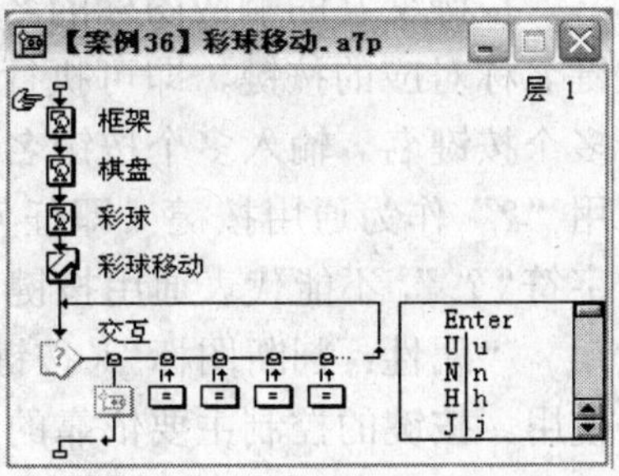

图 5-12-2　“彩球移动”程序

（1）“框架”显示图标内导入一幅框架图像，“棋盘”显示图标内绘制棋盘和输入坐标值和提示信息，如图 5-12-2 所示。“彩球”显示图标内导入一幅彩球图像，设置透明模式。

（2）单击“彩球移动”移动图标，调出“属性：移动图标”（移动）面板，在该面板内的“类型”下拉列表框中选中“指向固定区域内的某点”选项，“执行方式”下拉列表框中选中“永久”选项，将移动时间改为 0.3 秒，在“目标”栏的两个文本框内分别输入 X1 和 Y1，在“基点”栏的两个文本框内分别输入 0，在“终点”栏的两个文本框内分别输入 9。“属性：移动图标”（移动）面板设置如图 5-12-3 所示。

（3）按照案例 24“挖地雷游戏”程序所述方法，创建一个平面坐标系，如图 4-7-5 所示。

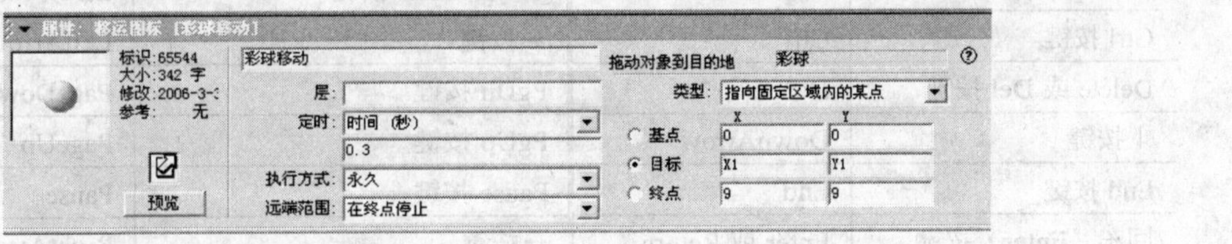

图 5-12-3　“彩球移动”移动图标的“属性：移动图标”（移动）面板

（4）在名字为“交互”的交互图标右下边创建一个“Enter”群组图标和 8 个计算图标。“Enter”群组图标的交互方式为按键交互方式，其内没有任何图标。8 个计算图标的交互方式均设置为按键交互方式，分别命名为：“U|u”、“N|n”、“H|h”、“J|j”、“Y|y”、“I|I”、“B|b”、“M|m”。“Enter”群组图标的交互判断图标的“属性：判断图标”面板如图 5-12-4 所示。

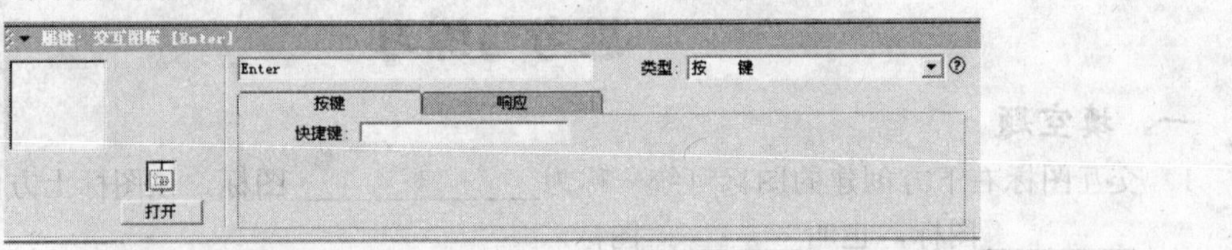

图 5-12-4　按键交互类型判断图标的“属性：判断图标”面板

（5）各个计算图标内依次分别输入：Y1:=Y1+1，Y1:=Y1-1，X1:=X1-1，X1:=X1+1，Y1:=Y1+1，X1:=X1-1，Y1:=Y1+1，X1:=X1+1，Y1:=Y1-1，X1:=X1-1，Y1:=Y1-1，X1:=X1+1，用来改变平面坐标的坐标位置。

相关知识

1. 按键交互

按键交互就是当用户按下某一个按键后即可执行相应的响应图标，产生交互。按键交互“属性：判断图标”面板：单击按键交互类型的判断图标-⊖-，可调出它的“属性：判断图标”（按键）面板，如图 5-12-4 所示。

按键交互的响应图标的名称应该是按键的名称（见表 5-12-1），当运行程序后，按与按键名称对应的按键，即可执行相应的响应图标。按键交互的响应图标的名称可以是一个或多个按键名。输入多个按键名称时，各按键名称之间用“or”或“|”分隔，如：“U|u”。可用“?”作为通用按键（即任何有效的按键），如果在“?”前加一个“\”，则“?”只代表字符“？”，不能代表通用按键。可以使用复合键，例如:【Ctrl+D】复合键的名称为“CtrlD”。

“属性：判断图标”（按键）面板的“快捷键”文本框中可输入快捷键的名称，一般不使用。按键的控制主要依靠的是按键交互的响应图标的按键名称。

2. 按键名称

按键名称如表 5-12-1 所示。

表 5-12-1 按键名称

键盘按键名称	按 键 名 称	键盘按键名称	按 键 名 称
Alt 按键	Alt	Home 按键	Home
Backspace 按键	Backspace	Ins 或 Insert 按键	Ins 或 Insert
Ctrl 按键	Ctrl	←按键	LeftArrow
Delete 或 Del 按键	Delete	PgDn 按键	PageDown
↓按键	DownArrow	PgUp 按键	PageUp
End 按键	End	Pause 按键	Pause
回车（Enter）按键	Enter 或 Return	→按键	RightArrow
Esc 按键	Escape	Shift 按键	Shift
F1～F15 按键	F1～F15	Tab 按键	Tab
↑按键	UpArrow	小写英文字母、大写英文字母	A～Z 和 a～z
数字按键	0～9	空格按键	一个空格

思考与练习

一、填空题

1. 交互图标右下方创建的图标可统一称为________图标，该图标上方的小图标叫________图标，也叫________图标。
2. 响应图标的名称会按照响应图标的从____到____右的顺序，从____到____依次列在交互图标的右边。
3. 选中“按钮编辑”对话框内的________复选框后，按钮被定义为自动被检测的。即用户单击一下该按钮，按钮在________和________之间变换一次，并将该信息记录在系统变量________之中。
4. 热区域交互类型中的热区域是在演示窗口内设定的一个区域，当______、_______或________时，程序会立即执行相应的响应图标。
5. 在按钮交互类型的“属性：判断图标”（响应）面板中，“激活条件”文本框内可输入＿＿＿＿＿、＿＿＿＿＿或＿＿＿＿＿，当其值为＿＿＿＿＿时，按钮有效；其值为＿＿＿＿＿时，按钮无效。

6．跳转函数有＿＿＿类。第 1 类是＿＿＿＿，第 2 类是＿＿＿＿，第 3 类是＿＿＿＿。

二、问答题

1．交互图标的“属性：交互图标”面板中，“类型”下拉列表框内有几个选项？各是什么？

2．交互图标的“属性：交互图标”（按钮）面板中，在“标签”文本框内输入一个变量，当“标签”文本框内的变量值改变时，按钮上的标题是否会改变？

3．交互图标的“属性：判断图标”（响应）面板内，“激活条件”文本框的作用是什么？

4．交互图标的“属性：判断图标”（响应）面板内，“分支”下拉列表框的作用是什么？

三、上机操作题

1．设计“按钮标题更换 1”程序，该程序运行后，屏幕显示如图 5-13-1 左图所示。单击【图像 1】按钮，在图像框内会显示第 1 幅图像，同时【图像 1】按钮变为【图像 2】按钮，如图 5-13-1 中图所示；单击【图像 2】按钮，在图像框内会显示第 2 幅图像，同时“图像 2”按钮变为【图像 1】按钮，如图 5-13-1 右图所示。

图 5-13-1　“按钮标题更换 1”程序运行后的三幅画面

2．修改案例 25“选择正确答案”程序，使该程序运行后可以做两道单选的选择题。

3．仿照案例 31“猜字母游戏 1”程序，设计一个“猜数游戏”程序。、

4．“认识电子元件和仪表 1”程序运行后，屏幕会显示多种不同的电子元件图像，如图 5-13-2 左图所示。单击某一个图像或按快捷键，在屏幕中就会显示出该电子元件的名称，例如：单击电流表图像后，演示窗口显示如图 5-13-2 右图所示。

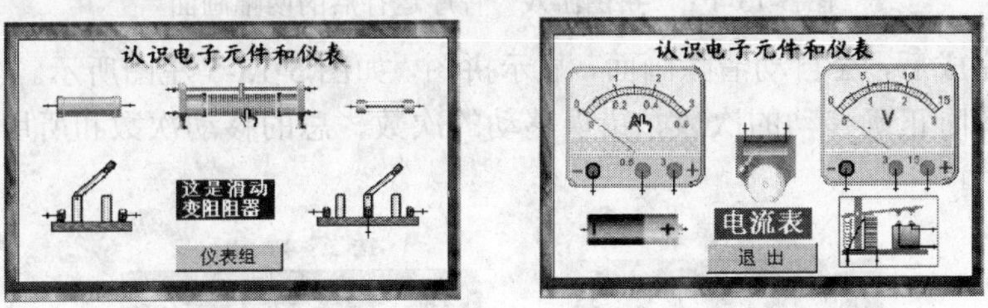

图 5-13-2　“认识电子元件和仪表 1”程序运行后的 2 幅画面

5．修改案例 28“四种运算练习”程序，使该程序具有限时和限次数的功能。

6．设计一个“看谁记忆好”程序，该程序运行后，演示窗口内显示 9 幅图像和【退出】按钮，以及使用的时间和拖曳图像所用的次数。等待约 5 秒后，9 幅图像同时移到四周，如图 5-13-3 左图所示。游戏要求用户用鼠标分别将四周的图像拖曳到原处某一个小方

格内，如果拖曳的正确，则图像会停在小方格的正中间，如图 5-13-3 右图所示；如果拖曳的不正确，则图像会自动移到原来的位置。游戏完成后会清除画面，显示用户拖曳图像的有关信息。

图 5-13-3 “看谁记忆好”程序运行后的两个画面

7. “拼图游戏”程序运行后，屏幕显示如图 5-13-4 左图所示。用户需要输入限定的时间与限定的次数，两个数据之间用空格或逗号分隔。按【Enter】键后，屏幕显示一幅小样图像、要拼图的 9 幅图像、剩余时间、计时小钟、剩余次数和【退出】按钮，如图 5-13-2 右图所示。用户必须在规定的时间和次数内完成拼图游戏，否则游戏会自动退出。玩游戏时，用鼠标将拼图拖曳到某一个小方格内，如果拖曳的正确，则拼图停在小方格的正中间；如果拖曳的不正确，则拼图会自动移到原来的位置处。不管拖曳的是否正确，剩余的次数都会减 1。

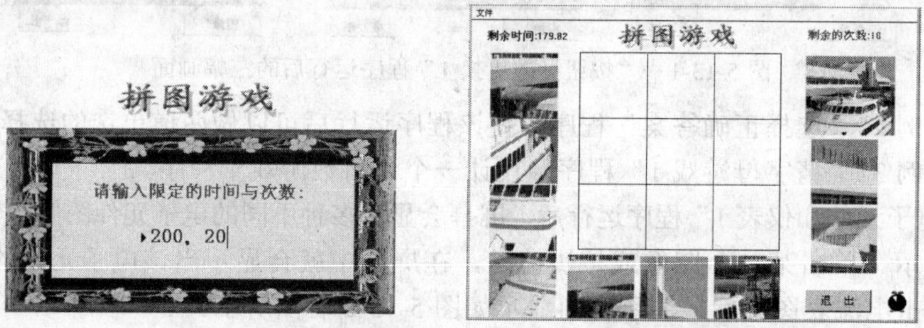

图 5-13-4 “拼图游戏”程序运行后的两幅画面

拼图游戏完成后，会自动清除画面，显示拼图，如图 5-13-5 左图所示。然后擦除拼图，再显示用户拼图时正确移动的次数、错误移动的次数、总的移动次数和所用的时间，如图 5-13-5 右图所示。

图 5-13-5 “拼图游戏”程序运行后的两幅画面

第 6 章 播放多媒体

通过学习 7 个案例，掌握电影图标和声音图标的使用方法，掌握插入 GIF 格式动画、Flash 格式的动画、QuickTime 媒体的方法，掌握播放 MIDI 音乐、CD 和 DVD 的方法，以及压缩声音的方法。另外，还进一步掌握一些程序设计的技巧。

6.1 【案例 37】中文 Photoshop 操作演示 1

案例效果

"中文 Photoshop 操作演示 1"程序运行后，演示窗口中显示出利用 Photoshop 加工一幅图像的全部过程，同时还显示数字电影的总帧数和已经播放的帧数等信息，其中的两幅画面如图 6-1-1 所示。另外，单击【暂停】按钮，可以暂停数字电影的播放；单击【继续】按钮，可以使暂停的数字电影继续播放；单击【重新】按钮，可以重新播放数字电影。可以在教学时播放它，便于教学。通过本案例的学习，可以掌握数字电影图标的使用方法和一些相关的系统变量和系统函数，以及使用 SnagIt 软件进行录屏的方法。

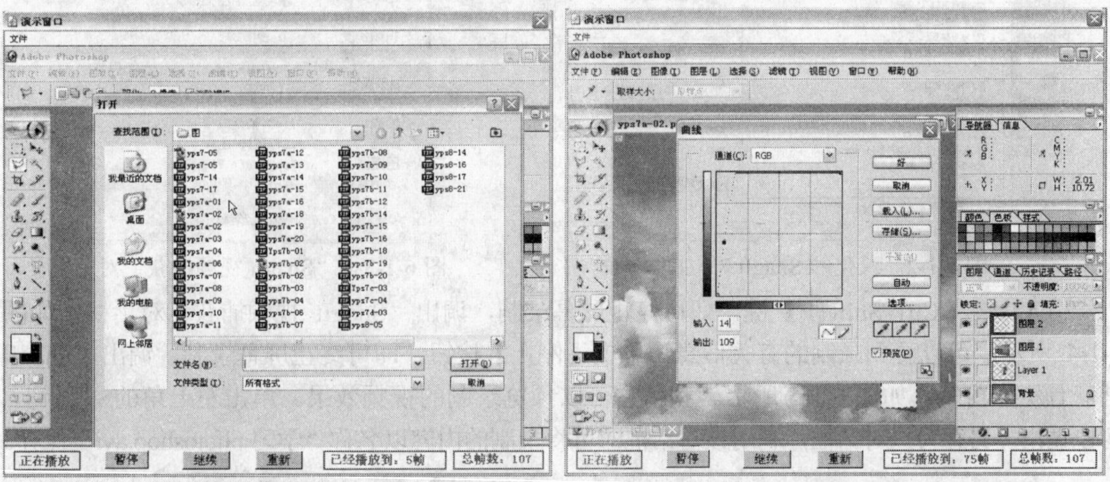

图 6-1-1 "中文 Photoshop 操作演示 1"程序运行后的 2 幅画面

设计过程

1. 视频素材准备

首先将使用中文 Photoshop 软件的操作过程录制成视频 AVI 文件。屏幕录制软件很多，可以使用 SnagIt 和"屏幕录像专家"等软件来完成。SnagIt 软件是 TechSmith 公司的一个用于捕捉计算机屏幕显示的静态或动态画面的工具软件。目前，SnagIt 软件的最高版本为 SnagIt 7.0，还有很好的汉化包。另外，"屏幕录像专家"软件是中国人自己设计的专门用于录制计算机屏幕动态画面的软件，操作简单，非常好使，可以将录制的动态画面生成 AVI、SWF 和 EXE 格式的文件。下面将介绍如何使用 SnagIt 软件录制计算机屏幕的动态画面。

录制计算机屏幕动态画面时一定要注意屏幕的大小，录制好的 AVI 文件导入到 Authorware 的数字电影图标内后，一定要按原大小播放，否则清晰度会严重变差。

使用 SnagIt 软件进行录屏的步骤如下。

（1）调出中文 Photoshop 软件，用鼠标拖曳它的边缘，调整它的窗口大小，使操作中调出的对话框均可以在该窗口内显示出来。窗口大小不易过大，窗口太大时，生成的文件也会过大。

（2）调出汉化的 SnagIt 7.0，如图 6-1-2 所示。单击选中“捕获”标签，再选中“录制一个屏幕视频”选项，如图 6-1-2 所示。其他设置可以采用默认选项。

（3）单击“捕获”按钮或按【Ctrl+Shift+P】键，即可最小化 SnagIt 7.0 窗口。此时用鼠标拖曳选取要录制的屏幕范围，此处是“Photoshop”软件的整个窗口。松开鼠标左键后，会弹出“SnagIt 视频捕获”对话框，如图 6-1-3 所示。单击该对话框内的【开始】按钮，关闭该对话框，即可开始录制选定范围内的动态画面，包括鼠标指针的移动等。

图 6-1-2 汉化的 SnagIt 7.0 工作界面

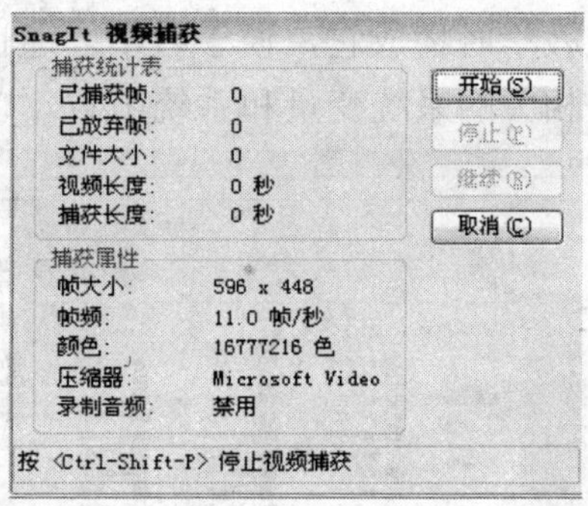

图 6-1-3 “SnagIt 视频捕获”对话框 1

（4）按【Ctrl+Shift+P】键，即可停止屏幕录制，调出“SnagIt 视频捕获”对话框，如图 6-1-4 所示，可以看到录制的有关信息。单击【停止】按钮，即可终止屏幕录制，调出“SnagIt 捕获预览”窗口，如图 6-1-5 所示。利用它可以预览录制的视频效果。单击左上角的✓按钮，可以调出“另存为”对话框，利用该对话框即可将录制的内容以名称“学习 photoshop.avi”保存。

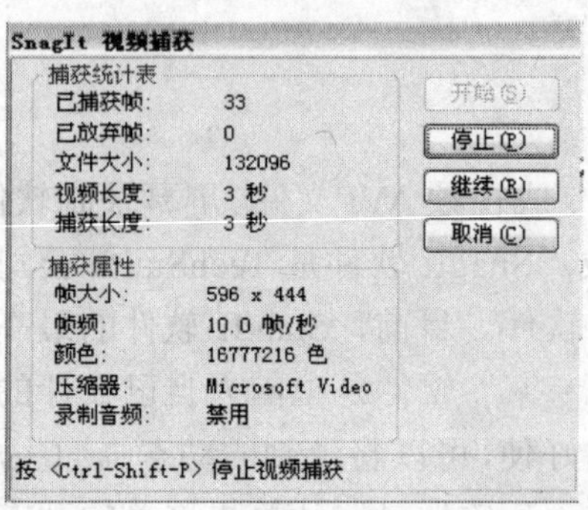

图 6-1-4 “SnagIt 视频捕获”对话框 2

图 6-1-5 “SnagIt 捕获预览”窗口

2. 制作数字电影播放程序

（1）新建一个文件，再单击“修改”→“文件”→“属性”菜单命令，调出“属性：文件”面板，如图 6-1-6 所示。单击选中“屏幕居中”复选框，使演示窗口居中；在“大小”下拉列表框中选择“根据变量”选项，以后播放时演示窗口的大小以用户调整的大小为准。

图 6-1-6　“属性：文件”（回放）面板

（2）在流程线上创建一个名称为“数字电影”的数字电影图标，调出该数字电影图标的“属性：电影图标”（电影）面板，如图 6-1-7 所示（还没有进行设置）。

图 6-1-7　“属性：电影图标”（电影）面板

（3）单击“导入”按钮，调出“导入那个文件？”对话框，如图 6-1-8 所示。利用该对话框选择前面录制好的“学习 Photoshop.avi”文件，单击【导入】按钮，即可将选中的 AVI 文件导入到数字电影图标中。此时的“属性：电影图标”（电影）面板如图 6-1-7 所示。

（4）单击“属性：电影图标”（电影）面板的“计时”标签，切换到“属性：电影图标”（计时）面板，如图 6-1-9 所示。按照图 6-1-9 所示进行设置。在“速率”文本框中输入 10，可以使播放速度慢一些，在“执行方式”下拉列表框中选择“同时”选项，在“播放”下拉列表框中选择“播放次数”选项，在它的文本框内输入 1，表示播放一次。

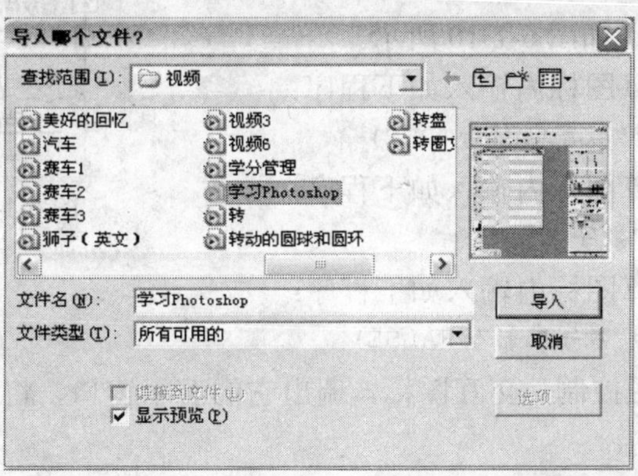

图 6-1-8　“导入那个文件？”对话框

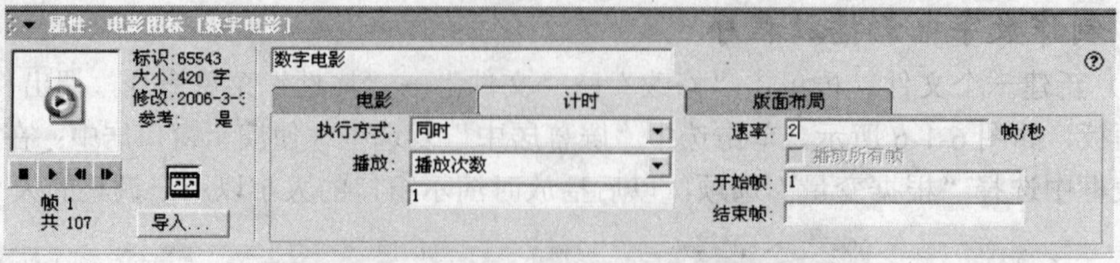

图 6-1-9 “属性：电影图标”（计时）面板

（5）双击“数字电影”图标，调出它的演示窗口，用鼠标拖曳调整画面的位置。然后，运行程序，用鼠标调整演示窗口的大小，使它与数字电影画面基本一样大小，其下边留出一定的空间，供添加一些数字电影的播放信息和控制按钮。

3. 制作数字电影信息和控制程序

（1）在“数字电影”图标下边的流程线上创建一个名称为“播放信息认定”的计算图标，其内输入如下语句：

```
Test(MediaPlaying@"数字电影"=TRUE,N:="正在播放",N:="停止播放")
```

该语句的作用是，根据 MediaPlaying 系统变量的值确定给变量 N 赋什么文字信息。

（2）在“播放信息认定”计算图标下边的流程线上创建一个名称为“显示播放信息”的显示图标。双击该图标，调出它的演示窗口，在该演示窗口内偏下输入如下内容：

```
“{N}”
“已经播放到：{MediaPosition@"数字电影"}帧”
“总帧数：{MediaLength@"数字电影"}”
```

它们是用来显示是否在播放的信息、已经播放了多少帧和数字电影的总帧数。

在它的“属性：显示图标”面板内，选中“更新显示变量”复选框。

（3）在“显示播放信息”的显示图标下边的流程线上创建一个名称为“数字电影控制”的交互图标。再在该交互图标的右下方创建 3 个计算图标，它们的名称分别为“暂停”、“重新”和“继续”。

（4）单击“暂停”计算图标上边的判断图标，调出它的“属性：判断图标”面板，选中该面板内的“永久”复选框。再按住【Ctrl】键，3 次单击“暂停”计算图标下边的流程线，使流程线如图 6-1-10 所示。按照相同的方法设置其他两个按钮，如图 6-1-10 所示。

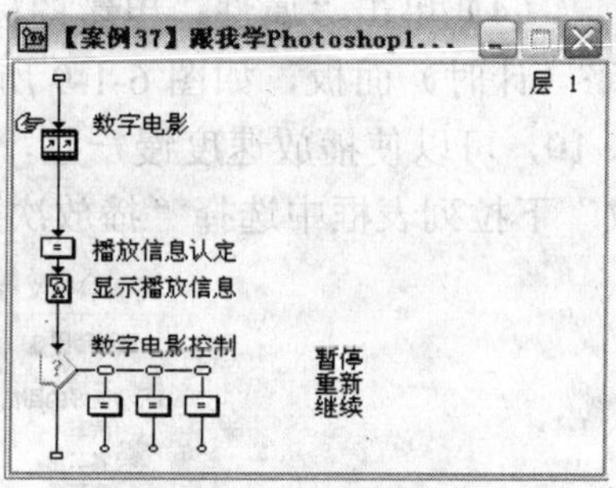

图 6-1-10 “中文 Photoshop 操作演示 1”程序

（5）在“暂停”计算图标内输入如下程序：

```
MediaPause(IconID@"数字电影",TRUE)
```

（6）在“重新”计算图标内输入如下程序：

```
MediaPlay(IconID@"数字电影")
```

（7）在“继续”计算图标内输入如下程序：

```
MediaPause(IconID@"数字电影",FALSE)
```

（8）双击“数字电影控制”交互图标，调出它的演示窗口，将三个按钮移到演示窗口内的下边，如图 6-1-1 所示。

相关知识

1. 电影图标的“属性：电影图标”（电影）面板

“属性：电影图标”（电影）面板如图 6-1-7 所示，该面板中各选项的含义如下。

（1）播放栏：它在电影图标面板的左上角，有 4 个按钮，它们的含义如下。

- 按钮：单击它，可播放加载的数字电影。
- 按钮：单击它，可停止播放数字电影。
- 按钮：单击它，可使数字电影画面跳回到上一帧。
- 按钮：单击它，可使数字电影画面跳到下一帧。

按钮的下边显示出数字电影的总帧数、当前正在播放的帧号、数字电影的大小和 ID 值等。

（2）【导入】按钮：单击“属性：电影图标”面板中的【导入】按钮，调出“导入哪些文件？”对话框，如图 6-1-8 所示。利用该对话框可以加载数字电影。Authorware 系统可以使用的数字电影类型有：Director，Video for Windows(AVI)，Quick Time for Windows，FLC/FLI 和 MPEG 等。在这些类型中，PICS，FLC/FLI 数字电影可以直接加载到 Authorware 中，而其他类型的数字电影必须按照外部可链接的文件对待。

导入文件后，“属性：电影图标”面板的“文件”文本框中会显示出该文件的路径和名称。

单击图 6-1-8 所示的“导入哪些文件？”对话框中的【选项】按钮（选择一些格式的文件时才有效），可以调出“电影输入选项”对话框，如图 6-1-11 所示。该对话框中有两个复选框，它们的作用如下。

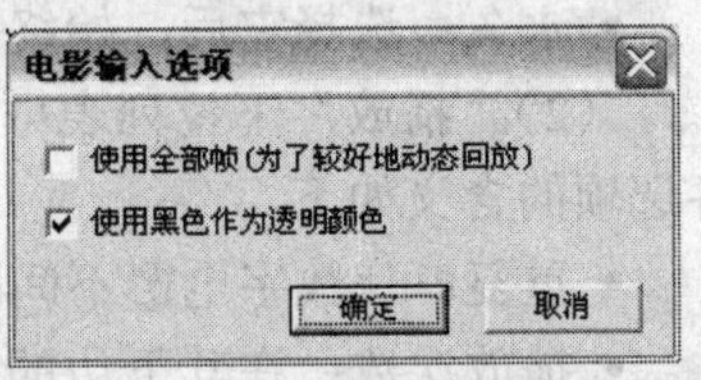

图 6-1-11　“电影输入选项”对话框

- “使用全部帧”复选框：选中它后，可以使用该文件的全部结构内容，将数字电影直接嵌入到数字电影图标中，成为 Authorware 内部的数字电影；不选中“使用全部帧”复选框，则外部的数字电影只是与 Authorware 建立链接。
- “使用黑色作为透明色”复选框：选中它后，可以采用黑色作为透明色。

对于直接嵌入的数字电影，文件打包后运行一般没有问题；对于外部链接的数字电影，打包时一定要将数字电影和播放程序一起打包。

（3）几个文本框

- “文件”文本框：包括完整路径的电影文件名称。
- “存储”预览框：电影文件存放的方式，有“内部”和“外部”两种。
- “层”文本框：用来设置数字电影显示的层，它只对存储方式为“内部”的对象有效；“外部”存储的动画或视频文件不用设置，都将默认显示在最高层，不能被其他对象覆盖。对于 FLC，FLI 和 PICS 数字电影，都可以设定层次级别。

（4）“模式”下拉列表框：该下拉列表框用来设置电影的显示模式。下拉列表中有 4 个选项（只对“内部”存储的电影文件起作用），其含义如下。对于 AVI，MOV，MPEG 和 DIB 这些外部链接的数字电影，只有“不透明”一种模式。后三个选项只使用于 FLC/FLI，PICS 数字电影，对于 PICS 数字电影，其透明色为白色；对于 FLC/FLI 数字电影，其透明色为黑色。

- “不透明”显示模式：数字电影播放区将覆盖其下面的对象。

- “遮隐”显示模式：数字电影边缘部分的透明色呈透明状。
- “透明”显示模式：将使数字电影中以透明颜色显示的像素变得不可见。
- “反转”显示模式：数字电影中像素的颜色将变成它下面对象像素颜色的反色，从而生成一种反色显示效果。

（5）“选项”栏：该栏有6个复选框，它们的含义如下。

- 防止自动擦除：选中后，该图标的内容将不会被系统的自动擦除功能擦除。
- 擦除以前内容：选中它后，在播放该数字电影以前，先将演示窗口中的画面清除。
- 直接写屏：选中它后，使播放的数字电影在其他对象的最上面。FLC/FLI 以外的电影文件默认用这种方式，不能修改。
- 同时播放声音：选中它后，如果电影文件本身带有伴音，则伴音有效。
- 使用电影调色板：选中它后，使用数字电影自带的调色板。只适用于256色模式。
- 使用交互作用：选中它后，允许用户使用鼠标或按键控制数字电影的播放和暂停。它只对 Director 软件制作的数字电影和 Quicktime VR 的动画有效。

2. 电影图标的“属性：电影图标”（计时）面板

“属性：电影图标”（计时）面板如图6-1-5所示。该面板中各选项的含义如下。

（1）“执行方式”下拉列表框：用来控制数字电影播放的时间。各选项的含义如下。

- 等待直到完成：直到播放完该图标的数字电影后，才执行下一个图标。
- 同时：在播放该数字电影的同时，就同步执行下一个图标。
- 永久：选择它后，始终按照“播放”下拉列表框的设置播放数字电影。

（2）“播放”下拉列表框：该下拉列表框内的选项会因数字电影的格式不同而不同，各选项的含义如下。

- 重复：使数字电影不间断地重复播放，直至数字电影被擦除或程序停止运行。
- 播放次数：在其下边的文本框中输入常量、变量或表达式，其值给出了播放数字电影的次数。如果其值为0，则只显示第1帧。
- 直到为真：在其下边的文本框中输入逻辑常量、变量或表达式，当其值为假（FALSE）时播放，为真（TRUE）时停止播放。
- 只有移动时：此项仅用于 PICS 和 FLC/FLI 数字电影，只显示数字电影的第1帧，当用鼠标拖曳它或动画图标作用于它时，数字电影才播放。
- 每个重复次数：此项仅用于 PICS 和 FLC/FLI 数字电影，只显示数字电影的第1帧。其文本框内可输入数字、变量或表达式，其值给出了动画重复时数字电影播放的次数。

（3）“速率”文本框：可输入常量、变量或表达式，以确定播放速度（要求数字电影文件是可调速的），单位为帧/秒；如果不输入任何内容，则以原速播放。

（4）“播放所有帧”复选框：它只对插入的数字电影有效，在不超过“速率”规定的速度下，以尽可能快的速度不丢帧地播放数字电影，但播放速度会因计算机的不同而受到限制。

（5）“开始帧”文本框：可在该文本框内输入表达式（含常量、变量和函数），其值表示数字电影的起始帧号。

（6）“结束帧”文本框：可在该文本框内输入表达式，其值表示数字电影的终止帧号。

3. 关于数字电影的几个系统变量和系统函数

（1）MediaPlaying 系统变量

【格式】`ModioPlaying@"IconTitle"`

【功能】当指定的数字电影、视频或声音正在播放、暂停或受用户控制，则该变量为 TRUE。若这些媒体文件还没有开始播放、已经播放完毕或已经被清除，则该变量的值为 FALSE。

根据该变量的值来激活图标或释放图标，达到同步的目的。当电影正在播放时，可以在声音图标“属性”面板的“开始”文本框内使用该变量来控制声音的播放。

（2）MediaPosition 系统变量

【格式】`MediaPosition@"IconTitle"`

【功能】用该变量可以获得指定数字电影或声音的当前时间或帧。声音的单位为毫秒，数字电影和视频的单位为帧。

（3）MediaLength 系统变量

【格式】`MediaLength@"IconTitle"`

【功能】该变量存储指定数字电影或声音的长度，声音的单位为毫秒，数字电影和视频的单位为帧。若用户在运行时改变了电影或声音，则 Authorware 动态地更新该变量。

（4）MediaPause 系统函数

【格式】`MediaPause(IconID@"IconTitle", pause)`

【功能】当 pause 为 TRUE 时，可以使指定图标中的数字电影暂停；当 pause 为 FALSE 时，可以继续播放指定图标的暂停了的数字电影。

（5）MediaPlay 系统函数

【格式】`MediaPlay(IconID@"IconTitle")`

【功能】使指定图标中的数字电影从开始处重新播放。

6.2 【案例 38】晨练

案例效果

“晨练”程序运行后的两幅画面如图 6-2-1 所示。在清晨，草地上一些孩子在跳绳，一个学生和一个运动员在跑步，一只小鸟在空中从右向左飞翔，周而复始，不断进行。

通过本案例的学习，可以掌握插入 GIF，Flash 和 MOV 格式（QuickTime 媒体动画）的方法和“属性：功能图标”面板的设置方法，以及使用“屏幕录像专家”软件录制屏幕动态画面的方法。

图 6-2-1　“晨练”动画播放后的两幅画面

设计过程

“晨练”程序如图 6-2-2 所示，程序设计过程如下。

1. 插入 GIF 格式动画的方法

（1）“草地”显示图标内导入如图 6-2-3 所示的草地风景图像，“草地”显示图标的图层号为 0。

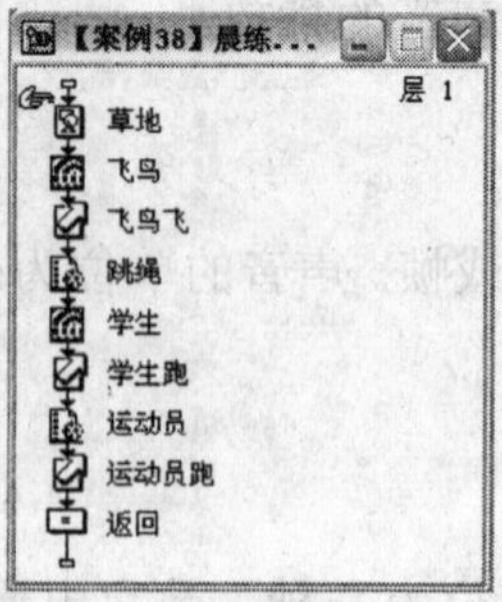

图 6-2-2 “晨练”程序

图 6-2-3 草地风景图像

（2）单击程序设计窗口流程线上“草地”显示图标的下边（要插入 GIF 格式动画处），使此处出现粘贴指针。然后，单击“插入”→“媒体”→“Animated GIF”菜单命令，调出“Animated GIF Asset Properties”对话框，如图 6-2-4 所示。

（3）单击【Browse】（浏览）按钮，调出“打开 Animated GIF File”对话框。在该对话框中选择一个名称为“飞鸟”的 GIF 格式的动画文件，单击该对话中的【打开】按钮，回到“Animated GIF Asset Properties”对话框，如图 6-2-4 所示。

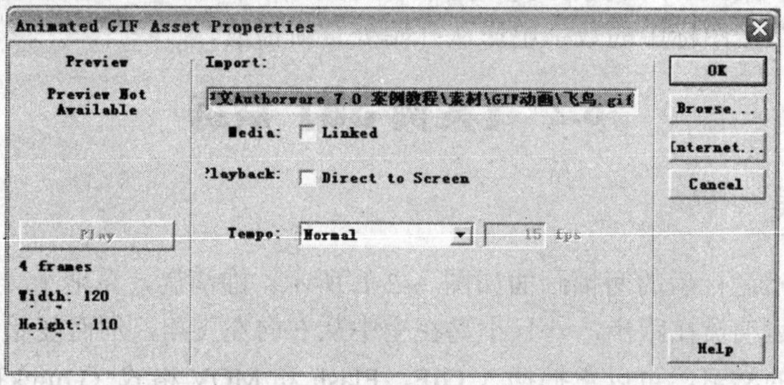

图 6-2-4 “Animated GIF Asset Properties”对话框

然后，在“Animated GIF Asset Properties”对话框中进行设置。最后单击【OK】按钮，完成导入 GIF 动画的操作，退出该对话框。此时，程序设计窗口的流程线上会添加一个名称为“Animated GIF...”的图标，如图 6-2-5 所示。用户可以更改该图标的名称，此处更改为“飞鸟”。

（4）调出“Animated GIF...”图标的“属性：功能图标”面板，如图 6-2-6 所示。在“模式”下拉列表框内选择“透明”选项，在“层”文本框内输入 1。另外，单击【选项】按钮，可以调出如图 6-2-5 所示的“Animated GIF Asset Properties”对话框，还可以重新选择导入的文件；单击“特效”栏的按钮，添加特效显示，设置显示方式等。

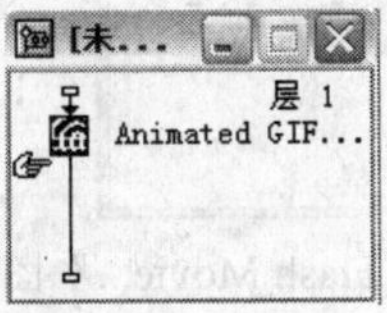

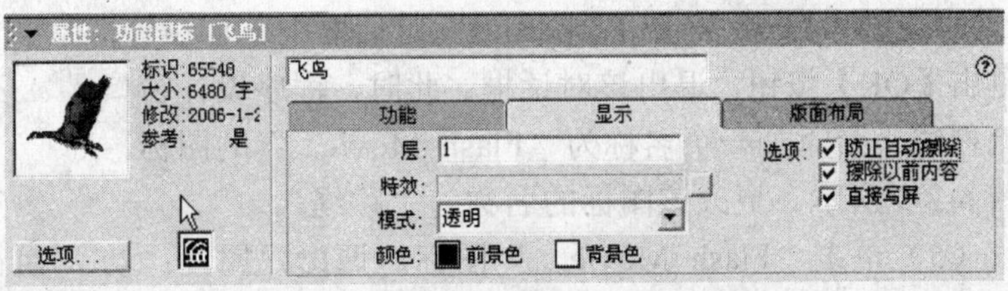

图 6-2-5 “Animated GIF...” 图标 图 6-2-6 “属性：功能图标”（显示）面板

（5）在“飞鸟”图标的下边创建一个名称为“飞鸟飞”的移动图标，双击“飞鸟飞”移动图标，调出它的“属性：移动图标”面板。在该“属性：移动图标”面板内，选择“类型”下拉列表框内的“指向固定点”选项，选择“执行方式”下拉列表框内的“同时”选项，在“定时”文本框内输入 10。然后，用鼠标拖曳飞鸟图像，将它移到演示窗口内的左边。

（6）按照上述方法，再导入一个名称为“学生”的 GIF 格式的动画文件，图标的名称改为“学生”。在“学生”图标下边的流程线上放置一个名称为“学生跑”的移动图标，制作学生沿曲线移动的动画。“学生跑”移动图标的“属性：移动图标”面板设置如图 6-2-7 所示。

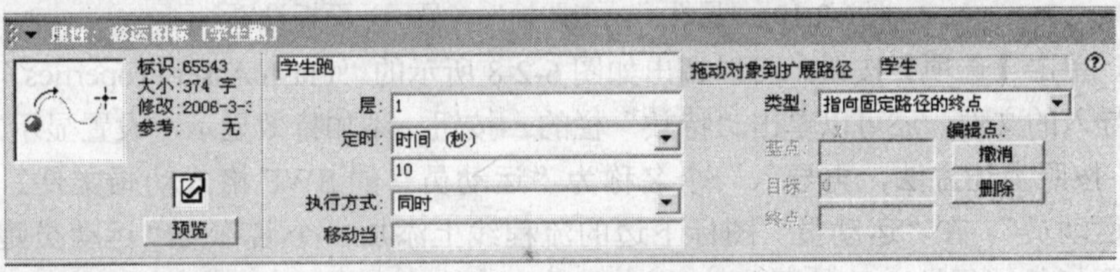

图 6-2-7 “属性：移动图标”面板

2. 插入 Flash 格式的动画

（1）单击程序设计窗口流程线上“飞鸟飞”移动图标的下边（要插入 Flash 格式动画处），使此处出现粘贴指针。

（2）单击“插入”→“媒体”→“Flash Movie”菜单命令，调出“Flash Asset Properties”对话框，如图 6-2-8 所示（文本框中还没有路径和文件名）。

（3）单击【Browse】”（浏览）按钮，调出“Open Shockwave Flash Movie”对话框。利用该对话框导入一个名称为“跳绳”的 SWF 格式动画文件，单击“打开 Shockwave Flash Movie”对话框中的【打开】按钮，回到“Flash Asset Properties”对话框，如图 6-2-8 所示。

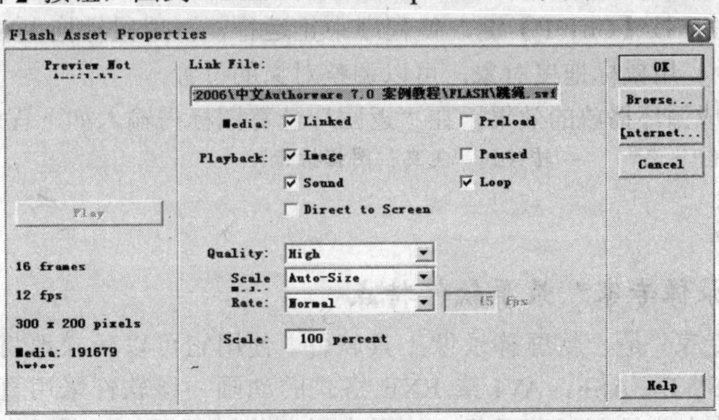

图 6-2-8 “Flash Asset Properties”对话框

（4）在“Flash Asset Properties”对话框中进行设置，再单击【OK】按钮，退出该对话框。此时，程序设计窗口的流程线上会添加一个名称为“Flash Movie...”的图标，如图 6-2-9 所示。更改该图标的名称为“跳绳”。

图 6-2-9 “Flash Movie...”图标

（5）单击“Flash Movie...”图标，调出“属性：功能图标”面板，如图 6-2-10 所示。在“模式”下拉列表框内选择“透明”选项，在“层”文本框内输入 2。

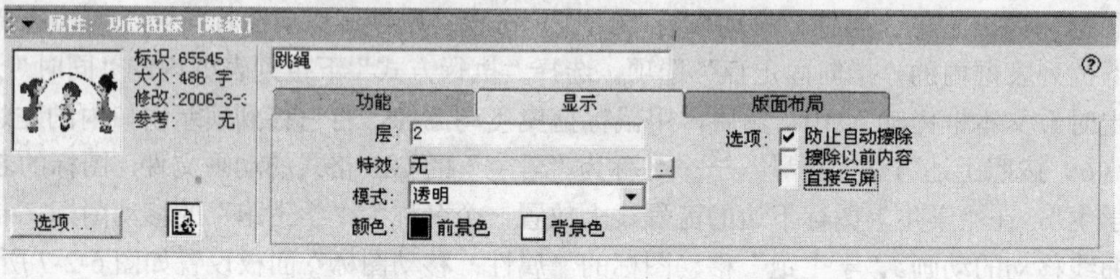

图 6-2-10 “属性：功能图标”（显示）面板设置

另外，单击【选项】按钮，可以调出如图 6-2-8 所示的“Flash Asset Properties”对话框，重新选择导入的文件；还可以单击“特效”栏的□按钮，添加特效显示，设置显示方式等。

（6）按照上述方法，再导入一个名称为“运动员”的 SWF 格式动画文件。将图标名称改为“运动员”。在“运动员”图标下边的流程线上添加一个名称为“运动员跑”的移动图标。该图标的“属性：移动图标”面板的设置如图 6-2-11 所示。

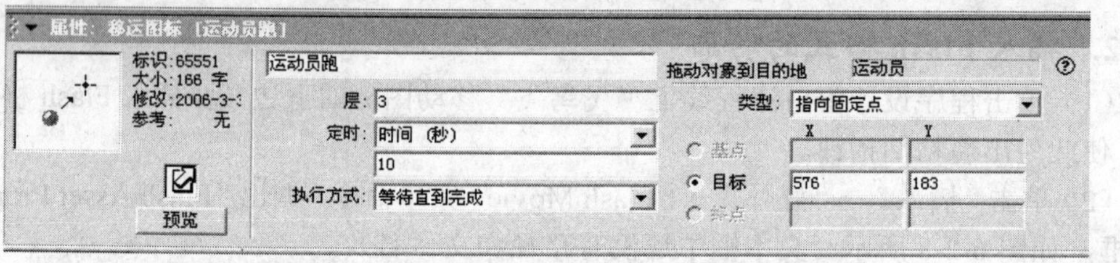

图 6-2-11 “属性：移动图标”面板设置

（7）程序运行，程序执行到“运动员跑”移动图标时，程序暂停，用鼠标拖曳调整“运动员”图标内对象的位置；按【Ctrl+P】键，可以继续使程序运行。

在程序运行时，按【Ctrl+P】键，使程序中止运行，再用鼠标拖曳对象的控制柄，可以调整对象的大小。用鼠标拖曳对象，可以调整对象的位置。

（8）为了形成循环播放的效果，在“返回”计算图标内输入如下程序：

```
GoTo(IconID@"飞鸟")  --转移到“飞鸟”图标执行
```

相关知识

1. “屏幕录像专家”录屏软件特点

“屏幕录像专家”是一款屏幕录像工具软件。使用它可以轻松地将屏幕上的软件设计方法等录制成 SWF，ASF，AVI 或 EXE 格式的动画。该软件采用直接录制方式或者先录制，再生成的方式录制屏幕录像，使用户对制作过程更加容易控制。该软件的基本功能如下。通过对这些基本功能的了解和借助帮助信息，可以很容易地掌握它的所有功能。

（1）生成 SWF（Flash 动画）和 ASF 格式的文件比较小，可以在网络上在线播放，可以生成 AVI 动画，具有 Flash 扩帧功能，可以使 Flash 动画更加平滑。

（2）可以直接录制 AVI 动画，支持各种压缩方式。具有 AVI 扩帧功能，可以制作 25 帧/秒的 AVI 动画。可以直接录制 EXE 文件。EXE 文件可以自动播放，动画不需附属文件，高度压缩，生成文件小。具有 EXE 自动扩帧功能，更加平滑，即使是 1 帧/秒也有平滑的效果。

（3）支持后期配音和声音文件导入，使录制过程和配音分离。录制时可以设置是否同时录制声音，是否同时录制鼠标。可以自动设置最佳帧数，可以设置录音质量。

（4）录制目标可以自由选取，可以是全屏、选定窗口或者选定范围。

（5）可以自己定义快捷键。具有鼠标点击自动提示功能。

（6）可以录制 Realplay 中播放的电影内容。

（7）具有 AVI 合成、AVI 截取、AVI 转换压缩格式，EXE 转成 SWF 或 ASF 的功能。

（8）可以自由设置 EXE 录制播放时各种参数，比如位置、大小、背景色、控制窗体、时间等。支持 EXE 录像合成多节 EXE 功能。高度无损压缩，制作出最小的 EXE 录像。

（9）简单后期编辑功能，支持 EXE 截取、EXE 合成、EXE 转成 LX、LX 截取、LX 合成等功能。EXE 播放时可以定位到任意帧。

2. 录制屏幕的动态画面

在设计程序以前，先使用“屏幕录像专家”软件录制屏幕的动态画面，保存为 SWF 格式的文件。操作步骤如下：

（1）调出一个要录制操作的软件，用鼠标拖曳它的边缘，调整它的窗口大小，使操作中调出的对话框均可以在该窗口内显示出来。窗口大小不易过大，窗口太大时，生成的文件也会过大。

（2）打开“屏幕录像专家”软件，该软件的工作环境如图 6-2-12 左图所示。

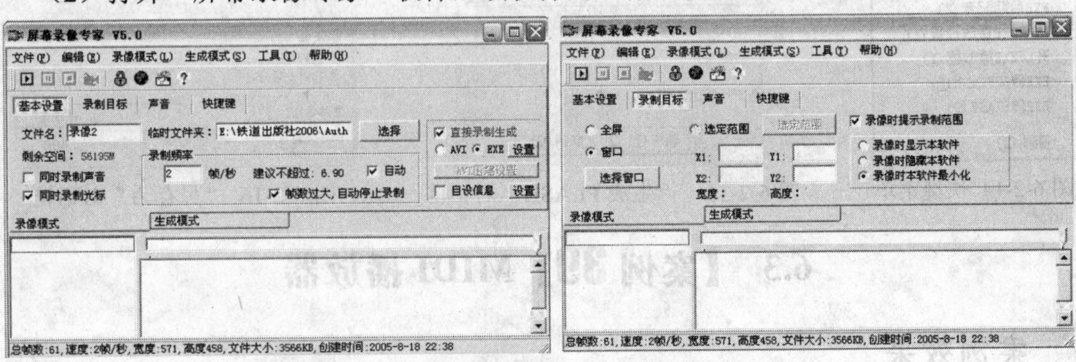

图 6-2-12　“屏幕录像专家”软件的工作环境

（3）单击“录制目标”标签，切换到如图 6-2-12 右图所示状态。单击选中“窗口”单选按钮，在单击【选择窗口】按钮，然后单击软件窗口，回到图 6-2-12 右图所示状态，从而确定了录制的窗口。

（4）单击“基本设置”标签，回到图 6-2-12 左图所示状态。单击选中“EXE”单选按钮，其他采用默认状态。

（5）按【F2】键，开始录屏。进行软件的相关操作。操作完毕后，按【F2】键，回到如图 6-2-13 所示状态。可以看到，在“录像模式”列表框中增加了“录像 1.exe”选项，表示已经录制了 EXE 文件。

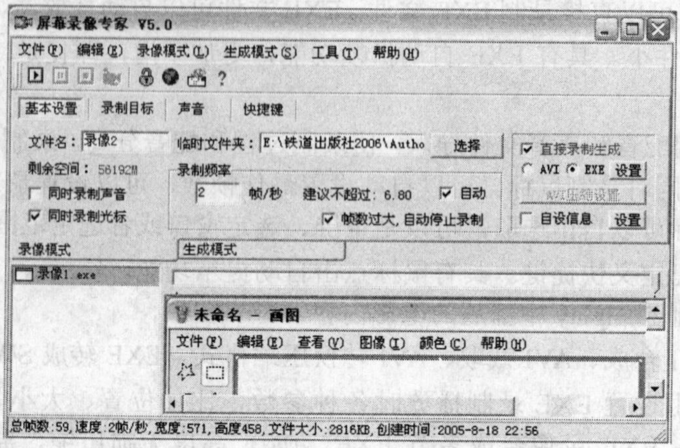

图 6-2-13 “屏幕录像专家”软件的工作环境

（6）将鼠标指针移到“录像 1.exe”选项之上，单击鼠标右键，调出它的快捷菜单，如图 6-2-14 所示。单击该菜单中的“EXE 转成 FLASH”菜单命令，调出“生成 FLASH”对话框，如图 6-2-15 所示。可以选中“自动扩帧”复选框，再单击该对话框内的【确定】按钮，调出“另存为”对话框，如图 6-2-16 所示。利用该对话框可以将转换的 Flash 文件保存。

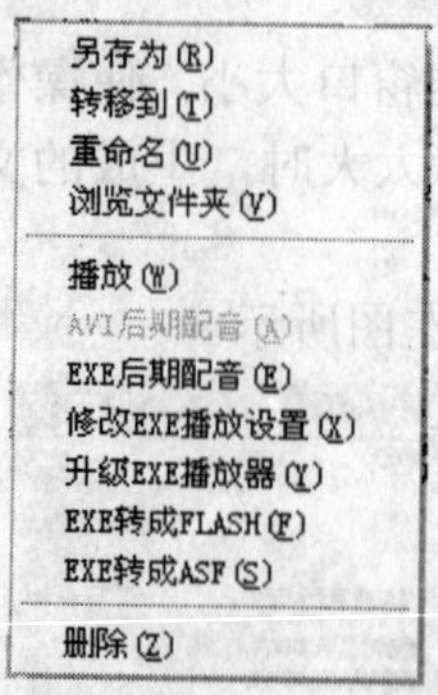

图 6-2-14 快捷菜单

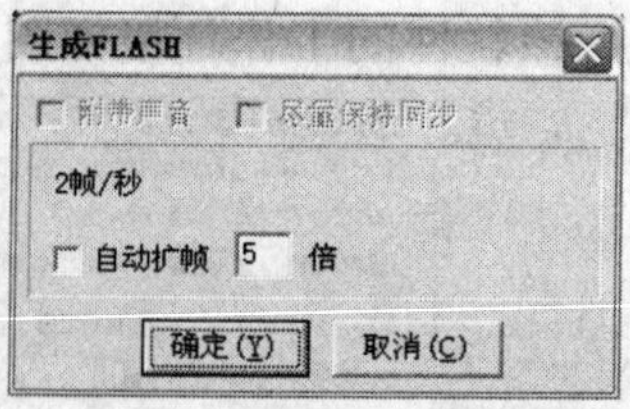

图 6-2-15 “生成 FLASH”对话框

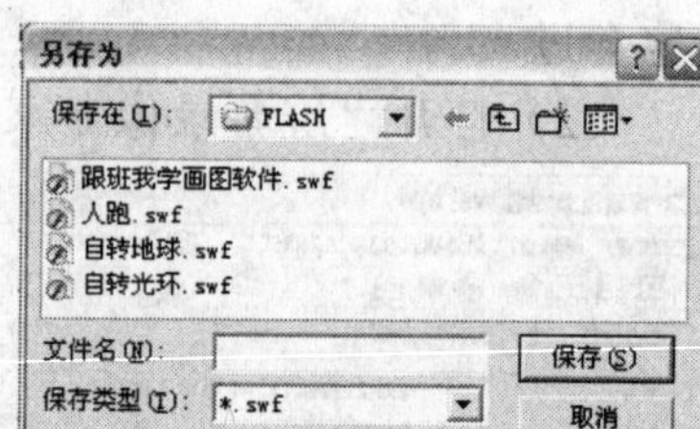

图 6-2-16 “另存为”对话框

6.3 【案例 39】MIDI 播放器

案例效果

“MIDI 播放器”程序运行后，屏幕显示“MIDI 播放器”标题和 3 个按钮，同时播放一个 MOV 格式的数字电影，如图 6-3-1 所示。

图 6-3-1　“MIDI 播放器”程序运行中的一幅画面

单击【暂停】按钮可暂停播放 MIDI 音乐，同时使【播放】按钮有效；单击【播放】按钮可使暂停的 MIDI 音乐重新播放，同时使【暂停】按钮有效。数字电影有播放控制器。通过本案例的学习，可以掌握 MIDI 函数的基本使用方法。单击【退出】按钮，会停止背景音乐的播放并退出 Authorware 程序。

设计过程

“MIDI 播放器”程序如图 6-3-2 所示，该程序的设计过程如下。

1. 加载自定义函数

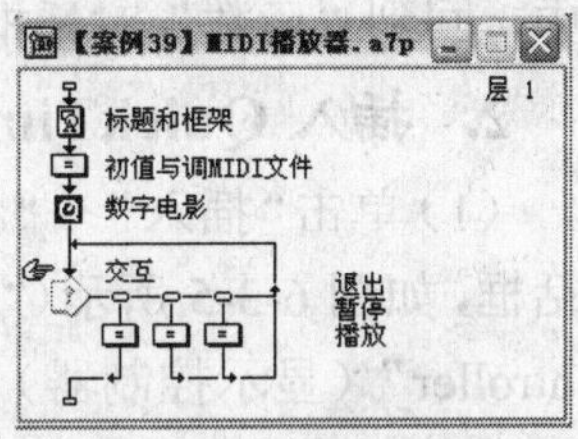

图 6-3-2　“MIDI 播放器”程序

自定义函数在使用前必须加载，也就是要使 Authorware 系统知道该自定义函数放在哪个文件夹中，以便 Authorware 系统能够读取该函数。自定义函数加载后，就可以像使用系统函数那样去使用它。加载自定义函数可以利用“加载函数”对话框来完成。

下面以加载多媒体自定义函数库 A3WMME.u32 为例，介绍如何加载一个函数库。Authorware 7.0 本身没有处理 MIDI 音乐文件的功能，但是可以使用外部函数库 A3WMME.u32。使用前应先加载该函数库，具体操作步骤如下：

（1）将 A3WMME.u32 文件复制到 Authorware 程序所在的文件夹内。

（2）单击快捷工具栏内的【函数】按钮，调出“函数”面板。单击“函数”面板内“分类”列表框中的[未命名]选项或程序文件名，单击【载入】按钮，调出“加载函数”对话框，如图 6-3-3 所示。

图 6-3-3　“加载函数”对话框

（3）在“加载函数”对话框的内选择文件夹，然后，单击选中 A3WMME 文件名，再单击【打开】按钮，即可调出“自定义函数 A3WMME.U32”对话框，如图 6-3-4 所示。

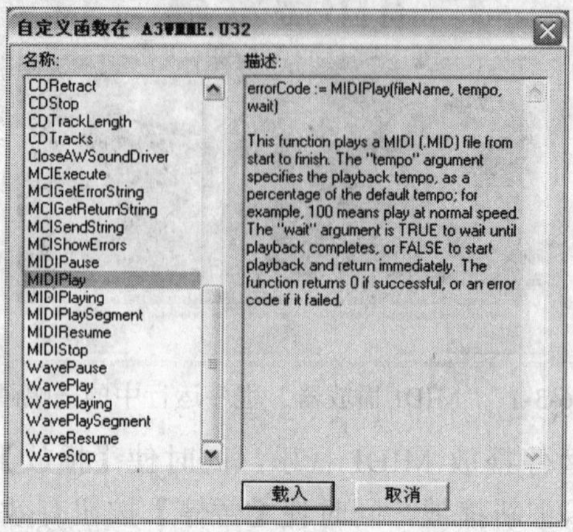

图 6-3-4 “自定义函数在 A3WMME.U32”对话框

（4）按住【Ctrl】键，同时依次单击选中“自定义函数在 A3WMME.U32”对话框左边列表框中所需要的函数名字，例如：MIDIPlay、MIDIPlaySegment、MIDIPause、MIDIResume 等函数名。每单击一个函数名时，其右边预览框内都会显示相应的函数格式及使用说明。

（5）选定函数后，单击【载入】按钮，即可将选中的函数链接到 Authorware 系统函数库中，回到“函数”对话框。单击【完成】按钮，关闭“函数”面板，MIDI 函数加载完毕。

2. 插入 QuickTime 媒体

（1）单击“插入”→“媒体”→“QuickTime”菜单命令，调出“QuickTime Xtra Properties”对话框，如图 6-3-5 所示（“导入”文本框中还没有路径和文件名）。在该对话框中选中“Show Controller”（显示控制器）复选框。

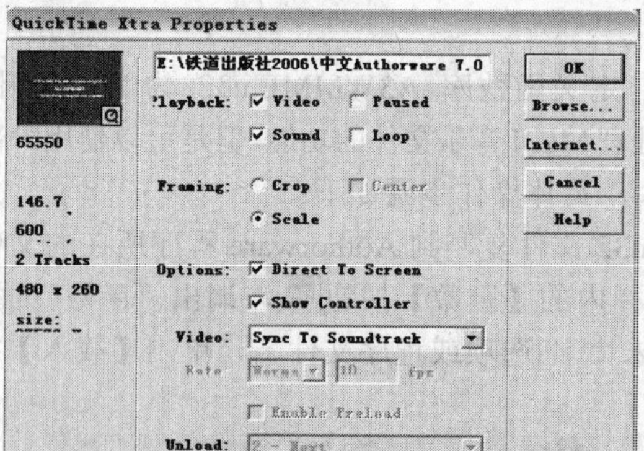

图 6-3-5 “QuickTime Xtra Properties”对话框

（2）单击【Browse】按钮，调出“Choose a Movie File”对话框。利用该对话框导入一个名称为“theanimal.mov”的 MOV 格式的视频文件。此时，程序设计窗口的流程线上会添加一个名称为“QuickTime...”的图标，如图 6-3-6 所示。更改该图标的名称为“数字电影”。

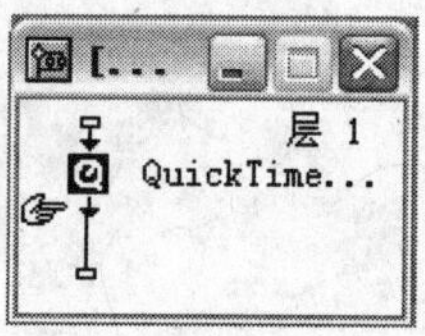

图 6-3-6 “QuickTime...”图标

（3）运行程序，用鼠标拖曳调整数字电影的位置；按【Ctrl+P】键，可以中止程序的运行，用鼠标拖曳对象的控制柄，调整数字电影的大小。

3. 设计“播放 MIDI 音乐”程序

（1）在“数字电影”图标的上边流程线上添加一个“标题和框架”显示图标，在该图标内导入标题图像和框架图像，如图 6-3-1 所示。

（2）“初值与调 MIDI 文件”计算图标内输入如下程序：

```
BF1:=0                        --使“播放”按钮无效
BF2:=1                        --使“暂停”按钮有效
MIDIPlay(FileLocation^"声音\\midi0.mid",100,FALSE)--播放当前目录下声音文件夹内的 MIDI 文件 midi1.mid ，同时执行下面的图标
```

（3）“交互”图标下挂 3 个计算图标，交互方式均为按钮交互方式。“退出”图标内输入的程序如下：

```
MIDIStop()                    --停止 MIDI 音乐播放
Quit(0)                       --退出 Authorware 程序
```

（4）单击“播放”计算图标上边的判断图标，调出它的“属性：判断”（响应）面板。在该面板的“激活条件”文本框内输入 BF1，如图 6-3-7 所示。

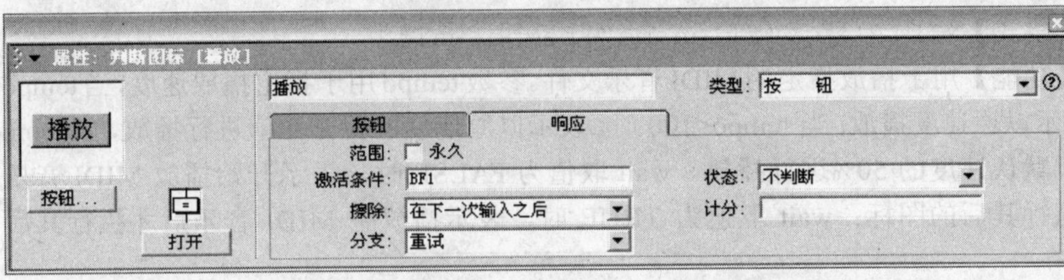

图 6-3-7　“属性：判断图标”（响应）面板

（5）单击“暂停”图标上边的判断图标，调出它的“属性：判断”（响应）面板。在该面板的“激活条件”文本框内输入 BF2。

（6）“播放”计算图标内的程序如下：

```
MIDIResume()                  --重新播放 MIDI 音乐
BF1:=0                        --使“播放”按钮无效
BF2:=1                        --使“暂停”按钮有效
```

（7）“暂停”计算图标内的程序如下：

```
MIDIPause()                   --暂停 MIDI 音乐的播放
BF1:=1                        --使“播放”按钮有效
BF2:=0                        --使“暂停”按钮无效
```

相关知识

1. 插入 QuickTime 媒体

QuickTime 媒体文件可以是 FLI，FLC，MOVE 等格式文件，也可以插入 AVI，GIF 等格式的文件，还可以是 BMP 等格式的图像文件。插入 QuickTime 媒体的方法如下：

（1）单击程序设计窗口流程线上要插入 QuickTime 媒体处，使此处出现手指指示图标。

（2）单击“插入”→“媒体”→“QuickTime”菜单命令，调出“QuickTime Xtra Properties”对话框，它与图 6-2-8 所示相似（“导入”文本框中还没有路径和文件名）。

（3）单击【Browse】（浏览）按钮，调出“Choose a Movie File”对话框。利用该对话框选择一个媒体文件，单击该对话框中的【打开】按钮，回到在“QuickTime Xtra Properties”对话框。然后，在“QuickTime Xtra Properties”对话框中进行设置，最后单击【OK】按钮，退出该对话框，导入选中的媒体文件。此时，程序设计窗口的流程线上会添加一个名称为“QuickTime...”的图标，用户可以更改该图标的名称。

（4）单击选中“QuickTime....”图标，调出“属性：功能图标”面板，如图 6-2-10 所示。单击【选项】按钮，可以调出 “QuickTime Xtra Properties”对话框，重新选择导入的文件，还可以设置显示方式等。

2. MIDI 函数的格式与功能

Authorware 本身没有处理 MIDI 音乐文件和 CD 光盘的函数，但是可以使用外部函数库 A3WMME.u32。使用前应先加载该函数库。下面介绍外部函数库 A3WMME.u32 内的有关函数。

（1）MIDIPlay 函数

【格式】`MIDIPlay（"filename",tempo,wait）`

【功能】用于播放指定的MIDI音乐文件。参数tempo用于指定播放速度，当tempo=100时，表示以原速度播放；当 tempo<100 时，表示以原速度的百分比值进行播放，如 tempo=50 表示以默认速度的 50%进行播放。wait 取值为 FALSE 时，表示开始播放 MIDI 音乐时就马上执行其后的图标；wait 取值为 TRUE 时，表示播放完 MIDI 音乐后才执行其后的图标。

（2）MIDIPlaySegment 函数

【格式】`MIDIPlaySegment("filename",tempo,fromseconds,forseconds,wait)`

【功能】它的功能与 MIDIPlay()函数相同，但它是按时间（秒）播放“filename”指示的 MIDI 音乐文件中的一个片断，其中 fromseconds 参数表示该片断播放的起始时间，forseconds 表示播放该片断的总时间。

（3）MIDIStop 函数

【格式】`MIDIStop()`

【功能】它用来停止对当前 MIDI 声音的播放，并返回一个 MCI 错误信息代码。

（4）MIDIPause 函数

【格式】`MIDIPause()`

【功能】它用于暂停对当前 MIDI 声音的播放，并返回一个 MCI 错误信息代码。

（5）MIDIResume 函数

【格式】`MIDIResume()`

【功能】它可使暂停播放的 MIDI 声音继续播放，并返回一个 MCI 错误信息代码。

（6）MIDIRlaying 函数

【格式】`MIDIRlaying()`

【功能】如果当前的 MIDI 声音正在播放，则返回 TRUE，否则返回 FALSE。

6.4 【案例 40】CD 播放器

案例效果

"CD 播放器"程序运行后，演示窗口内显示"CD 播放器"标题、第几首乐曲、播放该乐曲的总时间、该乐曲已播放的时间和 5 个按钮，同时播放 CD 盘片的音乐，另外还显示一个带播放器的数字电影。

单击【暂停】按钮时，背景音乐暂停播放，【暂停】按钮变为【播放】按钮；单击【播放】按钮时，背景音乐会继续播放，【播放】按钮变为【暂停】按钮；单击【上一个】按钮，会播放上一个乐曲，如果当前正在播放第 1 首乐曲，则会播放最后一首乐曲；单击【下一个】按钮，会播放下一个乐曲，如果当前正在播放最后一首乐曲，则会播放第 1 首乐曲；单击【退出盘片】按钮，会退出 CD 盘片，停止播放；单击【退出】按钮，会停止背景音乐的播放并退出 Authorware 程序。程序运行后的一幅画面如图 6-4-1 所示。

图 6-4-1 "CD 播放器"程序的一幅画面

通过本案例的学习，可以掌握 CD 函数的基本使用方法，了解 DVD 图标的使用方法。

设计过程

"CD 播放器"程序如图 6-4-2 所示。程序设计的过程如下。

（1）在"初值"计算图标内输入如下语句。

```
BF1:=0    --控制"播放"按钮是否有效，BF1=0 时无效，
          --BF1=1 时有效
BF2:=1    --控制"暂停"按钮是否有效，BF1=0 时无效，
          --BF1=1 时有效
L:=1      --存储乐曲的编号
```

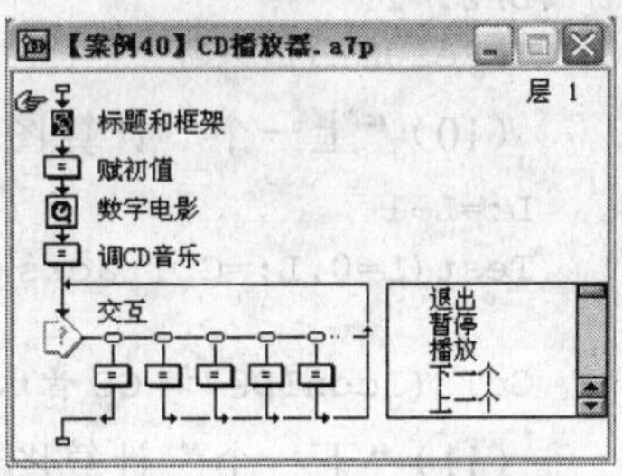

图 6-4-2 "CD 播放器"程序

（2）"标题和框架"显示图标内加载"播放 CD 音乐"文字图像，以及输入："第{N}首乐曲"、"播放总时间：{SJ}"和"已播放时间：{SystemSeconds-S}"文字。

（3）在"调 CD 音乐"计算图标内输入如下程序。

```
CDPlay(L, FALSE)          --按照指定的乐曲编号播放乐曲，同时执行下面的图标
XX:=CDCurrentPosition()   --将正在播放的 CD 盘有关信息存储在变量 XX 中
ZSJ:=CDTrackLength(L)     --将 XX 中播放乐曲的总时间数据赋给变量 ZSJ
```

```
N:=SubStr(XX, 1, 2)            --将 XX 中播放乐曲的编号数据截取并赋给变量 N
S:=SystemSeconds               --存放计算机从启动或重启动以来经过的时间,单位为秒
```

（4）参看“【案例 39】MIDI 播放器”程序，导入一个格式为 AVI 的数字电影媒体文件，在它的“QuickTime Xtra Properties”对话框内选中“Show Controller”（显示控制器）复选框。它的“属性：功能图标”（显示）面板设置如图 6-4-3 所示。

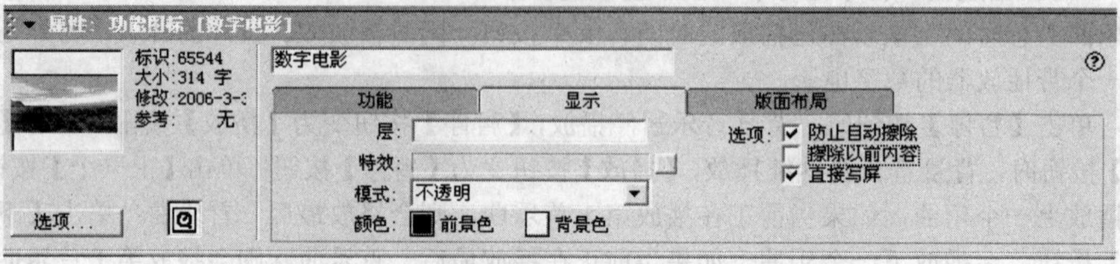

图 6-4-3 “属性：功能图标”（显示）面板设置

（5）在“交互”图标下挂 6 个计算图标，计算图标的交互方式都为按钮交互方式。调整【播放】按钮和【暂停】按钮在同一个位置，大小也相同。其他按钮排成一行。

（6）在“退出”计算图标中输入 Quit(0)语句。

（7）“退出盘片”计算图标内输入的语句如下：

```
CDEject()                      --使 CD 盘片自动退出 CD ROM
```

（8）在“暂停”计算图标上边的判断图标的“属性：判断图标”面板内的“激活条件”文本框内输入 BF2，选中“非激活状态下隐藏”复选框。“暂停”计算图标内输入的语句如下：

```
BF1:=1                         --使“播放”按钮有效
BF2:=0                         --使“暂停”按钮无效
CDPause()                      --使正在播放的 CD 乐曲暂停
```

（9）在“播放”计算图标上边的判断图标的“属性：判断图标”面板内的“激活条件”文本框内输入 BF1，选中“非激活状态下隐藏”复选框。“播放”计算图标内输入的语句如下：

```
BF1:=0                         --使“播放”按钮无效
BF2:=1                         --使“暂停”按钮有效
CDResume()                     --使暂停播放的 CD 乐曲重新播放
```

（10）“上一个”计算图标内输入的语句如下：

```
L:=L-1                         --使乐曲的编号减 1
Test(L=0,L:=CDTracks())        --如果乐曲编号 L 大于乐曲最大编号,则将乐曲编号 L 的值赋
                               --为最大乐曲数
GoTo(IconID@"调 CD 音乐")      --转到“调 CD 音乐”去执行
```

（11）“下一个”计算图标内输入的语句如下：

```
L:=L+1                         --使乐曲的编号加 1
GoTo(IconID@"调 CD 音乐")      --转到“调 CD 音乐”去执行
Test(L>CDTracks(), L:=1)       --如果乐曲编号 L 大于乐曲最大编号,则将乐曲编号 L 的值还原为 1
GoTo(IconID@"调 CD 音乐")      --转到“调 CD 音乐”去执行
```

相关知识

1. CD 函数的格式与功能

（1）CDPlay 函数

【格式】`CDPlay(track,wait)`

【功能】它的作用是播放 CD 盘中指定音道的声音信息，并返回一个 MCI 错误代码，参数 track 用于指定具体的音道。

（2）CDPlaySegment 函数

【格式】`CDPlaySegment(track,fromseconds,forseconds,wait)`

【功能】它的作用与 CDPlay( )函数作用类似，但该函数只播放指定的 CD 音乐片断。该片断也用时间值进行指定，其中 fromseconds 参数表示该片断播放的起始时间，forseconds 表示播放该片断的总时间。wait 取值为 FALSE 时，表示开始播放 CD 音乐时就马上执行其后的图标；wait 取值为 TRUE 时，表示播放完 CD 音乐后才执行其后的图标。

（3）CDStop 函数

【格式】`CDStop()`

【功能】该函数用于停止对当前 CD 音乐的播放，并返回一个 MCI 错误信息代码。

（4）CDPause 函数

【格式】`CDPause()`

【功能】该函数作用是暂停当前 CD 音乐的播放，并返回一个 MCI 错误信息代码。

（5）CDResume 函数

【格式】`CDResume()`

【功能】当用 CDPause()使 CD 音乐暂停播放时，利用该函数可以使 CD 音乐继续播放，并返回一个 MCI 错误信息代码。

（6）CDPlaying 函数

【格式】`CDPlaying()`

【功能】如果当前正在播放 CD 音乐，则返回值为 TRUE，否则返回值为 FALSE。

（7）CDCurrentPosition 函数

【格式】`CDCurrentPosition()`

【功能】该函数的作用是返回当前播放的 CD 音乐所处的位置，返回的字符串格式为“tt：mm：ss：ff”，其中 tt 表示音道数；mm 表示分数；ss 表示秒数；ff 表示的是当前图像的祯数。当有错误发生时，该函数返回的是一个空字符串。

（8）CDEject 函数

【格式】`CDEject()`

【功能】利用该函数可以退出当前播放的 CD 盘片，同时，如果成功将返回数值 0；如果有错误，将返回一个 MCI 错误信息代码。

（9）CDRetact 函数

【格式】`CDRetact()`

【功能】该函数的作用是将 CD 盘片直接送入驱动器中，如果当前使用的设备不支持这种操作，将返回一个 MCI 错误信息代码。

（10）CDDiscPresent 函数

【格式】`CDDiscPresent()`

【功能】当 CD 盘片已插入到驱动器中后，其返回 TRUE，否则返回 FALSE。

（11）CDLength 函数

【格式】`CDLength()`

【功能】该函数可获得播放当前整个 CD 盘片所需的时间（秒），有错误时返回 0。

（12）CDTracks 函数

【格式】`CDTracks()`

【功能】该函数的作用是返回当前 CD 盘片所含的总的音道数，当有错误时返回值为 0。

（13）CDTrackLength 函数

【格式】`CDTrackLength(track)`

【功能】该函数返回的是播放指定音道所需的时间（秒）。

2. DVD 图标的“属性：DVD 图标”（视频）面板

DVD 图标的功能主要是用来驱动计算机内的 DVD 光驱。利用 DVD 图标可以导入和控制 DVD 光驱内光盘中的视频对象。在程序窗口流程线上创建一个 DVD 图标，单击选中该 DVD 图标，调出 DVD 图标的“属性：DVD 图标”（视频）面板，如图 6-4-4 所示，其中各选项的作用如下。

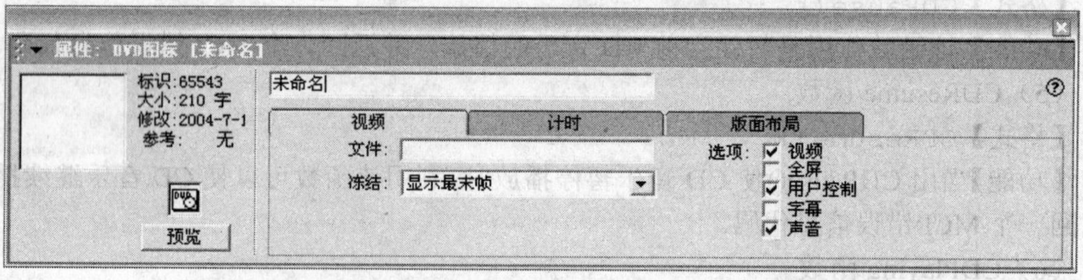

图 6-4-4　DVD 图标的“属性：DVD 图标”（视频）面板

（1）“文件”文本框：用来指定目标文件的名称。如果该文本框内是空的，则执行到该 DVD 图标时，Authorware 会依次查找各驱动器，直到发现 VIDEO_TS 文件夹，打开该文件夹内的 VIDEO_TS.IFO 文件，并开始播放。

（2）“冻结”下拉列表框：当 DVD 视频信号播放完后或用户使用控制面板使视频播放停止后，是否在屏幕上保留该视频的最后一帧。其中各选项的作用如下。

- “显示最末帧”选项：在屏幕上保留视频的最后一帧。
- “从不”选项：当在屏幕上均不显示视频的任何帧的画面，屏幕上呈现的是空白画面。

（3）【预览】按钮：单击该按钮，可以从头开始播放 DVD 光驱中光盘的视频和声音。

（4）“选项”栏内各复选框的作用如下。

- “视频”复选框：选中它后，可以控制是否显示视频信息。
- “全屏”复选框：选中它后，可以全屏播放。
- “字幕”复选框：控制字幕的显示。

- “用户控制”复选框：选中它后，可以调出播放 DVD 视频的控制面板，如图 6-4-5 所示。利用它可以控制 DVD 视频的播放。其中，按钮时全屏显示，按钮用于显示字幕。

图 6-4-5　播放 DVD 视频的控制面板

- “声音”复选框：选中它后，可以播放音频。

3. DVD 图标的“属性：DVD 图标”（计时）面板

单击“属性：DVD 图标”（视频）面板的“计时”标签，调出 DVD 图标的“属性：DVD 图标”（计时）面板如图 6-4-6 所示。其中各选项的作用如下。

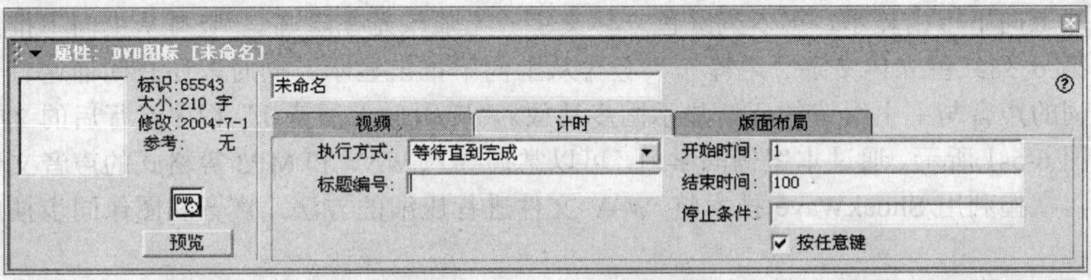

图 6-4-6　DVD 图标的“属性：DVD 图标”（计时）面板

（1）“执行方式”下拉列表框：用来选择开始执行 DVD 图标时，是否执行其后边的图标。它有两个选项，它们的作用如下。

- “等待直到完成”选项：执行完 DVD 图标（播放完 DVD 光盘），再执行其后边的图标。
- “同时”选项：执行 DVD 图标（即播放 DVD 光盘）的同时，执行其后边的图标。

（2）“开始时间”文本框：输入播放 DVD 光盘的开始时间。

（3）“结束时间”文本框：输入播放 DVD 光盘的结束时间。

（4）“停止条件”文本框：可以输入一个变量或表达式，其值为真（TRUE）时，停止播放 DVD 光盘；其值为假（FALSE）时，重新播放 DVD 光盘。

（5）“按任意键”复选框：选中它后，在播放 DVD 过程中，按任意键可停止播放。

（6）“标题编号”文本框：用来设置选定视频段落的标题。

4. DVD 图标的“属性：DVD 图标”（版面布局）面板

单击“属性：DVD 图标”面板的“版面布局”标签，调出 DVD 图标的“属性：DVD 图标”（版面布局）面板如图 6-4-7 所示。其中各选项的作用如下。

（1）“基点”文本框：它有 X 和 Y 两个文本框，用来输入播放窗口左上角的坐标值。

（2）“窗口大小”文本框：播放窗口的尺寸（宽和高），默认为满屏显示。

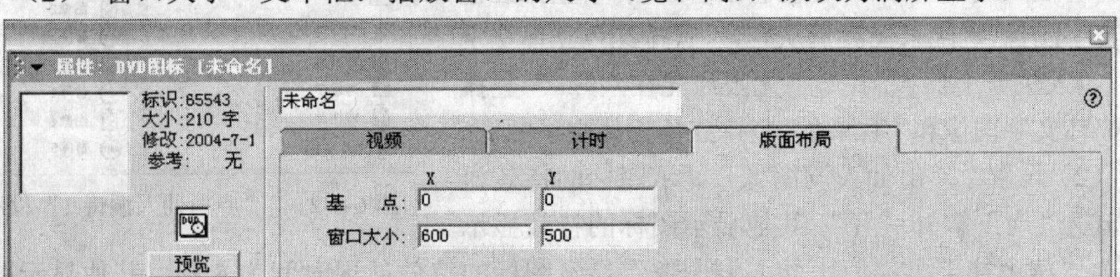

图 6-4-7　DVD 图标的“属性：DVD 图标”（版面布局）面板

6.5 【案例 41】庐山仙人洞诗 1

案例效果

“庐山仙人洞诗 1”程序运行后，一幅庐山仙人洞图像以从上向下卷轴滚动的特效方式逐渐展开显示。稍等片刻，红色立体文字“庐山仙人洞”竖排从上向下推出显示，接着第 2 列红色立体文字“暮色苍茫看劲松，”竖排从上向下推出显示，第 3 列红色立体文字“乱云飞渡仍从容，”竖排从上向下推出显示，第 4 列红色立体文字“天生一个仙人洞，”竖排从上向下推出显示，第 5 列红色立体文字“无限风光在险峰。”竖排从上向下推出显示，第 6 列红色立体文字“毛泽东”竖排从上向下推出显示。同时，还有朗诵这首毛主席诗词的声音与毛主席诗的逐渐显示同步播放。“庐山仙人洞诗 1”程序运行后的 2 幅画面如图 6-5-1 所示。通过本案例的学习，可以掌握导入 WAV 和 MP3 等格式的声音文件的方法，掌握利用 ShockWave 技术将 WAV 文件进行压缩的方法，声音和图像同步播放的方法。

图 6-5-1 “庐山仙人洞诗 1”程序运行后的 2 幅画面

设计过程

1. 制作诗词播放画面

“庐山仙人洞诗 1”程序如图 6-5-2 所示，程序的设计过程如下。

（1）在流程线上创建 7 个显示图标，分别命名为“庐山仙人洞图像”、“诗题目”、“图像 1”、“图像 2”、“图像 3”、“图像 4”和“诗作者”。其内分别导入一幅“庐山仙人洞”图像、“暮色苍茫看劲松，”竖排红色立体文字图像，“乱云飞渡仍从容，”竖排红色立体文字图像、“天生一个仙人洞，”、“无限风光在险峰。”竖排红色立体文字图像和“毛泽东”竖排红色立体文字图像。

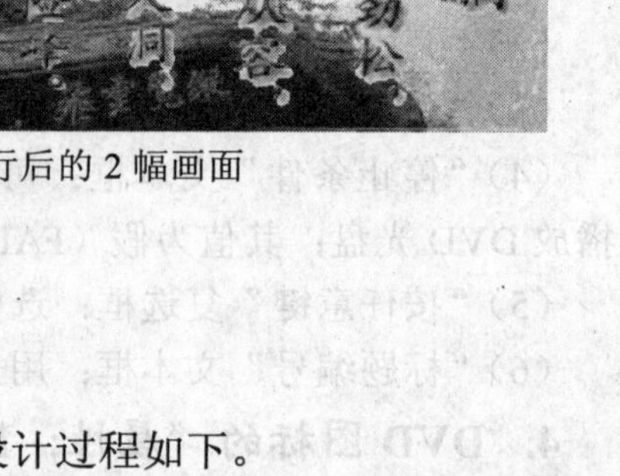

图 6-5-2 “庐山仙人洞诗 1”程序

（2）设置“庐山仙人洞图像”显示图标的特效显示方式为“向下解开展开”，其他显示图标的特效显示方式为“从上往下”。“庐山仙人洞图像”显示图标的特效展现时间为 5 秒，其他显示图标的特效展现时间为 4 秒，这是为了与朗诵时间同步而设置的。

（3）在第 2 个到第 6 个显示图标的下边的流程线上，各创建一个等待图标，名称分别为"暂停 1"……"暂停 5"。它们的"属性：等待图标"面板设置如图 6-5-3 所示，不选择任何复选框，不输入等待时间。这些等待图标的作用是保证在前一幅图像完全展示后才显示下一幅图像，如果不加入这些等待图标，则第 2 个到第 6 个显示图标中的文字图像会同时展示出来。也可以在"属性：等待图标"面板内的"时限"文本框中输入等待的时间，来调整图像展示与朗诵声音的同步。

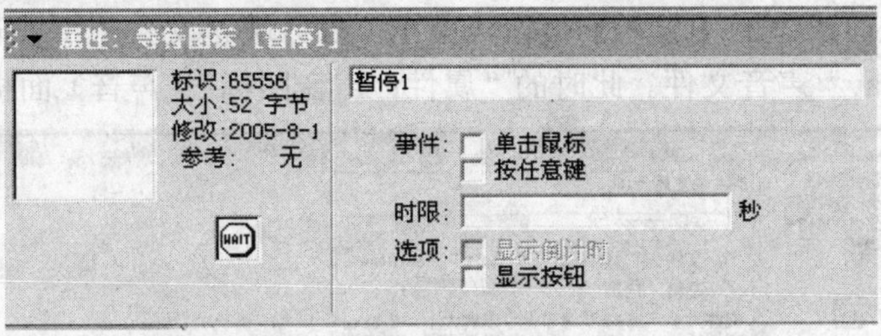

图 6-5-3　"属性：等待图标"面板设置

2. 使用 Windows 的录音机录制声音

将麦克风接到计算机的声卡上，然后即可以按照下述步骤进行声音的录制。

（1）在"庐山仙人洞图像"显示图标上边的流程线上创建一个等待图标（为了录音暂时使用，录完声音后将它删除）。在"背景图像"显示图标下边的流程线上创建一个名称为"暂停 0"的等待图标，等待时间约 3 秒。

（2）单击"开始"→"程序"→"附件"→"娱乐"→"录音机"菜单命令，调出"声音录音机"对话框，如图 6-5-4 左图所示。

（3）运行"朗读毛主席诗词"程序，单击 Windows 状态栏内的"录音机"图标，调出"声音-录音机"对话框。等待背景图像开始显示时，单击"录音机"面板中的【录音】按钮 ● 开始录音。等待背景图像展示结束后，开始对照"庐山仙人洞诗 1"程序播放的画面朗诵。此时，"声音-录音机"对话框中的预览框内会显示出录制声音的波形，如图 6-5-4 右图所示。按钮栏上边的滑块会自动随着录音的进行而从左向右移动，"位置"预览框中会不断刷新显示录音的时间。

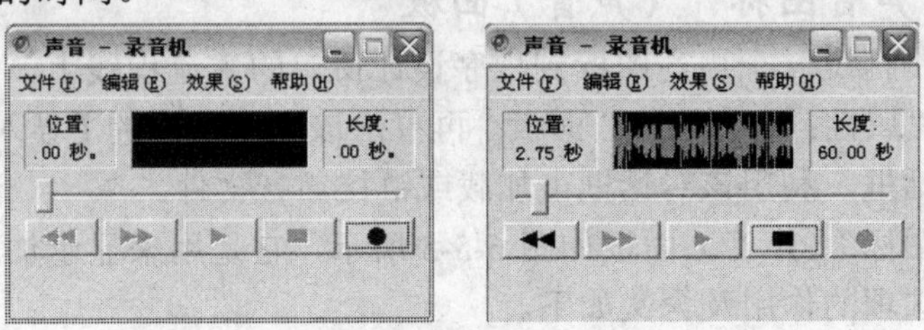

图 6-5-4　"录音机"面板

（4）当诗词作者姓名读完后，单击【停止】按钮 ■ 结束录音。此时，播放头会自动移到滑槽的最右边，【录音】按钮 ● 变成有效状态。

（5）单击【播放】按钮 ▶，即可播放刚刚录制的声音。单击"录音机"面板中的【移至首部】按钮 ◀◀，可以将播放头移到最左边；单击【移至尾部】按钮 ▶▶，可以将播放头移到最右边。

（6）单击“文件”→“另存为”菜单命令，调出“另存为”对话框。利用该对话框，将录音保存在程序所在目录下的“声音”文件夹内，名称为“诗朗诵.wav”。

3. 加入同步的朗诵声音

（1）删除为了录音而创建的等待图标。在“诗题目”显示图标上边的流程线上创建一个声音图标，命名为“朗读毛主席诗词”。

（2）单击选中“朗读毛主席诗词”声音图标，将“属性”面板切换到“属性：声音图标”面板。单击该面板中的【导入】按钮，调出“导入哪个文件？”对话框，利用该对话框导入“诗朗诵.wav”声音文件。此时的“属性：声音图标”（声音）面板如图 6-5-5 所示。

图 6-5-5 “属性：声音图标”（声音）对话框

（3）单击“属性：声音图标”（声音）对话框内的“计时”标签，切换到“属性：声音图标”（计时）对话框。在“执行方式”下拉列表框中选择“同时”选项，其他保留默认状态，如图 6-5-6 所示。

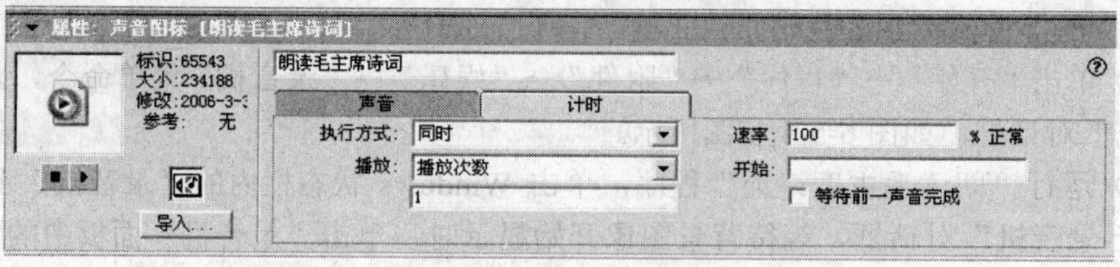

图 6-5-6 “属性：声音图标”（计时）对话框

相关知识

1. “属性：声音图标”（声音）面板

从图标工具箱中拖曳一个声音图标到程序设计窗口的主流程线上，双击声音图标，即可调出声音图标的“属性：声音图标”面板。再单击该对话框内的【导入】按钮，调出“导入哪个文件？”对话框，利用该对话框可加载或链接声音文件。

“属性：声音图标”（声音）面板如图 6-5-5 所示，它是用来显示加载或链接的声音文件的信息。其内各选项的作用及含义如下。

（1）“文件”（File）文本框：文件的目录和文件名。

（2）“存储”预览框：文件的插入方式，是“内部”还是“链接”方式。

（3）“文件大小”：文件大小，用字节表示。

（4）“文件格式”：文件格式，有 WAVE 等。

（5）“声道”：声道数，有单声道（Mono）和双声道（Stereo）。

（6）“声音位数”：采样量化等级，有 16bit（位）和 32bit 等。

（7）“示例速率”：采样频率，有 11025Hz，22050Hz，44100Hz 等。

（8）“数据速率”：声音播放时的数据传输速率，它与声道数、采样量化等级和采样频率有关：数据传输速率=声道数×采样量化等级×采样频率/8（字节/秒）

（9）按钮：单击该按钮，可以播放声音，以检查声音播放的效果。

（10）按钮：单击该按钮，可以停止声音的播放。

2. 声音图标的“属性：声音图标”（计时）面板

单击“属性：声音图标”面板的“计时”标签，可以调出“属性：声音图标”（计时）面板，如图 6-5-6 所示。该面板各选项的作用如下。

（1）“执行方式”下拉列表框：它有 3 个选项，它们的含义如下。

- “等待直到完成”选项：当该图标的声音播放完后，再执行下一个图标的内容。
- “同时”选项：可以实现同步播放。在开始播放该图标的声音时，就同步执行其后的图标，可实现背景音乐的效果。
- “永久”选项：选中此项后，与“同时”选项一样，也可以实现同步播放。它与“同时”选项的不同之处是，退出此声音图标后，Authorware 系统仍会始终监视“开始”文本框中变量或表达式的值。当该值改为 TRUE 时，系统会重新从头播放该图标的声音。

（2）“播放”栏：该栏有一个下拉列表框和一个文本框，它们的含义如下。

- “播放次数”选项：确定声音文件播放的次数，同时应在其下边的文本框内输入播放声音的次数。文本框内可以输入常量、变量或函数。
- “直到真为止”选项：它在执行方式设置为“永久”时才有效。同时还应该在其下边的文本框内输入常量、变量或表达式。当执行到该图标时，可使声音重复播放，直到文本框内表达式的值为真（TRUE）时停止播放。

（3）“速率”文本框：其内可输入常量、变量或表达式，其值决定了播放声音的速度，即相对于正常速率的百分比。其值为 100（即 100%），表示以原声音文件的播放速度播放；其值小于 100，则以小于原声音文件的播放速度播放，播放速度变慢；其值大于 100，则以大于原声音文件的播放速度播放，播放速度变快。也就是，原声音文件的播放速度乘以该文本框内值的百分数是实际的播放速度。注意：有些声卡不支持变速播放。

（4）“开始”文本框：在此文本框内可输入变量或表达式，当其值由假（FALSE）变为真（TRUE）时可以开始从头播放声音；其值由真（TRUE）变为假（FALSE）时不播放声音。在不输入任何内容时，默认其值为真（TRUE）。

（5）“等待前一声音完成”复选框：当程序中有多个声音图标，同时执行方式选择了“同时”或“永久”选项后，它才有用。选中它后，可使该声音图标的声音在前一个声音图标的声音播放完后才开始播放。如果不选中它，则执行到该图标时会立即停止前一个声音图标的声音播放。

3. 利用 ShockWave 技术将 WAV 文件进行压缩

利用 ShockWave 技术将 WAV 文件进行压缩，可使生成的 SWA 文件的字节数是原 WAV 文件字节数的近 1/3。下面以将默认目录下的 yige.wav 文件转换为“.swa”文件为例，介绍将 WAV 文件进行压缩的方法。

（1）单击“其他”→“其他”→“转换 WAV 为 SWA”菜单命令，调出“转换.WAV 文件到.SWA 文件”对话框（“文件转换”列表框中还没有文件名，还没有确定转换文件的原文件夹），如图 6-5-7 所示。该对话框内各选项的作用如下。

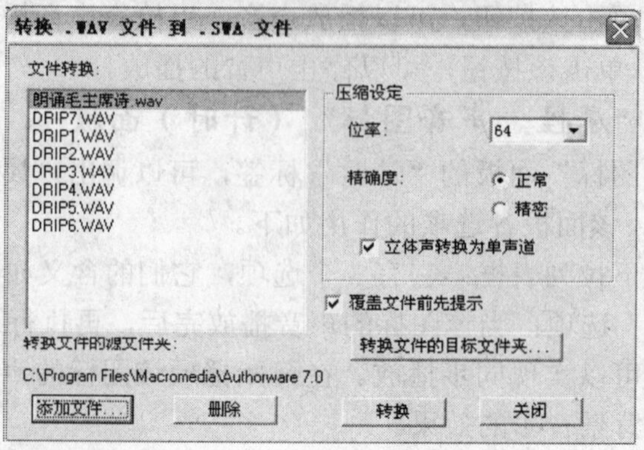

图 6-5-7 “转换.WAV 文件到.SWA 文件”对话框

- “位率”下拉列表框：用来选择声音文件的位速率。
- “精确度”栏的两个单选按钮：“正常”和“精密”，可用来设置压缩的精确度。
- “立体声转换为单声道”复选框：选中它后，可以使双声道改为单声道。
- “覆盖文件前先提示”复选框：选中它后，可以在重新写文件时显示提示信息。
- 【转换文件的目标文件夹】按钮：单击它，可调出“选择输出.SWA 文件的文件夹”对话框，如图 6-5-8 所示。利用该对话框，选择文件夹。单击该对话框内的【选定】按钮，可返回原对话框。
- 【添加文件】按钮：可调出“选择要转换为.SWA 的.WAV”对话框。利用该对话框，选择文件，单击【打开】按钮，退回到原对话框。
- 【删除】按钮：将“文件转换”预览框内选中的文件名字删除。

（2）单击“转换.WAV 文件到 SWA 文件”对话框中的【添加文件】按钮，调出“选择要转换为.SWA 的.WAV”对话框，如图 6-5-9 所示，选择要转换的文件，单击【打开】按钮，回到“转换.WAV 文件到.SWA 文件”对话框。这时，对话框内“文件转换”预览框内显示选择的文件名字。再单击【转换】按钮，即可开始进行格式转换。

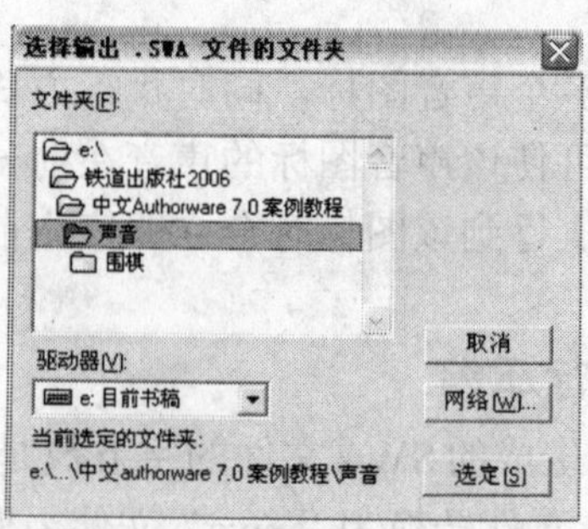

图 6-5-8 “选择输出.SWA 文件的文件夹”对话框

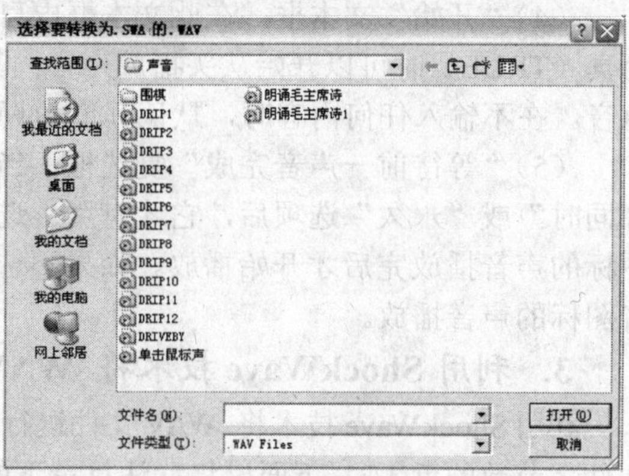

图 6-5-9 “选择要转换为.SWA 的.WAV”对话框

（3）单击“转换.WAV 文件到.SWA 文件”对话框中的【转换文件的目标文件夹】按钮，调出“选择输出.SWA 文件的文件夹”对话框，如图 6-5-8 所示，从中选择合适的文件夹，单击【选定】按钮，回到“转换.WAV 文件到.SWA 文件”对话框。

（4）单击“转换.WAV 文件到 SWA 文件”对话框中的【转换】按钮，即可进行 WAV 格式文件到.SWA 格式文件的转换。

4. 选择声音属性

单击图 6-5-4 所示的“声音-录音机”对话框内的“文件”→“属性”菜单命令，调出“声音的属性”对话框。在“声音的属性”对话框的“选自”下拉列表框内选择声音的对象（录音、播放或全部）。单击【立即转换】按钮，调出“声音选定”对话框，如图 6-5-10 所示。该对话框内各选项的作用如下。

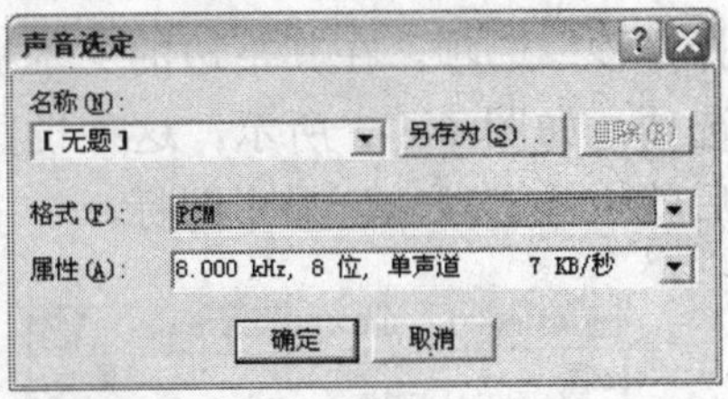

图 6-5-10　“声音选定”对话框

（1）在“声音选定”对话框中的“名称”下拉列表框内选择已有的一种设置。在“格式”列表框内选择一种声音格式，在“属性”下拉列表框内选择一种声音属性。再单击【另存为】按钮，可调出“另存为”对话框，在该对话框的文本框内输入名称，再单击【确定】按钮。

（2）如果要删除一种设置好的声音属性，可在“名称”列表框内选择这种设置的名称，再单击【删除】按钮。

5. 录音的注意事项

进行录音时的注意事项如下。

（1）采用这种方法录制声音，最多可以录制 60 秒。如果要录制更长一些时间的声音，可以在录音自动停止后，再单击【录音】按钮 ● ，接着开始继续录音。重复上述过程，可以录制很长时间的声音。

（2）录音时，录音环境一定要安静，避免录进噪声。

（3）嘴离麦克风的间距要适当，太近会录下喷气声；太远会使录制的声音过小。

（4）麦克风与音响之间应保持一定距离，以免产生失真或啸叫声。

6.6 【案例 42】庐山仙人洞诗 2

案例效果

“庐山仙人洞诗 2”程序运行后的画面与“庐山仙人洞诗 1”程序运行的画面一样。设计“庐山仙人洞诗 2”程序使用了声音同步功能。通过本案例的学习，可以掌握声音同步的方法，以及使用 Windows 的录音机的技巧。

设计过程

“庐山仙人洞诗 2”程序如图 6-6-1 所示，程序的设计方法如下：

（1）打开“【案例 41】庐山仙人洞诗 1”程序，将它以名字“【案例 42】庐山仙人洞诗 2”保存。

（2）删除程序中的所有等待图标，将“庐山仙人洞图像”显示图标置于“朗读毛主席诗词”声音图标的上边。

（3）用鼠标将各显示图标依次拖曳到“朗读毛主席诗词”声音图标的右下方，如图 6-6-1 所示。

（4）单击选中“诗题目”显示图标上方的“媒体同步”图标，将“属性”面板切换到“属性：媒体同步”面板。在“属性：媒体同步”面板内的“同步于”下拉列表框中选择“秒”选项，在其下边的文本框中输入 1，在“擦除条件”下拉列表框中选择“不擦除”选项，如图 6-6-2 所示。这种设置，表示“朗读毛主席诗词”声音图标内的声音播放 1 秒后就执行“题目”显示图标。

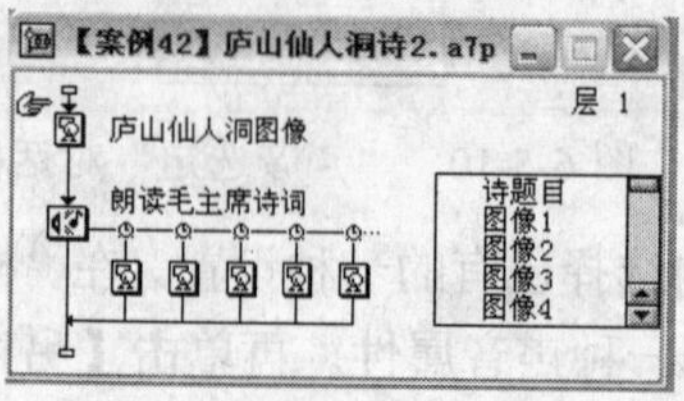

图 6-6-1 “庐山仙人洞诗 2”程序

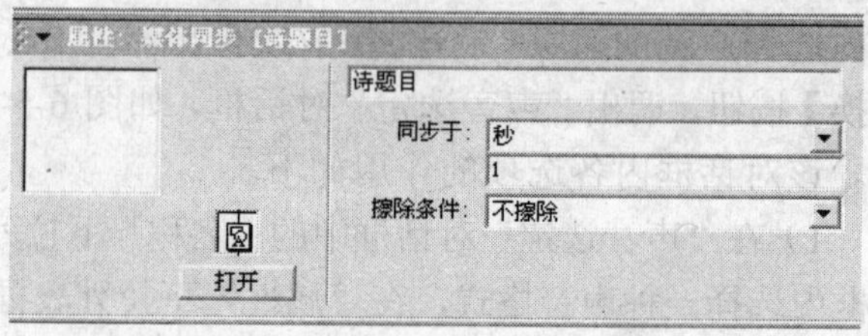

图 6-6-2 “选择要转换为.SWA 的.WAV”对话框

（5）单击选中“图像 1”显示图标上方的“媒体同步”图标，在“属性：媒体同步”面板内的“同步于”下拉列表框中选择“秒”选项，在其下边的文本框中输入 5，表示“朗读毛主席诗词”声音图标内的声音播放 5 秒后就执行“图 1”显示图标。这个时间数值可以根据实际情况来调整。

（6）其他各显示图标上方的“媒体同步”图标的“属性：媒体同步”面板设置基本一样，只是时间的秒数应考虑增加前一个图像的展示，时间数应依次变大一些（例如：5，8，11，14，17）。如果同步效果不好，还可以配合调整图像的展示时间。

相关知识

1. 声音的同步

如果要实现在一个声音播放过程中的特定时刻同步配合其他媒体（文字、图片、动画等）的程序效果，可以用图 6-6-1 所示的声音同步结构来实现。

这种同步结构下声音图标的“属性”面板中的“执行方式”下拉列表框一般设置为“同时”，如图 6-5-6 所示，以保证声音播放的同时进入该结构下的分支，呈现后面的其他内容。

双击声音同步结构下第 1 个分支项（例如：“诗题目”分支项）的“媒体同步”图标（上面的小闹钟图标），打开其“属性：媒体同步”面板，如图 6-6-2 所示，其中各选项的作用如下。

（1）“同步于”下拉列表框：包括“位置”和“秒”两个选项。

- 选择“位置”选项：同步将以声音图标中声音的绝对位置为标准，这种设置与硬件条件无关，从而能保证在声音的特定位置播放特定的媒体，适用于对声音和画面的精确同步的场合。

- 选择“秒”选项：则同步将以声音图标启动播放为时间起点，播放到其文本框中给定的时间开始执行相应的图标。播放过程中，因为硬件或其他的原因，声音图标本身的播放被延迟，可能造成声音和其他媒体的配合不是非常精确。这种设置对要求其他媒体在指定的时刻播放的情况比较适合。

（2）“同步于”文本框：用来输入时间的数值。

（3）“擦除条件”下拉列表框：用来选择何时擦除下挂的图标内的对象。它有“在下一事件后”、“在下一事件前”、“在退出前”和“不擦除”4 个选项。

2. 插入声音文件与混入声音文件

（1）插入声音文件：用于从一个声音文件的某一点处，插入一段新的声音文件，原插入点后的声音自动向后移动。具体操作方法如下：

- 用鼠标将“声音录音机”对话框中的滑块（播放头）拖曳到插入点处。
- 单击该对话框内的“编辑”→“插入文件”菜单命令，调出“插入文件”对话框。利用该对话框，选择要插入的声音文件，再单击【打开】按钮，即可将选中的声音文件插入到原有声音文件的插入点处。

注意：只能将某个声音文件插入到未压缩的声音文件中。如果在“录音机”对话框中未发现绿线，说明该声音文件是压缩文件，必须先改变声音的属性，才能对其进行插入。改变声音属性的方法是：

单击“声音录音机”对话框内的“文件”→“属性”菜单命令，调出“声音的属性”对话框，再按照前面所述方法操作。关于声音文件的压缩，可参看“声音-录音机”对话框的有关帮助信息。

（2）粘贴插入声音文件：用于从一个声音文件的某一点处，插入原声音文件，原插入点后的声音自动向后移动。具体操作方法如下：

- 用鼠标将“声音录音机”对话框中的滑块（播放头）拖曳到插入点处。
- 单击该对话框内的“编辑”→“复制”菜单命令，将导入的声音文件复制到剪贴板中。
- 单击该对话框内的“编辑”→“粘贴插入”菜单命令，即可将剪贴板中的声音文件插入到当前声音文件的插入点处。

（3）混入声音文件：用于从一个声音文件的某一点处，插入一段新的声音文件，与原声音文件混音。利用这一功能可以将声音与音乐混合。具体操作方法如下：

- 用鼠标将“录音机”对话框中的滑块（播放头）拖曳到插入点处。
- 单击该对话框内的“编辑”→“与文件混音”菜单命令，调出“混入文件”对话框。利用该对话框，选择要混入的声音文件，再单击【打开】按钮，即可将选中的声音文件混入到原有声音文件的插入点处。

（4）粘贴混入声音文件：指从一个声音文件的某一点处混入原声音文件，操作方法如下：

- 用鼠标将“录音机”对话框中的滑块（播放头）拖曳到插入点处。
- 单击该对话框内的“编辑”→“复制”菜单命令，将导入的声音文件复制到剪贴板中。
- 单击该对话框内的“编辑”→“粘贴混入”菜单命令。

3. 删除部分声音

（1）用鼠标将“录音机”对话框中的滑块（播放头）拖曳到要删除声音的交界点处。

（2）单击该对话框内的“编辑”→“删除当前位置之前的内容”菜单命令，即可将滑块（播放头）处之前的声音删除。

（3）单击该对话框内的“编辑”→“删除当前位置之后的内容”菜单命令，即可将滑块（播放头）处之后的声音删除。

6.7 【案例43】中文 Photoshop 操作演示 2

案例效果

“中文 Photoshop 操作演示 2”程序运行后，演示窗口中在显示中文 Photoshop 软件的操作过程外，还在一定的时候显示中文 Photoshop 软件操作的文字信息，如图 6-7-1 左图（左下角）所示。另外，单击“数字电影控制”菜单项下边的菜单命令（如图 6-7-1 右图所示），也可以完成相应的操作。

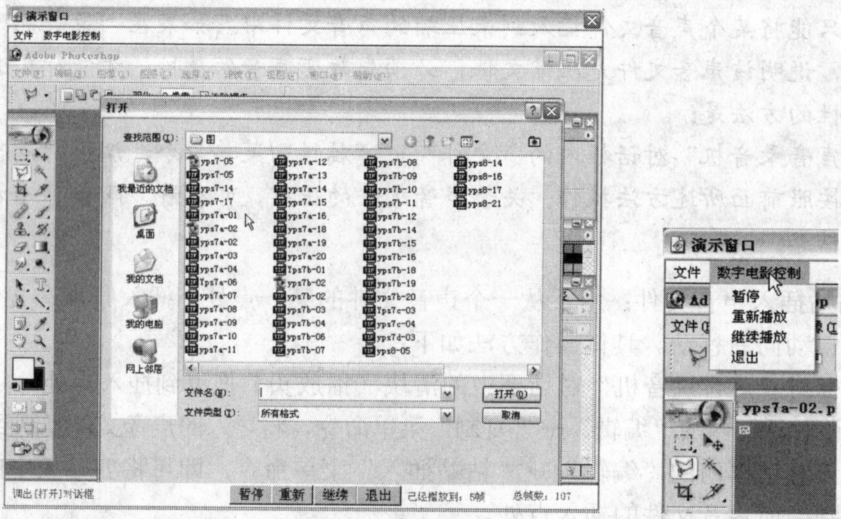

图 6-7-1 “中文 Photoshop 操作演示 2”程序的画面

设计过程

“中文 Photoshop 操作演示 2”程序如图 6-7-2 所示，程序设计过程如下。

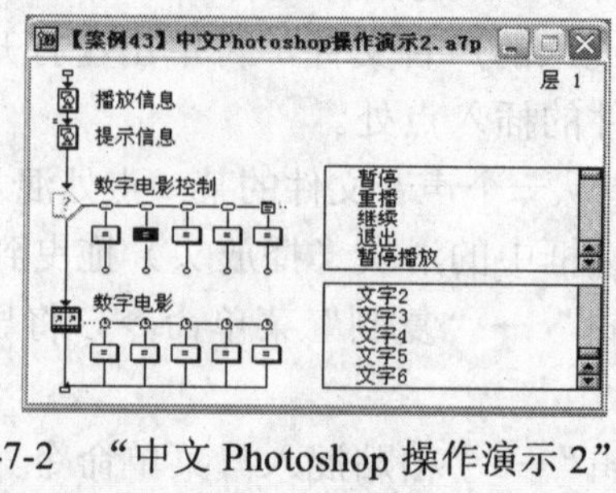

图 6-7-2 “中文 Photoshop 操作演示 2”程序

1. 显示播放信息和数字电影控制

（1）在“播放信息”显示图标内下边的倒数第 2 行输入“已经播放到：{MediaPosition@"数字电影"}帧”和“总帧数：{MediaLength@"数字电影"}”文字。选中该显示图标“属性：显示图标”面板内“更新显示变量”复选框。

（2）在“提示信息”显示图标内下边的倒数第 1 行输入“{TS}帧”文字。选中该显示图标“属性：显示图标”面板内“更新显示变量”复选框。提示文字和播放信息的颜色为红色，字大小为 10 磅。在“显示提示信息”显示图标的附属计算图标内输入如下程序。

```
TS:=""
SD:=1
```

其中，变量 TS 用来保存提示信息，变量 SD 用来保存播放速度。

（3）在“数字电影控制”交互图标右下方创建 4 个计算图标，分别命名为“暂停”、“重播”、“继续”和“退出”，交互方式为按钮交互。调整按钮的大小和位置，如图 6-7-1 所示。选中它们的“属性：判断图标”面板内的“永久”复选框，在“分支”下拉列表框内选择“返回”选项。

（4）在“暂停”计算图标内输入如下程序。

```
MediaPause(IconID@"数字电影",TRUE)
```

（5）在“重新播放”计算图标内输入如下程序。

```
MediaPlay(IconID@"数字电影")
```

（6）在“继续播放”计算图标内输入如下程序。

```
MediaPause(IconID@"数字电影",FALSE)
```

（7）在“退出”计算图标内输入如下程序。

```
Quit(0)
```

（8）选中在“数字电影控制”交互图标右下方的 4 个计算图标，将它们复制粘贴到“退出”计算图标的右边，然后将它们的交互方式改为下拉菜单方式。

2. 播放信息和数字电影的同步显示

（1）“数字电影”数字电影图标内导入录制的 AVI 文件。在它的“属性：电影图标”面板的“速率”文本框内输入 SD，用变量的数值来控制数字电影的播放速度。

（2）在“数字电影”数字电影图标右下方，创建 6 个计算图标，分别命名为“文字 1”、“文字 2”、“文字 3”……。其内输入的语句分别为“TS:="单击[文件]/[新建]/[文件]菜单命令"”、“TS:=调出[打开]”对话框、“TS:="选择文件"”、“TS:="单击[打开]按钮，关闭[打开]对话框"”等。

（3）双击“文字 1”计算图标上边的“媒体同步”图标，调出它的“属性：媒体同步”面板，在该面板内的“同步于”下拉列表框中选择“位置”选项，表示根据数字电影播放的帧数来产生响应，执行相应的响应图标（此处是“文字 1”图标）；在其文本框中输入“2”，表示数字电影播放到第 2 帧时，执行“文字 1”图标。“属性：媒体同步”面板设置如图 6-7-3 所示。

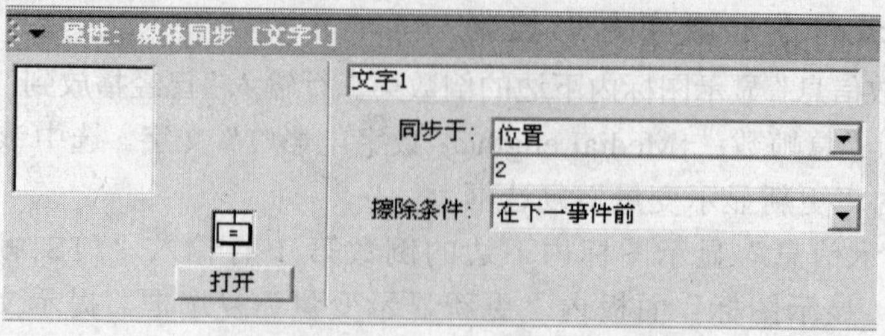

图 6-7-3 “属性：媒体同步”面板

（4）按照上述方法，分别设置“文字 2”、“文字 3”、“文字 4”等图标的“媒体同步”图标的“属性：媒体同步”面板，全都选中“同步于”下拉列表框中选择“位置”选项，其文本框内分别输入 4，6，7，10 等。其中 4，6，7，10 等数据是根据数字电影播放到需要加说明的帧时记录下的帧号码。

相关知识

1. 视频的同步

双击“媒体同步”图标，调出它的“属性：媒体同步”面板，如图 6-7-3 所示。“属性：媒体同步”面板内各选项的作用如下。

（1）“同步于”下拉列表框内有“位置”和“时间”两个选项。选择“位置”选项，表示根据数字电影播放的帧数来产生响应，执行相应的响应图标（此处是“文字 1”等图标）；选择“时间”选项，表示根据数字电影播放的时间来产生响应，执行相应的响应图标。

（2）“擦除条件”下拉列表框内的选项用来选择何时擦除下挂的图标内的对象。

2. 音量的调整与选择录音和播音设备

（1）单击 Windows 的“声音录音机”对话框中的“编辑”→“音频属性”菜单命令，调出“声音属性”对话框，如图 6-7-4 所示。利用该对话框可以进行声音属性的设置。

图 6-7-4 “声音属性”对话框

（2）调整麦克风音量：单击“录音”栏内的【音量】按钮，调出“Wave In”对话框，如图 6-7-5 所示。用鼠标拖曳滑块，可以调整各种音量和左右声道音量的均衡。

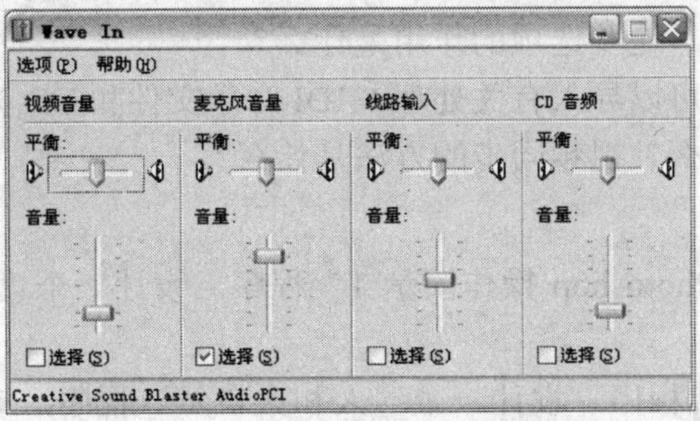

图 6-7-5　“Wave In”对话框

如果要调整其他音量，可以单击“声音属性”对话框内的其他栏中的【音量】按钮，调出“音量控制”对话框。利用该对话框，按照上述方法进行音量调整。

（3）选择录音和播音设备：在“声音属性”对话框内的各栏的“默认设备”列表框中，选择设备的名称。

3. 声音的特效处理

（1）加大音量：单击“效果”→“加大音量（按 25%）”菜单命令。

（2）降低音量：单击“效果”→“降低音量”菜单命令。

（3）加速声音播放速度：单击“效果”→“加速（100%）”菜单命令。

（4）减速声音播放速度：单击“效果”→“减速”菜单命令。

（5）添加回音：单击“效果”→“添加回音”菜单命令，通常应执行多次。

（6）翻转播放声音：单击“效果”→“反转”菜单命令。

思考与练习

一、填空题

1. 在“属性：电影图标”（计时）面板内的________文本框中输入________，可以使数字电影每秒播放 20 帧，在________下拉列表框中选择________选项，在它的文本框内输入________，可以使数字电影只播放一次。
2. 当“电影 1”数字电影图标内的数字电影正在播放时，则 MediaPlaying@"电影 1"变量的值为______。
3. “屏幕录像专家”屏幕录像软件可以轻松地将屏幕上的操作过程等录制成________、________、________和________格式的动画。
4. 单击________→________→________菜单命令，可以调出________对话框。在该对话框中均选中________复选框，可以使播放的数字电影下边有一个控制器。使用该控制器可以控制数字电影________、________、________和________。
5. 外部函数库 A3WMME.u32 的________函数用于暂停对当前 MIDI 声音的播放。
6. “媒体同步”图标的“属性：媒体同步”面板内的“同步于”下拉列表框内有________和________两个选项。

二、问答题

1．数字电影图标的“属性：电影图标”（计时）面板内“执行方式”下拉列表框的作用是什么？它有几个选项？这些选项的作用是什么？

2．使用外部什么函数库可以导入有关处理 MIDI 音乐文件和 CD 光盘的函数？

3．声音同步的方法是什么？视频同步的方法是什么？

三、上机操作题

1．仿照案例 37“中文 Photoshop 操作演示 1”程序，设计一个“跟我学 Authorware 基本操作”程序。

2．仿照案例 38“晨练”程序，设计一个“人和大自然”程序，该程序运行后的两幅画面如图 6-8-1 所示。在森林中一个运动员从左向右跑步，同时还有一个豹子随着人也从左向右奔跑，一只大鸟在空中从右向左飞翔，周而复始，不断进行。

图 6-8-1 “人和自然”动画播放后的 2 幅画面

3．仿照案例 41“庐山仙人洞诗 1”程序，设计一个“诗词朗诵”程序。

4．将本章案例 39“MIDI 播放器”程序进行修改，使该程序运行后，屏幕中只有【退出】和【播放】按钮，MIDI 没有播放。单击【播放】按钮，MIDI 音乐播放，同时该按钮名称变为“暂停”。单击【暂停】按钮可关闭 MIDI 音乐，同时该按钮名称变为“播放”。再单击【播放】按钮，MIDI 音乐又重新播放，同时该按钮名称变为“暂停”。

5．设计一个“数字电影播放器”程序，该程序运行后，不但可以播放数字电影，还可以用一个红色进度条显示播放的进度。

6．仿照案例 42“庐山仙人洞诗 1”程序，设计一个“诗词朗诵”程序。

7．仿照案例 43“中文 Photoshop 操作演示 2”程序，设计一个“跟我学 Authorware 基本操作”程序。

第 7 章 知识对象、对象移动范围和绘图函数

通过学习 3 个案例，掌握知识对象的使用方法，制作滚动条的方法，以及了解显示图标、电影图标和功能图标的可移动范围设置和绘图函数。另外，还进一步掌握一些程序设计的技巧。

7.1 【案例 44】播放外部视频

案例效果

“播放外部视频”程序运行后，屏幕显示如图 7-1-1 所示，【打开文件】按钮为有效状态。单击【打开文件】按钮后，调出“打开数字电影文件”对话框。选中目录和文件后，再单击【打开】按钮，则播放框架内会播放选中的数字电影，如图 7-1-2 所示。

单击数字电影控制面板中的按钮，可以使数字电影重新播放、暂停播放、快速前进、快速倒退和停止播放。单击最右边的按钮，可以使数字电影停止播放，回到图 7-1-1 所示状态，这时【打开文件】按钮会变为有效。这时，单击【打开文件】按钮，又可以播放另外一个数字电影。单击【退出】按钮，可退出程序的运行。

通过本案例的学习，可以了解知识对象的基本使用方法。

图 7-1-1 程序运行后的一幅画面

图 7-1-2 数字电影播放中的一幅画面

设计过程

“播放外部视频”程序如图 7-1-3 所示，程序设计的过程如下。

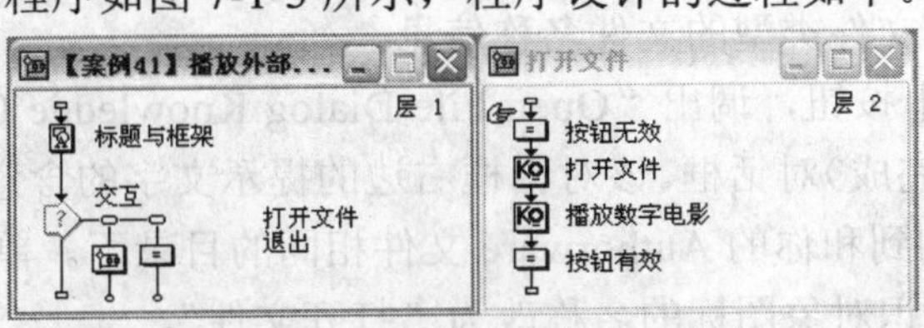

图 7-1-3 “播放外部视频”程序

1. 制作主程序

（1）“标题与框架”显示图标内加载如图 7-1-1 所示的标题与框架图像。

（2）“交互”图标下挂一个名字为“打开文件”的群组图标和一个名字为“退出”的计算图标，其内输入：QUIT（0），用来退出程序的运行。

（3）单击“打开文件”群组图标的判断图标，调出“属性：判断图标”（响应）面板，然后在该对话框内的“激活条件”文本框中输入：K=0，从而可使 K 等于 1 时【打开文件】按钮无效，K 等于 0 时【打开文件】按钮有效。另外，选中“永久”复选框，选择“分支”下拉列表框内的“返回”选项。

（4）“打开文件”群组图标内放置一个“按钮无效”计算图标、一个“按钮有效”计算图标和两个知识对象图标。“按钮无效”计算图标内的程序如下：

```
K:=1        --设置变量 K 为 1,使“打开文件”按钮无效
```

“按钮有效”计算图标内的程序如下：

```
K:=0        --设置变量 K 为 0,使“打开文件”按钮有效
```

2. “打开文件时对话框”知识对象设计

（1）单击“窗口”→“知识对象”菜单命令，调出“知识对象”面板，选中“打开文件时对话框”知识对象图标，如图 7-1-4 所示。

（2）将“打开文件时对话框”知识对象图标拖曳到流程线上，即可调出相应的对话框。单击该对话框中的【Next】按钮，进入到下一个画面，再按照图 7-1-5 所示输入标题名称“打开数字电影”。单击 ... 按钮，调出“选择文件夹”对话框，利用该对话框选择一个默认的文件夹，它会在其左边的文本框中显示出来。此外还应选中最下边的“在连续浏览时，从上一个选定的目录重新启动”复选框，如图 7-1-5 所示。

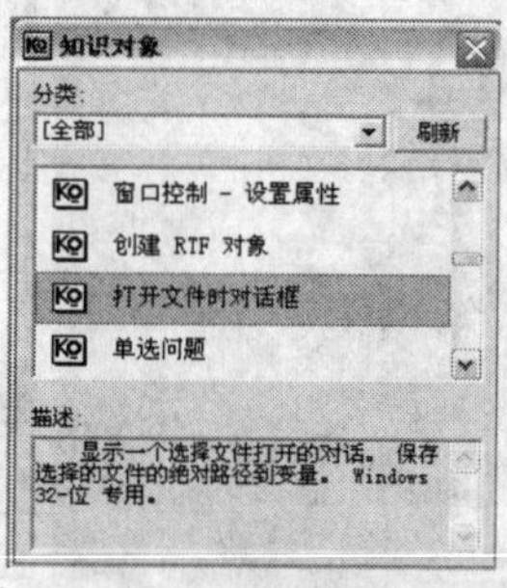

图 7-1-4 “知识对象”面板

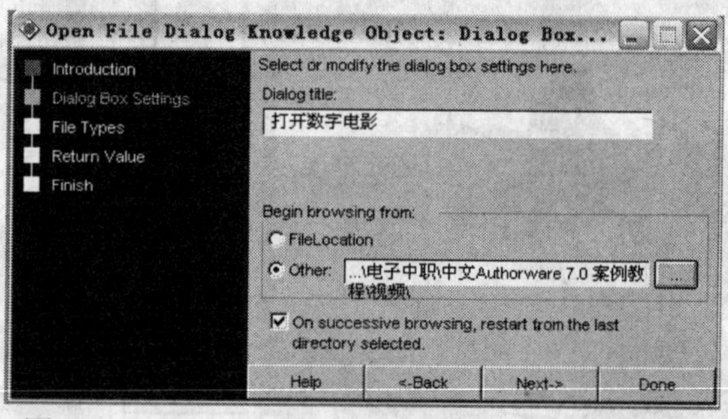

图 7-1-5 “Open File Dialog Knowledge Object”（打开文件对话框知识对象）知识对象的对话框之一

（3）再单击【Next】按钮，选择文件类型，如图 7-1-6 所示。

（4）再单击【Next】按钮，输入赋值号和一个变量的名称“=SZDY”，用该变量存储选定文件夹内所有指定文件类型的文件名称信息。

（5）单击【Next】按钮，调出“Open File Dialog Knowledge Object：Finish”（打开文件对话框知识对象：完成）对话框。该对话框右边的提示文字的含意是：你要将 Winapi.u32 和 Winapi.ucd 文件复制到和你的 Authorware 文件相同的目录下。单击【Done】按钮退出。然后，将流程线上的知识对象图标的名称改为“打开文件”。

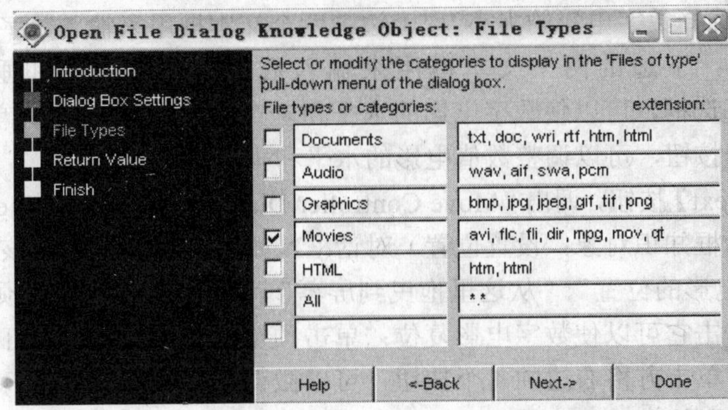

图 7-1-6 “Open File Dialog Knowledge Object”（打开文件对话框知识对象）对话框

3. “电影控制”知识对象设计

（1）将“知识对象”对话框中的“电影控制”知识对象图标拖曳到“打开文件”知识对象图标下边的流程线上，即可调出“Move Controller Dialog Knowledge Object：Introduction”对话框。该对话框左边给出了设计方法的流程图，从上到下分别是：介绍、选择数字电影文件、选择接口选项、更改大小、设置位置和完成 6 项。对话框右边给出了该知识对象的功能介绍：用户可以建立数字电影播放器，播放数字电影，数字电影的大小和位置可以调整，数字电影的文件格式为 AVI，DIR，MOV 和 MPEG。

（2）单击【Next】按钮，可调出“Move Controller Knowledge Object：Select a Digital Movie File”（电影控制器对话框知识对象：选择数字的电影文件）对话框，对话框右边从上到下的文字分别是：“选择数字电影文件”提示文字；“文件名”文本框；还有一个“路径是有关系的 FileLocation”复选框。在文本框中输入“=SZDY”，如图 7-1-7 所示。

（3）单击【Next】按钮，调出“Move Controller Knowledge Object：Select Interface Options”（电影控制器对话框知识对象：选择接口选项）对话框。该对话框右边的提示文字是：“选择按钮，控制安装板接口（数字电影播放器）将出现在数字电影的下边”，如图 7-1-8 所示。提示文字的下边有 5 个按钮，分别是：显示播放按钮、显示暂停按钮、显示快进按钮、显示快退按钮和显示停机按钮。按钮的右边有一个复选框，用来选择是否要使用左边的按钮，默认状态是都使用。

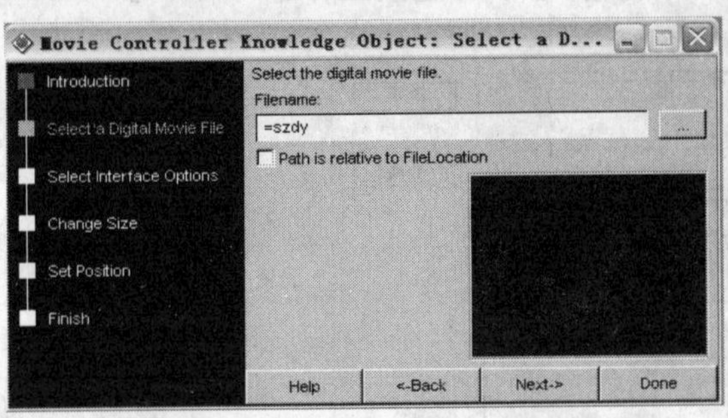

图 7-1-7　在文本框中输入“=SZDY”

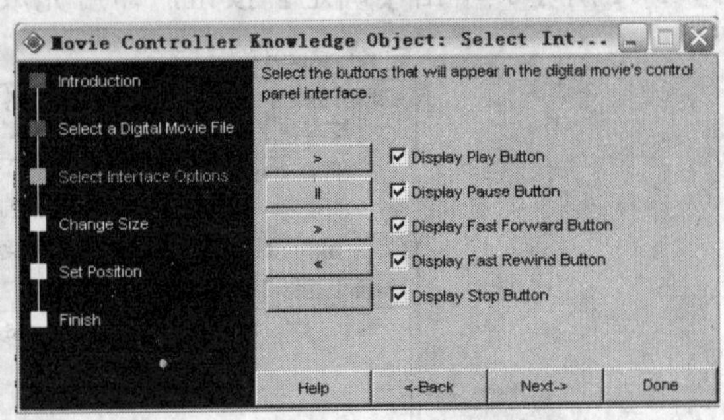

图 7-1-8　选择按钮

（4）单击【Next】按钮，调出“Move Controller Knowledge Object：Chang Size”（电影控制器对话框知识对象：改变大小）对话框，如图 7-1-9 所示。该对话框右边的提示文字是："在屏幕上选择数字电影的大小"；上边的两个文本框用来输入数字电影的水平和垂直大小的像素数；下边的两个文本框用来输入数字电影的水平和垂直比例，选择"Proportional"复选框，可以使数字电影的水平和垂直比例都为100%；单击右边"调整"预览框周围的4个按钮，可以调整数值电影的水平和垂直大小。

（5）单击【Next】按钮，调出"Move Controller Dialog Knowledge Object：Set Position"（电影控制器对话框知识对象：设置位置）对话框，如图7-1-10所示。该对话框右边的提示文字是："数字电影的位置"、"从这里拖曳到屏幕"和"单击到位置"；预览框下边是【复位对象】按钮，单击它可以使数字电影复位；单击预览框右边的方格，可以调整数字电影在屏幕上的位置，单击方格右边的4个按钮，可以微调数字电影的位置；下边的两个文本框用来输入数字电影的水平和垂直位置值。

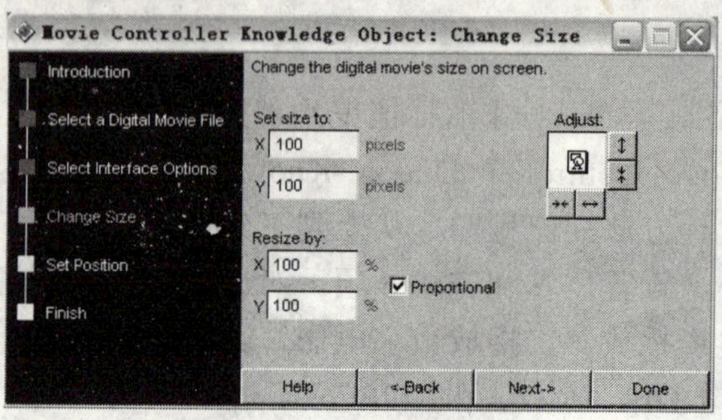

图 7-1-9　选择数字电影大小

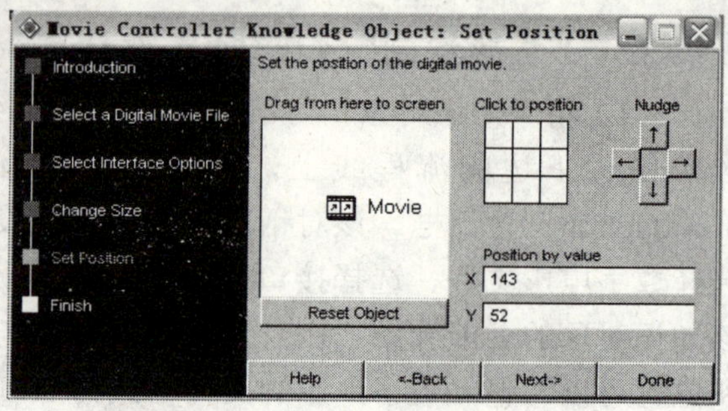

图 7-1-10　确定数字电影的位置

（6）单击【Next】按钮，调出"Move Controller Knowledge Object：Finish"（电影控制器对话框知识对象：完成）对话框。该对话框右边是提示信息。单击【Done】按钮退出。

4. "外部媒介浏览器"对话框设计

（1）将知识对象图标的名字改为"播放数字电影"。然后单击选中它，再单击"窗口"→"外部媒介浏览器"菜单命令，调出"外部媒介浏览器"对话框。

（2）单击选中该对话框内的"表达"单选按钮，再在"表达"文本框内输入：SZDY，表示调用的外部数字电影的名字由变量SZDY给出。这时的"外部媒介浏览器"对话框如图7-1-11所示。单击【确定】按钮，即可完成外加数字电影的链接工作。

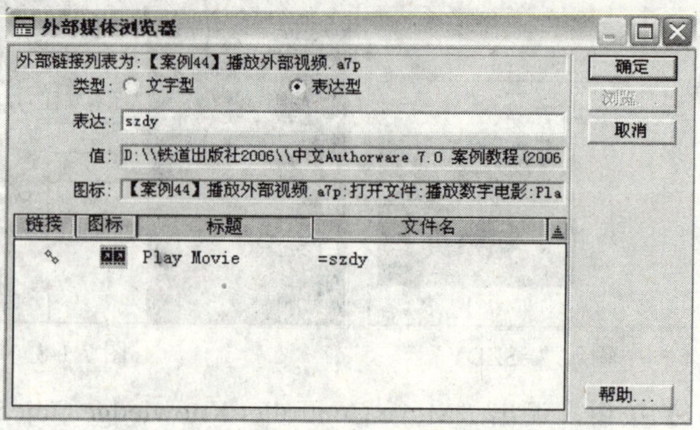

图 7-1-11　"外部媒体浏览器"对话框

（3）在运行程序或设计程序中如果出现了“属性：电影图标”对话框，应在其“文件”文本框中输入“=SZDY”，选中“同时播放音乐”复选框。

相关知识

1. 了解知识对象

（1）“新建”对话框中的三个知识对象：启动 Authorware 7.0 时，首先会见到一个“新建”对话框。“新建”对话框中有 3 个知识对象，简介如下。

- “测试”知识对象：它是测试题应用程序，提供了各种测试类型的 Authorware 应用程序开发向导，并对该测试系统下的内容进行自动跟踪和记录。
- “轻松工具箱”知识对象：它可以用来设计可发声（英文）的应用程序，即可以设置指定英文段落的阅读，以方便更多的人（如视力障碍）使用 Authorware 开发的多媒体程序。
- “应用程序”知识对象：它可以用来新建应用程序。它实际上是一种教学中常用的电子图书的应用程序模式，提供了分页的内容构造方式、超链接、索引、字典等功能。

（2）“知识对象”面板：单击快捷工具栏中的按钮，或者单击“窗口”→“面板”→“知识对象”菜单命令，均可以打开“知识对象”面板，如图 7-1-4 所示。这里包含了系统提供的所有知识对象，其中就有前面介绍的“测验”、“轻松工具箱”和“应用程序”知识对象。单击选中“知识对象”面板中的一个知识对象图标，即可在“描述”列表框中获取相应的帮助信息。下面通过一个实例来介绍知识对象的使用方法。

2. 知识对象名称及功能简介

调出“知识对象”面板，这里包含了系统提供的所有知识对象，其中就有第 0 章已经提到的“测验”、“轻松工具箱”和“应用程序”。

所有知识对象名称及功能列表显示如表 7-1-1 所示。

表 7-1-1　知识对象列表

	知识对象名称	功 能 简 介
1	Authorware Web 播放器安全	浏览器安全设置检查
2	LMS（初始化）	LMS 学习管理系统初始化处理
3	LMS（发送数据）	LMS 学习管理系统数据传输
4	保存 RTF 对象	输出一个 RTF 对象
5	保存文件时对话框	启动“保存文件”对话框，保存文件的绝对路径到变量
6	测验	生成测试系统
7	插入 RTF 对象热文本交互	插入交互图标用热点响应 RTF 对象
8	查找 RTF 对象	查找 RTF 对象从某些特定文本或短语
9	查找 CD 驱动器	确定当前 CD 光驱盘符
10	窗口控制	显示一个公共窗口控制
11	窗口控制－获取属性	获取窗口控制特性值

续上表

	知识对象名称	功 能 简 介
12	窗口控制－设置属性	修改窗口控制的属性值
13	创建 RTF 对象	创建一个 RTF 对象
14	打开文件时对话框	显示“打开”对话框。将选择的文件的绝对路径保存到变量
15	单选问题	创建一个单选问题
16	得分	实现累积分，显示和记录评估问题
17	登录	执行注册序列和选择保存类型，以便在审定记录时评定问题更容易
18	电影控制	为数字影片创建一个控制面板
19	读取 INI 值	从 Windows 的 INI 文件中读取值
20	多重选择问题	创建一个多重选择问题
21	发送 Email	通过 SMTP 发送 E-mail 信息
22	复选框	创建复选框交互
23	复制文件	复制一个或多个文件到指定目录
24	滑动条	创建一个滑动条
25	获得 RTF 对象文本区	返回文本在 RTF 对象区域
26	简答题	创建一个简答问题
27	浏览文件夹对话框	为选择文件夹显示一个对话框。保存选择的绝对路径到变量中
28	拍照	在 Authorware 使用的指南
29	轻松窗口控制	轻松窗口控制模块
30	轻松反馈	使用轻松框架模块，大声读取交互反馈文本和图标描述
31	轻松工具箱	Authorware 程序轻松工具箱，易用发声程序设计
32	轻松框架模型	用于支持应用程序的轻松框架。作为主体框架粘贴到流程上，然后修改使之适合用户的需要
33	轻松屏幕	在轻松框架模块中使用，准备从屏幕获取键盘录入并读出
34	热点问题	创建一个热点问题
35	热对象问题	创建一个热对象问题
36	设置窗口标题	改变 Authorware 标题栏标题窗口的标题
37	设置文档属性	为一个或更多文件设置下列文件属性：无属性、只读、隐藏、系统、文档
38	收音机式按钮	创建一个收音机式的交互按钮（即单选按钮）
39	添加-移除字体资源	添加或删除字体资源。加入一个在应用程序中用到的字体资源（在图文中用到的字体）
40	跳到指定 Authorware 文件	跳到指定的 Authorware 文件
41	拖放问题	创建一个鼠标拖曳对象程序
42	显示或隐藏 RTF 对象	使一个 RTF 对象可见或不可见
43	相机部件	使用的指南
44	消息框	创建一个 Windows 风格的消息框
45	写入 INI 值	写入一个值到 Windows 的 INI 文件

续上表

	知识对象名称	功 能 简 介
46	移动指针	在特定的屏幕区域设置移动指针，指针的动作能即时或生动表现
47	应用程序	创建一个包括很多选项训练题目的程序
48	运行默认浏览器	在系统默认的 Web 浏览器中运行指定的 URL
49	真一假问题	创建一个真一假问题

7.2 【案例 45】混色器

案例效果

“混色器”程序运行后，演示窗口内显示如图 7-2-1 所示的画面，可以看到左边是一个透明的自转地球，它的背景是一个黑色的矩形图形。这时，用鼠标分别拖曳三个小滑块，可以发现三个滑槽左边的矩形方块内的颜色（透明的自转地球的背景色）会随之变化，而且三个滑槽上边的 R，G，B 数字也会随之变化。利用该程序可以很方便地知道 R，G，B 数值与颜色的对应关系。程序运行后的两个画面如图 7-2-1 所示。通过本案例的学习，可以掌握显示图标的版面布局的设置方法、电影图标和功能图标的版面布局的设置方法、图像移动范围的控制设计方法，以及设计用滑块调整数据的方法等知识和程序设计技巧。

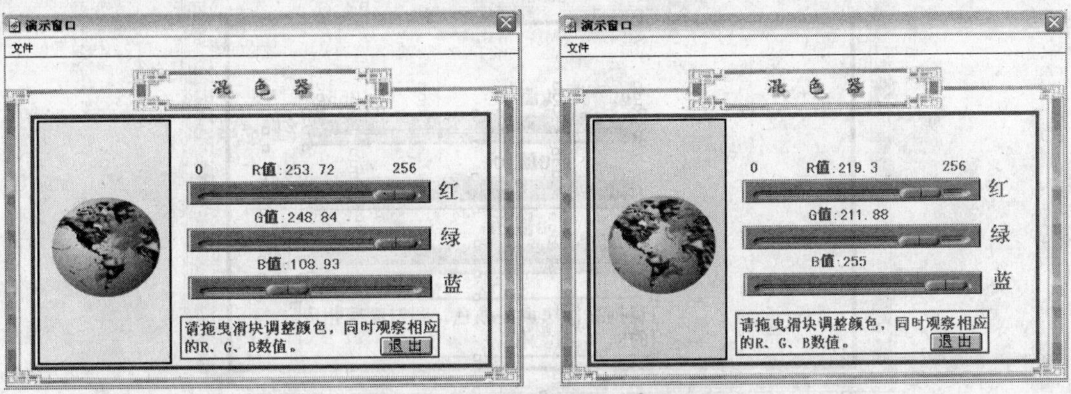

图 7-2-1　“混色器”程序运行后的两幅画面

设计过程

“混色器”程序如图 7-2-2 所示，程序的设计过程如下。

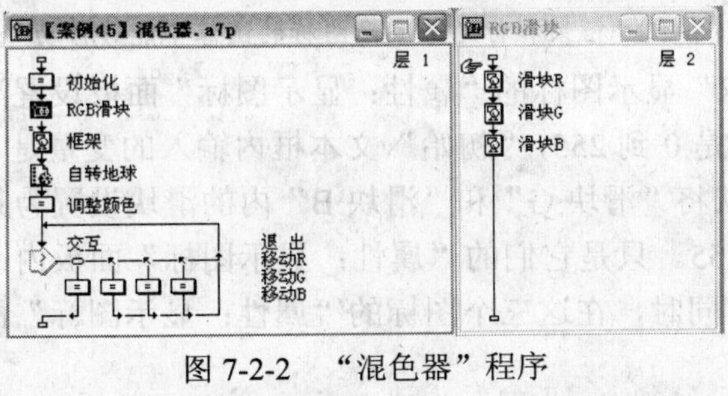

图 7-2-2　“混色器”程序

1. 界面程序设计

（1）“初始化”计算图标内的程序如下，用来给 3 个变量赋初值。

```
R1:=0      --变量 R1 用来决定红基色的数据，附初值 0
G1:=0      --变量 G1 用来决定红基色的数据，附初值 0
B1:=0      --变量 B1 用来决定红基色的数据，附初值 0
```

（2）“RGB 滑块”群组图标的程序设计窗口内添加“滑块 R”、“滑块 G”和“滑块 B” 3 个显示图标，3 个显示图标内分别加载 3 个滑块图像，起始位置在相应的滑槽左边，参看图 7-2-1。3 个显示图标的图层号均为 1。

（3）在“框架”显示图标内导入一幅框架图像和 3 个滑槽图像。还输入坐标值 0 和 255 数字、“请拖曳滑块调整颜色，同时观察相应的 R，G，B 数值。”文字，以及其他提示文字，如图 7-2-3 所示。其中，为了显示 R，G，B 的值，还输入如下内容。

```
{PathPosition@“滑块 R”}
{PathPosition@“滑块 G”}
{PathPosition@“滑块 B”}
```

其中，PathPosition@“滑块 R”是系统变量，它给出了“滑块 R”图标在路径上的坐标位置数值。{PathPosition@“滑块 G”}给出了“滑块 G”图标在路径上的坐标位置数值。{PathPosition@“滑块 B”}给出了“滑块 B”图标在路径上的坐标位置数值。

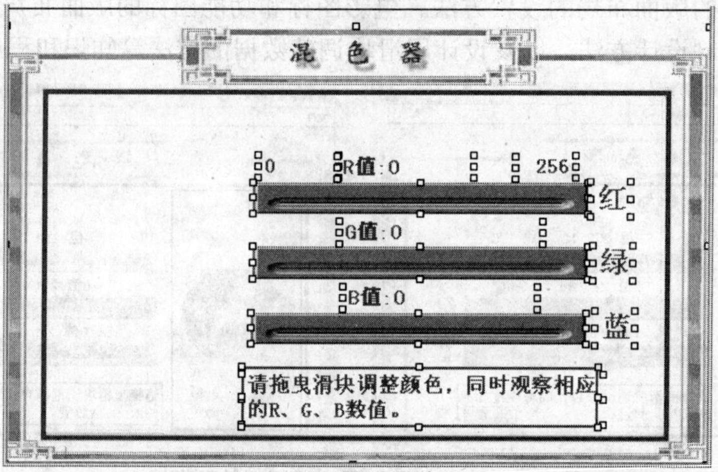

图 7-2-3 “框架”图标内输入的文字和导入的图像

（4）在“框架”图标的“属性：显示图标”面板内，选中“更新显示变量”复选框，在“层”文本框内输入 0。

（5）在“框架”显示图标的附属计算图标内输入如下程序：

```
Movable:=FALSE   --使“框架和标题”显示图标的图像不能够移动
```

（6）利用“滑块 R”显示图标的“属性：显示图标”面板设置滑块为只能够沿直线坐标路径移动，坐标范围是 0 到 255，“初始”文本框内输入的变量是 R，如图 7-2-4 所示。

（7）用同样的方法将“滑块 G”和“滑块 B”内的滑块设置为只能沿直线坐标路径移动，坐标范围是 0 到 255。只是它们的“属性：显示图标”面板内“初始”文本框内输入的变量分别是 G 和 B。同时，在这三个图标的“属性：显示图标”面板中，均选中“更新显示变量”复选框。

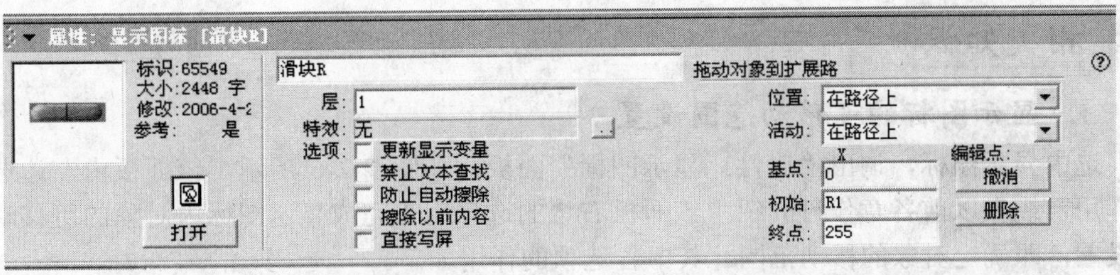

图 7-2-4　“滑块 R”显示图标的“属性：显示图标”面板设置

2. 颜色调整程序设计

（1）在“RGB”图标下边创建一个名称为“自转地球”的功能图标，其内导入一个自转地球动画（动画格式为 SWF，背景色为白色），使该动画背景白色透明，如图 7-2-1 所示。

（2）在“自转地球”功能图标下边创建名称为“调整颜色”的计算图标，其内输入如下程序：

```
SetFill(TRUE,RGB(R,G,B))    -- 用设置的颜色填充矩形图形
Box(1,50,110,160,340)       -- 绘制矩形图形
```

（3）在“调整颜色”计算图标下边加入一个交互图标，命名为“交互”。在它的右下边加入 4 个计算图标，分别命名为“移动 R”、“移动 G”、“移动 B”、“退出”。“退出”图标的交互方式设置为按钮方式，其内输入：Quit(0)。其他 3 个图标的交互方式设置为目标区域方式，移动对象分别为 3 个滑块，目标区域分别设置在 3 个相应的滑槽图像的内滑槽处，如图 7-2-5 所示。

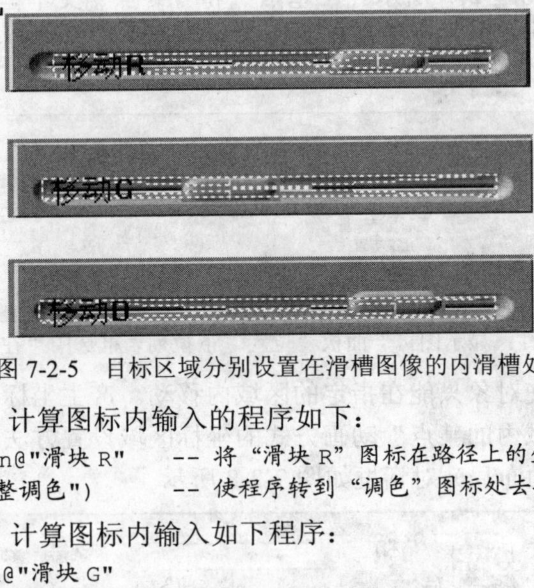

图 7-2-5　目标区域分别设置在滑槽图像的内滑槽处

（4）在“移动 R”计算图标内输入的程序如下：

```
R1:=PathPosition@"滑块 R"      -- 将“滑块 R”图标在路径上的坐标值赋给变量 R1
GoTo(IconID@"调整调色")         -- 使程序转到“调色”图标处去执行，改变矩形的颜色
```

（5）在“移动 G”计算图标内输入如下程序：

```
G1:=PathPosition@"滑块 G"
GoTo(IconID@"调整调色")
```

（6）在“移动 B”计算图标内输入如下程序：

```
B1:=PathPosition@"滑块 B"
GoTo(IconID@"调整调色")
```

相关知识

1. 显示图标的可移动范围设置

选中显示图标，调出“属性：显示图标”面板，如图 7-2-6 所示。该面板内左边选项的作用已经在以前各章作过介绍，该面板右边的选项用来完成显示图标内对象的可移动范围设置，即确定对象的移动范围。其中各选项的作用如下。

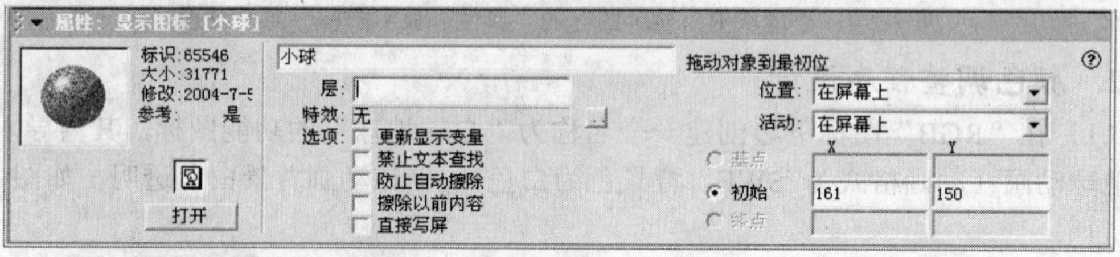

图 7-2-6 “属性：显示图标”面板“位置”下拉列表框选中“在屏幕上”选项

（1）“位置”下拉列表框：其中有 4 个选项，用来确定对象的显示位置。4 个选项的作用如下。

- “不能改变”：使对象在显示图标内原来的显示位置，且不能够改变。
- “在屏幕上”：允许对象在整个屏幕范围内移动，选中它后，其下边的文本框变为可以使用，如图 7-2-5 所示。“初始”栏的两个文本框用来精确确定图像的当前位置。
- “在路径上”：使对象只能在指定的路径上移动对象。产生路径的方法与动画图标的“指向固定路径上的任意点”动画方式的路径设置方法一样。此时的“属性：显示图标”面板如图 7-2-7 所示。“基点”和“终点”文本框用来输入路径坐标的起点和终点数值，“初始”文本框用来输入对象在坐标路径中的初始位置。

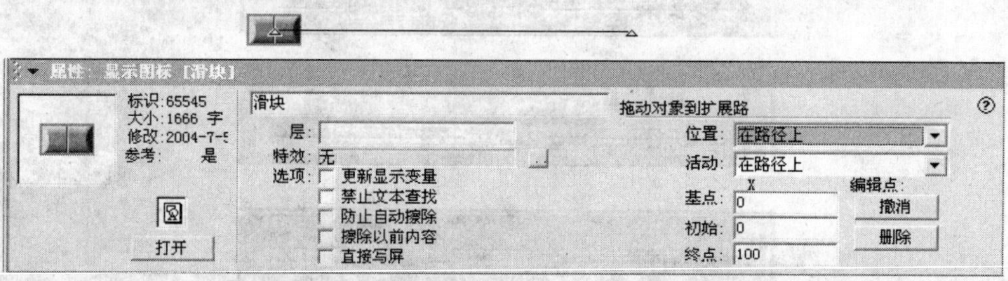

图 7-2-7 “属性：显示图标”面板“位置”下拉列表框选中“在路径上”选项

- “在区域内”：使对象只能在指定的区域内移动。产生坐标区域的方法与动画图标的“指向固定区域内的某点”动画方式的坐标区域设置方法一样。此时的“属性：显示图标”（版面布局）对话框如图 7-2-8 所示。

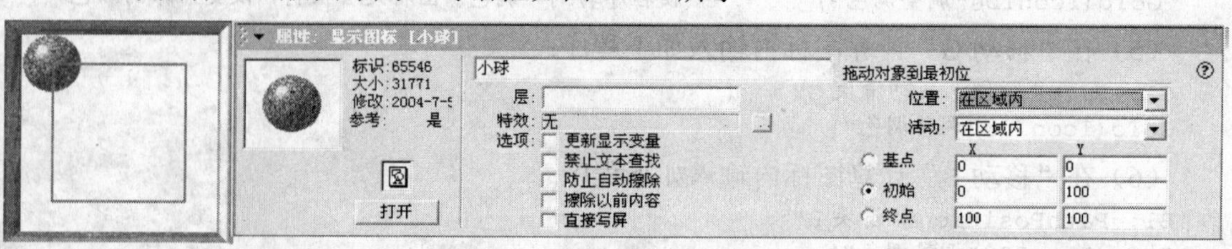

图 7-2-8 “属性：显示图标”面板“位置”下拉列表框选中“在区域内”选项

“基点”和“终点”栏中的 4 个文本框用来输入平面路径坐标的起点和终点数值，“初始”栏中的两个文本框用来输入对象在平面坐标路径中的初始位置。

（2）“活动”下拉列表框：其内可以有 5 个选项，用来确定用户能否移动相应的对象。当“位置”下拉列表框中选择“不能移动”或“在屏幕上”选项时，“活动”下拉列表框中只有其中 3 个选项。当“位置”下拉列表框中选择“在路径上”或“在区域内”选项时，“活动”下拉列表框中只有其中 4 个选项。这 5 个选项的作用介绍如下。

- “不能移动”：用户不能移动相应的对象。
- “在屏幕上”：用户可以在整个展示窗口范围内移动相应的对象。
- “任意位置”：用户可以在整个屏幕范围内移动相应的对象。
- “在路径上”：用户只能在指定的路径范围内移动相应的对象。此选项只有在“位置”下拉列表框中选中了“在路径上”选项后才出现。
- “在区域内”：用户只能在指定的坐标区域范围内移动相应的对象。此选项只有在“位置”下拉列表框中选中了“在区域内”选项后才出现。

2. 电影图标和功能图标的可移动范围设置

（1）电影图标的可移动范围设置：单击选中电影图标，调出它的“属性：电影图标”（版面布局）面板，如图 7-2-9 所示。

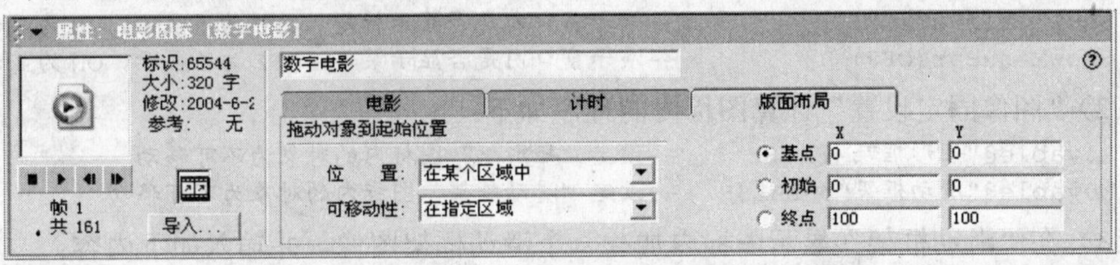

图 7-2-9　“属性：电影图标”（版面布局）面板

（2）功能图标的可移动范围设置：单击选中功能图标（GIF、SWF 等格式的动画），调出它的“属性：电影图标”面板，单击“版面布局”标签，切换到“属性：电影图标”（版面布局）面板，如图 7-2-10 所示。

可以看出，它们与显示图标的“属性：显示图标”面板在版面布局和选项方面基本一样。

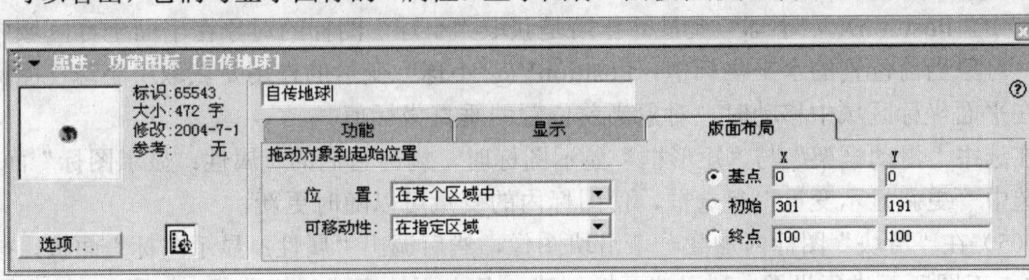

图 7-2-10 “属性：功能图标”（版面布局）面板

3. 图像移动范围的控制

设计一个“图像移动范围的控制”程序，用来验证可移动范围设置效果。该程序运行后，屏幕显示一个 520 像素×400 像素的演示窗口，演示窗口内显示一个滑动框架和一个滑块，还显示一个矩形框和一个小球。这时用鼠标拖曳滑动框架或矩形框，会发现它们不动；而用鼠标拖曳滑块时，会发现滑块只可以在滑动框架的滑槽内移动；用鼠标拖曳小球时，会发现小球只可以在矩形框内移动。同时，在用鼠标拖曳滑块或小球时，屏幕还会显示滑块的线坐标值与小球的平面坐标值。该程序运行中的一个画面如图 7-2-11 所示。

“图像移动范围的控制”程序如图 7-2-12 所示，程序设计方法如下。

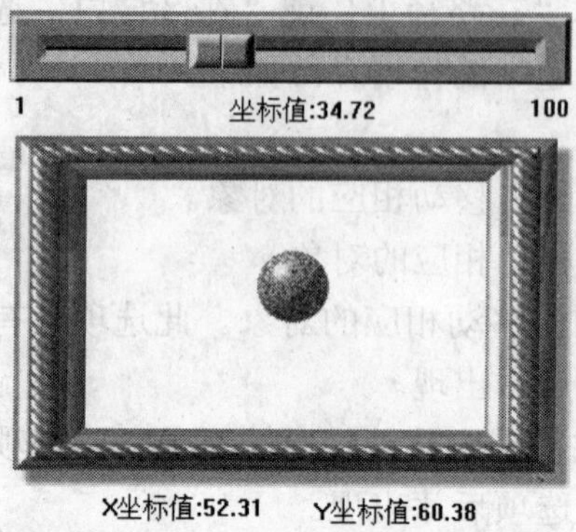

图 7-2-11　程序运行后的一幅画面

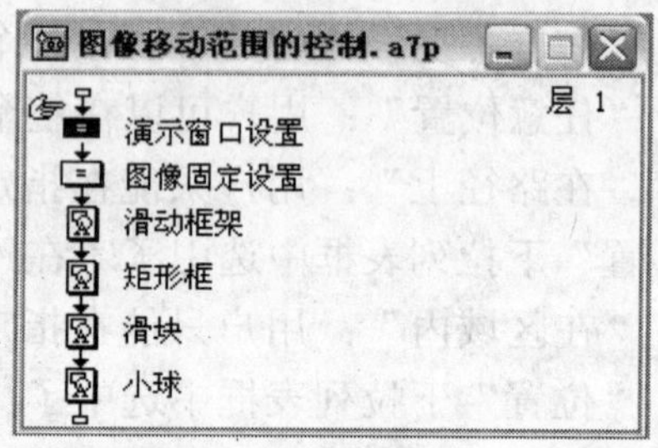

图 7-2-12　“图像移动范围的控制”程序

（1）在“演示窗口设置”计算图标内的程序如下：

```
ResizeWindow(520,400)        --设置演示窗口的大小，用像素表示
ShowTitleBar(OFF)            --演示窗口内是否显示标题，OFF 为不显示，ON 为显示
ShowMenuBar(OFF)             --演示窗口内是否显示菜单，OFF 为不显示，ON 为显示
```

（2）“图像固定设置”计算图标内的程序如下：

```
Movable@"矩形框":=FALSE      --设定“矩形框”图标内的对象为不可移动
Movable@"滑动框架":=FALSE    --设定“滑动框架”图标内的对象为不可移动
```

（3）在“滑动框架”显示图标内加载一个滑动框架图像，并输入如下内容：

```
1        坐标值:{PathPosition@"滑块"}        100
```

其中，1 和 100 是标注线坐标的起始值和终止值；PathPosition@"滑块"变量的作用是获取“滑块”图标的对象沿线坐标路径移动时，对象当前位置的坐标值。

（4）在“矩形框”显示图标内加载一个矩形框图像，并输入如下内容：

```
X 坐标值:PositionX@"小球"    Y 坐标值:PositionY@"小球"
```

其中，PositionX@"小球" 变量的作用是获取“小球”图标的对象在平面坐标区域中移动时，对象当前位置的水平坐标值；PositionY@"小球" 变量的作用是获取“小球”图标的对象在平面坐标区域中移动时，对象当前位置的垂直坐标值。

在选中“滑动框架”与“矩形框”显示图标时，调出它们的“属性：显示图标”面板。单击选中“更新显示变量”复选框，使图标内的变量可以随时更新。

（5）在“滑块”图标内加载一个滑块图像，然后调出“属性：显示图标”面板，按照图 7-2-7 下图所示进行设置。利用该面板创建一条水平的直线坐标路径，如图 7-2-7 上图所示。水平直线坐标路径在滑动框架的内槽处。

（6）在“小球”图标内加载一个小球图像，然后调出“属性：显示图标”面板，按照图 7-2-8 右图所示进行设置。利用该面板进行平面坐标区域的设置，如图 7-2-8 左图所示。

7.3 【案例 46】简单的绘图板

案例效果

“简单的绘图板”程序运行后，屏幕显示一个绿色画图板和一些控制按钮，如图 7-3-1 左图所示。在画板中拖曳鼠标，可以绘制出各种矩形、椭圆形和直线图形。利用这些控制按钮，可以设置填充颜色线颜色、线粗细。单击【不填充】按钮，可以使按钮变为【填充】按钮，使绘图处于填充绘图状态；单击【填充】按钮，可以使按钮变为【不填充】按钮，使绘图处于不填充绘图状态。单击【填充色】或【边框色】按钮，可以调出“混色器”程序（即案例 45 的“混色器”程序），用来调整填充色和线颜色。单击【+】按钮，可使线加粗；单击【-】按钮，可使线变细。单击“画矩形”单选按钮后，可以在“绘图板”中用鼠标拖曳绘制矩形图形；单击“画圆形”单选按钮后，可以在“绘图板”中用鼠标拖曳绘制椭圆图形；单击“画直线”单选按钮后，可以在“彩色绘图板”中用鼠标拖曳绘制直线。画出的一些图形如图 7-3-1 右图所示。

单击【线宽加】按钮，可以使显得宽度增加；单击“线宽减”按钮，可以使宽度减少；单击【线类型】按钮，可以使直线类型改变；单击【退出】按钮，可退出绘图程序。

通过本案例的学习，可以基本掌握使用绘图函数绘制图形的方法。

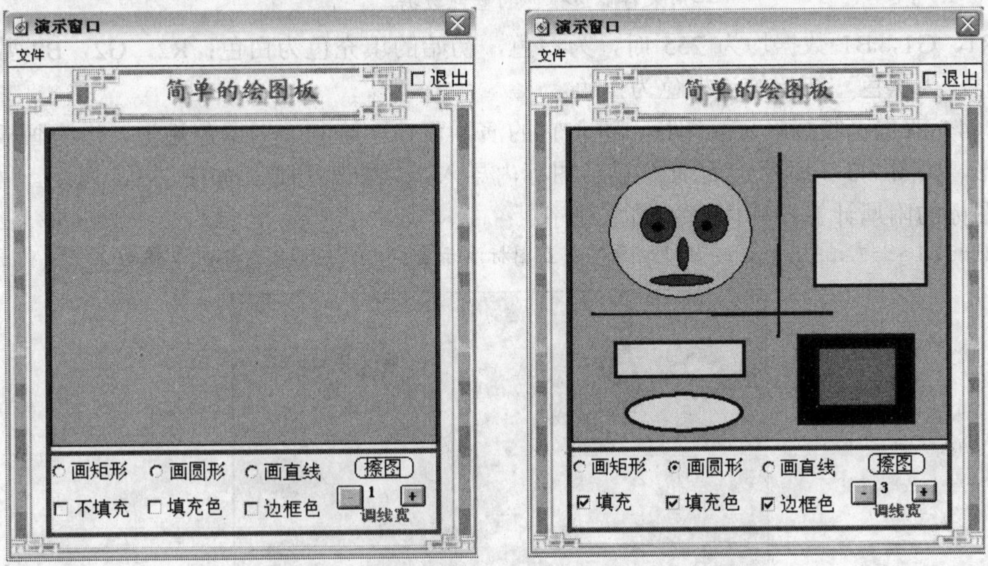

图 7-3-1　“简单的绘图板”程序运行后的一幅画面

设计过程

“简单的绘图板”程序如图 7-3-2 所示，程序设计过程如下。

（1）调出“【案例 45】混色器”程序，将程序以名称“混色器 1.a7p”保存。再将程序中的所用“R1”改为“R2”，“G1”改为“G2”，“B1”改为“B2”，将程序以名称“混色器 2.a7p”保存。

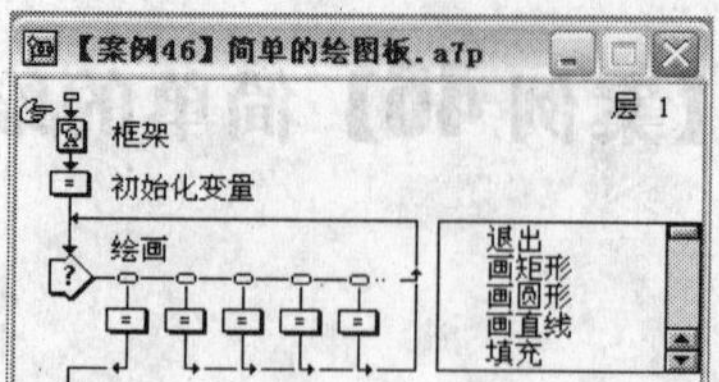

图 7-3-2 “简单的绘图板”程序

（2）“框架”显示图标内导入一幅框架图像，如图 7-3-1 所示。“框架”显示图标的附属计算图标内输入如下程序：

```
Movable:=FALSE          --使“框架”显示图标内的框架图像不可以移动
```

（3）在“初始化变量”计算图标内输入如下程序：

```
ZL:="Box"               --用来存储画图形的种类名称，“Box”、“Circle”和“Line”分别
是绘制矩形、绘制圆形和绘制直线
XK:=1                   --用来存储线宽数据
K:=0                    --用来存储是否填充的数据，K=1 时填充，K=0 时不填充
R1:=255                 --用来存储填充色的红色数据
G1:=255                 --用来存储填充色的绿色数据
B1:=255                 --用来存储填充色的蓝色数据
R2:=255                 --用来存储边框色的红色数据
G2:=255                 --用来存储边框色的绿色数据
B2:=255                 --用来存储边框色的蓝色数据
```

R1，G1，B1 数据均为 255 时，为白色，初始的填充色为白色；R2，G2，B2 数据均为 0 时，为黑色，初始的边框色为黑色。

（4）双击“绘画”交互图标，进入它的演示窗口，绘制一个绿色矩形，作为画板的背景图形，如图 7-3-3 所示。“绘画”显示图标内导入一幅框架图像，如图 7-3-1 所示。“框架”显示图标的附属计算图标内输入如下程序。

```
Movable:=FALSE          --使“绘画”交互图标演示窗口内的矩形图形不可以移动
```

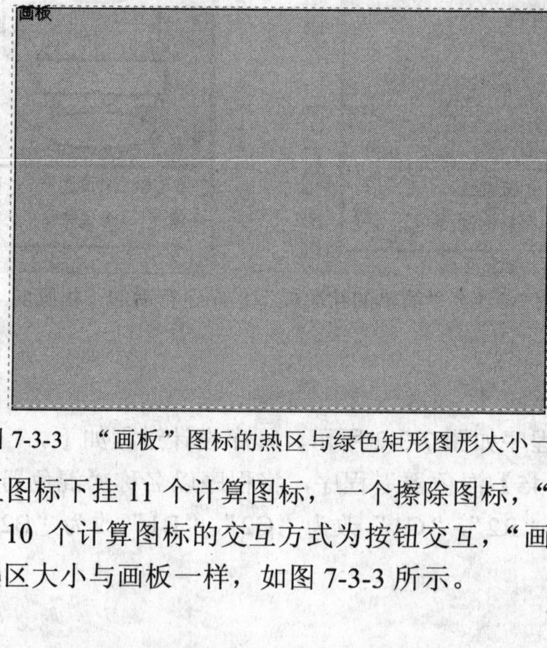

图 7-3-3 “画板”图标的热区与绿色矩形图形大小一样

（5）“绘画”交互图标下挂 11 个计算图标，一个擦除图标，“擦除”擦除图标为按钮交互，用来擦除画板。10 个计算图标的交互方式为按钮交互，“画板”计算图标的交互方式为热区交互方式，热区大小与画板一样，如图 7-3-3 所示。

（6）“画矩形”图标内输入：ZL：=“Box”，设置绘制矩形；“画圆形”图标内输入：ZL：=“Circle”，设置绘制圆形；“画直线”图标内输入 ZL：=“Line”，设置绘制直线。“退出”计算图标内输入：Quit（0），退出程序的运行。

（7）“填充”与“不填充”图标内输入的语句均为：K：=1-K，即当 K=1 时，执行它后 K=0；当 K=0 时，执行它后 K=1。为了使【填充】与【不填充】按钮交替出现，在它们的判断图标的“属性：判断图标”（响应）面板内“激活条件”文本框内，分别输入：k=1 和 k=0 。

（8）“擦除”图标用来擦除画板中的图形。“-”图标内输入：XK:=XK-1；“+”图标内输入：XK:=XK+1。在它们的判断图标的“属性：判断图标”（响应）面板内“激活条件”文本框内，分别输入：XK>1 和 XK>0&XK<20，用来控制 XK 的取值范围。当 XK>1 时，【-】按钮无效；当 XK>0&XK<20 时，【+】按钮无效。

（9）在“填充色”图标内输入：JumpFileReturn("调色器 1","R1,G1,B1")”，用来调用“调色器 1”程序，“R1，G1，B1”参数可用来将“调色器”程序中的 R1、G1、B1 数值传送到本程序。在“边框色”图标内输入：JumpFileReturn("调色工具 2","R2,G2,B2")”，用来调用“调色器 2.a7p”程序，“R2，G2，B2”参数可用来将“调色器 2.a7p”程序中的 R2，G2，B2 数值传送到本程序。

（10）“画板”计算图标的“属性：判断图标”（热区域）面板设置如图 7-3-4 所示。

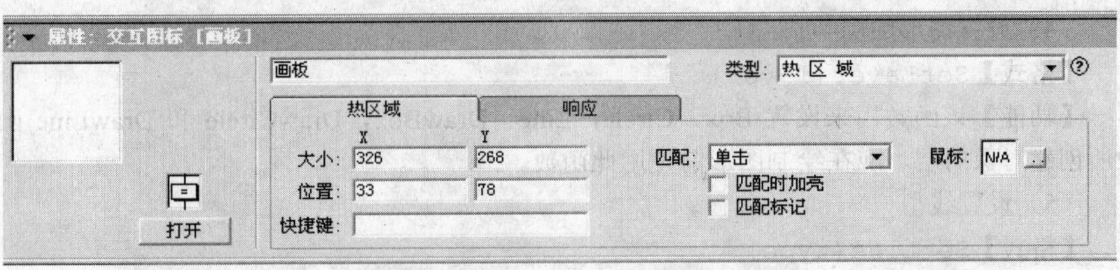

图 7-3-4 “画板”计算图标的“属性：判断图标”（热区域）面板设置

（11）“画板”计算图标内输入的程序如下。

```
-- 设置边框的颜色，颜色由 RGB()函数给出，TRUE 改为 FALSE 时不绘边框
SetFrame(TRUE,RGB(R2,G2,B2))
-- 设置填充色，颜色由 RGB()函数给出，K=1 时填充，K=0 时不填充
SetFill(K,RGB(R1,G1,B1))
-- 如果 ZL="Box"，则绘制矩形，XK 值决定了线宽
Test(ZL="Box", DrawBox(XK , 0,0,355,342))
-- 如果 ZL="Circle"，则绘制圆形
Test(ZL="Circle", DrawCircle(XK , 0,0,355,342))
-- 如果 ZL="Line "，则绘制直线
Test(ZL="Line", DrawLine(XK , 0,0,355,342))
```

上述函数中的数值给出了绘图的范围，前两个数值是矩形绘图区域左上角的坐标值（单位为像素），后两个数值是矩形绘图区域右下角的坐标值。可以参看图 7-3-4 中的数据进行调试。最后通过绘制图形进行调试。

相关知识

1. 图形属性设置

（1）设置绘图颜色

【格式】RGB (R,G,B)

【功能】将红色（R）、绿色（G）和蓝色（B）的颜色值合成一简单的颜色值。其中参数 R 用以指定红色颜色值；参数 G 用来指定绿色的颜色值；参数 B 用来指定蓝色的颜色值。颜色值的有效值为 0~255。该函数只能用于计算图标中，用于为函数 Box()，Circle()，Drawbox()和 DrawCircle()设置颜色。当为这些函数设置颜色时，含有 RGB(R,G,B)函数的计算图标必须位于含有这些函数的图标之前。

（2）设置填充样式

【格式】SetFill(flag [, color])

【功能】该函数为绘图函数设置填充样式。flag=TRUE 时填充，flag=FALSE 时不填充。填充色 color 由 RGB()函数设定，在使用绘图函数前在计算图标中使用该函数。

（3）设置边框样式

【格式】SetFrame(flag [, color])

【功能】为绘图函数设置边框样式。flag 为 TRUE 填充，为 FALSE 不填充。填充色 color 由 RGB 函数设定，在绘图前在计算图标中使用该函数。

（4）设置图形的层

【格式】SetLayer(layer)

【功能】该函数用来设置 Box，Circle，Line，DrawBox，DrawCircle 和 DrawLine 函数所创建对象的层。应在绘制图形前使用此函数。.

（5）设置线型

【格式】SetLine(type)

【功能】该函数用来设置线型。type＝0 时无箭头；type＝1 时在直线起点设置箭头；type＝2 时在直线终点设置箭头；type＝3 时在直线两端设置箭头。

（6）设置显示模式

【格式】SetMode(mode)

【功能】该函数用来设置显示模式。mode＝0 时遮隐；mode＝1 时透明；mode＝2 时反色；mode＝3 时擦除；mode＝4 时不透明。

2. 绘制图形

（1）绘制直线图形

【格式】Line(pensize, x1, y1, x2, y2)

【功能】该函数的作用是自(x1,y1)点到(x2,y2)点绘制一条直线，pensize 为线粗细。

（2）绘制矩形图形

【格式】Box(pensize, x1, y1, x2, y2)

【功能】该函数用 Pensize 指定的线宽，在屏幕上从(x1, y1)点到(x2, y2)点绘制一个矩形图形，其中(x1,y1)是方框左上角的坐标值，(x1,y1)是方框右下角的坐标值。当 Pensize=0 时，该方框将以白色填充；当 Pensize>0 时，将以 Pensize 指定值的像素个数绘制框线。若 pensize<0，则绘制一个实体黑色矩形。

边框缺省时为黑色透明方式填充，用系统函数 SetFrame 和 SetFill 可改变填充色和填充方式。该函数只可以在计算图标中使用，不能将该函数嵌入表达式或在表达式中使用。例如：在热点区域响应图标中，在屏幕上单击处绘制一个矩形的语句如下。

```
Box(1,Clickx,Clicky,Clickx+150,Clicky+250)
```

（3）绘制椭圆图形

【格式】`Circle(pensize, x1, y1, x2, y2)`

【功能】该函数可以在屏幕上绘制一个椭圆。椭圆外切矩形的左上角坐标是(x1,y1)，右下角坐标是(x2,y2)，pensize 为线粗细。当 pensize<0 时，圆内以黑色填充；当 pensize=0 时，整个圆以白色填充；当 pensize>0 时，圆周的线条宽度将等于 pensize 指定的像素值，中间不填充。

3. 鼠标操作绘制图形

（1）鼠标操作绘制直线图形

【格式】`DrawLine(pensize[, x1, y1, x2, y2])`

【功能】该函数允许用户通过单击和拖曳来绘制一条直线（线宽由 pensize 指定）。如果使用坐标值，则只能在(x1,y1)和(x2,y2)限定的范围内绘制直线图形。

（2）鼠标操作绘制矩形图形

【格式】`DrawBox(pensize[,x1, y1, x2, y2])`

【功能】该函数允许用户通过单击和拖曳来绘制一个矩形（边线宽度由 pensize 指定）。如果使用坐标值，则只能在(x1,y1)和(x2,y2)限定的范围内绘制矩形图形。

使用这个函数，只限于在热区域内绘制图形。当 Pensize<0 时，该方框将用黑色填充；当 Pensize=0 时，该方框将全部用白色填充。缺省时为黑色透明填充方式，用户可以用系统函数 SetFrame 和 SetFill 设置填充方式和颜色。它只可以在计算图标中使用。

（3）鼠标操作绘制椭圆图形

【格式】`DrawCircle(pensize[, x1, y1, x2, y2])`

【功能】该函数允许用户通过单击和拖曳来绘制一个椭圆（边线宽度由 pensize 指定）。如果使用坐标值，则只能在(x1,y1)和(x2,y2)限定的范围内绘制椭圆图形。

思考与练习

1. 利用“知识对象”面板中的“鼠标移动”知识对象，设计一个“鼠标指针移动”程序。该程序运行后，可以看到鼠标指针从演示窗口的左下角移到演示窗口的右上角，再移到演示窗口的左上角。这里的鼠标指针是真正的鼠标指针，不是鼠标指针图像。
2. 利用“知识对象”面板中的“查找 CD 驱动器”知识对象，设计一个“CD 播放器”程序。
3. 设计一个“激光是飞鸟”程序，该程序运行后，演示窗口内显示一个扇动翅膀飞翔的飞鸟和一枝激光枪，用户可以通过按四个光标移动键，来控制激光枪上下左右移动；按光标移动键，可控制激光枪的移动。飞鸟会随机地移动。另外，按【A】或【a】键，可控制飞碟发射激光。

4．绘制一条抛物线。

5．设计一个“彩球按照正弦曲线运动”程序，该程序运行后，演示窗口内显示一条正弦曲线和一个彩球，单击【开始】按钮后，彩球沿着正弦曲线移动。

6．设计一个“随机图形”程序，该程序运行后，在演示窗口内会绘制出若干不同颜色、不同大小的彩色圆环和彩色矩形。

7．设计一个“围棋棋盘图案”程序，该程序运行后，窗体中绘制出一幅围棋棋盘图案。

8．设计一个可以绘制十个同心椭圆的程序，椭圆的长轴和短轴长度比为 2:1。

9．设计一个可以绘制不同圆心和不同半径的圆形图形的程序，如图 7-4-1 所示。

10．设计一个可以绘制交叉的两串圆形图形的程序，如图 7-4-2 所示。

11．编写一个可以绘制如图 7-4-3 所示的线条展开图形，图形中的线条从左向右逐渐展开，再从右向左逐渐展开，线条的颜色是随机变化的。

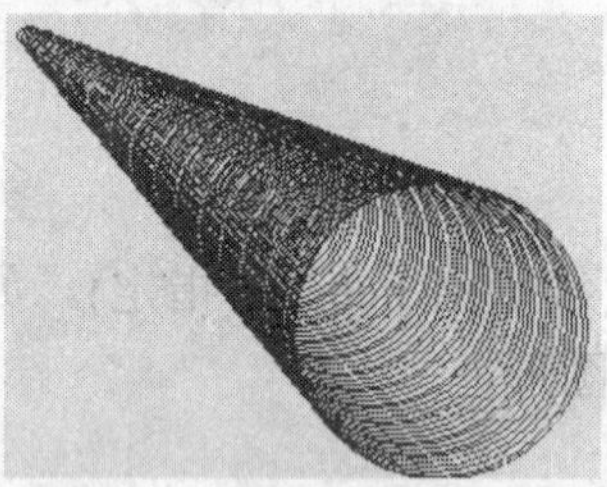

图 7-4-1 一串椭圆图形

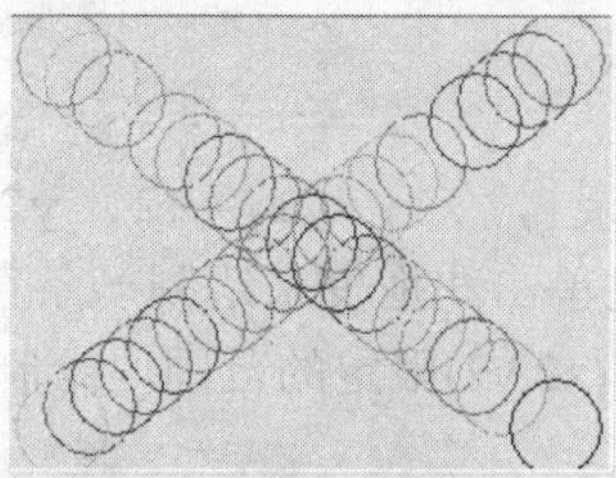

图 7-4-2 交叉的两串圆形图形

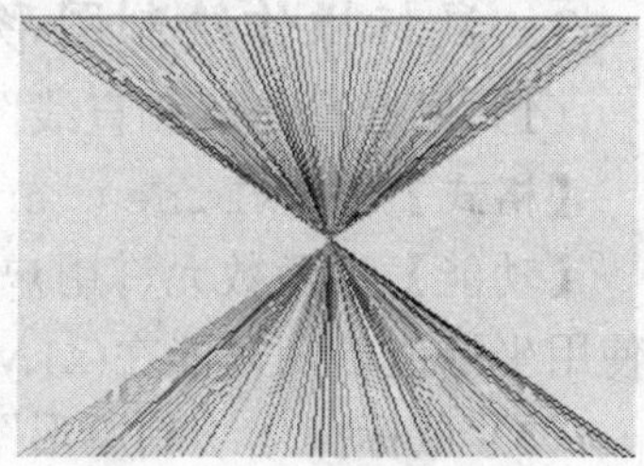

图 7-4-3 线条展开图形

12．设计一个“求一元二次方程的根”程序，该程序运行后的两个画面如图 7-4-4 所示。单击滚动条右边的箭头按钮，可使数值增加，增加量为 1；单击滚动条左边的箭头按钮，可使数值减少，减少量为 1；用鼠标向右拖曳滚动块，也可以使数值增加；用鼠标向左拖曳滚动块，也可以使数值减少。随着数值的变化，一元二次方程的根也会不断变化。

一元二次方程 $ax^2+bx+c=0$ 的求根公式为 $x=(-b\pm\sqrt{b^2-4ac})/2a$。

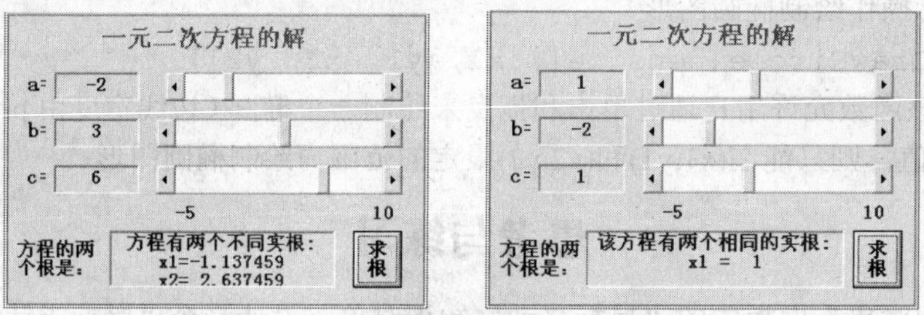

图 7-4-4 “求一元二次方程的根”程序的运行后的 2 幅画面

第 8 章 框架图标和导航图标

通过学习 4 个案例，掌握框架图标和导航图标的使用方法，设置图标关键字的方法，以及演绎字的设置和链接到文本与动画的方法。另外，还进一步掌握一些程序设计的技巧。

8.1 【案例 47】世界遗产在中国 1

案例效果

“世界遗产在中国”程序运行后，屏幕显示一幅框架图像，在框架内的左边显示一幅故宫建筑图像，框架内右边有相应的文字和 1 个控制框（有 8 个导航按钮）及 1 个【退出】按钮，如图 8-1-1 所示。单击控制框内的按钮，可以在两组图像（10 幅中国的世界遗产图像，第 1 组 5 幅图像是建筑方面的图像，第 2 组 5 幅图像是文化遗址方面的图像）中进行浏览。单击控制框上的导航按钮，可以浏览下一幅图像，当浏览最后一幅图像时（第 5 幅图像），单击按钮，可以浏览第 1 幅图像。单击按钮，可以浏览上一幅图像，当浏览第 1 幅图像时，单击按钮，可以浏览第 5 幅图像。单击按钮，可以浏览第 2 组的第 1 幅“苏州古典园林”图像，如图 8-1-2 所示。再单击按钮，可擦除画面，退出程序。

图 8-1-1 “世界遗产在中国”程序运行后的画面

图 8-1-2 转到显示“风景 1”图像

单击按钮，可调出如图 8-1-3 所示的“已查阅过的页”对话框，其中显示的是已查阅过的图像名称，先查阅的图像名称在下，后查阅的图像名称在上。双击该对话框中某一个图像的名字，即可调出相应的图像；单击该对话框右上角的【关闭】按钮，即可关闭该对话框。单击按钮，可调出如图 8-1-4 所示的“查找”对话框，在“单词或短语”文本框中输入要查找的文字内容，输入的内容可以是图像内的文字内容或关键字，单击【查找】按钮，即可在“页”预览框中显示查找到的图像名称，双击该图像名称或单击【跳转到页面】按钮，即可浏览相应的图像。单击按钮，可以浏览刚刚浏览过的图像。单击按钮，可以浏览第 1 幅图像。单击按钮，可以浏览最后一幅图像。

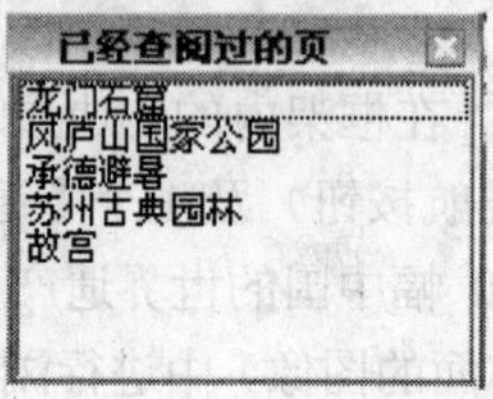

图 8-1-3 “已查阅过的页”对话框

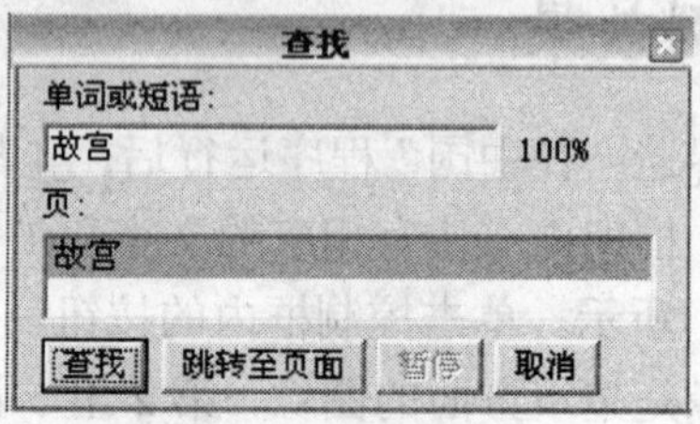

图 8-1-4 “查找”对话框

通过本案例的学习，可以掌握框架图标和导航图标的使用方法和使用技巧等。

设计过程

“世界遗产在中国”程序如图 8-1-5 所示，程序设计过程如下：

（1）按照图 8-1-5 所示构建程序的结构。其中，在“框架”显示图标内导入一幅有“世界遗产在中国浏览”标题文字的框架图像，调整框架图像的大小与位置，设置该显示图标的图层号为 0。

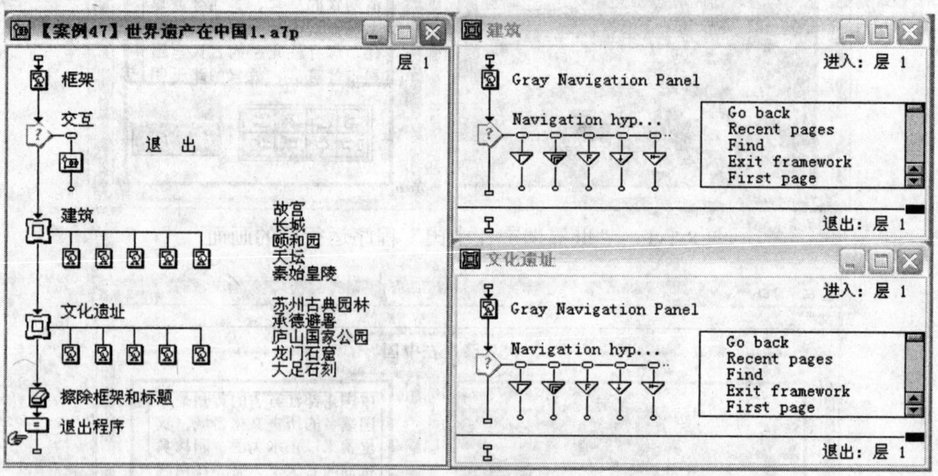

图 8-1-5 “世界遗产在中国”程序

（2）在“框架”显示图标的下边创建一个交互图标，命名为“交互”，再在其右下方创建 1 个名称为“退出”的群组图标，设置为按钮交互方式。

（3）在“退出”群组图标内加入 1 个擦除图标，用来在退出程序前，以逐渐关门方式擦除屏幕画面的内容；还加入一个“退出程序”计算图标，其内输入 Quit(0)语句。

（4）在“交互”交互图标的下边创建一个框架图标，命名为“建筑”，再在其右下方创建 5 个显示图标，分别给图标命名为“故宫”……“秦始皇陵”。然后，分别在这 5 个显示图标内导入一幅古代建筑图像，同时输入相应的文字（带滚动条）。另外，还分别在 5 个显示图标内输入各图像的名称“故宫”……“秦始皇陵”，目的是为了便于查找。

（5）在“建筑”框架图标下面创建一个名字为“文化遗址”的框架图标，再在其右下方创建 5 个显示图标，并分别给图标命名为“苏州古典园林”……“大足石刻”。在 5 幅风景图像中分别输入文字“苏州古典园林”……“大足石刻”。然后，分别在这 5 个显示图标内导入一幅文化遗址图像，同时输入相应的文字（带滚动条）。另外，还分别在 5 个显示图标内输入各图像的名称“苏州古典园林”……“大足石刻”，目的是为了便于查找。

（6）运行程序，然后调整各个图像、按钮和控制框的大小与位置，调整 10 幅图像的大小与位置，使 10 幅图像正好可以在演示窗口内左边框架中显示出来，使按钮和控制框在右边框架内的下边。将 10 个显示图标的图层号设置为 1。

（7）在“文化遗址”框架图标的下面创建一个名称为“擦除框架和标题”的擦除图标，它用来擦除整个画面。“擦除框架和标题”擦除图标下边的“退出程序”计算图标内输入 Quit(0)语句。

相关知识

1. 页管理和框架图标

（1）页管理：书是由许多页构成的，在读书时，常会逐页逐页地向后或向前翻页，会一下翻到最后一页或翻回第一页，还会根据书的页码查找某一页。有时，我们还会在书中读过的页中插入书签，读书时常需要翻到已读过的插有书签的那一页。

框架图标下挂的每一个图标都相当于书中的一页，可以通过程序对这些图标进行管理，实现能像读书那样去浏览各图标中的内容。框架图标下挂的每一个图标中不仅可以创建书中的文字与图像，还可以存放声音、数字电影等。通常把这样的图标叫页，也叫节点，对这些页进行各种“翻页”的管理叫页管理。这种页管理的“翻页”可以通过按钮、热对象、热点区域等交互方式来完成。页管理的建立主要依靠导航（也叫定向）图标和框架图标来完成。在 Authorware 7.0 中把“翻页”叫链接（Link），在这里就是页与页的链接。通常由框架图标来完成页的组合，即形成一本“书”；而导航图标用来实现定向链接，即实现“翻页”。

（2）框架图标的特点：在程序流程线上创建一个框架图标，命名为“文化遗址”（也可以起其他名字）。双击框架图标，调出其内部的程序，如图 8-1-6 所示。可以看出，它由一个名字为“Gray Navigation Panel”（灰色导航面板）的显示图标、一个名字为“Navigation hyperlinks”的交互图标和交互图标下面的 8 个导航图标组成，这就是页管理程序。

在交互图标的上边可以创建多个图标，在执行框架图标时，首先执行“输入画面”区域内的图标，再执行交互图标。在交互图标的下边也可以创建多个图标，在执行完框架图标内的导航图标而退出框架图标时，首先执行“输出画面”区域内的图标，再退出框架图标，然后执行框架图标下面的图标。

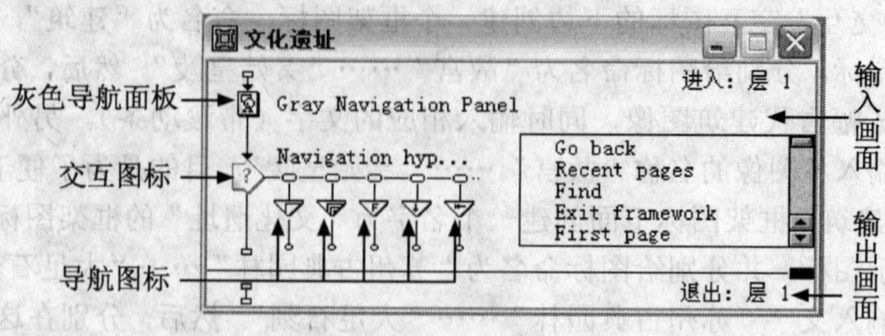

图 8-1-6 框架图标的内部结构

8 个导航图标的按钮图像、按钮名称和导航图标的作用如表 8-1-1 所示。

表 8-1-1 导航按钮的中文与英文名字和相应的导航图标以及导航图标的作用

序号	按钮	导航图标	导航图标的作用
1			返回（Go back）：回到刚查阅的一页
2			最近页（Recent pages）：调出“已经查阅过的页”对话框，显示已查阅的页，供选择
3			查找（Find）：打开“查找”对话框，输入图标名称和页中的文字，以查找对应的图标
4			退出框架（Exit framework）：退出框架图标
5			第一页（First page）：进入第一页
6			上一页（Previous page）：进入前一页
7			下一页（Next page）：进入下一页
8			最后页（Last page）：进入末一页

2. 导航图标

通过前面的叙述可知，导航图标的作用是完成程序跳转的定向链接，当程序执行到导航图标时，程序会自动跳转到导航图标链接的目的页。通常，它的使用有两种方式：一是自动定向，即把它放在流程线的任意位置，程序执行到它时，自动跳转到与导航图标链接的目的页；二是用户控制的定向，即由用户来控制跳转到链接的目的页。应注意：导航图标使程序跳转的目的页只能是框架图标下挂的图标。

用户控制的定向又分为两种，一种是在交互图标下创建导航图标，导航图标作为交互结构的响应图标，执行响应后，程序执行它，并跳转到它链接的目的页，案例 47“世界遗产在中国 1”程序介绍的就是这种定向方式；另一种是利用导航图标将目的页与“链接文字”建立链接，用户单击“链接文字”后，程序跳转到与该“链接文字”链接的目的页。

单击选中导航图标，调出它的“属性：导航图标”面板，选择该面板内“目的地”下拉列表框的不同选项，可以得到不同的“属性：导航图标”面板，下面分别进行介绍。

（1）选中“目的地”下拉列表框中的“最近”选项后，“属性：导航图标”面板如图 8-1-7 所示，其中各选项的作用如下。

图 8-1-7　“属性：导航图标”（最近）面板

- “返回”单选按钮：选中它后，可查阅刚刚查阅完的那一页。
- “最近页列表”单选按钮：选中它后，程序运行中执行到此导航图标时，屏幕会显示“已经查阅过的页”对话框，如图 8-1-3 所示，供用户选择已查阅的页。

（2）选中“目的地”下拉列表框中的“附近”选项后的“属性：导航图标”面板如图 8-1-8 所示。可设置同一框架图标内页的跳转和退出本框架图标。其中各选项的作用如下。

图 8-1-8　“属性：导航图标”（附近）面板

- “前一页”单选按钮：选中它后，可退回到上一页。
- “下一页”单选按钮：选中它后，可进入下一页。
- “第一页”单选按钮：选中它后，可跳到框架图标的第一页。
- “最末页”单选按钮：选中它后，可跳到框架图标的最后一页。
- “退出框架/返回”单选按钮：选中它后，可退出框架图标。

（3）选中“目的地”下拉列表框中的“任意位置”选项后的“属性：导航图标”面板如图 8-1-9 所示。其中各选项的作用如下。

- “框架”下拉列表框：可选择某一框架图标。
- “页”列表框：单击某个图标，使它成为定向链接的目的页。
- 【查找】按钮：在它旁边的文本框中输入要查找的字词或图标的关键字，再单击此按钮，可寻找该框架图标中的相应图标页。
- “字词”复选框：选中它后，可在文本框中输入字词，单击【查找】按钮后可以查找含有该字词的图标页。

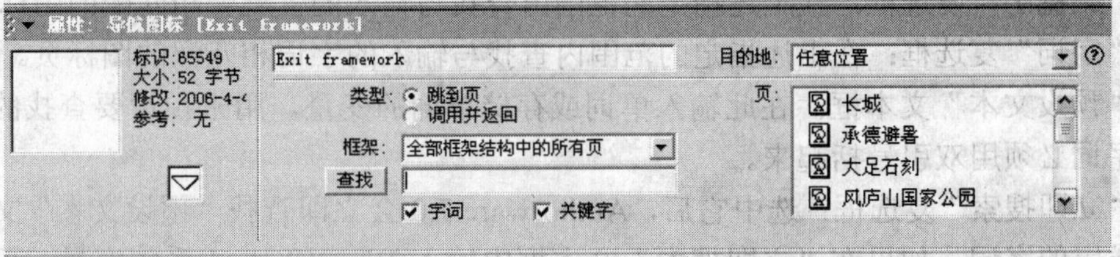

图 8-1-9　“属性：导航图标”（任意位置）面板

- “关键字”复选框：选中它后，可将文本框中输入的字词作为关键字去查找该关键字的图标页。

- “跳到页”单选按钮：选中它后，可建立单程定向链接。程序会继续执行流程线上下一个图标，而不会返回到调用它的原程序处。
- “调用并返回”单选按钮：选中它后，可建立环程定向链接，即程序执行了任意框架图标中目的页后，会返回原程序调用处。

（4）选中“目的地”下拉列表框中的“计算”选项后的“属性：导航图标”面板如图8-1-10所示。“图标表达”文本框是用来输入表达式，表达式的值就是目标页的页标识符，即ID标识。例如：IconID@“风景1”，表示链接的目的页名字是“风景1”。

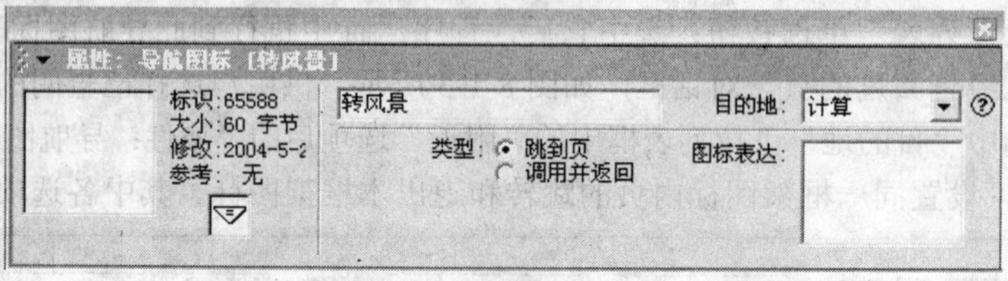

图 8-1-10 “属性：导航图标”（计算）面板

（5）选中“查找”选项后的“属性：导航图标”面板如图8-1-11所示。在不选中“立即搜索”复选框的情况下，运行程序后会调出一个“查找”对话框，如图 8-1-4 所示。可以在“查找”对话框内“单词或短语”文本框中输入要查找的字词或关键字（例如“长城”），单击【查找】按钮，即可在“页”列表框中显示出有输入的字词或关键字（例如“长城”）的图标的名称（可以有多个图标名称），如图8-1-4所示。单击【跳转至页面】按钮，即可使程序跳转到与查找到的图标所对应的图标页处。

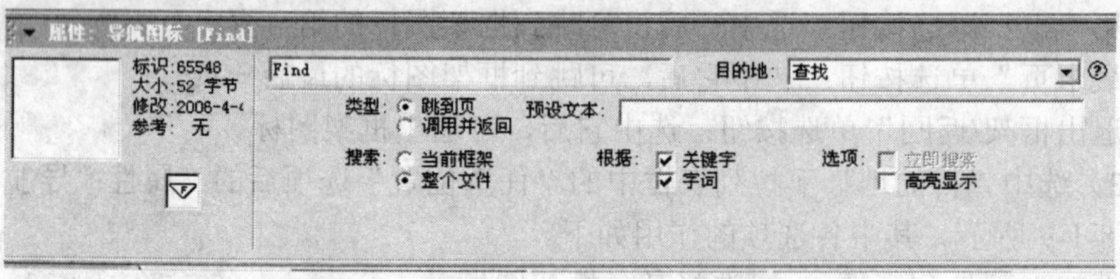

图 8-1-11 “属性：导航图标”（查找）面板

- “当前框架”选项：选中它后，限定在当前框架图标中查找与输入的字词或关键字相匹配的页。
- “整个文件”选项：选中它后，可在所有框架图标中查找与输入的字词或关键字相匹配的页。
- “关键字”复选框：在上述指定的范围内查找与输入的关键字相匹配的图标页。
- “字词”复选框：在上述指定的范围内查找与输入的字词相匹配的图标页。
- “预设文本”文本框：在此输入单词或存储单词的变量，用来预设要查找的字词，字词必须用双引号括起来。
- “立即搜索”复选框：选中它后，Authorware 7.0 会立即查找“预设文本”文本框中设定的字词。如果在“立即搜索”文本框中输入 WordClicked 系统变量，可以在不显示“查找”对话框情况下查找用户选定的字词；如果在“预设文本”文本框中输入 HotTextClicked 系统变量，则查找用户选定的链接文字。

- “高亮显示”复选框：选中它后，Authorware 7.0 将在“查找”对话框中显示要查找的字词及其上下文内容。

8.2 【案例 48】世界遗产在中国 2

案例效果

改进的“世界遗产在中国 2”程序运行后的画面如图 8-2-1 所示。它与“世界遗产在中国 1”程序运行后的画面比较，可以看出图形按钮变成了文字按钮，还增加了【转建筑】和【转文化遗址】两个按钮。在显示建筑图像时，单击【转文化遗址】按钮，即可转到显示“大足石刻”图像，如图 8-2-2 所示；单击【文化遗址】按钮，即可转到显示“苏州古典园林”图像。在显示文化遗址图像时，单击【转建筑】按钮，即可转到显示“秦始皇陵”图像；单击【建筑】按钮，即可转到显示“故宫”图像，如图 8-2-1 所示。

图 8-2-1　“世界遗产在中国 2”程序运行后的一个画面

图 8-2-2　转到显示“大足石刻”图像

在显示文化遗址画面时，【转文化遗址】按钮被【转建筑】按钮取代，【文化遗址】按钮被【建筑】按钮取代。在显示建筑画面时，【转建筑】按钮被【转文化遗址】按钮取代，【建筑】按钮被【文化遗址】按钮取代。另外，在显示第 1 页图像时，【前一页】按钮变为无效，在显示最后一页图像时，【下一页】按钮变为无效。

通过本案例的学习，可以掌握设置图标关键字的方法，“关键字”对话框的使用方法，以及 CurrentPageNum 和 PageCount 系统变量的功能和使用方法。

设计过程

"世界遗产在中国 2"程序如图 8-2-3 所示，程序设计过程如下。

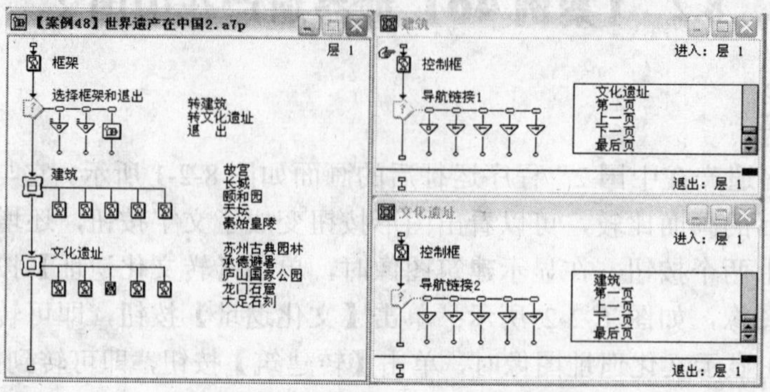

图 8-2-3 "世界遗产在中国 2"程序

1. 修改程序

（1）打开"【案例 47】世界遗产在中国 1"程序，以名称"【案例 48】世界遗产在中国 2"保存。将"交互"交互图标的名称改为"选择框架和退出"。在该交互图标的右下边添加"转建筑"和"转文化遗址"两个导航图标。

（2）将"建筑"框架图标和"文化遗址"框架图标内的各个图标按照图 8-2-3 所示和表 8-1-1 所示，将英文改为中文。

（3）将程序中的"擦除框架和标题"和"退出"图标删除。

（4）单击选中"建筑"框架图标内的"Exit framework"（退出框架）导航图标，将其更名为"文化遗址"。单击选中"文化遗址"导航图标，调出它的"属性：导航图标"面板，利用该面板，设置导航到"文化遗址"框架图标内的"苏州古典园林"图标，如图 8-2-4 所示。

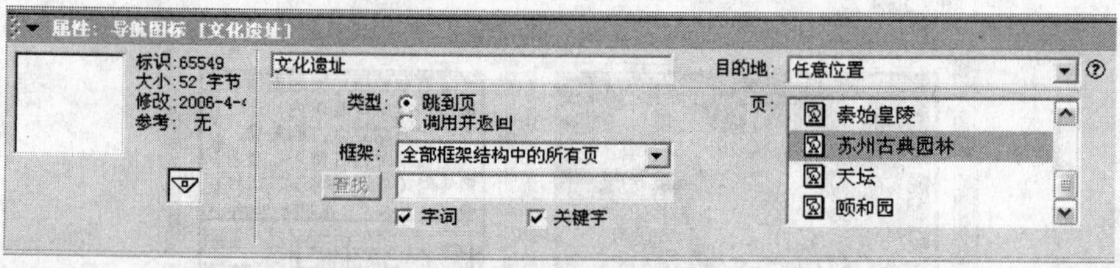

图 8-2-4 "属性：导航图标"（任意位置）面板

（5）单击选中"文化遗址"框架图标内的"Exit framework"（退出框架）导航图标，将其更名为"建筑"。单击选中"建筑"导航图标，调出它的"属性：导航图标"面板，利用该面板，设置导航到建筑框架图标内的"故宫"图标，如图 8-2-5 所示。

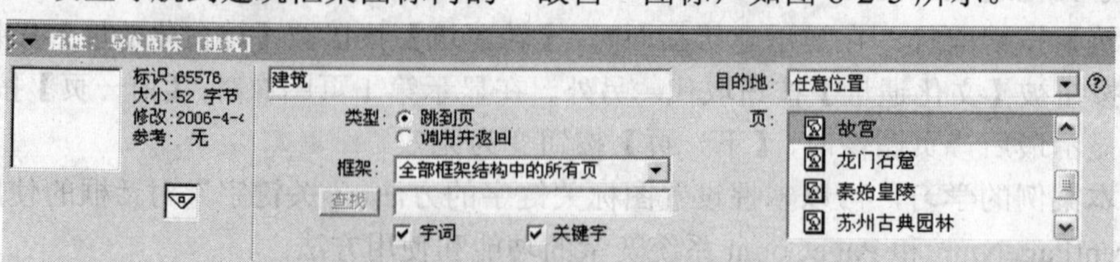

图 8-2-5 "属性：导航图标"（任意位置）面板

（6）单击选中“转文化遗址”导航图标，调出它的“属性：导航图标”面板，利用该面板，设置导航到“文化遗址”框架图标内的“大足石刻”图标，如图 8-2-6 所示。

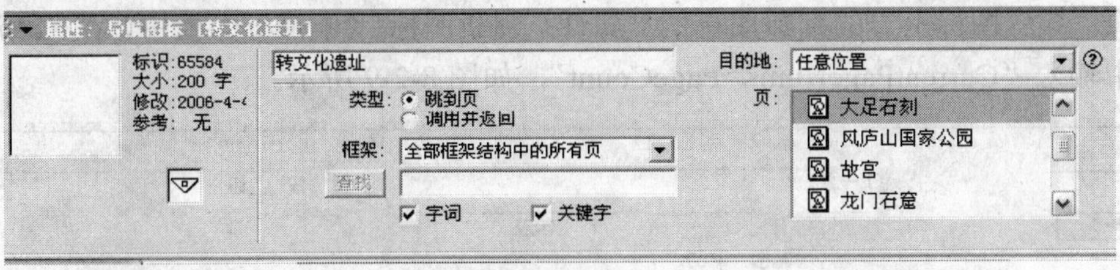

图 8-2-6 “属性：导航图标”（任意位置）面板

（7）单击选中“转建筑”导航图标，调出它的“属性：导航图标”面板，利用该面板，设置导航到建筑框架图标内的“秦始皇陵”图标，如图 8-2-7 所示。

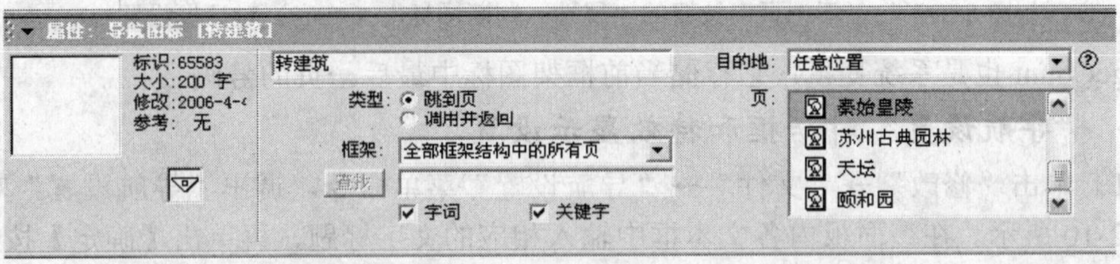

图 8-2-7 “属性：导航图标”（任意位置）面板

（8）为了使【文化遗址】和【建筑】按钮交替显示与隐藏，单击“转建筑”图标上方的判断图标，调出“属性：判断图标”（响应）面板，在其“激活条件”文本框中输入“K=1”；在“转建筑”导航图标的附属计算图标内输入“K=0”。单击“转文化遗址”图标上方的判断图标，在它的“属性：判断图标”（响应）面板内“激活条件”文本框中输入“K=0”；在“转文化遗址”导航图标的附属计算图标内输入“K=1”。

（9）单击选中导航图标上方的判断图标，调出“属性：判断图标”面板，再单击【按钮】按钮，调出“按钮”对话框，利用该对话框可以改变按钮上的文字和按钮的形状。

运行程序，按【Ctrl+P】键，进入画面编辑状态。此时，可以用鼠标拖曳各导航按钮，将它们移到控制框的相应位置，也可以调整按钮的大小。

（10）当显示页为第 1 页时，这时再单击“上一页”导航按钮，会使显示页改为最后一页。为了不产生此现象，希望在显示第 1 页时“上一页”导航按钮无效，其方法如下。

单击“上一页”导航图标上方的判断图标，调出相应的“属性：判断图标”（响应）面板，在该面板的“激活条件”文本框中输入“CurrentPageNum<>1”，如图 8-2-8 所示。CurrentPageNum 是一个系统变量，它存储当前页的号码。

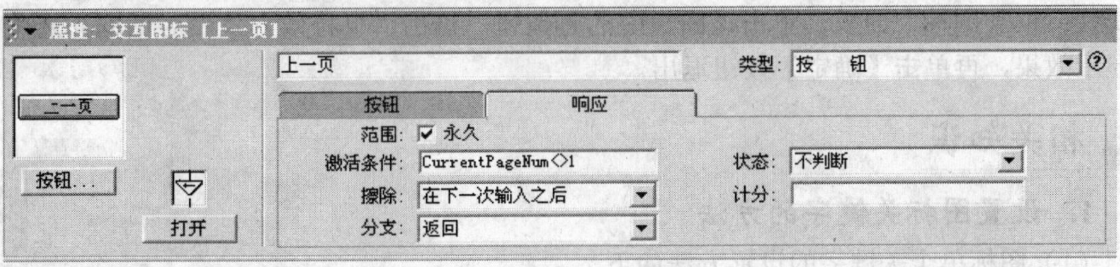

图 8-2-8 “上一页”按钮的“属性：判断图标”（响应）面板设置

（11）当显示页为最后一页时，这时再单击“下一页”导航按钮，会使显示页改为第1页。为了不产生此现象，希望在显示最后一页时“下一页”导航按钮无效，其方法是在“下一页”导航图标上方的判断图标的“属性：判断图标”（响应）面板中，在“激活条件”文本框中输入“CurrentPageNum<>PageCount”，如图8-2-9所示。

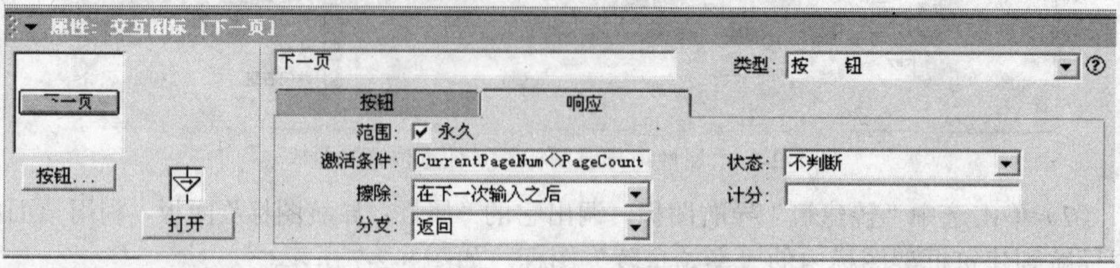

图8-2-9　“下一页”按钮的“属性：判断图标”（响应）对话框设置

PageCount也是系统变量，它存储当前框架图标中最后一页的号码。

2. “导航设置”对话框和特效显示设置

（1）单击“修改”→“文件”→“导航设置”菜单命令，调出“导航设置”对话框，如图8-2-10所示。在该面板内各文本框中输入相应的文字标题，再单击【确定】按钮即可修改相应的对话框。如果选中“当页已选择时关闭”复选框，则单击“查找”对话框中的【跳转至页面】按钮后，会转至相应页显示图标的内容，并能自动关闭“查找”对话框。

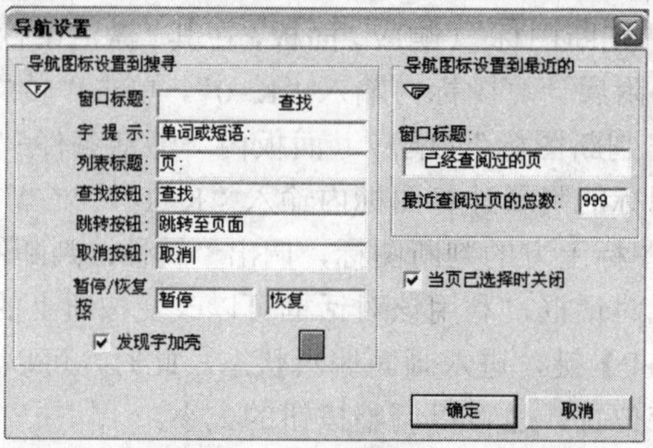

图8-2-10　“导航设置”对话框

（2）如果要让每页图像以不同的特效方式显示，可先单击选中显示图标，再利用“属性：显示图标”面板，设定某种特效显示方式。

如果要让所有页的图像都以相同的特效方式显示，而且显示特点是：当一个画面没有消失时，下一个画面就采用某种特效显示方式显示出来，可单击框架图标选中它，再调出“属性：框架图标”面板。单击该面板中的按钮，调出“页特效方式”对话框，选中一种显示效果，再单击【确定】按钮退出。

相关知识

1. 设置图标关键字的方法

（1）图标单个关键字的设置方法如下。

- 单击要设置关键字的图标（例如：“苏州古典园林”图标），选中它。

- 单击“修改”→“图标”→“关键字”菜单命令，调出“关键字”对话框。
- 在该对话框左下角的“关键字”文本框内输入关键字（例如：“苏州古典园林”），这时【添加】按钮变为可选按钮，单击它即可将“苏州古典园林”图标的关键字设置为“苏州古典园林”。同时，在其上边的列表框内显示出设定的关键字（例如：“苏州古典园林”），如图 8-2-11 所示。
- 单击【完成】按钮，可退出“关键字”对话框。

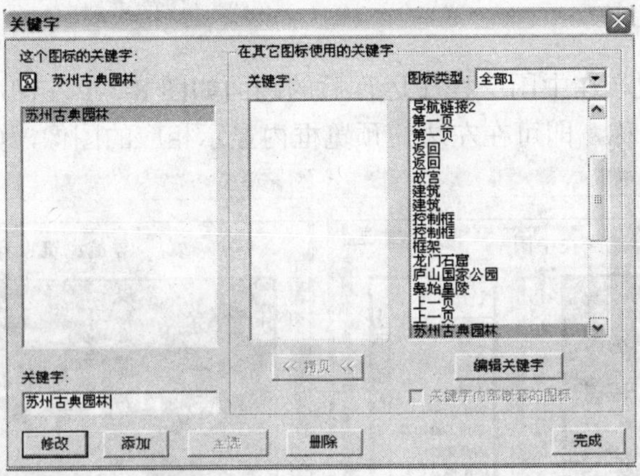

图 8-2-11　“关键字”对话框

（2）图标多个关键字的设置方法如下。

这些关键字会依次列在“这个图标的关键字”列表框内。按照上述方法可以进行其他图标关键字的设置。各图标的关键字不能相同。如果某个图标已有了关键字，则选中它时，中间的“关键字”列表框中会显示出它的关键字。

2.　“关键字”对话框

在“关键字”对话框中，右边的列表框用来显示图标名称，左边的列表框用来显示选中图标的关键字，中间的列表框用来显示其他图标的关键字。该对话框中其他选项的作用如下。

（1）【删除】按钮：删除选中图标的关键字。

（2）【修改】按钮：修改选中的关键字。

（3）【关键字】列表框：显示选定图标的所有关键字。

（4）【拷贝】按钮：将“关键字”列表框中所选的关键字复制到当前选中的图标。

（5）【全选】按钮：全部选中上面列表框中的关键字。此时如单击【删除】按钮，可将它们均删除。

（6）“关键字内部嵌套的图标”复选框 ：选中它后，如果选中的图标是群组、框架、交互、判断图标时，则显示附属于它们的图标的关键字。

（7）【完成】按钮：单击它可退出“关键字”对话框。

（8）【编辑关键字】按钮：利用它可以设置与编辑图标的关键字。方法是：在“图标类型”下拉列表框中选择图标类型，再在它下边的列表框中单击选中要设置关键字的图标。单击【编辑关键字】按钮，则“关键字”列表框内会显示该图标的名称。再在“关键字”文本框内输入图标的关键字，单击【添加】按钮，此时它上边的列表框中会显示出这个关键字。

3. CurrentPageNum 和 PageCount 系统变量

（1）CurrentPageNum 系统变量：用来存储当前页的号码。

（2）PageCount 系统变量：用来存储当前框架图标中最后一页的号码。

8.3 【案例 49】导航浏览世界遗产在中国

案例效果

“导航浏览世界遗产在中国”程序运行后的画面如图 8-3-1 左图所示。单击“目录”列表框内的某一行图像名称，即可在左边的预览框内显示相应的图像，如图 8-3-1 右图所示。

图 8-3-1 “导航浏览世界遗产在中国”程序运行后的两幅画面

通过本案例的学习，可以掌握一般文字样式和链接文字的定义与使用方法等。

设计过程

“导航浏览世界遗产在中国”程序如图 8-3-2 所示，程序设计过程如下。

（1）打开“【案例 48】世界遗产在中国 2”程序，以名称“【案例 49】导航浏览世界遗产在中国”保存。将“选择框架和退出”交互图标右下边的“转建筑”和“转文化遗址”两个导航图标删除。将【退出】按钮的位置移到右上角，如图 8-3-1 所示。

（2）在“框架”显示图标内导入一幅框架图像，如图 8-3-1 所示。在“目录和链接文字”显示图标内输入带滚动条的文本，每行文字就是“导航浏览图像”框架图标下挂的显示图标的名称“故宫”、“长城”、“颐和园”……“大足石刻”。

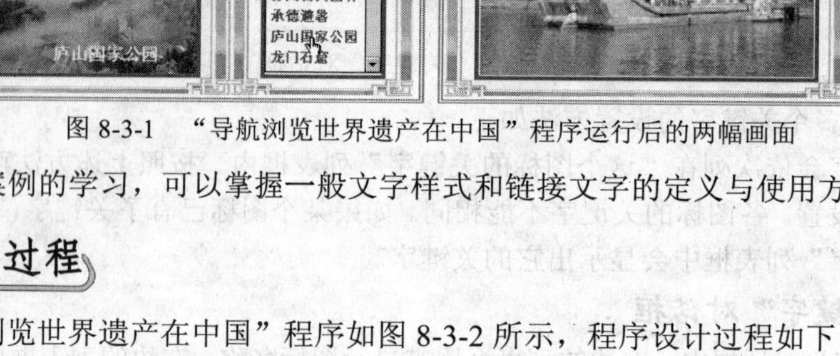

图 8-3-2 “导航浏览世界遗产在中国”程序

（3）用鼠标拖曳选中“文化遗址”框架图标下挂的 5 个显示图标。单击快捷工具栏内的【复制】按钮，将选中的图标复制到剪贴板中。

（4）单击“建筑”框架图标下挂的第 5 个显示图标的右边，使小手指出现。单击快捷工具栏内的【粘贴】按钮，将剪贴板中的图标粘贴到小手指示的地方，如图 8-3-2 所示。

（5）将“建筑”框架图标的名称改为“导航浏览图像”。将“文化遗产”框架图标删除。

（6）双击“导航浏览图像”框架图标，调出它的程序设计窗口。将其中的 7 个导航图标删除，只保留一个，更名为“单击目录中的链接文字”，如图 8-3-2 所示。

（7）双击“单击目录中的链接文字”导航图标上边的判断图标，调出它的“属性：判断图标”面板，利用该面板，设置交互方式为热对象方式，热对象设置为“单击目录中的链接文字”显示图标中的对象，在“匹配”下拉列表框中选择“单击”选项，鼠标指针设置为手指状。

（8）选中“单击目录中的链接文字”导航图标，调出“属性：导航图标”面板，如图 8-3-3 所示。在“目的地”下拉列表框中选择“计算”选项，在其文本框中输入如下语句：

```
ChildNumToID(IconID@"导航浏览图像",LastLineClicked)
```

图 8-3-3　“属性：导航图标”面板设置

相关知识

1. 什么是演绎字

在读书时，除了需要“页管理”的翻页来阅览需要了解的页以外，还会查阅一些字词最初的解释，这是很麻烦的事情。为了能快速查阅关键字词的最初解释，一些书在书后面增加一个关键字词索引表，以帮助读者快速找到有关的页。在 Authorware 7.0 中，把这些关键字词定义成演绎字（也叫链接文字）。当鼠标指针移至演绎字时，鼠标指针会变成小手状，单击演绎字，就会将相应的页调出来，而不用一页一页地翻阅查找。这种非线性地展示有关文本信息的方式就叫超文本，超文本的实质是利用导航图标将目的页与“演绎字”建立链接，用户单击“演绎字”后，程序跳转到与该“演绎字”链接的目的页，即将这些演绎字与相应的页构成了定向链接。

超媒体与超文本的区别仅在于其节点（即页）不但可以是文本，而且可以是图形、图像、声音、动画和视频信息等多媒体信息。它的非线性特点和链接特点与超文本一样。

2. ChildNumToID 系统函数

【格式】ChildNumToID(IconID@"Parent",n[,flag])函数

【功能】该函数返回“Parent”指定的框架图标下挂的分支图标中左起的第 n 个图标。

图标以自左向右排序。若在用户指定处没有图标，该函数返回 0。用 flag 参数获取函数返回信息，该信息不是关于附着与一框架图标的图标，就是关于框架窗口内进入栏或退出栏的图标，此处省略。

3. LineClicked 系统变量

【格式】LineClicked

【功能】该变量保存用户单击文本块内文字的文本行序号。如果单击的对象不是文本块内的文字，则 Authorware 将 0 赋给系统变量 LineClicked。变量 LastLineClicked 总是保持用户最后单击的文本块内文字的文本行序号。

8.4 【案例 50】跟我学 Authorware

案例效果

“跟我学 Authorware”程序运行后，屏幕显示两个文字框。将鼠标移到左边文字框内的某一行标题文字（链接文字）处，鼠标指针会变为小手状，单击该标题文字，会马上在右边的文字框内显示相应的文字说明，如图 8-4-1 左图所示。单击右边文字框内文字中的蓝色文字（链接文字），右边的文字框内会变为列表框，显示相应的程序运行效果。

例如：单击左边文字框内“5 种动画制作”标题文字，则右边文字框内会显示关于 5 种动画的名称、特点和制作方法的文字说明。单击【退出】按钮，屏幕的画面会逐渐缩小最后消失，然后退出程序。

单击右边文字框内文字中的红色文字（链接文字），右边的文字框会变为预览框，显示相应的程序运行效果。例如：单击右边文字框内“指向固定点”红色文字，右边文字框会变为预览框，显示一个彩球在移动，如图 8-4-1 右图所示。

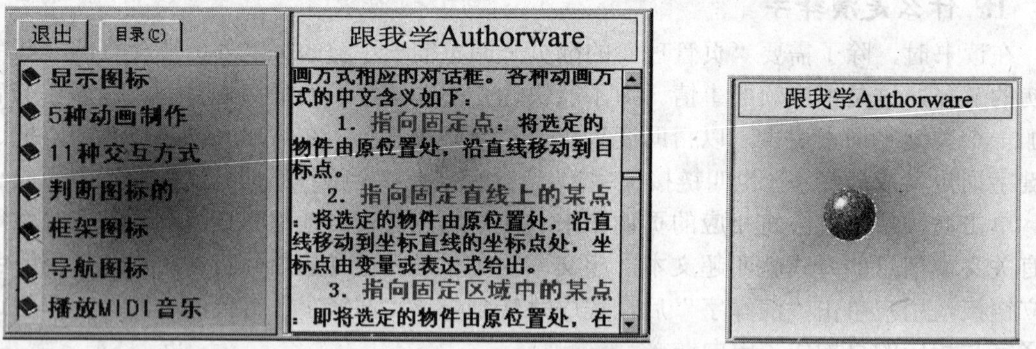

图 8-4-1 “跟我学 Authorware”程序运行后的 2 幅画面

设计过程

“跟我学 Authorware”程序如图 8-4-2 所示，程序的设计方法介绍如下。

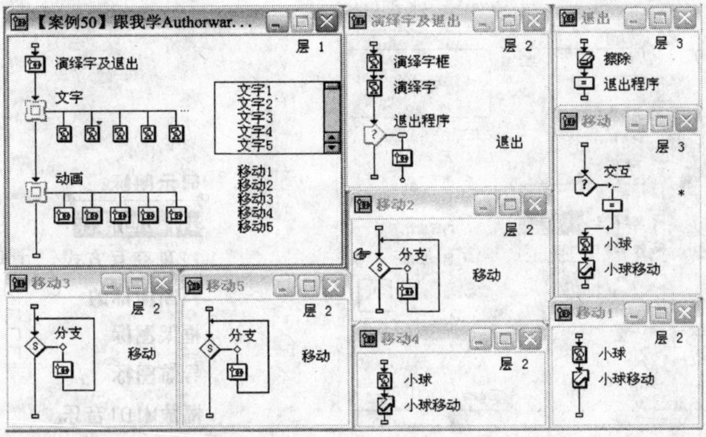

图 8-4-2　“跟我学 Authorware”程序

1. 演绎字链接到文本

（1）在“演绎字及退出”群组图标的程序设计窗口内放置“演绎字框”显示图标、“演绎字”显示图标、“退出程序”交互图标和“退出”群组图标。在“退出”群组图标的程序设计窗口内放置“擦除”擦除图标和“退出程序”计算图标，如图 8-4-2 所示。

（2）在“演绎字框”显示图标内加载一个框架图像，如图 8-4-1 所示。再在“演绎字”显示图标内输入 7 行文字，它们各自独立，自成一个对象，如图 8-4-3 所示。要注意，这 7 行文字不要在“演绎字框”显示图标内输入。

（3）“擦除”图标内的擦除图标用来擦除屏幕画面，“退出程序”计算图标内输入 Quit(0) 函数，用来退出程序的执行。

（4）“文字”框架图标下挂 7 个显示图标，显示图标内分别输入或导入相应的说明文字，均带文本滚动条。例如，“文字 2”显示图标内加载的文字如图 8-4-4 所示。然后，将“文字”框架图标内的所有图标删除。

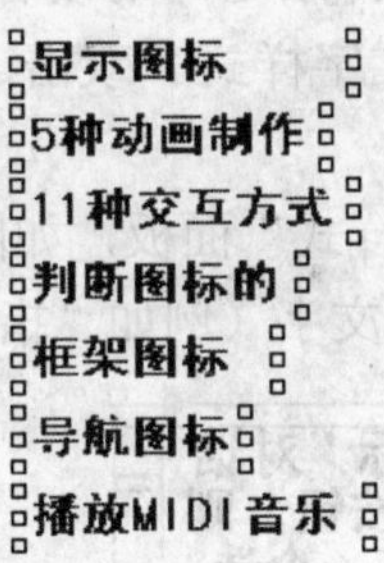

图 8-4-3　7 行文字

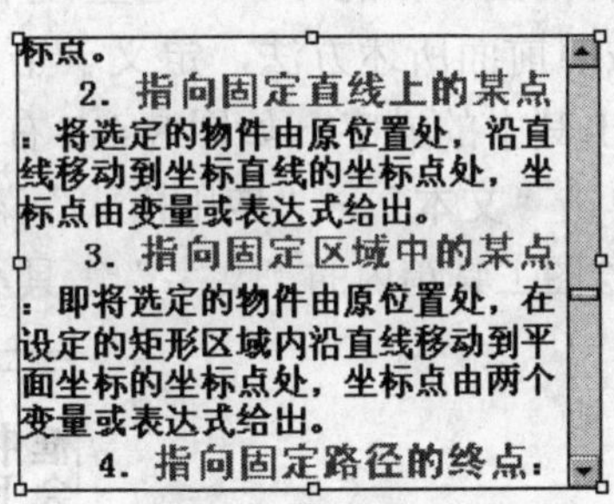

图 8-4-4　“文字 2”图标内加载的文字

（5）单击“文本”→“定义样式”菜单命令，调出“定义风格”对话框，如图 8-4-5 所示。单击【添加】按钮，再在该按钮上边的文本框内输入文字样式名称“蓝字 1”。

（6）单击“文本”→“应用样式”菜单命令，调出“应用样式”面板，如图 8-4-6 右图所示。双击“演绎字”图标，调出其中的文字，如图 8-4-6 左图所示。单击显示图标绘图工具箱内的“文字工具”图标A，再用鼠标拖曳一行文字（例如第 2 行文字）。单击选中“应用样式”面板中的一种链接文字样式，如图 8-4-6 右图所示。

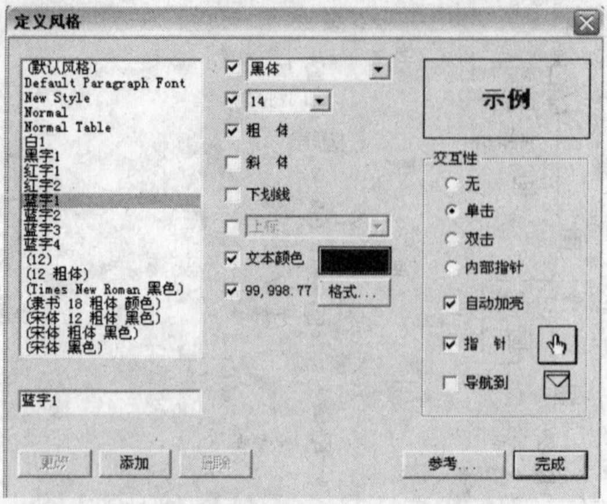

图 8-4-5 “定义风格”对话框

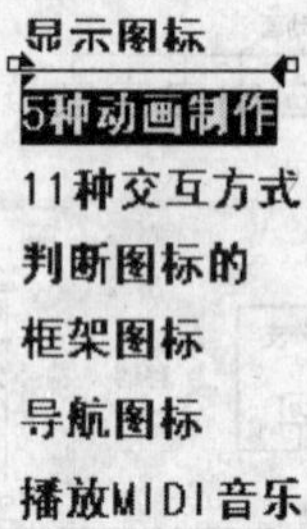

图 8-4-6 选中一种链接文字样式

（7）在单击链接文字样式时，会自动调出“属性：导航”面板，如图 8-4-7 所示。再单击该面板内的“文字 2”图标，即可建立该链接文字与“文字 2”图标的链接。

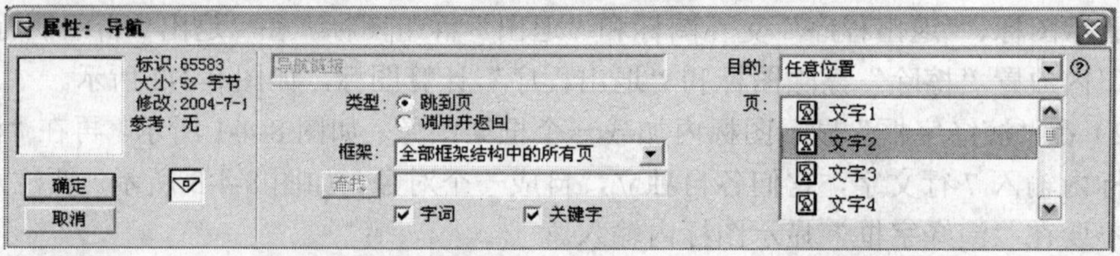

图 8-4-7 “属性：导航”面板设置

按照上述方法，分别建立其他链接文字，以及该链接文字与相应图标的链接。

2. 演绎字链接到动画

（1）在“文字”框架图标下放入一个名字为“动画”的框架图标，下挂 5 个群组图标，分别放置 5 种动画制作的程序，这些程序的制作方法前面已经介绍过，请读者自己完成。

（2）按照前面所述方法，定义一个名称为“红字 1”的文字样式。双击“文字 2”显示图标，调出其中的文字，如图 8-4-8 右图所示。

（3）单击“文本”→“应用样式”菜单命令，调出“应用样式”面板，如图 8-4-8 左图所示。单击绘图工具箱内的“文字”工具A，再用鼠标拖曳一行文字（例如“指向固定点”）。

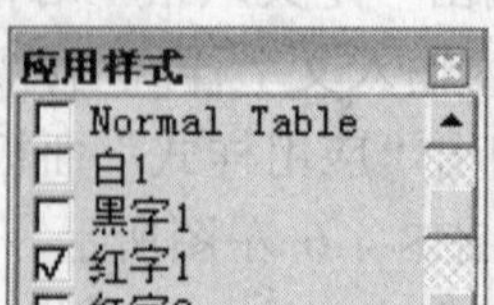

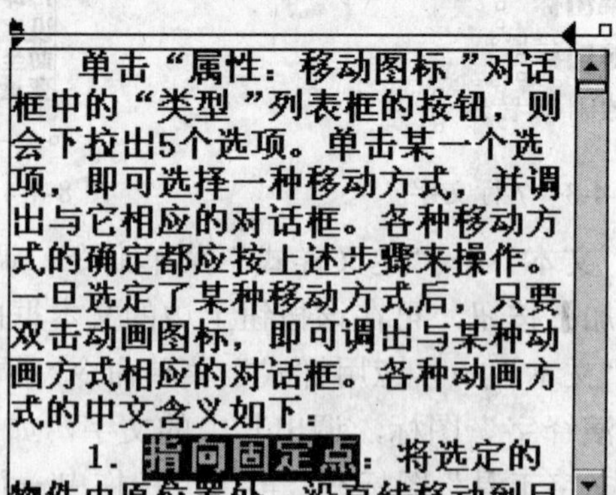

图 8-4-8 “文字 2”显示图标内的文字和“应用样式”面板

（4）单击选中“应用样式”面板中的“红字 1”链接文字样式，如图 8-4-8 左图所示，调出“属性：导航”面板，如图 8-4-9 所示。再单击该面板内的“移动 1”图标，即可建立该链接文字“指向固定点”与“移动 1”群组图标的链接。

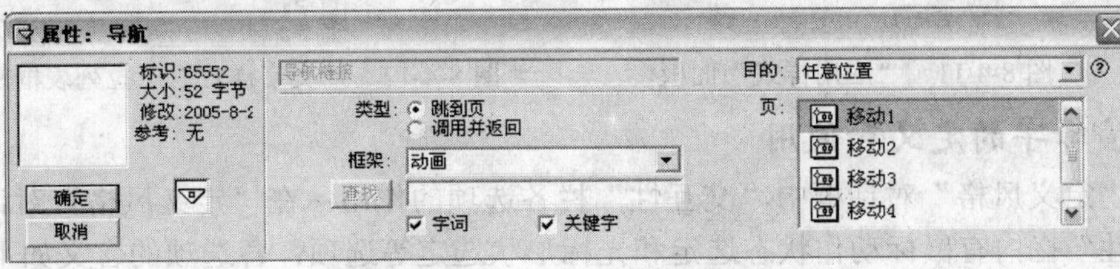

图 8-4-9　“属性：导航”面板设置

（5）在“文字 2”显示图标内输入的关于“五种动画方式”的说明文字中，设置了五个链接文字：“指向固定点”、“指向固定直线上的某点”、“指向固定区域中的某点”、“指向固定路径的终点”和“指向固定路径上的任意点”。按照上述方法，分别建立这些文字与“移动 1”、“移动 2”……“移动 5”群组图标相链接，链接文字样式为“红字 1”。

相关知识

1. 一般文字样式的定义方法

文字有一般文字和演绎字，演绎字样式的定义是在一般文字样式定义的基础之上再定义的。

（1）单击“文本”→“定义样式”菜单命令，调出“定义风格”对话框，如图 8-4-5 所示。单击【添加】按钮，再在该按钮上边的文本框内输入文字样式名称，例如“蓝字 1”。

（2）在中间一栏的复选框与下拉列表中，设定字体、字大小、风格（粗体、斜体、下画线、上标、下标）、颜色和数字格式。单击“99,998.77”复选框后，【格式】按钮变为可选，单击它，调出“数字格式”对话框，如图 8-4-10 所示。利用该对话框设定数字格式。

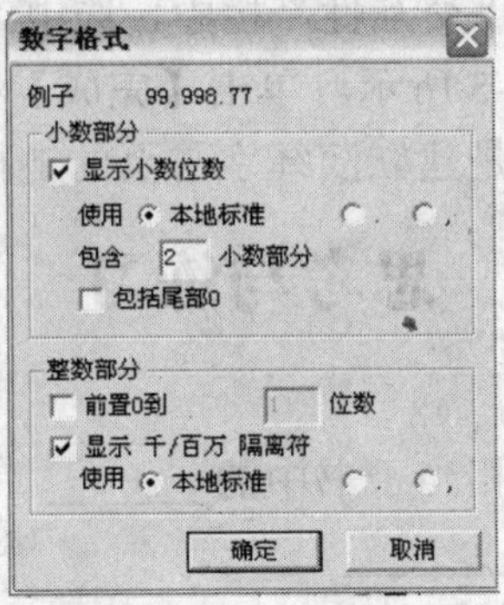

图 8-4-10　“数字各式”对话框

（3）在“定义风格”对话框中，右上角为设定风格的示例，单击【完成】按钮，即可将文字样式设定完成，并给该样式定义为“蓝字 1”。

（4）一般文字样式的使用方法：在显示图标的设计窗口状态下，单击“文本”→“应用样式”菜单命令，调出“应用样式”面板，如图 8-4-11 所示。选中文字，再单击该面板中的字样名称，即可选定字样。也可以单击选中快捷工具栏中“文字样式”下拉列表框内的字样名称，如图 8-4-12 所示。选定字样，即可一次性完成对文字属性的设置与修改。

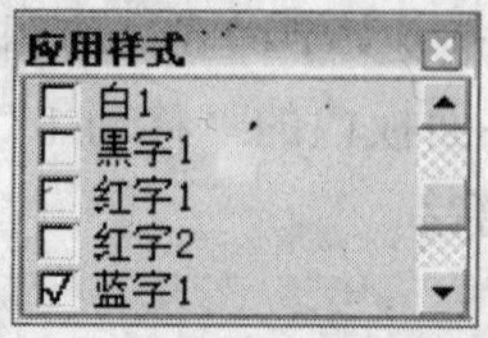

图 8-4-11 “应用样式”面板

图 8-4-12 “文字样式”下拉列表框

2. 演绎字的定义和使用

（1）“定义风格”对话框中“交互性”栏各选项的作用：在“定义风格”对话框右边的“交互性”栏内有鼠标动作状态选定和光标形状选定等选项，各选项的含义如下：

- “无”单选按钮：不定义演绎字，单击它后，此栏各选项变为不可选。
- “单击”单选按钮：设置演绎字可被选中的鼠标动作是单击。
- “双击”单选按钮：设置演绎字可被选中的鼠标动作是双击。
- “内部指针”单选按钮：设置演绎字可被选中的鼠标动作是从字外移到字内。
- “自动加亮”复选框：选取演绎字时，演绎字变为用其补充色显示。
- “指针”复选框：可选取鼠标指针的形状，一般为小手形状。
- “导航到”复选框：选中它后，可使演绎字与页建立链接。

（2）演绎字的定义：在完成一般文字样式定义后，可利用“定义风格”对话框右边的“交互性”栏，进行有关演绎字内容的定义。例如，定义一个名字为“蓝字 2”的演绎字样式：字体为黑体，字号为 14 磅，加粗，颜色为蓝色；鼠标指针经过演绎字时，鼠标指针形状为手指形状；鼠标单击时产生链接，演绎字变为用其补色显示。其定义方法如下：

① 要设置上述要求的演绎字，可单击“定义风格”对话框内左边列表框中的“蓝字 1”一般字样式名称（该字样式具有字体为黑体，字号为 14 磅，颜色为蓝色特点），选中它；

② 在“定义风格”对话框内“交互性”栏中，选中“单击”单选按钮，选中“自动加亮”和“指针”复选框，如图 8-4-5 所示。单击【完成】按钮，存盘退出。

（3）演绎字的使用方法：就是建立演绎字与页的链接所采用的方法。

思考与练习

一、填空题

1．框架图标下挂的每一个图标都相当于书中的________，可以通过程序对这些图标进行管理，实现____________________________。

2．在框架图标内有________个导航图标。

3．使用导航图标有两种方式，一是自动定向，即____________________；二是用户控制的定向，即________________________________。

4．单击________→________→________菜单命令，调出“导航设置”对话框。

5．CurrentPageNum 系统变量的作用是____________________，PageCount 系统变量的作用是________________________。

6．单击________→________菜单命令，可以调出“定义风格”对话框。

二、问答题

1．什么是页管理？什么是链接？什么是演绎字？

2．在 Authorware 中如何如何设置演绎字？如何实现链接？

三、上机操作题

1．参考案例 48“世界遗产在中国 2”程序，设计一个可以浏览所在班级相片的“同学留念”程序。

2．继续完成案例 48“世界遗产在中国 2”程序，将其他中国的世界遗产图像和文字加到程序中。

3．继续完成案例 49“导航浏览世界遗产在中国”程序，将其他中国的世界遗产图像和文字加到程序中。

4．设计一个“自动翻页展示图像”程序，该程序运行后，会自动地一幅一幅图像依次自动展示。展示到最后一幅图像后，又会从第 1 幅图像开始展示。

5．仿照案例 49“导航浏览世界遗产在中国”程序，设计一个“跟我学 Authorware 案例”程序，该程序运行后，右边的目录中显示的是案例的名称，单击案例名称后，在左边的框架内会显示相应的案例制作过程的视频演示。

6．继续完成案例 50“跟我学 Authorware”程序其他部分的制作。

第 9 章 选择与循环结构及决策图标

通过学习 8 个案例，了解算法，初步掌握分支结构语句、循环结构语句和数组，初步掌握决策图标的使用方法，掌握 Qcard32.dll 函数的使用方法。另外，还进一步掌握一些程序设计的基本方法和常用技巧。

9.1 【案例 51】分段函数

案例效果

有一个分段函数（即对于不同的 X 取值范围，函数的表达式是不一样的）如下：

$$Y=\begin{cases} X^3-3X^2+5X-7 & (10\geqslant X>0) \\ 3X^2-5X+7 & (50\geqslant X>10) \\ 5X^2-9 & (X>50 \text{ 或 } X\leqslant 0) \end{cases}$$

设计一个“分段函数”程序，该程序运行后，要求用户输入一个数 X，程序会根据 X 值属于哪一个范围，而采用相应的表达式，计算出相应的函数值，赋给变量 Y，同时显示出函数的值。“分段函数”程序运行输入一个数后，按【Enter】键，即可显示分段函数的值，如图 9-1-1 所示。

通过本案例的学习，可以了解算法、控制结构和选择结构语句。

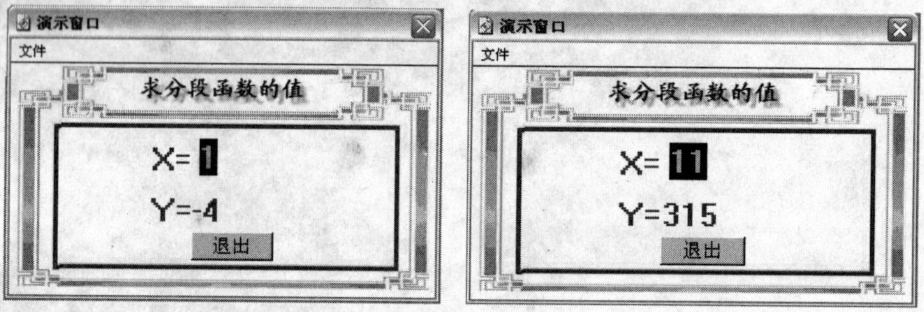

图 9-1-1 “分段函数”程序运行后的 2 幅画面

设计过程

“分段函数”程序如图 9-1-2 所示。程序设计的过程如下：

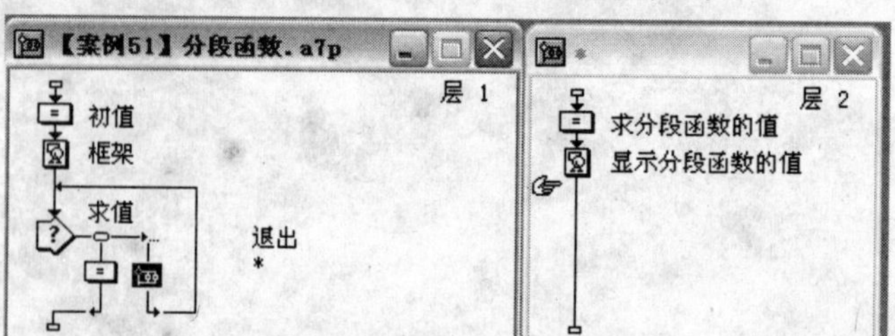

图 9-1-2 “分段函数”程序

（1）“初值”计算图标内输入的语句是“X:=0”和“Y:=0”，变量 X 用来存储用户输入的数，变量 Y 用来存储函数的值。

（2）在“框架”显示图标内导入一幅框架图像，如图 9-1-1 所示。

（3）在“框架”显示图标下边创建一个名称为“交互”的交互图标。在“交互”图标下挂一个名字为“*”的群组图标和一个名字为“退出”的计算图标，“*”群组图标的交互方式为文本输入方式，“退出”计算图标的交互方式为按钮交互方式。

（4）在“退出”计算图标内输入语句“Quit(0)”，用来退出程序的运行。

（5）双击“交互”图标，进入它的演示窗口，其内输入红色、24 磅文字“X=”。调整文本输入框的大小和位置，设置输入文字为红色、24 磅文字。

（6）在“*”的群组图标的程序设计窗口内创建一个名称为“求分段函数的值”计算图标和一个名称为“显示分段函数的值”的显示图标。在“求分段函数的值”计算图标内输入如下程序。

```
X:=NumEntry
if (X<=10)&(X>0)then                --如果 X 小于或等于 10，同时 X 大于 0，则
    Y:=X**3-3*X**2+5*X-7
else if (X<=50)&(X>10)then          --如果 X 小于或等于 50，同时 X 大于 10，则
    Y:=3*X**2-5*X+7
else if (X>50)|(X<=0)then           --如果 X 大于 50 或 x 小于或等于 0，则
    Y:=5*X**2-9
end if
```

（7）在“显示分段函数的值”显示图标的演示窗口内输入红色、24 磅的文字“Y={Y}”，用来显示分段函数的值。

相关知识

1. 算法

算法就是解决某一具体问题的方法和步骤。解决任何一个问题都要采用一定的方法和步骤。例如计算 5！的步骤是：计算 1×2 的值为 2→计算 2×3 的值为 6→计算 6×4 的值为 24→计算 24×5 的值为 120，即 5！=120。

利用计算机来解决问题需要编写程序，在编写程序前要对问题进行充分地分析，设计解题的步骤与方法，也就是设计算法，然后根据算法编写程序。例如计算 5！的值，上面已给出了计算的步骤，要实现上述计算，需用变量 JC 存放初值 1，以后存放每次乘积的值和最后的计算结果，用变量 N 存放初值 0，用 N:=N+1 语句使变量 N 再依次取整数 1、2、3、4 和 5，用 JCZ=JCZ*N 完成每次的乘法运算。根据上述算法，设计的计算 5！的程序如下：

```
JCZ:=1                    --JCZ 赋初值 1
N:=0                      --N 赋初值 0
N:=N+1                    --N 自动加 1，N 等于 1
JCZ:=JCZ*N                --将 JCZ*N 的值赋 JCZ(等于 1)
N:=N+1                    --N 自动加 1，N 等于 2
JCZ:=JCZ*N                --将 JCZ*N 的值赋 JCZ(等于 2)
N:=N+1                    --N 自动加 1，N 等于 3
JCZ:=JCZ*N                --将 JCZ*N 的值赋 JCZ(等于 6)
N:=N+1                    --N 自动加 1，N 等于 4
JCZ:=JCZ*N                --将 JCZ*N 的值赋 JCZ(等于 24)
```

```
N:=N+1                          --N 自动加 1，N 等于 5
JCZ:=JCZ*N                      --将 JCZ*N 的值赋 JCZ(等于 120)
```

如果使用上述算法计算 100！值，会使程序长而繁，这显然不是一个好算法，应改进算法。考虑到程序中多次使用“N:=N+1”和“JCZ:=JCZ+N”语句，可使用循环的方法，循环一次执行一次“N:=N+1”和“JCZ:=JCZ+N”语句，一共循环 100 次。如果是求 M!，则循环 M 次。这种循环可以通过程序的循环控制结构来实现。

2. 算法的描述方法

为了让算法清晰易懂，则需要选择一种好的描述方法。算法有许多描述方法，例如前面所用的方法是自然语言法，即使用人们日常使用的语言描述解决问题的步骤与方法。这种描述方法通俗易懂，但比较繁琐，且对条件转向等描述欠直观。针对自然语言法描述的缺点，又产生了流程图和 N-S 图等方法。

（1）流程图：它是一种用图形来表示算法的描述方法。它通过各种几何框图和流程线来描述各步骤的操作和执行的过程。这种方法直观形象、逻辑清楚、容易理解，但它占用篇幅大，流程随意转向，较大的流程图不易读懂。对于初学者和编写较小的程序时，可采用流程图的方法。流程图规定的几何图形如表 9-1-1 所示。用流程图描述程序的 3 种基本结构如图 9-1-3 所示。

表 9-1-1　流程图规定的几何图形

符　号	作　用	符　号	作　用
	起始框：表示程序的起始和终止		输入输出框：表示输入输出数据
	处理框：表示完成某种项目的操作		流程线：表示程序执行的方向
	判断框：表示进行判断		连接点：表示两段流程图流程的连接点

（2）N-S 图：N-S 图形方法完全去掉了流程线，全部算法写在一个矩形框内，总框内包含其他的功能框，所以又称为盒图。N-S 图是一种真正的结构化描述方法，由于没有了流程线，这样就不会产生由于流程线太乱而导致的错误。用 N-S 图描述程序的 3 种基本结构如图 9-1-4 所示。

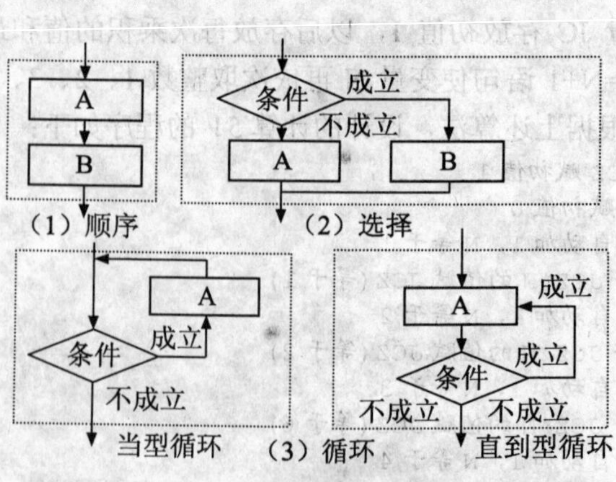

图 9-1-3　用流程图描述程序的 3 种基本结构

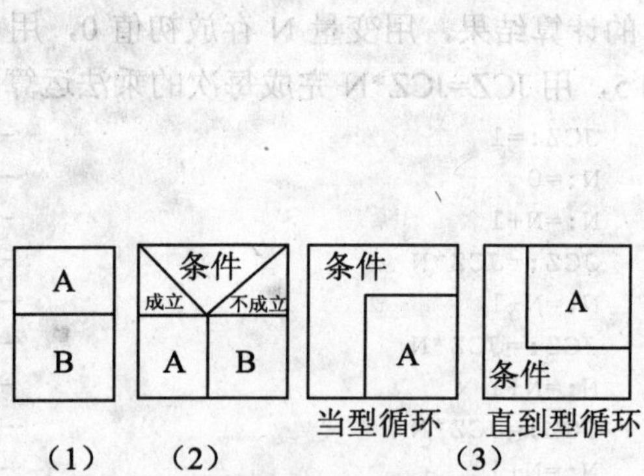

图 9-1-4　用 N-S 图描述程序的三种基本结构

3. 流程控制结构

Authorware 虽然采用图标对象的编程方法，但是在具体的计算图标内部的程序仍然使用的是结构化程序的方法，来对其流程进行控制。这就需要有对程序流程进行控制的语句。

程序设计中，共有 3 类流程序控制结构：顺序结构、选择结构和循环结构。所有的复杂程序都可以由这 3 类结构组合来完成。

（1）顺序结构：它是一种线性结构，顺序结构中，程序语句按其在程序中出现的顺序，依次执行，直至执行完所有语句行的语句或执行至 QUIT 函数语句为止。顺序结构的流程图描述如图 9-1-3（1）和图 9-1-4（1）所示。前面各章中介绍的大部分程序都是顺序结构的程序。

（2）选择结构：也叫分支结构。它的特点是使程序能进行逻辑判断，在满足条件时转去执行相应的语句，在不满足条件时转去执行另一些语句。根据所给定选择条件为真（即条件成立）与否，而决定从各实际可能的不同操作分支中，选择执行某一分支的相应操作，并且任何情况下均有“无论分支多少，仅选其一执行”的特性。选择结构的流程图如图 9-1-3（2）和图 9-1-4（2）所示。前面的实例中曾使用了这种结构。

（3）循环结构：当程序中有重复的工作要做时，就需要用到循环结构。循环结构的应用使得大量重复的工作变得更容易，提高了编程效率。

循环结构又分为当型循环结构与直到型循环结构，前者是先进行条件判断；后者是执行一次要重复执行的程序段或语句，再进行条件判断。循环结构的流程图如图 9-1-3（3）和图 9-1-4（3）所示。

在 Authorware 的图标构成的程序中，所谓选择结构就是程序执行到某个图标后，下一个要执行的图标是从多个并列的图标中选择一个。所谓循环结构就是在满足一定条件的情况下，反复执行一段图标程序，直至条件不满足时才退出。

4. 选择结构语句

在 Authorware 中，实现选择结构的语句有单选择双分支、多选择多分支等语句。选择语句的功能都是根据表达式的值是否成立，有条件地选择执行一组语句。

（1）单选择双分支语句：它有 3 种格式，介绍如下：

【格式 1】If<条件表达式>Then<表达式 1>else<表达式 2>

【格式 2】Test（<条件表达式>,<表达式 1>,<表达式 2>）

【功能】当条件表达式成立时，执行表达式 1；当条件表达式不成立时，执行表达式 2。以后，再执行下一条语句。可以省略〈表达式 2〉和 else。例如：

```
If X>=60 Then N: ="及格!"else  N: ="不及格!"
或: Test (X>=60, N: ="及格!", N: ="不及格!")
```

【格式 3】
```
If<条件表达式> Then
        <语句体 1>
    else
        <语句体 2>
end If
```

【功能】当条件表达式成立时，执行语句体 1；当条件表达式不成立时，执行语句体 2。执行完后，都执行 end If 下边的语句。可以不要<表达式 2>和 else。例如：

```
If X>=60 Then
    N:="及格!"
else
    N:="不及格!"
end If
```

（2）多选择双分支语句：它只有一种格式，介绍如下。

【格式】

```
If<条件表达式 1>Then
    <语句体 1>
else If〈条件表达式 2>Then
    <语句体 2〉
else If<条件表达式 3>Then
    <语句体 3>
end If
```

【功能】当条件表达式 1 成立时，只执行语句体 1；当条件表达式 2 成立时，只执行语句体 2；当条件表达式 3 成立时，只执行语句体 3。再执行 end If 后边的语句。例如：

```
If X>=85 Then
    N:=“优!”
else If (X<85)&(X>=60)  Then
    N:=“良!”
else If X<60  Then
    N:=“不及格!”
end If
```

9.2 【案例 52】圆框内随机撞击的彩球

案例效果

“圆框内随机撞击的彩球”程序运行后，屏幕显示一个彩球在漂亮的圆形框架内来回移动，其中的三幅画面如图 9-2-1 所示。要求彩球运动的轨迹是随机的，并不断撞击圆形的内边框，而且是先撞击圆形的上内边框，再撞击圆形的下内边框，以后交替进行，周而复始。同时有撞击次数的显示。每撞击 10 次，圆形框架内的背景图像就会更换一幅。撞击 60 次后，擦除彩球，等待一会后再擦除整个画面，显示“演示完毕！”文字。然后，等待一会儿，再退出程序运行。

通过本案例的学习，可以了解循环结构语句和列表循环语句。

图 9-2-1 “圆框内随机撞击的彩球”程序运行后的 3 幅画面

设计过程

“圆框内随机撞击的彩球”程序如图 9-2-2 所示。程序的设计过程如下：

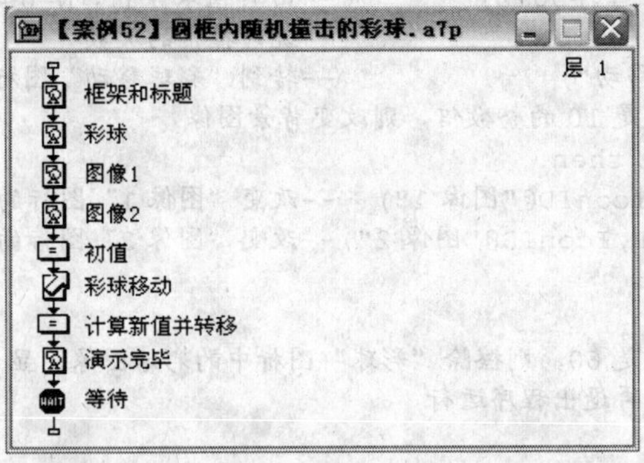

图 9-2-2　“圆框内随机撞击的彩球”程序

（1）“框架和标题”显示图标内导入如图 9-2-1 所示的圆形框架、标题文字和“次数：{K}”。“次数：{K}”用来显示彩球撞击圆形内框的次数。该图标的图层号为 2，圆形框架图像（BMP 格式）采用透明方式。

（2）“彩球”显示图标内导入一幅彩球图像（BMP 格式），该图标的图层号为 2，采用透明方式，位置在圆形框架的正中间。

（3）“图像 1”显示图标内导入一幅风景图像，图层号为 1，大小与位置正好与圆形框架一致。“图像 2”显示图标内导入另一幅风景图像，图层号为 0，大小与位置正好与圆形框架一致。

（4）“赋初值”计算图标内的赋初值内容如下：

```
X:=50          --水平坐标赋初值
Y:=0           --垂直坐标赋初值
N:=1           --决定彩球撞击圆框的上半边还是撞击圆框的下半边
L:=0           --决定显示哪一个背景图像
Z:=0           --计算 Y 时的中间值
K:=0           --彩球撞击的次数
```

（5）“彩球移动”移动图标的“属性：移动图标”面板设置如图 9-2-3 所示。“彩球移动”移动图标的平面坐标路径设置如图 9-2-4 所示。

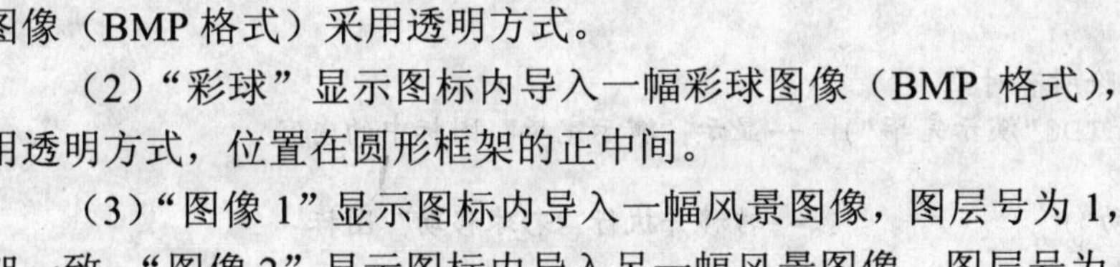

图 9-2-3　“彩球移动”移动图标“属性：移动图标”面板设置

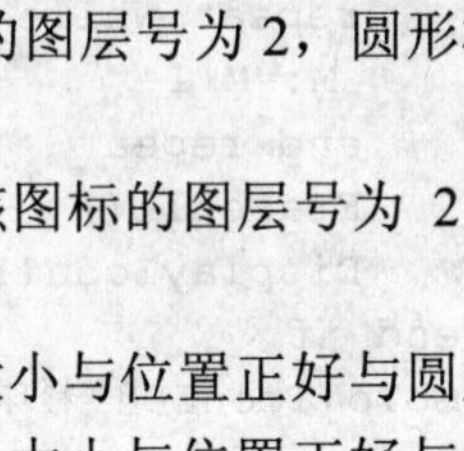

图 9-2-4　移动图标的坐标路径

（6）在“彩球移动”移动图标的下边放置一个名称为“计算新值并转移”的计算图标。

（7）“计算新值并转移”计算图标内的程序如下：

```
N:=1-N                                  --N取值在0与1之间交替变化
--产生随机的X坐标值，数的范围是0到100的整数
X:=Random(0,100,1)
Z:=SQRT(2500-(X-50)**2)                 --求Z值（根据圆的坐标方程式）
Test (N=0,Y:=50-Z,Y:=50+Z)              --由N值求Y值，N=0时，Y<=50；N=1时，Y>=50
K:=K+1                                  --统计撞击的次数
GoTo(IconID@"彩球移动")                  --转到“彩球移动”图标去执行
--如果彩球撞击的次数是10的整数倍，则改变背景图像
if INT(K/10)=K/10 then
  LayerDisplay(L,IconID@"图像1")        --改变“图像1”图标的图层号
  LayerDisplay(1-L,IconID@"图像2")--改变“图像2”图标的图层号
  L:=1-L
end if
--如果彩球撞击的次数是60，则擦除“彩球”图标中的彩球图像，显示“演示完毕”图标中的内
--容，延时一段时间，再退出程序运行
if K=60  then
    EraseIcon(IconID@"彩球")             --擦除“彩球”图标中的彩球图像
    --循环50000次，产生延时效果
    M:=0
    repeat while M<50000
     M:=M+1
    end repeat
    EraseAll() --擦除所有对象
    DisplayIcon(IconID@"演示完毕") --显示“演示完毕”图标中的内容
end if
GoTo(IconID@"彩球移动")                  --转移并执行“彩球移动”图标
```

程序中，变量N的初值为1，第一次执行“计算新值”图标内的N:=1-N后，变量N的值为0，变量X取值是0～100内的随机整数，变量Y取值小于或等于50，彩球撞击圆形内框的下半边；第二次执行该图标内的N:=1-N后，变量N的值为1，变量X取值是0～100内的随机整数，变量Y取值大于或等于50，所以彩球撞击圆形内框的上半边。周而复始地进行下去。

当K等于10时，L=0，1-L=1，“图像1”的图层号为0，“图像2”的图层号为1；由于执行了L：=1-L，则L=1，当K等于20时，L=1，1-L=0，“图像1”的图层号为1，“图像2”的图层号为0，周而复始，不断变化。

圆的坐标方程式是：$(Y-Y0)^2+(X-X0)^2=R^2$

因此可以获得：$Y=Y0+SQRT(R^2-(X-X0)^2)$和$Y=Y0-SQRT(R^2-(X-X0)^2)$。

（8）在“计算新值”计算图标下边放置一个名称为“演示完毕”的显示图标，在该图标内导入有“演示完毕！”文字和背景图像的一幅图像，图层号为1。在“演示完毕”显示图标下边放置一个名称为“等待”的等待图标，暂停时间为6秒，不显示【等待】按钮和倒计时小钟。

相关知识

1. 循环结构语句

在解决实际问题时，常常需要重复某些相同的操作，即对某一语句或语句序列重复执

行多次，解决此类问题，就要用到循环结构语句。在 Authorware 中，实现循环结构的语句如下：

（1）一般型循环语句

【格式】repeat with〈循环变量〉: =〈初始值〉to|down to〈终止值〉

〈循环体语句〉

end repeat

【功能】执行 repeat with 语句时，给变量赋初始值，再执行循环体语句。当执行 end repeat 时，循环变量自动加 1 或减 1（使用 to 时加 1，使用 down to 时减 1）。然后，判断是否超出终止值，如果没超出，则返回循环体执行循环体语句；如果超出了，则执行 end repeat 下边的语句。

当初始值小于终止值时，使用 to，执行 end repeat 时自动加 1，当循环变量大于终止值时叫超出；当初始值大于终止值时，使用 down，执行 end repeat 时自动减 1，当循环变量小于终止值时称作超出。

【实例】求 1+2+…+100 的值。

在流程线上创建一个计算图标，命名为“求值”，再在该图标下边放置一个名字为“显示结果”的显示图标，其内输入：{SUM}。在“求值”计算图标内输入如下程序：

```
SUM:=0
repeat with N:=1 to 100
    SUM:=SUM+N
end repeat
```

（2）条件型循环语句

【格式】repeat while〈条件表达式〉

〈循环体语句〉

end repeat

【功能】当条件表达式成立时，执行循环体语句，否则退出循环，执行 end repeat 下边的语句。每执行到 end repeat 语句时都会返回到 repeat while 语句，去判断条件表达式是否成立。

【实例】求 1+2+…+100 的值。

在流程线上创建一个计算图标，命名为“求值”，再在该图标下边放置一个名字为“显示结果”的显示图标，其内输入：{SUM}。在“求值”计算图标内输入如下程序。

```
SUM:=0
N:=1
repeat while N<=100
   SUM:=SUM+N
   N:=N+1
end repeat
```

（3）退出循环语句

【格式】Exit Repeat

【功能】该语句置于循环体中，当程序执行到它时，则退出循环，执行 end repeat 下边的语句。

【实例】求 1+2+…+100 的值。

在流程线上创建一个计算图标，命名为“求值”，再在该图标下边放置一个名字为“显示结果”的显示图标，其内输入：{SUM}。在“求值”计算图标内输入如下程序：

```
SUM:=0
repeat while TRUE
    N:=N+1
    SUM:=SUM+N
    if  N>=100  then  exit repeat
end repeat
```

（4）继续执行下一次循环的语句

【格式】Next Repeat

【功能】该语句可置于循环体中，当执行到它时，不执行其下边的循环体中的各条语句，继续执行下一次循环。

【实例】求 1+3+…+99 的值。

在流程线上创建一个计算图标，命名为“求值”，再在该图标下边放置一个名字为“显示结果”的显示图标，其内输入：{SUM}。在“求值”计算图标内输入如下程序：

```
SUM:=0
N:=1
repeat while N<=99
     N:=N+1
     if  INT(N/2)=N/2 then  next repeat
     SUM:=SUM+N
end repeat
```

2. 列表的循环语句

根据列表的循环语句的格式与功能如下：

【格式】

```
repeat with X In list
    <循环体语句>
    end repeat
```

【功能】语句中 X 为循环变量，List 是一个列表，循环的次数决定于列表中数据的个数，每循环一次，就把列表中的一个数据赋给循环变量，从左到右依次进行，然后执行循环体语句。当列表中的数据均赋值后退出循环，执行 end repeat 下边的语句。每执行到 end repeat 语句时都会返回到 repeat while 语句，去判断列表中的数据是否已经赋值完。

【实例】求 1+2+5+7+9+11+15+21+27+31 的值。

在流程线上创建一个计算图标，命名为“求值”，再在该图标下边放置一个名字为“显示结果”的显示图标，其内输入：{SUM} 。在“求值”计算图标内输入如下程序：

```
LIST:=[1,2,5,6,7,11,15,21,27,31]   --建立一个列表 LIST
SUM:=0
repeat with  N in LIST
   SUM:=SUM+N
end repeat
```

9.3 【案例 53】三个有趣的整数

案例效果

有三个正整数，其和为 23，第 1 个数的 2 倍、第 2 个数的 3 倍和第 3 个数的 5 倍三者的和为 81，第 1 个数与第 2 个数和的 10 倍减去三个数的积除以 2 为−76。编程求符合条件的一组三个数。

"三个有趣的整数"程序的运行结果如图 9-3-1 所示。通过本案例的学习，可以了解选择结构和循环结构语句的输入方法。

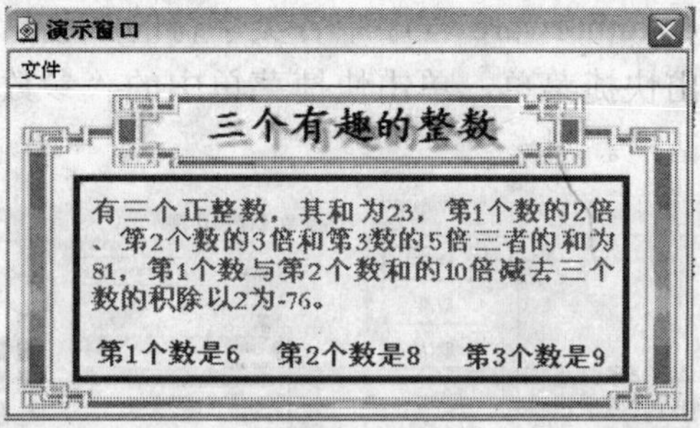

图 9-3-1　"三个有趣的整数"程序的运行结果

设计过程

"三个有趣的整数"程序如图 9-3-2 所示。程序的设计过程如下：

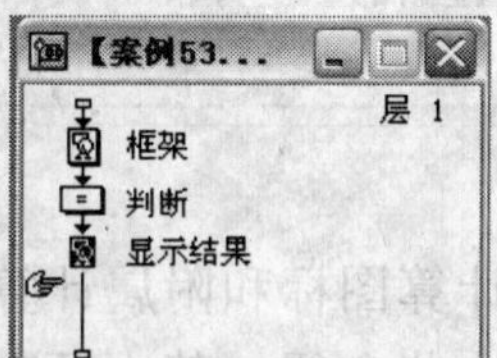

图 9-3-2　"三个有趣的整数"程序

(1)"框架"显示图标内导入一幅框架图像，如图 9-3-1 所示。

(2)"判断"计算图标内输入如下程序：

```
repeat with A= 0 To 23
   repeat with B = 0 To 23
     C = 23 - A - B             --保证 A+B+C=23
      --判断是否符合条件，如果符合条件则转到"显示结果"图标去执行
      If (2*A+3*B+5*C=81) & (10*(A+B)-A*B*C/2=-76)  Then
        GoTo(IconID@"显示结果")
      End If
   end repeat
end repeat
```

在程序中，第 1、2、3 个数分别用变量 A，B，C 来表示，由题意可知 2*A+3*B+5*C=81，10*(A+B)−A*B*C/2=−76。解决这类问题可以使用语句来产生 0 到 23 的数，分别赋给变量 A、B、C，然后按照条件进行筛选，符合条件的便显示出来。

(3) 在"显示结果"显示图标内输入本案例的题目和如下内容：

第 1 个数是{A}　　　第 2 个数是{B}　　　第 3 个数是{C}

相关知识

1. “参数选择：计算”对话框设置

在计算图标和附属计算图标中，可以按照选择结构语句和循环结构语句的格式来输入。Authorware 系统可以自动检验语句的格式是否正确，如果检查出语句有错误，系统会提示错误的类型和出错的位置。为了有利于编写程序和输入程序，在 Authorware 系统的计算图标对话框中，还可以自动给不同类型的字符标注颜色。默认情况下，它将变量用绿色标示，运算符号用红色标示，其他用黑色标示。如果要改变颜色标注，可单击计算图标对话框中的图标按钮，调出“参数选择：计算”对话框，如图 9-3-3 所示，利用该对话框可以设置 Authorware 程序或插入 Authorware 程序中各类字符的颜色。将鼠标移到计算图标对话框中，单击鼠标右键，调出快捷菜单，单击快捷菜单中的“参数选择”菜单命令，也可调出“参数选择：计算”对话框。

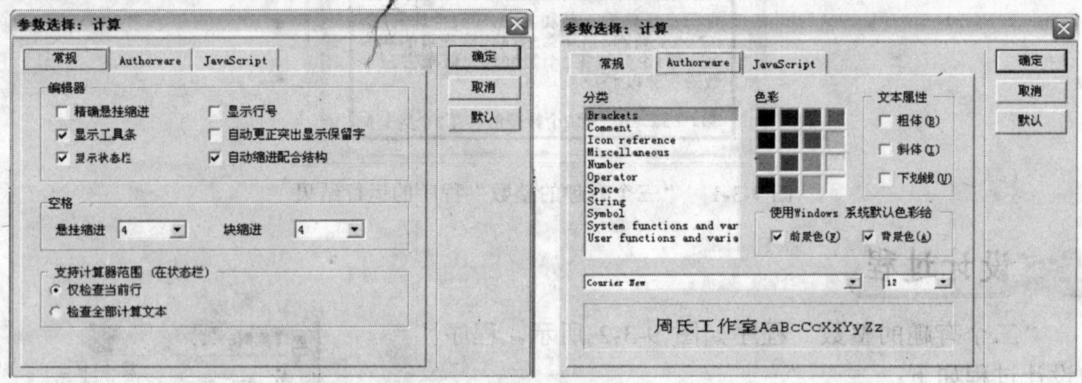

图 9-3-3 “参数选择：计算”对话框

在计算图标和附属计算图标的对话框中，提供了许多编辑程序的工具，这在前面已经作了一些介绍。其中还有几个工具没有介绍。单击最左边的语言切换工具，可以在使用 Authorware 语言（此时的按钮变为）和 JavaScript 语言（此时的按钮变为）之间切换。

2. “插入语句块”工具的使用方法

“插入语句块”工具主要用来帮助用户输入选择结构语句和循环结构语句。

（1）单击计算图标或附属计算图标对话框中的【插入语句块】按钮，即可调出“插入 Authorware 语句块”对话框（如图 9-3-4 所示）或“插入 JavaScript 语句块”对话框（与图 9-3-3 所示基本一样，只是标题和语句内容不太一样）。单击该对话框上边的语句选项，即可在该对话框下边的下拉列表框中显示该语句的标准格式。其中，竖线处表示需要首先输入内容。

（2）在“插入 Authorware 语句块”对话框下边的列表框中输入程序，如图 9-3-5 所示。单击【插入】按钮，即可将输入的程序插入到计算图标或附属计算图标中，如图 9-3-6 所示。

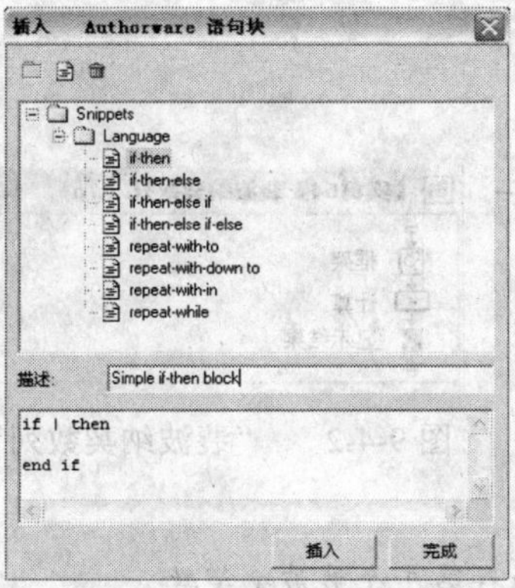

图 9-3-4　“插入 Authorware 语句块”对话框

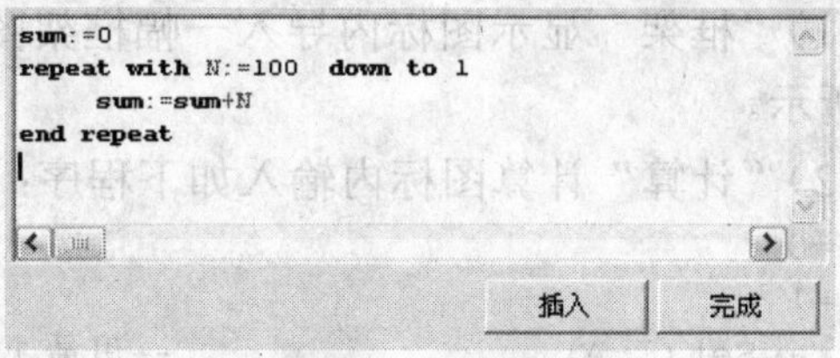

图 9-3-5　输入程序

（3）在将“插入 Authorware 语句块”对话框中输入的程序插入到计算图标或附属计算图标的对话框中后，会调出一个提示信息的“Confirm”对话框，如图 9-3-7 所示。

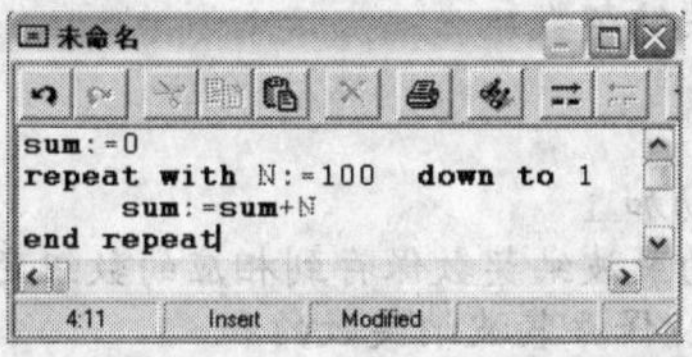

图 9-3-6　计算图标或附属计算图标的对话框

图 9-3-7　提示信息的“Confirm”对话框

单击该对话框中的【Yes】按钮，即可将插入的程序保存到“插入 Authorware 语句块”对话框中。当以后再选择“插入 Authorware 语句块”对话框时，保存了程序的语句时，即可在该对话框中下面的列表框中显示出保存的程序。

单击“插入 Authorware 语句块”对话框中的【完成】按钮，不会将输入的程序插入到计算图标或附属计算图标的对话框中，只是会调出“Confirm”对话框。

9.4 【案例 54】裴波纳契数列

案例效果

“裴波纳契数列”程序运行后会显示裴波纳契数列前 20 个数以及它们的和。裴波纳契数列的第 1 个数是 0，第 2 个数是 1，以后的数总是前两个数的和，因此以后的数是：1，2，3，5，8，13，21，34，55…程序运行后的画面如图 9-4-1 所示。通过本案例的学习，可以了解数组和数组函数。

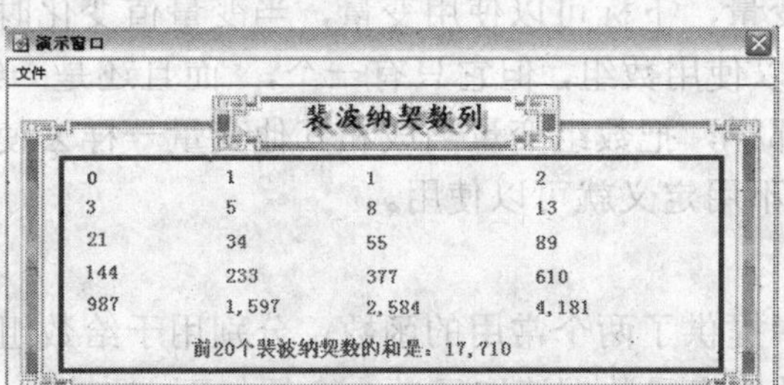

图 9-4-1　“裴波纳契数列”程序的运行结果

设计过程

“裴波纳契数列”程序如图 9-4-2 所示。程序的设计过程如下：

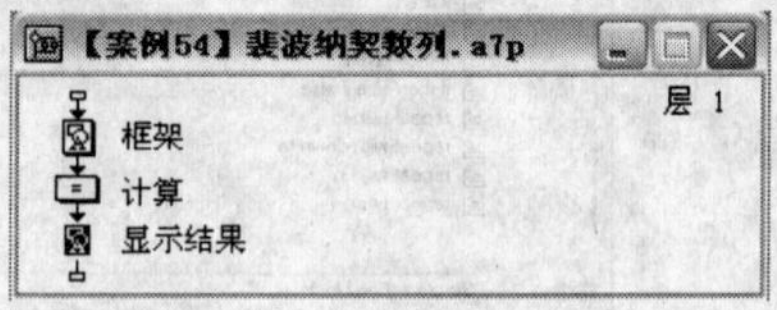

图 9-4-2 “裴波纳契数列”程序

（1）“框架”显示图标内导入一幅框架图像，如图 9-4-1 所示。

（2）“计算”计算图标内输入如下程序：

```
A:=0
B:=1
ArraySet(1,A)                   --用第 1 个数组变量保存第 1 个裴波纳契数
ArraySet(2,B)                   --用第 2 个数组变量保存第 2 个裴波纳契数
N:=2                            --变量 N 用来保存产生的裴波纳契数的个数
SUM:=A+B                        --用变量 SUN 保存第 1 和第 2 个裴波纳契数的和
repeat while N<=20
   C:=A+B                       --求新的裴波纳契数
   A:=B
   B:=C
   N:=N+1                       --变量 N 自动加 1
   ArraySet(N,C)                --将新产生的裴波纳契数保存到相应的数组变量中
   SUM:=SUM+ArrayGet(N)         --用变量 SUN 保存裴波纳契数的和
end repeat
```

在程序中，用变量 A 和 B 保存前两个裴波纳契数，变量 C 保存新产生的裴波纳契数，它等于前两个裴波纳契数的和，即 C=A+B。用变量 SUN 保存裴波纳契数的和。

（3）在“显示结果”显示图标内输入如下内容：

```
{ArrayGet(1)}      {ArrayGet(2)}      {ArrayGet(3)}      {ArrayGet(4)}
{ArrayGet(5)}      {ArrayGet(6)}      {ArrayGet(7)}      {ArrayGet(8)}
{ArrayGet(9)}      {ArrayGet(10)}     {ArrayGet(11)}     {ArrayGet(12)}
{ArrayGet(13)}     {ArrayGet(14)}     {ArrayGet(15)}     {ArrayGet(16)}
{ArrayGet(17)}     {ArrayGet(18)}     {ArrayGet(19)}     {ArrayGet(20)}
```

相关知识

1. 数组

在实际应用中常需要处理同一类型的成批数据，例如：统计 90 个候选人的选票，用 90 个变量分别存放这些候选人的票数，如用 P1、P2…P90 这 90 个变量，统计候选人票数和进行其他处理时就很麻烦。使用数组来处理这类问题就会简单得多。所谓数组就是一批名字相同但下标不同的变量，下标可以使用变量，当变量值变化时，数组的变量也跟着变化。Authorware 7.0 中可以使用数组，但它只有一个， 而且还是一维的，且没有数组名称，还不能像其他高级语言那样，把数组变量当成和其他变量一样去使用，例如给它赋值。在 Authorware 7.0 中，数组不用定义就可以使用。

2. 数组函数

在 Authorware 7.0 中提供了两个常用的函数，分别用于给数组变量赋值的数组赋值函数和读取数组变量值的数组变量数据读取函数，介绍如下。

（1）数组的赋值函数：用来给数组元素（即下标变量）赋值。

【格式】Arrayset（n，value）

【功能】n 与 value 均可以是常数，变量或表达式，n 的值是一个正整数 N 时，将 value 的值赋给数组中下标为 n 的变量 Arrayset（n，value），n 的值 N 的范围应是 0 到 2500 中的整数，也就是说数组变量的个数最多为 2501 个。在给数组变量赋值时，value 的类型不受限制，可以是数值，也可以是字符串，而且无需指明数据类型。

（2）数组变量数据的读取函数：用来读取数组元素（即下标变量）的值。

【格式】ArrayGet（n）

【功能】n 可以是常量、变量或表达式，n 的值是整数 N 时，它可以给出下标为 N 的数组变量的值。

【实例】编写一个“验证数组两个函数作用”的程序。运行该程序后，在屏幕上会显示 11，22，33，44 四个数。

① 将一个计算图标放入流程线上，其内输入如下程序：

```
M:=0
N:=1
ArraySet(N,M:=M+11)
N:=N+1
ArraySet(N,M:=M+11)
N:=N+1
ArraySet(N,M:=M+11)
N:=N+1
ArraySet(N,M:=M+11)
```

② 在计算图标下边放入一个显示图标，在显示图标的设计窗口内不同位置分别输入：{ArrayGet(1)}，{ArrayGet(2)}，{ArrayGet(3)}和{ArrayGet(4)}。这四个数组变量的下标分别为 1，2，3，4。

9.5 【案例 55】连续自然数的和

案例效果

“连续自然数的和 1”程序运行后，演示窗口显示如图 9-5-1 左图所示，要求用户输入连续自然数的起始数和终止数，输入完数（例如：输入的起始数为 10，终止数为 1000）后按【Enter】键，演示窗口即可显示这一组连续整数的和，如图 9-5-1 右图所示。通过本案例的学习，可以进一步了解循环结构程序的设计方法，以及了解决策图标的使用方法。

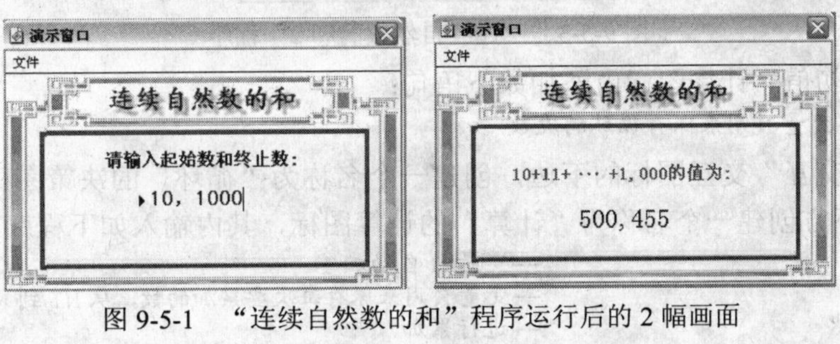

图 9-5-1　“连续自然数的和”程序运行后的 2 幅画面

设计过程

1. “连续自然数的和 1”程序

“连续整数的和 1”程序如图 9-5-2 所示，程序设计的过程如下。

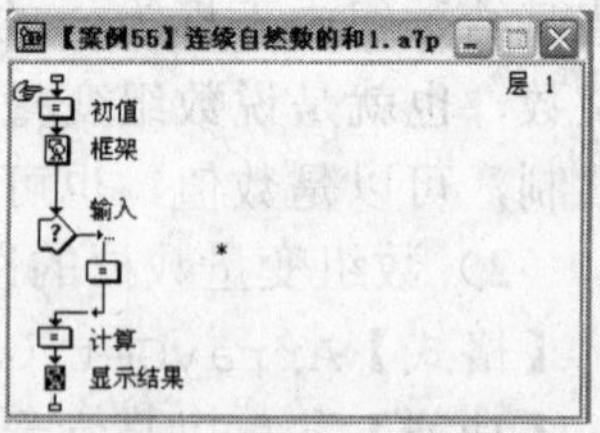

图 9-5-2 “连续自然数的和 1”程序

（1）“初值”计算图标内输入的语句是：SUM:=0，SUM 用来存储连续整数的和。

（2）“框架”显示图标内导入一幅框架图像，如图 9-5-1 所示。

（3）“输入”交互图标下挂一个名字为“*”的计算图标，交互方式为文本输入方式，计算图标内输入的程序如下：

```
N1:=NumEntry                    --将用户输入的初值赋给变量 N1
N2:=NumEntry2                   --将用户输入的终值分别赋给变量 N2
```

（4）双击“输入”交互图标，调出它的演示窗口。在该演示窗口内输入“请输入起始数和终止数:”提示信息。

（5）“计算”计算图标内输入的程序如下：

```
repeat with N:=N1 to N2    -- N 为循环变量，N1 为初值，N2 为终值
  SUM:=SUM+N               -- 从数值 N1 开始进行累加，每次加 1，直到 N=N2 为止
end repeat                 -- 每执行一次，循环变量 N 自动加 1，再返回 repeat with，
                           -- 当 N>N2 时，脱离循环，执行下面的语句
```

（6）在“显示结果”显示图标内输入：“{N1}+{N1+1}+…+{N2}的值为:”和“{SUM}”，用来显示计算连续整数的和。

2. “连续自然数的和 2”程序

“连续自然数的和 2”程序如图 9-5-3 所示。“连续自然数的和 2”程序是在“连续自然数的和 1”程序基础之上修改而成的。程序设计的方法如下：

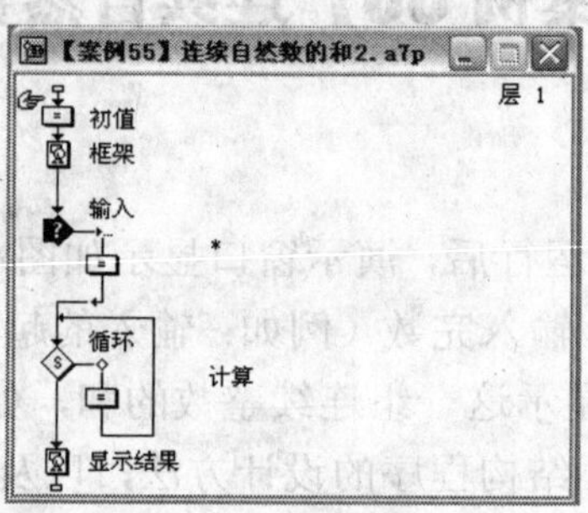

图 9-5-3 “连续自然数的和 2”程序

（1）在“初值”计算图标内添加如下语句：

```
N:=-1    --变量 N 用来保存循环的次数
```

（2）在“交互”交互图标的下边，创建一个名称为“循环”的决策图标。在“循环”决策图标的右下方创建一个名称为“计算”的计算图标，其内输入如下程序：

```
N:=N+1                  --变量 N 自动加 1
K:=N1+N                 --变量 K 用来保存每次要累加的数，从 N1 到 N2
SUM:=SUM+K              --进行累加
```

（3）单击选中“循环”决策图标，调出它的“属性：决策图标”面板，在“重复”下拉列表框内选择“固定的循环次数”选项，在其文本框内输入 N2−N1+1，用来控制循环次数。在“分支”下拉列表框内选择“顺序分支路径”选项，如图 9-5-4 所示。

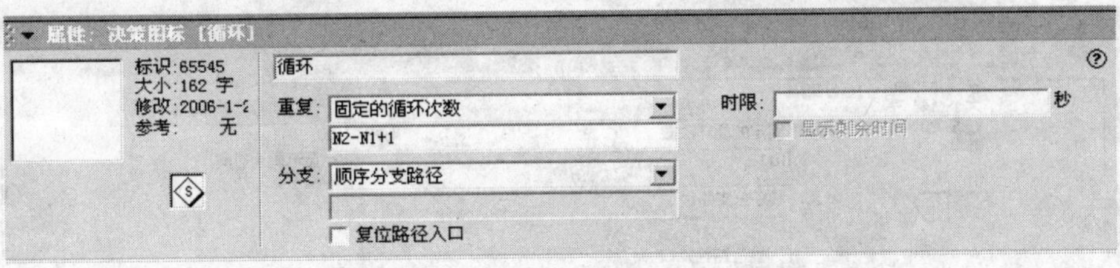

图 9-5-4　“属性：决策图标”面板

相关知识

1. Authorware 程序中的两种选择结构

前面讲述的交互图标及其下边放置的多个并列的响应图标就构成了一个选择结构。程序执行到交互图标后，下一个要执行哪个响应图标，是依据用户的响应来决定的。

Authorware 提供了一个专门用于建立选择结构的图标，叫决策图标。决策图标下方也可以下挂多个并行的图标，构成选择结构。通常把决策图标下的每一个下挂图标叫做一个判断路径，选择结构是由一个决策图标和多个判断路径组成的。这种由决策图标和判断路径组成的选择结构与由交互图标和响应图标组成的选择结构是不同的，前者是根据用户的响应来决定执行哪一个响应图标，而后者是根据已编好的程序来决定执行哪一个判断路径的。当然，这种区分也不是绝对的。

2. “属性：判断路径”面板

判断路径上的图标（上边的菱形小图标）叫判断路径图标，在打开“属性”面板的情况下，单击判断路径图标，可调出它的“属性：判断路径”面板，如图 9-5-5 所示。该对话框中各选项的作用如下。

图 9-5-5　“属性：判断路径”面板

（1）“擦除内容”下拉列表框：用来选择何时擦除该判断路径执行后屏幕显示的内容。

- “在下个选择之前”：在执行下一个判断路径前，擦除屏幕上显示的内容。
- “在退出之前”：在退出判断结构时，擦除屏幕上执行该判断路径后显示的内容。
- “不擦除”：不擦除判断路径执行后在屏幕上显示的内容。

（2）“执行分支结构前暂停”复选框：选中它后，则屏幕上会显示一个按钮，单击此按钮后，会使程序退出判断结构。

3. “属性：决策图标”面板

决策图标也叫判断图标或分支图标，该图标可用来设计选择结构与循环结构的程序。

在程序设计窗口的流程线上创建一个决策图标，再在右下边创建几个显示图标，即可形成几个判断路径。这样，由决策图标和所有判断路径构成了判断结构，也叫选择结构或分支结构。“属性：决策图标”面板，如图 9-5-6 所示，其中各选项的作用如下。

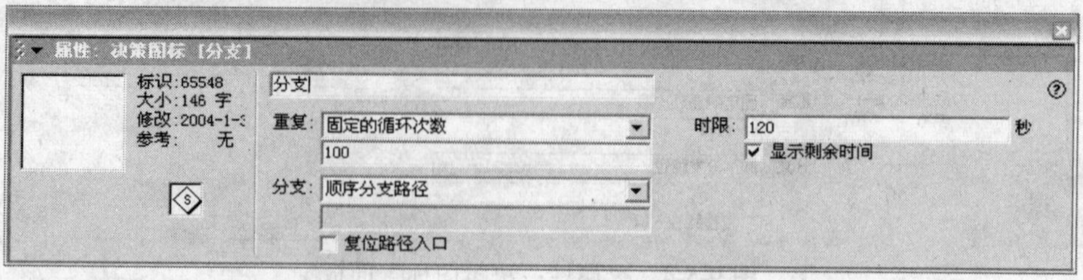

图 9-5-6 “属性：决策图标”面板

（1）“重复”下拉列表框：用来确定是否重复执行该选择结构，以及如何退出选择结构。

- “固定的循环次数”选项：可在其文本框中输入常量、变量或表达式，它的值决定了执行判断路径的次数。如果此值小于 1，则退出判断结构，执行下面的图标。
- “所有路径”选项：只有当全部判断路径被执行至少一次后才可能退出判断结构。
- “直到单击鼠标或按任意键”选项：直到用户单击鼠标或按键后才会退出判断结构。
- “直到判断值为真”选项：可在其下面文本框内输入逻辑常量、变量或表达式。如果它的值为 TRUE 时，则退出判断结构；如果它的值为 FALSE 时，则不断重复执行判断路径。
- “不重复”选项：程序每次进入判断流程时只执行一条判断路径，就退出选择结构。

（2）“分支”下拉列表框：用来确定判断结构的程序流向，即按什么次序来执行各判断路径。执行各判断路径（叫分支路径）有 4 种方式，简介如下。

- “顺序分支路径”选项：从左到右顺序执行各判断路径。此时决策图标内的字母是 S。
- “随机分支路径”选项：随机执行各判断路径。此时决策图标内的字母是 U。
- “在未执行过的路径中随机选择”选项：在未执行过的路径中随机执行各判断路径。此时决策图标内的字母是 A。
- “计算分支结构”选项：根据其下的文本框中表达式的计算结果，决定执行的判断路径。此时分支图标内的字母是 C。分支路径的序号从左到右分别为 1，2，3……

（3）“时限”文本框：在该文本框内输入限定执行该判断结构的时间，单位为秒。一旦到了限定时间，程序会自动退出判断结构。

（4）“显示剩余时间”复选框：在设定限制时间后，此项成为可选项。选中它后，则屏幕会显示一个小钟，用来显示在判断结构中程序已运行的剩余时间。

（5）“复位路径入口”复选框：选中该复选框后，当再次进入判断结构时，上一次判断路径执行情况的记录被删除，就像是第一次执行该判断结构一样。不选中它时，每次执行判断结构中各判断路径的情况被记录，当再次执行该判断结构时，上次执行情况还有效。

9.6 【案例 56】闯五关扑克牌游戏

案例效果

“闯五关扑克牌游戏”程序运行后的画面如图 9-6-1 左图所示，让用户猜左边第 1 张扑克牌的大小是否大于或等于 6，如果确定是，可单击【大】按钮，否则单击【小】按钮。计算机会判断猜的是否正确，如果正确则加 10 分，然后显示第 1 张扑克牌的正面。以后再猜第 2 张扑克牌的大小是否大于或等于其左边相邻一张扑克牌的大小。如此猜下去，直至全部猜完。图 9-5-1 右图是猜完第 3 张扑克牌后的画面。单击【退出】按钮，可退出游戏；单击【重新】按钮，可重新玩游戏。重新玩游戏后，扑克牌的背面图像会发生变化，如图 9-6-2 所示。通过本案例的学习，可以进一步了解分支结构程序的设计方法，以及了解 QCARD32.dll 函数的使用方法。

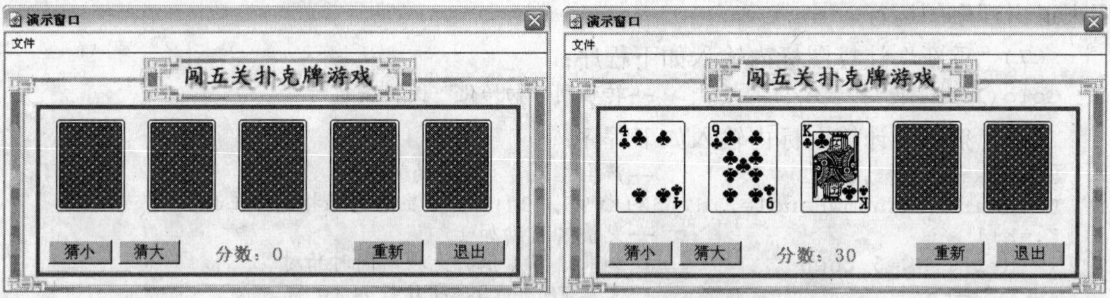

图 9-6-1 “闯五关扑克牌游戏”程序运行后的 2 幅画面

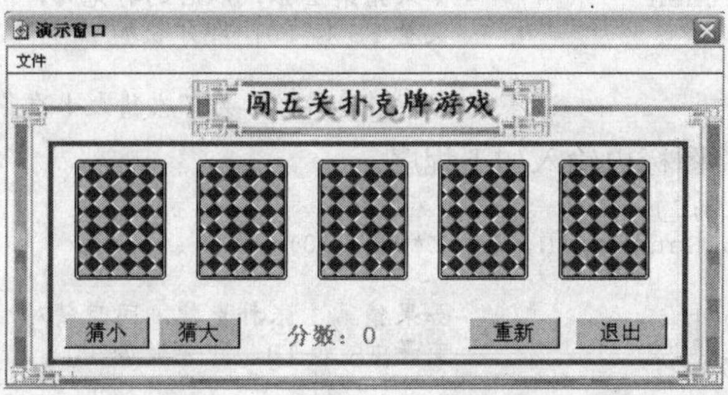

图 9-6-2 “闯五关扑克牌游戏”程序运行后的一幅画面

设计过程

“闯五关扑克牌游戏”程序如图 9-6-3 所示。程序设计过程如下：

（1）将 QCARD32.dll 文件复制到“闯五关扑克牌游戏”程序所在的文件夹下。打开“扑克牌”程序，其内已经加载了扑克牌有关函数。

（2）在“扑克牌初始化”计算图标内输入如下程序：

```
InitializeDeck (WindowHandle)  --扑克牌函数的初始化
```

图 9-6-3 “闯五关扑克牌游戏”程序

（3）在“框架”显示图标内导入一幅框架图像，如图 9-6-1 所示。

（4）在“显示分数”显示图标内输入“分数：{FS}”。在该显示图标的“属性：显示图标”面板内选中“更新显示变量”复选框。

（5）在初始化”计算图标内输入如下程序：

```
FS:=0                              --变量 FS 用来保存分数
K:=0                               --变量 K 用来保存猜大小的次数
N := Random(1,6,1)                 --产生 1 到 6 之间的随机数，可以获得不同的扑克牌背面画面
DrawBack (WindowHandle, N, 53, 90)      --显示第 1 幅扑克牌背面
DrawBack (WindowHandle, N, 148, 90)     --显示第 2 幅扑克牌背面
DrawBack (WindowHandle, N, 243, 90)     --显示第 3 幅扑克牌背面
DrawBack (WindowHandle, N, 338, 90)     --显示第 4 幅扑克牌背面
DrawBack (WindowHandle, N, 433, 90)     --显示第 5 幅扑克牌背面
```

（6）“闯关”交互图标下挂 4 个计算图标。“退出”计算图标内输入“Quit（0）”语句，用来退出程序的运行。

（7）“重新”计算图标内输入如下程序：

```
GoTo(IconID@"初始化")              --转移到“初始化”图标去执行
```

（8）“猜小”计算图标内输入如下程序：

```
N := Random(1,13,1)                --产生 1 到 13 之间的随机数
DrawCard (WindowHandle, N, 53+K*95, 90)   --显示一幅扑克牌正面
K:=K+1                             --变量 K 自动加 1
if K=1 & N<=6 then                 --如果猜第 1 张扑克牌，同时猜对
   FS:=FS+10                       --变量 FS 加 10，即分数加 10
end if
if K>1 & N<=N1 then                --如果猜第 2 张或以后的扑克牌，同时猜对
   FS:=FS+10                       --变量 FS 加 10，即分数加 10
end if
N1:=N                              --保存扑克牌数，为下次猜大小准备
```

（9）“猜大”计算图标内输入如下程序。

```
N := Random(1,13,1)
DrawCard (WindowHandle, N, 53+K*95, 90)
K:=K+1
if K=1 & N>6 then                  --如果猜第 1 张扑克牌，同时猜对
   FS:=FS+10                       --变量 FS 加 10，即分数加 10
end if
if K>1 & N>N1 then                 --如果猜第 2 张或以后的扑克牌，同时猜对
   FS:=FS+10                       --变量 FS 加 10，即分数加 10
end if
N1:=N                              --保存扑克牌数
```

相关知识

1. QCARD32.dll 文件的函数

QCARD32.dll 文件有 5 个函数，介绍如下。

（1）InitializeDeck 函数

【格式】`InitializeDeck(WindowHandle)`

【功能】扑克牌初始化函数。WindowHandle 是演示窗口句柄。

（2）DrawCard 函数

【格式】`DrawCard(WindowHandle, nCard,x,y)`

【功能】绘制扑克牌。其中，nCard 是扑克牌编号，1 到 13 是梅花，14 到 26 是方片，27 到 39 是红桃，40 到 52 是黑桃，110 是小鬼，111 是大鬼；x 和 y 给出了扑克牌左上角的坐标值，单位为像素。

（3）DrawBack 函数

【格式】DrawBack (WindowHandle, nCard,x,y)

【功能】绘制扑克牌背面图像。其中，nCard 是扑克牌编号，取值 1 到 6，表示不同的背面图像。x 和 y 给出了扑克牌左上角的坐标值，单位为像素。

（4）GetCardSuit 函数

【格式】GetCardSuit (nCard)

【功能】获得扑克牌的花色，0 为鬼，1 为梅花，2 为方片，3 为红桃，4 为黑桃，长整型数据。

（5）GetCardValue 函数

【格式】GetCardValue (nCard)

【功能】获得扑克牌的点数。取值为 1 到 13，长整型数据。

2. 显示所有扑克牌画面

要显示所有扑克牌画面可以运行“显示所有扑克牌画面”程序。该程序运行后的画面如图 9-6-4 所示。该程序内只有一个计算图标，该计算图标内的程序如下：

图 9-6-4　“显示所有扑克牌画面”程序运行后的画面

```
InitializeDeck (WindowHandle)
HJU:=100                    --扑克牌行距
LJU:=75                     --扑克牌列距
N:=1
--绘制扑克牌正面图案
repeat with I:=0 to 3
   repeat with J:= 0 to 12
     DrawCard (WindowHandle, N,J*LJU,30+I*HJU)
     N:=N+1
   end repeat
end repeat
--绘制扑克牌大小鬼正面图案
DrawCard (WindowHandle, 110,  0,30+I*HJU)
DrawCard (WindowHandle, 111, LJU,30+I*HJU)
--绘制扑克牌背面图案
repeat with J:=1 to 6
   DrawBack (WindowHandle, J, (J+1)*LJU+200, 30+(I)*HJU)
end repeat
```

9.7 【案例 57】图像数字钟

案例效果

“图像数字钟”程序运行后的一幅画面如图 9-7-1 所示。单击框架左下角的按钮可以退出程序的运行。当鼠标移到左下角的按钮之上时，屏幕会显示出相应的提示。通过本案例的学习，可以初步掌握图标库的使用方法，可以进一步了解循环结构程序的设计方法和决策图标的使用方法。

图 9-7-1 “图像数字钟”程序运行后的一幅画面

设计过程

“图像数字钟”程序如图 9-7-2 所示。程序设计过程如下。

1. 制作界面和定时输入

（1）在“标题与框架”显示图标内导入一幅框架图像、一幅“图像数字钟”标题图像，以及导入小时与分钟、分钟与秒之间的两个小红点，如图 9-7-1 所示。输入红色、宋体、加粗、24 磅文字“{FirstDate}”，用来显示日期。在该显示图标的“属性：显示图标”面板中选中“更新显示变量”复选框。

（2）在“初值”计算图标内输入的语句如下：

```
N:=1                          --可以使一开始数字钟的六个数字都显示出来
Movable@"标题与框架":=FALSE    --使“标题与框架”图标内的图像不可被鼠标移动
```

（3）“交互”交互图标下挂 2 个图标，“退出字”显示图标和“退出”计算图标的交互方式均为热区交互方式，“退出字”显示图标用来显示“退出”提示信息，当鼠标指针经过框架左下角的按钮时，按钮旁会显示“退出”两个字；“退出”计算图标内的语句是：QUIT（0），用来退出程序的运行。

2. 创建图标库和使用图标库

（1）单击“文件”→“新建”→“库”菜单命令，即建立了一个新图标库，如图 9-7-3 所示（列表框中还没有图标）。如果已经有了图标库，可以单击“文件”→“打开”→“库”菜单命令，调出“打开库”对话框，利用该对话框选择库文件，再单击该对话框中的【打开】按钮，即可打开选择的图标库。

（2）在“数字钟”交互图标右下边创建一个名称为“FZS=0|N=1”的群组图标，其内创建一个名称为“分支”的决策图标，该交互图标下挂 10 个显示图标，名称分别为“20”、“21”…“29”。

（3）在“20”,“21”，…，“29”显示图标内分别导入“0”,“1”，…，“9”九幅图像。

（4）分别将“XSG=0|N=1”群组图标内“20”,“21”，…，“29”显示图标中的图像拖曳到新图标库的列表框内，如图 9-7-3 所示。在图标库中放入图标后，流程线上的相应的图标名称将会改为斜体，如图 9-7-2 所示，表示图标库中的图标与流程线上的图标建立了链接。

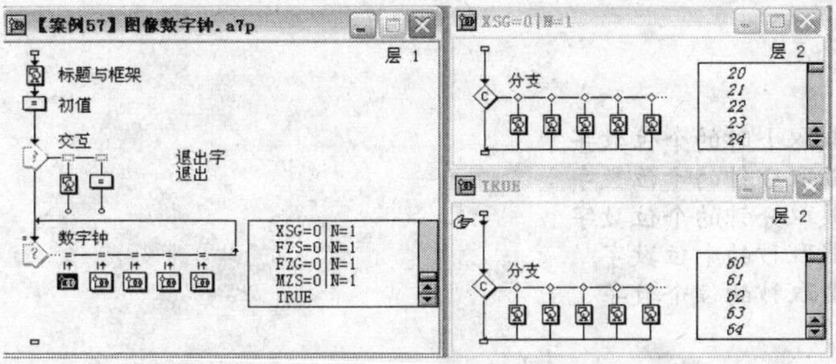

图 9-7-2 “图像数字钟”程序

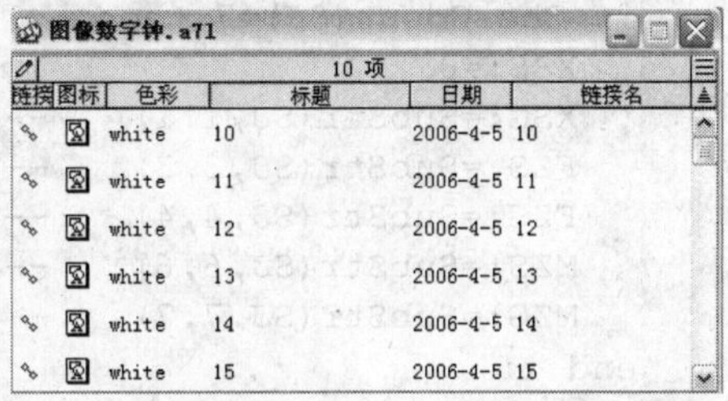

图 9-7-3　图标库

所谓图标库中的图标与流程线上的图标的链接，就是在对图标库中的图标进行某些修改（大小、内容等）时，流程线上的图标内容也会随之变化。

（5）单击图标库标题栏，选中它，再单击“文件”→“另存为”菜单命令，调出“保存××××为”对话框，选择文件夹并输入图标库的库文件名，然后单击【保存】按钮即可。此处因为已经以名称“图像数字钟”保存过，所以调出“保存图像数字钟.a7l 为”对话框。

（6）在“数字钟”的交互图标右下边，再创建 8 个群组图标，它们均为条件交互方式。6 个群组图标内的图标程序如图 9-7-4 所示。后 4 个群组图标可以通过复制“XSG=0|N=1”群组图标，再粘贴和更名后获得，也可以将图标库中的图标拖曳到相应的显示图标中来获得。“XSS=0|N=1”群组图标内的“分支”决策图标下挂 3 个显示图标，其内分别导入“0”、“1”和“2”三幅图像。

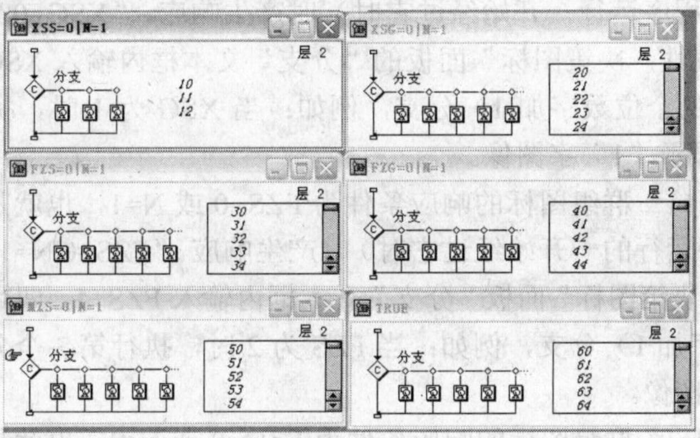

图 9-7-4　6 个群组图标内的图标程序

3. 制作“数字钟”交互结构

（1）在“数字钟”交互图标的附属计算图标内输入如下程序：

```
SJ:=FullTime                  --将当前时间赋给变量 SJ
--如果小时是两位数字时
if CharCount(SJ)=8 then       --截取 SJ 保存的当前时间的各位数字
   XSS:=SubStr(SJ,1,1         --截取小时的十位数字
```

```
    XSG:=SubStr(SJ,2,2)     --截取小时的个位数字
    FZS:=SubStr(SJ,4,4)     --截取分钟的十位数字
    FZG:=SubStr(SJ,5,5)     --截取分钟的个位数字
    MZS:=SubStr(SJ,7,7)     --截取秒的十位数字
    MZG:=SubStr(SJ,8,8)     --截取秒的个位数字
  end if
  --如果小时是一位数字时
  if CharCount(SJ)=7 then
    XSS:=0
    XSG:=SubStr(SJ,1,1)     --截取小时的个位数字
    FZS:=SubStr(SJ,3,3)     --截取分钟的十位数字
    FZG:=SubStr(SJ,4,4)     --截取分钟的个位数字
    MZS:=SubStr(SJ,6,6)     --截取秒的十位数字
    MZG:=SubStr(SJ,7,7)     --截取秒的位个数字
  end if
```

（2）“XSS=0|N=1”，“XSG=0|N=1”，“FZS=0|N=1”，“FZG=0|N=1”，“MZS=0|N=1”，“TRUE”分别用来显示小时的十位数字和个位数字、分钟的十位数字和个位数字、秒的十位数字和个位数字。“XSS=0|N=1”群组图标内“分支”图标下挂 3 个显示图标，分别用来显示数字 0、1 和 2 的图像文字。其他 5 个群组图标内“分支”图标下挂 10 个显示图标，分别用来显示数字 0，1，2，3，4，5，6，7，8，9 的图像文字。

（3）“XSS=0|N=1”群组图标的响应条件为 XSS=0 或 N=1，也就是当小时的个位数字为 0 或 N 为 1（程序运行一开始经过它时）时产生响应。

“XSS=0|N=1”群组图标内的“分支”图标的“属性：决策图标”面板的“分支”文本框内输入 XSS+1，即用来决定执行 XSS+1（小时数的十位数字加 1）分支，例如：当 XSS 为 0 时，执行第 1 个分支，即执行“10”图标，显示“0”字图像。

（4）“XSG=0|N=1”群组图标的响应条件为 XSG=0 或 N=1，也就是当分钟的十位数字为 0 或 N 为 1（程序运行一开始经过它时）时产生响应。“XSG=0|N=1”群组图标内的“分支”图标的“属性：决策图标”面板的“分支”文本框内输入 XSG+1，即用来决定执行 XSG+1（小时数的个位数字加 1）分支，例如：当 XSG 为 1 时，执行第 2 个分支，即执行“21”图标，显示“1”字图像。

（5）“FZS=0|N=1”群组图标的响应条件为 FZS=0 或 N=1，也就是当分钟的个位数字为 0 或 N 为 1（程序运行的一开始经过它时）时产生响应。“FZS=0|N=1”群组图标内的“分支”图标的“属性：决策图标”面板“分支”文本框内输入 FZS+1，即用来决定执行 FZS+1（分钟数的十位数字加 1）分支，例如：当 FZS 为 2 时，执行第 3 个分支，即执行“32”图标，显示“2”字图像。

（6）“FZG=0|N=1”群组图标的响应条件为 FZG=0 或 N=1，也就是当秒的十位数字为 0 或 N 为 1（程序运行的一开始经过它时）时产生响应。“FZG=0|N=1”群组图标内的“分支”图标的“属性：决策图标”面板的“分支”文本框内输入 FZG+1，即用来决定执行 FZG+1（分钟数的个位数字加 1）分支，例如：当 FZG 为 3 时，执行第 4 个分支，即执行“43”图标，显示“3”字图像。

（7）“MZS=0|N=1”群组图标的响应条件为 MZS=0 或 N=1，也就是当秒的个位数字为 0 或 N 为 1（程序运行的一开始经过它时）时产生响应。“MZS=0|N=1”群组图标内的

“分支”图标的“属性：决策图标”面板的“分支”文本框内输入 MZS+1，即用来决定执行 MZS+1（秒数的十位数字加 1）分支，例如：当 MZS 为 4 时，执行第 5 个分支，即执行“54”图标，显示“4”字图像。

（8）“TRUE”群组图标的响应条件为 TRUE，也就是经过它时均产生响应。

“TRUE”群组图标内的“分支”图标的“属性：决策图标”面板的“分支”文本框内输入 MZG+1，即用来决定执行 MZG+1（秒数的个位数字加 1）分支，例如：当 MZG 为 5 时，执行第 6 个分支，即执行“65”图标，显示“5”字图像。

上述各群组图标的各显示图标内加载的数字图像均取自于图标库，加载各个数字图像后，需要将各个数字图像的显示位置调整好。

相关知识

1. 建立图标库文件

图标库是一个存放重复使用的图标的库文件（扩展名为.a7l）。在制作较大的多媒体程序时，为了节省磁盘空间和提高设计程序的效率，常将程序中重复使用的图标及其内容存入图标库文件中，以后再使用该图标及其内容时，只要从图标库中将其拖曳到流程线上即可。本程序中许多图标都使用了数码图像，因此可以建立一个存放这些数码图像的图标库。

（1）单击“文件”→“新建”→“库”菜单命令，即建立了一个新图标库，如图 9-7-5 所示。单击“文件”→“打开”→“库”菜单命令，可以打开图标库。

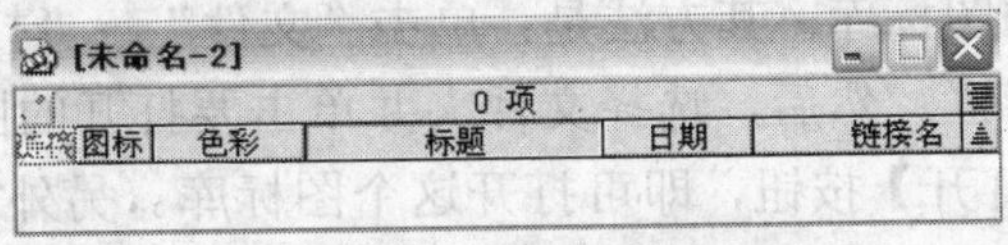

图 9-7-5　图标库

（2）将程序中要放入图标库中的图标一个个拖曳到新图标库的显示窗口内，如图 9-7-3 所示。要注意图标库可以存放的图标有显示、影片、声音、计算、交互和导航图标。在图标库中放入图标后，流程线上相应的图标名称将会改为斜体，如图 9-7-2 所示，表示图标库中的图标与流程线上的图标建立了链接。所谓图标库中的图标与流程线上的图标的链接，就是在对图标库中的图标进行某些修改（大小、内容等）时，流程线上的图标内容也会随之变化。

（3）单击选中图标库标题栏，再单击“文件”→“另存为”菜单命令，调出“保存 ××× 为”对话框，选择文件类型、文件夹并输入图标库文件名，如图 9-7-4 所示。再单击【保存】按钮即可。

2. 图标库中各选项的作用

图标库如图 9-7-3 所示，它有 3 个栏和 1 个列表框。

（1）第 1 栏（从上到下）是标题栏，标题栏下边第 2 栏中各选项作用如下。

- 左边笔状小按钮：在存储图标库文件后，它变为可选项。单击它，屏幕弹出一个提示对话框，单击【确定】按钮，可使图标库文件改为只读文件，不能更改该库文件。这时，小按钮图案上会出现一个斜杆。如果单击有斜杆的笔状按钮，则可以恢复到可以存盘的原状态。中间部位显示图标库中的图标个数。

- 右边有横线图案的小按钮：单击它，图标库中文本框内各图标下面注释行消失。设置为取消注释行后，该按钮变为。再单击该按钮，可使按钮恢复原状，同时各图标下面注释行恢复，如图 9-7-3 所示。

（2）第 3 栏中各按钮用来确定该栏下边文本框内的图标按何种方式排列显示。各按钮的作用如下。

- 【链接】（Link）按钮：按图标是否建立了链接进行排序显示。它的下边是各图标的链接符，没有图标与当前程序链接时，链接符不存在，【链接】按钮无效。
- 【图标】（Icon）按钮：按图标的类型进行排序显示，它的下边是图标图案。
- 【色彩】（Color）按钮：按图标的颜色进行排序显示，它下边是图标的颜色名称。
- 【标题】（Title）按钮：按图标的名字进行排序显示，它的下边是图标的名称。
- 【日期】（Date）按钮：按图标的建立日期进行排序显示，它下边是图标建立的日期。
- 【链接名】（Link Name）按钮：按图标的链接名进行排序显示。链接名一般与图标名一样。它的下边是图标的链接名称。
- 与按钮：前一个按钮形状是正三角形状，则为升序排序显示图标；后一个按钮形状是倒三角形状，则为降序排序显示图标。单击该按钮可进行升序与降序显示的切换。

3. 打开与关闭图标库

（1）打开图标库：如果该程序在上一次存储时，其图标库是打开的，则在打开该程序时，也会同时将它的图标库打开。如果该程序在上一次存储时，其图标库没打开，则需要专门去打开与它相链接的图标库，其方法是：单击“文件”→“打开”→“库”菜单命令，则会调出“打开库”对话框。然后，选择文件夹并单击要打开的图标库的库文件名（或输入库文件名），再单击【打开】按钮，即可打开这个图标库。另外，单击“窗口”→“函数库”→“××××.a7l”（即图标库名字）的菜单命令，即可调出相应的图标库。

（2）打开与图标相链接的图标库：单击选中一个流程线上与图标库相链接的图标（例如：“12”显示图标），再单击“修改”→“图标”→“库链接”菜单命令，即可调出如图 9-7-6 所示的对话框。

单击该对话框中的【预览】按钮，可显示该图标中的内容，如图 9-7-7 所示。单击【查找原作】按钮，可调出相应的图标库，如图 9-7-7 所示。

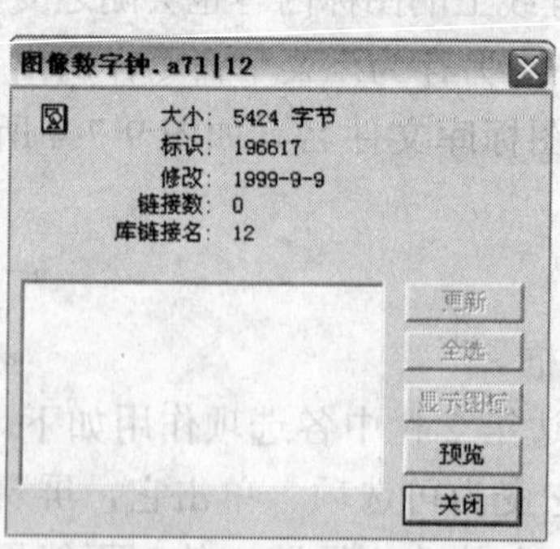

图 9-7-6　库链接对话框

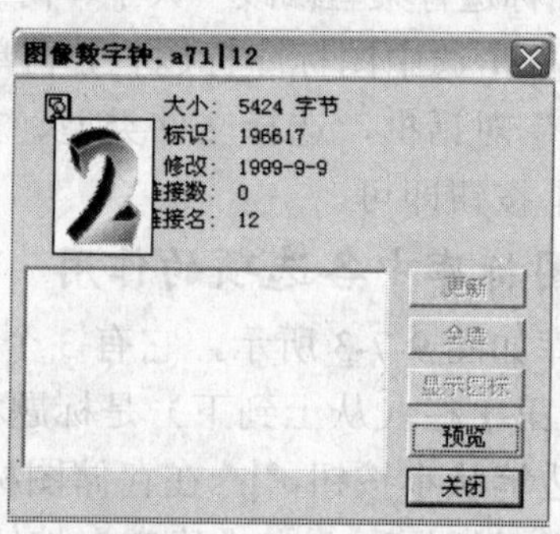

图 9-7-7　“12”图标中的内容

（3）关闭图标库：单击图标库对话框右上角的按钮，即可关闭图标库。

9.8 【案例 58】多定时图像数字钟

案例效果

“多定时图像数字钟”程序运行后，屏幕显示的画面如图 9-8-1 左图所示。单击框架右下角的按钮可以进行两个时间的定时，这时的画面如图 9-8-1 右图所示。单击框架左下角的按钮可以退出程序的运行。当鼠标移到两个按钮上时，屏幕会显示出相应的提示。当时钟到了定时的时间时，喇叭会播放一段音乐。

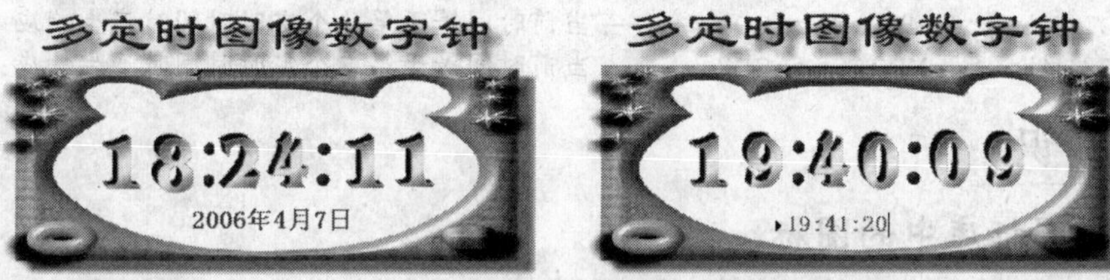

图 9-8-1　“多定时图像数字钟”程序运行后的两幅画面

设计过程

“多定时图像数字钟”程序如图 9-8-2 所示。程序设计过程如下。

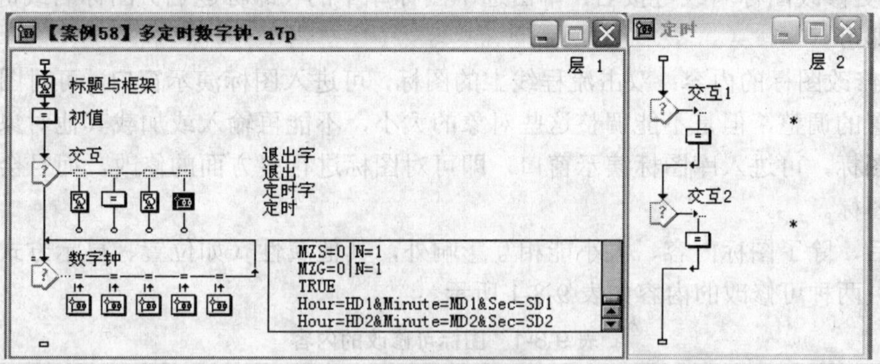

图 9-8-2　“多定时图像数字钟”程序

1. 多定时时间的输入

（1）打开“案例 57 图像数字钟”程序，以名称“【案例 58】多定时图像数字钟”保存。将“标题与框架”显示图标内的标题图像更换为“多定时图像数字钟”标题图像。

（2）在“交互”图标右下方补充创建一个“定时字”显示图标和一个“定时”计算图标，它们的交互方式均为热区交互方式。当鼠标指针经过框架右下角的按钮时，按钮旁会显示“定时”两个字。“定时”群组图标内的图标如图 9-8-25 所示，用来输入两个定时的时间。两个“*”计算图标的响应方式均为文本输入方式，文本输入框在数字钟的下边，第 1 个“*”计算图标内输入如下程序：

```
HD1:=NumEntry          -- 将用户输入的第 1 组第 1 个数（小时数）赋给变量 HD1
MD1:=NumEntry2         -- 将用户输入的第 1 组第 2 个数（分钟数）赋给变量 MD1
SD1:=NumEntry3         -- 将用户输入的第 1 组第 3 个数（秒数）赋给变量 SD1
```

（3）在第 2 个“*”计算图标内输入如下程序：

```
HD2:=NumEntry                -- 将用户输入的第 2 组第 1 个数(小时数)赋给变量 HD2
MD2:=NumEntry2               -- 将用户输入的第 2 组第 2 个数(分钟数)赋给变量 MD2
SD2:=NumEntry3               -- 将用户输入的第 2 组第 3 个数（秒数）赋给变量 SD2
N:=1                         -- 使数字钟各位数字按时间归位
```

2. 定时播音

（1）在“数字钟”交互图标右下方补充创建 2 个群组图标，它们均为条件响应方式。两个群组图标内有一个声音图标。

（2）“数字钟”交互图标下挂的两个有声音图标的群组图标的响应条件分别如下：

```
Hour=HD1&Minute=MD1&Sec=SD1   -- 当前时间等于第一个定时时间时产生响应
Hour=HD2&Minute=MD2&Sec=SD2   -- 当前时间等于第二个定时时间时产生响应
```

相关知识

1. 编辑图标库中的图标

（1）删除图标库中的图标：单击选中图标库中要删除的图标，再按【Delete】键，或单击“编辑”菜单中的“剪切”菜单命令，即可将选定的图标删除。

（2）添加新图标：可以将图标工具箱内的图标或流程线上的图标直接拖曳到图标库列表框内，还可以将图标库中的图标拖曳到其他图标库中，另外还可以用剪贴板往图标库中粘贴图标。

（3）更修改图标名或链接名：单击选中图标库中的（即标题名）图标名或链接名，输入新名字即可。

（4）修改图标的内容：双击流程线上的图标，可进入图标演示窗口，可对图标内的对象进行位置的调整，但是不能调整这些对象的大小，不能再输入或加载其他对象。双击图标库中的图标，可进入库图标演示窗口，即可对图标进行多方面的修改，而且会影响与它相链接的图标。

修改后，除了图标内容、大小能相互影响外，其他属性（如位置、显示方式等）相互没有影响。两种可修改的内容如表 9-8-1 所示。

表 9-8-1　图标可修改的内容

图标类别	在图标演示窗口中修改	在库图标演示窗口中修改
显示	对象的位置、显示方式	对象大小、位置、内容、相应变量
计算	表达式全部内容	同左，修改后相互无影响
声音	声音播放选项	声音选项及内容
数字电影	数字电影播放选项	数字电影文件及播放选项
交互	对象位置、显示效果，交互选项及交互中的运算设置	对象大小，位置、内容和相应变量

2. 更新程序中的图标和库链接维护

（1）如果在修改了库图标的内容后，想把所有的修改全部反馈到程序中各相链接的图标，以更新这些图标，则可以单击“其他”→“库链接”菜单命令，调出“库链接”对话框，如图 9-8-3 所示。另外，单击选中图标库中一个图标，再单击“修改”→“图标”→

“库链接”菜单命令，可调出如图 9-8-4 所示的对话框。

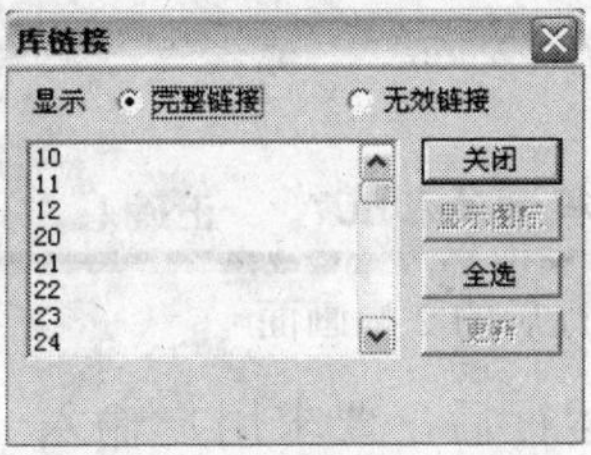

图 9-8-3　“库链接”对话框

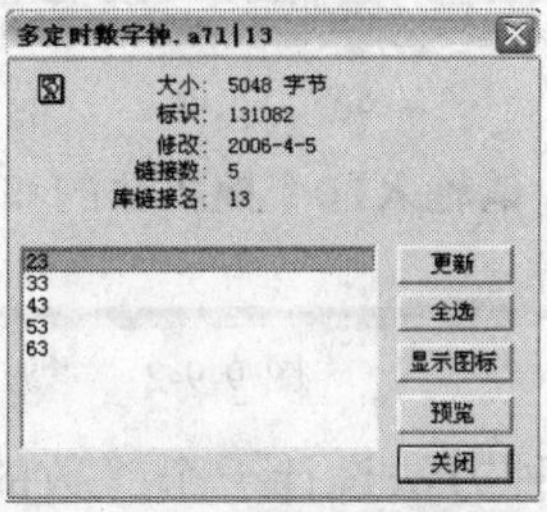

图 9-8-4　“多定时数字钟”对话框

（2）单击选中列表框中有关的图标名字，如果全选可单击【全选】按钮，再单击【更新】按钮，即可将程序中相链接的图标更新。

（3）库图标与程序中图标之间链接断开的原因通常有两种：一是图标库文件被删除或更换了文件夹，即改变了存储的位置；二是图标库中有链接的图标被删除。

程序中断链的图标名称前会多出一个小断链的图形，例如：流程线上的断开链接关系的“萝卜”图标的图形是：萝卜。

（4）“库链接”对话框中其他选项的作用如下。

- “完整链接”单选按钮：选择它后，预览框内列出有完整链接关系的图标链接名字。
- “无效链接”单选按钮：选择它后，预览框内列出断开链接关系的图标链接名称。
- “显示图标”按钮：在图标库中，单击选中一个图标，再单击该按钮，可跳转到程序中相对应的图标处，图标处于被选中的状态。

（5）恢复库图标与程序图标的链接：将程序窗口流程线上断链的图标拖曳到原来与它相链接的库图标上，或者将图标库中断链的图标拖曳到原来与它相链接的程序窗口流程线上的图标处，即可将断开的链接进行重新链接。

思考与练习

1．使用两种方法，设计一个“数符号的判断”程序，该程序运行后，要求用户输入一个数，当该数小于 0 时，显示“正数!”；当该数小于 0 时，显示“负数”；当该数等于 0 时，显示“零”。程序运行中的 3 幅画面如图 9-9-1 所示。

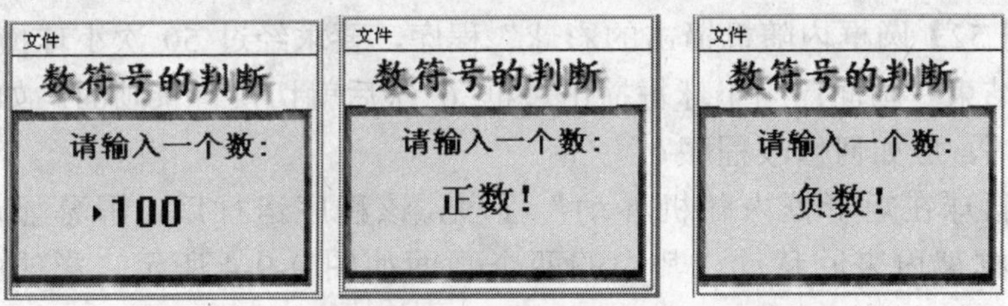

图 9-9-1　“数符号的判断”程序运行中的 3 幅画面

2．设计一个“求 10 个随机数的和”程序，该程序运行后，演示窗口内显示 10 个随机两位正整数，如图 9-9-2 左图所示，输入计算的 10 个数的和以后，即可显示 10 个随机两位正整数的和，以及用户的计算是否正确，如图 9-2 右图所示。单击【继续】按钮后，演示窗口又显示另外 10 个随机两位正整数。

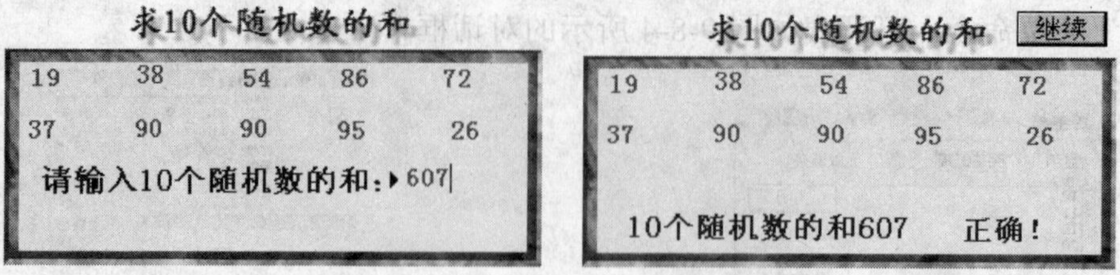

图 9-9-2 “求 10 个随机数的和”程序运行后的 2 幅画面

3. 使用两种方法设计一个“数的阶乘”程序，该程序运行后，要求用户输入一个不大于 20 的正整数，输入完数后按【Enter】键，即可在屏幕中显示该数的阶乘值。程序运行中的 2 幅画面如图 9-9-3 所示。

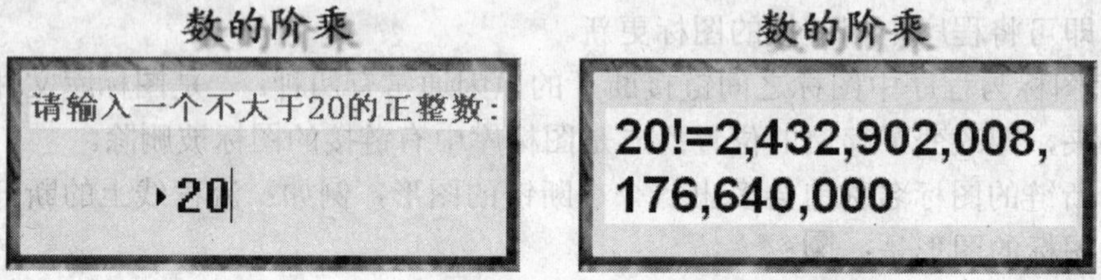

图 9-9-3 “数的阶乘”程序运行中的 2 幅画面

4. 设计一个“排列大小”程序，该程序执行后，从键盘输入任意三个数值，将这三个数显示出来，并将这三个数中最小的数和最大的数显示出来。然后将它们按照从小到大的顺序显示出来。

5. 设计一个“求分段函数值”程序，该程序运行后，由键盘输入一个数 X，求下面分段函数的值。

$$Y=\begin{cases} 5X^2+2X-1 & (-5\leqslant X<0) \\ |X^2-100| & (0\leqslant X\leqslant 5) \\ \mathrm{Sin}(3X-2) & (5<X<15) \\ 5X^3-7X^2-X-10 & (X\geqslant 15 \text{ 或 } X<-5) \end{cases}$$

6. 设计一个“是否构成三角形”程序，该程序运行后，由键盘输入 a，b，c 三个正数，如果以 a，b，c 为边长可以构成一个三角形，则显示“可以组成一个三角形”文字，并显示它的周长和面积，否则显示“不可以构成一个三角形”文字。

7. 修改“【案例 52】圆框内随机撞击的彩球”程序，要求经过 50 次小球撞击边框后，才显示“播放结束”画面；当小球每撞击边框 6 次后就切换背景画面。如果切换的图像为三幅或多幅，应如何修改程序？

8. 设计一个“彩球在矩形框内随机移动”程序，该程序运行后，屏幕显示一个彩球在漂亮的矩形框架内来回移动，其中的两个画面如图 9-9-4 所示。彩球的移动轨迹是随机的，不断撞击矩形框架的内边框，而且是先撞击矩形的上下内边框，再撞击矩形的左右内边框，周而复始反复进行。在彩球撞击矩形的内边框时，屏幕还显示撞击的次数，彩球每撞击 10 次，矩形框架内的背景图像就会更换一幅，两幅图像交替更换。

图 9-9-4　“彩球在矩形框内随机移动”程序运行后的两幅画面

9. 设计一个“挑出最大的数和最小的数”程序，该程序运行后，会产生 20 个随机的两位数字，同时在屏幕上按照一行 8 个数字地显示出来，每个数字的左边标出它出现的位置号码。最后，显示出这 40 个数字中最大和最小的数字，以及它们第一次出现的位置。
10. 设计一个“计算运费”程序，该程序用来为货物托运站计算运费的。该程序运行后，在文本输入框内输入一个货物质量值（例如：80）后，单击【确定】按钮，即可在演示窗口中显示出收费结果。货物的收费标准是：如果货物的质量小于或等于 20kg，按每千克 2 元收费；如果货物的质量大于 20kg 时，除了按每千克 2 元收费外，超出 20kg 部分需每千克加收 1.00 元。
11. 显示 1 到 1000 之间的所有偶数的和，以及显示 1 到 1000 之间的所有奇数的和。
12. 编写一个可以求 1+（1+2）+（1+2+3）+…+（1+2+3+…+N）值的程序。变量 N 的值由用户输入，N 的值为不大于 200 的整数。
13. 编写程序，计算 1！+(1!+2!)+…+（1！+2！+…+7！）的值。
14. 编写程序，计算 1！+3!+…+9！的值。
15. 设计一个“有趣的四位数”程序，该程序运行后会显示出符合条件的四个自然数。这四个自然数符合的条件是：一位或两位不为 0 的自然数，而且各自然数的和小于 50，各自然数之间都互不相等，各自然数中任意两个自然数的和为偶数，任意三个自然数之和可以被 3 整除，四个自然数之和可以被 4 整除。
16. 设计一个“求 100 以内的素数和”程序，该程序运行后会显示出 100 以内的所有素数的和。
17. 参看案例 55“连续自然数的和”程序，编写一个“求连续自然数的积”程序，该程序运行后，在两个文本框中各输入 N 和 M 的值后，再单击【计算】按钮，即可显示出 N 到 M 连续自然数的积，即 $N\times(N+1)\times(N+2)\times\cdots\times(M-1)\times M$。
18. 编写一个可以倒计时的图像数字钟程序，要求程序运行后先输入一个时间，然后显示以该时间为终止时间，进行倒计时的数字钟。
19. 修改案例 56“闯五关扑克牌游戏”程序，使它可以随机显示不同花色的扑克牌。

第10章 综合程序设计

通过学习 12 个案例，了解设计综合程序的思路和方法，进一步掌握程序设计的基本方法和常用技巧。

10.1 【案例 59】登录注册

案例效果

“登录注册”程序运行后，屏幕显示如图 10-1-1 左图所示，要求用户输入用户名和密码。用户输入完用户名后按【Enter】键，则在“密　码:”提示文字的右边会显示一个模拟的光标“|”。用户可以接着输入密码。密码字符在输入时，屏幕显示的是“*”，如图 10-1-1 右图所示。在输入完密码后，按【Enter】键。如果输入的用户名超过 10 个汉字或字母，则不能再输入；如果输入的密码字符超过 8 个，则不会再显示“*”，提示输入的字符个数已经够了。

图 10-1-1　“登录注册”程序运行后的 2 幅画面

如果输入的用户名和密码均正确（此处的用户名为“李华筠”，密码是“BJAY2008”），则在按【Enter】键后，擦除提示信息，显示“欢迎您！登录成功！”提示信息，如图 10-1-2 所示，然后擦除整个画面，退出程序的运行。如果输入用户名和密码的时间超过了 100 秒，或输入的用户名不正确，或输入密码的错误次数大于 3 次，则在按【Enter】键后，擦除提示信息，显示“输入错误!请重新登录!”提示信息，如图 10-1-3 所示，然后擦除整个画面，退出程序的运行。如果输入的密码有错误，在按【Enter】键后，一串“*”被擦除，显示一个提示框，提示密码输入错误的次数，如图 10-1-4 所示。如果输入的密码有错误，在按【Esc】键后，一串“*”被擦除，可重新输入。在按【Backspace】键后，可删除刚刚输入的字符。如果输入的密码正确，输入的用户名不正确，则要求重新输入用户名和密码。

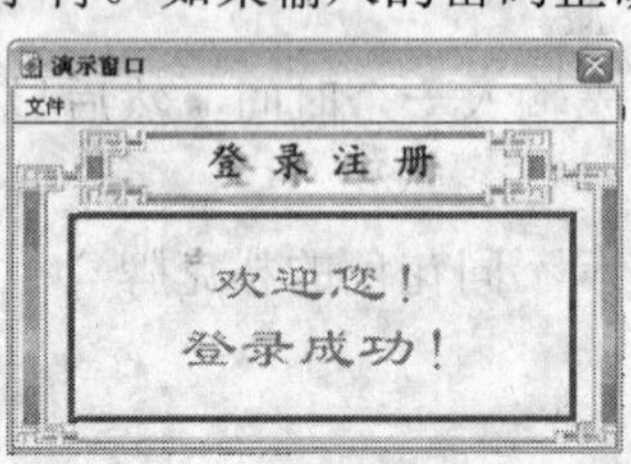

图 10-1-2　输入正确的屏幕显示

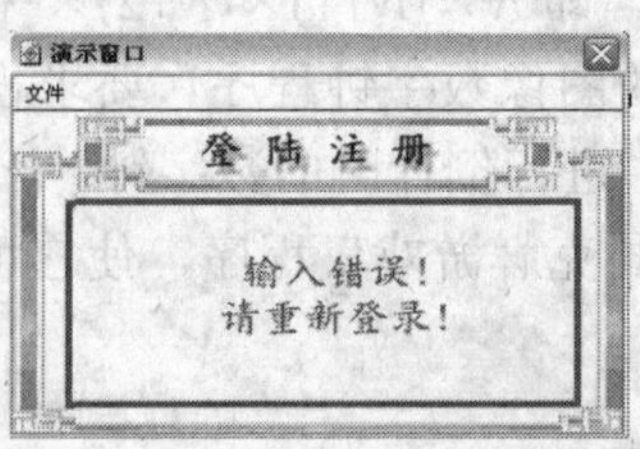

图 10-1-3　输入错误的屏幕显示

图 10-1-4　输入密码错误的提示框

"登录注册"程序如图 10-1-5 所示。

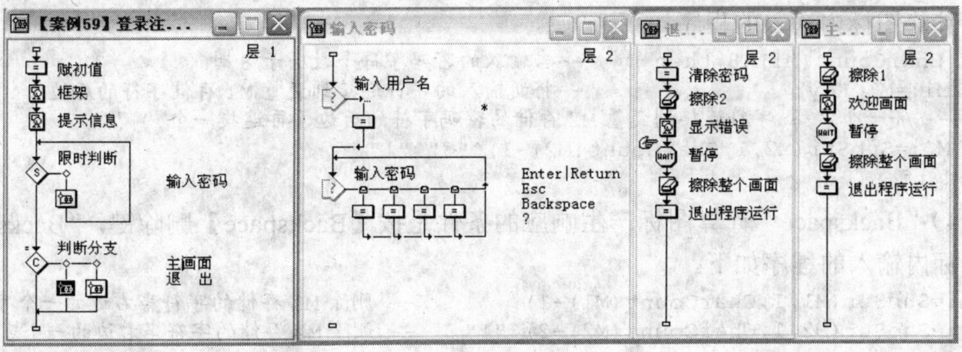

图 10-1-5　"登录注册"程序

设计过程

1. 初值和提示

（1）"赋初值"计算图标内输入的程序如下：

```
YHM:=""           --变量 YHM 用来保存用户名
SX:=100           --变量 SX 用来保存定时时间
K:=0              --变量 K 用来保存错误输入密码的次数
N:=0              --变量 N 用来保存输入是否正确的信息，其值为 1 时正确，其值为 0 时不正确
M2:=""            --变量 M2 用来存放密码的替代字符
```

（2）"框架"显示图标内导入一幅框架图像，"提示信息"显示图标内输入"请在{SX}秒和 4 次内输入"、"用户名："和"密　码："文字，在"密　码："文字的右边输入{M2}，用来显示密码的代替字符"*"。在"用户名："文字的右边输入{YHM}，用来显示输入的用户名。在该显示图标的"属性：显示图标"面板内，选中"重新显示变量"复选框，使变量不断更新显示。

2. 限时判断和输入

（1）"限时判断"决策图标的"属性：决策图标"面板设置如图 10-1-6 所示。

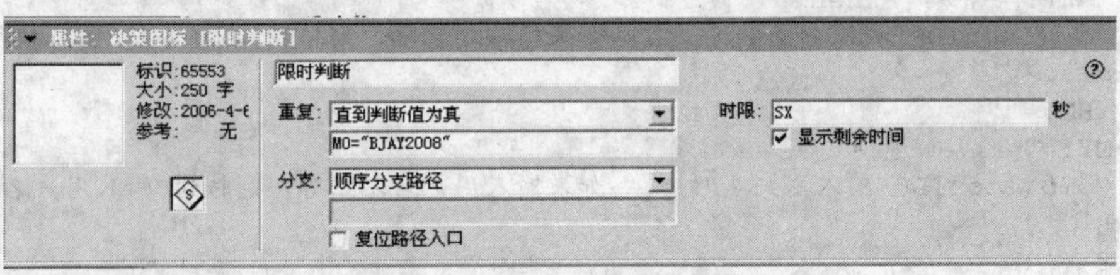

图 10-1-6　"限时判断"决策图标的"属性：决策图标"面板设置

可以看出，当 M0="BJAY2008"或时间经过 100（变量 SX 的值）秒后，退出分支循环。"BJAY2008"就是密码。

（2）"输入用户名"交互图标下挂一个名称为"*"的计算图标，交互方式为文本输入交互方式。"*"计算图标内输入如下程序：

```
YHM:=EntryText        --将输入的用户名赋给变量 YHM
M0:=""                -- 变量 M0 用来存放密码字符的大写字母
M1:=""                -- 变量 M1 用来存放密码字符
M2:="|"               -- 变量 M2 用来存放密码的替代字符,赋初值"|",替代光标
```

（3）“输入密码”交互图标下挂 4 个计算图标。“？”图标的相应条件是输入一个字符。“？”计算图标内输入的程序如下：

```
if CharCount(M1)<8 then       --当输入的密码字符个数小于 8 时
  M1:=M1^Key                  --将新输入的字符连接到变量 M1 存储字符的后边
  -- 将一个“*”字符连接到变量 M2 存储的密码字符的后边，再连接一个“|”
  M2:=SubStr(M2,1,CharCount(M2)-1)^"*"^"|"
end if
```

（4）“Backspace”计算图标产生响应的条件是按【Backspace】删除键，“Backspace”计算图标内输入的程序如下：

```
M1:=SubStr(M1,1,CharCount(M1)-1)           -- 删除 M1 存储的字符串右边的一个字符
M2:=SubStr(M2,1,CharCount(M2)-2)^"|"       -- 删除 M2 存储的字符串右边的一个密码字符
```

CharCount（）系统函数用来获取字符串中的字符个数，SubStr()系统函数用来截取字符串中一部分子字符串。

（5）“Esc”计算图标产生响应的条件是按【Esc】键，“Esc”计算图标内输入的程序如下：

```
M0:=""     -- 将 M0 存储的字符串清除
M1:=""     -- 将 M1 存储的字符串清除
M2:="|"    -- 将 M2 存储的字符串清除，使再次输入密码时，原来显示的“*”消失
```

（6）“Enter|Return”图标产生响应的条件是按【Enter】键，其内输入的语句如下：

```
M0:=UpperCase(M1)              -- 将 M1 存储的字符串中的小写字母转换为大写字母
M1:=""        --清密码
M2:=" |"      -- 将 M2 存储的字符串清除，使再次输入密码时，“*”消失，显示“|”
if M0<>"BJAY2008" then         --如果密码不正确
  K:=K+1      --输入错误次数自动加 1
  --显示错误次数的提示框
  SystemMessageBox(WindowHandle,"密码输入错误"^K^"次！","密码错误",64)
  --如果输入错误大于 3 次
  if K>3 then
    GoTo(IconID@"判断分支")    --如果输入错误大于 3 次，则转到"判断分支"图标执行
  end if
else
  if YHM="李华筠" then
   GoTo(IconID@"判断分支")     --如果输入均正确，则转到"判断分支"图标执行
  else
    YHM:=""
    M2:=""
    GoTo(IconID@"输入用户名")  --如果输入用户名不正确，则转到"输入用户名”图标
  end if
end if
```

3. 输入结果处理

（1）“判断分支”决策图标下挂两个群组图标，“主画面”群组图标用来显示正确输入情况下的提示信息，“退出”群组图标用来显示不正确输入情况下的提示信息。

（2）“主画面”和“退出”群组图标内的“擦除 1”和“擦除 2”擦除图标用来擦除提示信息，“擦除整个画面”擦除图标用来擦除演示窗口内的所用内容；“暂停”等待图标用来暂停 3 秒，不显示“等待”按钮和倒计时小钟；“退出程序”计算图标内的程序是“Quit(0)”。

（3）“擦除密码”计算图标内的程序是“M2:=""”。“欢迎画面”显示图标内输入红色、楷体、14 磅文字“欢迎您！登录成功！”，“显示错误”显示图标内输入红色、楷体、14 磅

文字“输入错误!请重新登录!”。

（4）“判断分支”决策图标的“属性：决策图标”面板设置如图 10-1-7 所示。其中，在“分支”下拉列表框内选中“计算分支结构”选项，其文本框内输入变量 N，分支走向决定于 N 的值。它的附属计算图标内输入的程序如下：

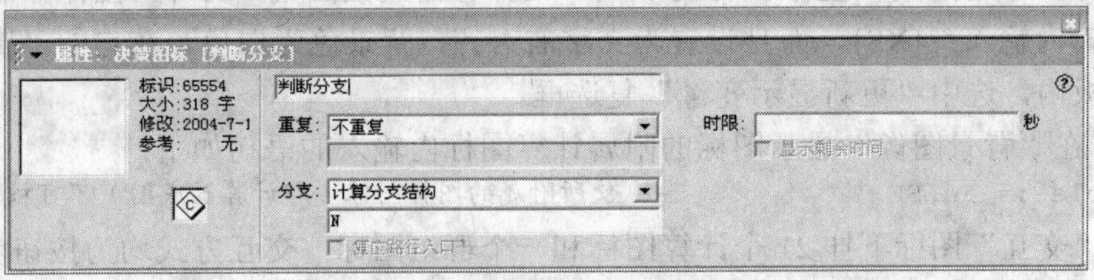

图 10-1-7　“判断分支”决策图标的“属性：决策图标”面板设置

```
if M0="BJAY2008" & YHM="李华筠" then  -- 如果输入正确，则 N=1，否则 N=2
   N:=1
else
   N:=2
end if
```

10.2 【案例 60】小小计算器

案例效果

“小小计算器”程序运行中的 2 幅画面如图 10-2-1 所示。可以按照一般计算器的操作方法进行操作，单击按钮和按按键均可以，不同于一般计算器的地方是，在单击或按键时，它会显示出运算符号。单击【pi】按钮，可以显示 3.1415926536；单击【DEL】按钮，可以删除刚刚输入的一个数字或字符；单击【CLR】按钮，可以清除显示的数字和运算符；单击【OFF】按钮，可以退出计算器程序。

图 10-2-1　“小小计算器”程序运行中的的一幅画面

“小小计算器”程序如图 10-2-2 所示，程序设计的方法如下。

图 10-2-2　“小小计算器”程序

设计过程

1. 界面设计

（1）在“背景图像”显示图标内加载一幅计算器底图图案。另外，在计算器底图图案的显示窗口内输入：{XS}，而且设置为文字右对齐，背景色为白色。在它的“属性：显示图标”面板内，选中“更新显示变量”复选框。

（2）在“背景图像”显示图标的附属计算图标内输入的语句如下：

```
Movable := FALSE                -- 使所附属的图标图像（即计算器底图）不可被移动。
```

（3）“交互”图标下挂 21 个计算图标和一个群组图标，交互方式均为按钮交互。

（4）在“交互”图标下挂的 21 个计算图标的“属性：判断图标”面板内，在“快捷键”文本框内输入相应的快捷键名称，在“擦除”下拉列表框内选择“不擦除”选项。

2. 按键程序设计

（1）在“交互”图标的附属计算图标内输入如下语句：

```
Test(Find("Error",XS)<>0), XS:=" 有错！ ")   --如发现变量 XS 中有“Error”
                                              --字符串，则将变量 XS 赋值“有错！”
```

（2）在“SQT”计算图标的判断图标的“属性：判断图标”面板内，在“快捷键”文本框内输入“S|s”；表示按【S】或【s】键，也可产生相同的响应。在“SQT”计算图标内输入如下程序：

```
XS:="SQRT("^XS^")"     -- 将“SQRT（”符号连接到变量 XS 存储的字符串的前边，将“）”
                       -- 符号连接到变量 XS 存储的字符串的后边，表示进行平方运算
```

（3）在“EXP”计算图标的判断图标的“属性：判断图标”面板内，在“快捷键”文本框内输入“E|e”；表示按【E】或【e】键，也可产生相同的响应。在“EXP”计算图标内输入如下程序：

```
XS:=XS^"^"             -- 将“^”符号连接到变量 XS 存储的字符串的后边，表示进行乘方运算
```

（4）“SIN”计算图标的判断图标的“属性：判断图标”面板内，在“快捷键”文本框内输入“N|n”；表示按【N】或【n】键，也可产生相同的响应。在“SIN”计算图标内输入如下程序：

```
XS:=XS*3.1415926/180
XS:=SIN(XS)
```

（5）“COS”计算图标的判断图标的“属性：判断图标”面板内，在“快捷键”文本框内输入“S|s”；表示按【S】或【s】键，也可产生相同的响应。在“COS”计算图标内输入如下程序：

```
XS:=XS*3.1415926/180
XS:=COS(XS)
```

（6）在“×”计算图标的判断图标的“属性：判断图标”面板内，在“快捷键”文本框内输入“X|*”；表示按【X】或【*】键，也可产生相同的响应。在“X”计算图标内输入如下程序：

```
XS:=XS^"*"           --  将“*”符号连接到变量 XS 存储的字符串的后边，表示进行乘运算
```

（7）“/”、“+”、“−”、“0”、“1”、“2”、“3”、“4”、“5”、“6”、“7”、“8”、“9”和“.”计算图标的判断图标的“属性：判断图标”面板设置与“X”计算图标的判断图标的“属性：判断图标”面板的设置基本一样，只是“快捷键”文本框内输入的内容作了相应的变化。这些计算图标

内输入的内容也作了相应的变化，主要是引号内的运算符号“*”改为其他运算符号或者是数字。

（8）“=”计算图标的判断图标的“属性：判断图标”面板内，在“快捷键”文本框内输入“=”；表示按【=】键，也可产生相同的响应。在“=”计算图标内输入如下程序：

```
XS1 := Replace("^", "**", XS)                   -- 将XS中的"^"用"**"代替
XS1:=Eval(XS1)   -- 计算表达时的值，Eval(XS1) 是系统函数，用来计算变量XS1存
                                                -- 储的表达式的值(该表达式是一个字符串)
Test(ABS(XS1>9999999999), XS1:="Error")         -- 数超出处理
XS1 := Replace(",", "", XS1)                    -- 删除逗号
XS:=XS1                                         --显示表达式的值
```

（9）“CLR”计算图标的判断图标的“属性：判断图标”面板内，在“快捷键”文本框内输入“C|c”；表示按【C】或【c】键，也可产生相同的响应。在“CLR”计算图标内输入如下程序：

```
XS:=""                                          -- 清除变量XS存储的内容
```

（10）“DEL”计算图标的判断图标的“属性：判断图标”面板内，在“快捷键”文本框内输入“Backspace|Delete”；表示按【Backspace】或【Delete】键，也可产生相同的响应。在“DEL”计算图标内输入如下程序：

```
XS:=SubStr(XS,1,CharCount(XS)-1)      -- 将变量XS存储的字符串尾部的一个字符删除
                                      -- CharCount（XS）系统函数的作用是获取变
                                         量XS存储的字符串中字符的个数
```

（11）“OFF”群组图标内的“擦除”图标用来擦除计算器底图，在“退出”计算图标内输入语句 Quit（0），用来退出程序的运行。在“OFF”群组图标的判断图标的“属性：判断图标”面板内，在“快捷键”文本框内输入“Q|q”。

10.3 【案例 61】枪打飞鸟

案例效果

“枪打飞鸟”程序运行后屏幕显示的画面如图 10-3-1 所示。按光标左右移动键可以使枪左右移动，按字母【A】键或【a】键可以使枪向上开枪。如果打中了飞鸟，则飞鸟慢慢碎裂并消失（同时伴有碎裂声），如图 10-3-2 所示。屏幕右边会随时显示飞鸟和枪的位置数、射击飞鸟的次数和击中飞鸟的次数。飞鸟每隔 1 秒变化一个位置，移动的位置和速度是随机的。而且每次击中一个飞鸟所给的时间是 60 秒，并有小钟显示剩余的时间。

图 10-3-1　程序运行后的一幅画面

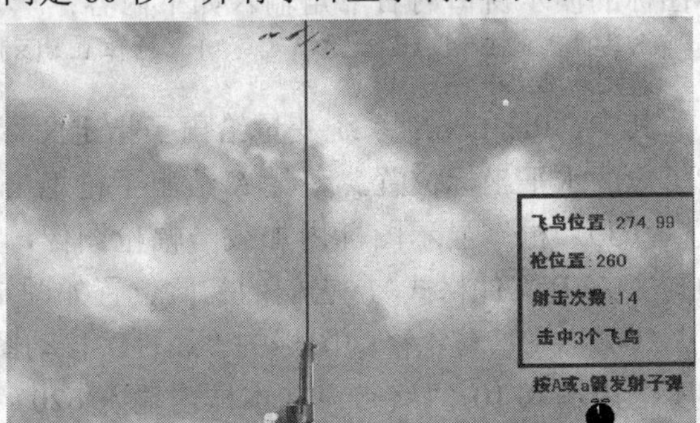

图 10-3-2　开枪击中飞鸟的一幅画面

设计过程

1. 程序设计思路

飞鸟与枪的动画均设置为沿水平坐标直线移动，起点为 10，终点为 620，两个起点与终点应上下对齐，都在演示窗口的两边。飞鸟的初始值为 50，变量 nn 决定了飞鸟的水平位置；枪的初始值为 250，变量 *x* 决定了枪的水平位置。飞鸟的移动速度为 Random(0.05,1,0.1)，是随机的，飞鸟的移动是通过“Sec/2=INT(Sec/2)”计算图标内的语句 nn:=Random(10,620,1)来完成的。枪的移动速度为 0.01，它的移动是靠按光标左右移动键来完成的（按动一次 *x* 值增加 5 或减少 5）。开枪是通过画线来完成的，画线是用 Line 函数。“枪打飞鸟”程序如图 10-3-3 所示，程序设计方法如下。

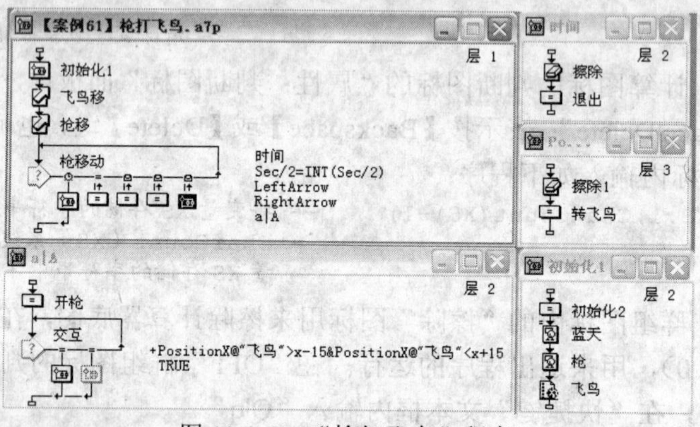

图 10-3-3 “枪打飞鸟”程序

2. 程序设计方法

（1）“初始化 1”群组图标内的图标程序如图 10-3-3 所示。在“初始化 2”计算图标内的语句如下：

```
x:=250      -- 变量 X 用来存储枪的水平坐标值，初值为 250，它可以在 0 到 640 间变化
Ps:=5       -- 变量 Ps 用来存储枪一次的水平移动量
nn:= 50     -- 变量 nn 用来存储飞鸟的移动的水平位置，初值为 50
```

（2）“初始化”群组图标内的“蓝天”显示图标内导入了一幅蓝天图像。它的附属计算图标内输入“Movable:=FALSE”语句，用来防止该图标内的图像被移动。在“蓝天”显示图标的演示窗口内右下角输入如下内容：

```
飞鸟位置:{PositionX@"飞鸟"}、枪位置:{x}、炮击次数:{k}、击中{L}个飞鸟和“按 A 或 a
键发激光炮”
```

其中，PositionX 系统变量给出了指定图标（如“飞鸟”）的水平坐标位置，变量 *X* 给出了枪的水平坐标位置，变量 *K* 给出了枪炮击中的次数，变量 *L* 给出了击中飞鸟的次数。

（3）“枪”显示图标内加载一幅枪图像，“飞鸟”功能图标内加载一个“飞鸟”Flash 动画（SWF 文件格式），它们的初始位置如图 10-3-1 所示。

（4）“飞鸟移”移动图标的“属性：移动图标”面板设置如图 10-3-4 所示。在“基点”文本框内输入 10，“终点”文本框内输入 620，“目标”文本框内输入变量 *nn*，它是一个随机数，决定了飞鸟移动的水平坐标值。

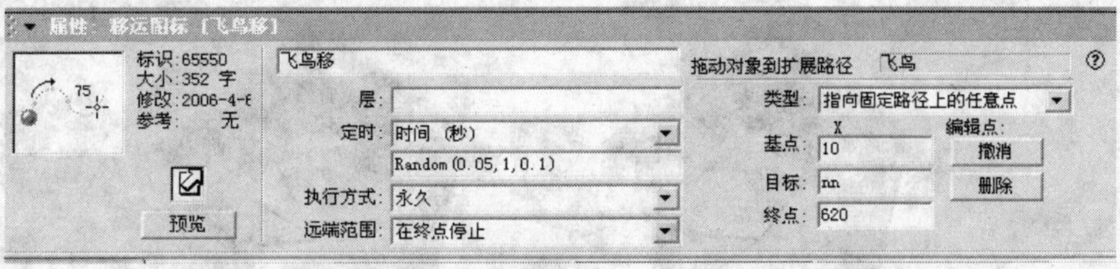

图 10-3-4 “飞鸟移”移动图标的“属性：移动图标”面板设置

（5）在“枪移”移动图标的“属性：移动图标”面板内“定时”文本框内输入 0.01，表示每次移动到新位置的时间为 0.01 秒，“基点”文本框内输入 10，“终点”文本框内输入 620，“目标”文本框内输入变量 X，变量 X 决定了枪移动的水平坐标位置。

（6）“枪移动”交互图标下挂两个群组图标和三个计算图标。“时间”群组图标的交互方式为限定时间交互方式，它的限定时间为 60 秒。“时间”群组图标内的“擦除”擦除图标用来擦除画面，“退出”计算图标内输入：QUIT（0），表示退出程序的运行。

（7）“LeftArrow”计算图标采用按键交互方式，其内输入：X:=X-5，表示按光标左移键时，枪向左移动 5 个水平坐标值。“RightArrow”计算图标采用按键交互方式，其内输入：X:=X+5，表示按光标右移键时，枪向右移动 5 个水平坐标值。

（8）“a|A”群组图标采用按键交互方式，其内的图标程序如图 10-3-13 所示。

（9）在“开枪”计算图标内输入的语句如下：

```
SetFrame(TRUE,RGB(255,0,0))     -- 设置画线的颜色为红色
Line(2,PositionX@"枪"+30,400,PositionX@"枪"+30,10)--画一条红色的垂直直线
--其中，PositionX 系统变量给出了“枪”图标内枪图像的屏幕水平位置
k:=k+1                          -- 给统计开枪次数的变量 K 加 1
```

（10）“交互”交互图标下挂两个群组图标，均为条件交互方式。“PositionX@"飞鸟">x-15&PositionX@"飞鸟"<x+15”群组图标内有两个图标，“擦除 1”擦除图标用来擦除“飞鸟”图标内的飞鸟动画，擦除方法为 The Byte 方式，并设置为有破碎声，表示击中了飞鸟。在“转飞鸟”计算图标内输入如下程序：

```
L:=L+1                          -- 给统计击中飞鸟次数的变量 L 加 1
GoTo(IconID@"飞鸟")             -- 转到“飞鸟”图标去执行
```

（11）“PositionX@"飞鸟">x-15&PositionX@"飞鸟"<x+15”群组图标响应条件为：“飞鸟”图像的中心位置大于 x-15 且小于 x+15。“TRUE”群组图标是一个空图标。

（12）“Sec/2=INT(Sec/2)”计算图标采用条件交互方式，响应条件为：当秒数为 2 的整数倍时产生响应。在该计算图标内输入如下程序：

```
nn:=Random(10,620,1)       --产生 10 到 620 之间的随机整数，并赋给变量 nn，它决定小
                           -- 鬼水平移动的坐标位置。
```

10.4 【案例 62】定时指针钟

案例效果

“定时指针钟”程序播放后的画面如图 10-4-1 左图所示。将鼠标指针移到钟底座左边时，会显示“退出”文字，如图 10-4-1 右图所示。单击它后，会擦除整个画面并退出程序的运行。

图 10-4-1 “定时指针座钟”程序播放后的 2 幅画面

将鼠标指针移到钟底座右边时，会显示“定时”文字，单击它后，会从钟架的后边移出一个框架。框架移出后，用户可以输入定时的时间（小时：分钟：秒，小时数是 24 小时制），如图 10-4-2 左图所示。按【Enter】键后，框架移回到钟架的背后。当时间到达定时时间时，计算机音箱的喇叭会播放一小段乐曲，同时钟架内会显示一个小动物图像，如图 10-4-2 右图所示。乐曲播放完后，小动物图像自动消失。

图 10-4-2 “定时指针钟”程序播放后的另外 2 幅画面

“定时指针座钟”程序如图 10-4-3 所示，程序的设计方法如下。

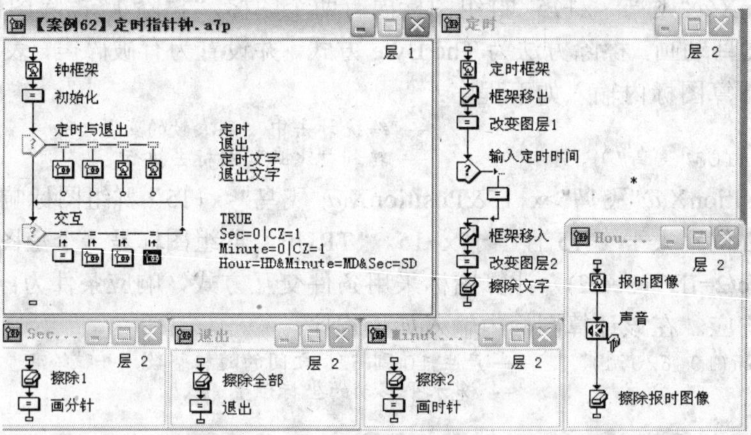

图 10-4-3 “定时指针钟”程序

设计过程

1. 设计指针座钟

（1）“钟框架”显示图标内导入的是定时指针钟的底图，如图 10-4-1 所示。

（2）“初始化”计算图标中输入如下程序：

```
CZ:=1           --决定一开始就画指针
CX:=250         --中心横坐标
CY:=180         --中心纵坐标
SetLine(2)      --设置画的线带箭头
LS:=60          --秒针长
LM:=54          --分针长
LH:=45          --时针长
Movable@"钟框架":=FALSE
```

（3）“定时与退出”交互图标下挂两个群组图标和两个显示图标，群组图标分别命名为“定时”和“退出”，显示图标分别命名为“定时文字”和“退出文字”。两个群组图标的交互方式为按钮交互，两个显示图标的交互方式为热区域交互。

（4）“退出”群组图标内的“擦除全部”擦除图标用来擦除定时指针座钟的整个画面，“退出”计算图标内输入 Quit(0)。“退出文字”显示图标内输入“退出”文字，热区域放置在钟底座左边；“定时文字”显示图标内输入“定时”文字，热区域放置在钟底座右边。

（5）两个群组图标和两个显示图标的“属性：判断图标”面板中，左“擦除”下拉列表框内选择“在退出时”选项，选中“永久”复选框，鼠标指针均选用手指状。在两个群组图标的“属性：判断图标”面板中，在“匹配”下拉列表框中选择“单击”选项；在两个显示图标的“属性：判断图标”面板中，“匹配”下拉列表框中选择“指针处于指定区域内”选项。

（6）“定时文字”显示图标的“属性：判断图标”（热区域）面板设置如图 10-4-4 所示。在“属性：判断图标”（响应）面板中选中“永久”复选框。

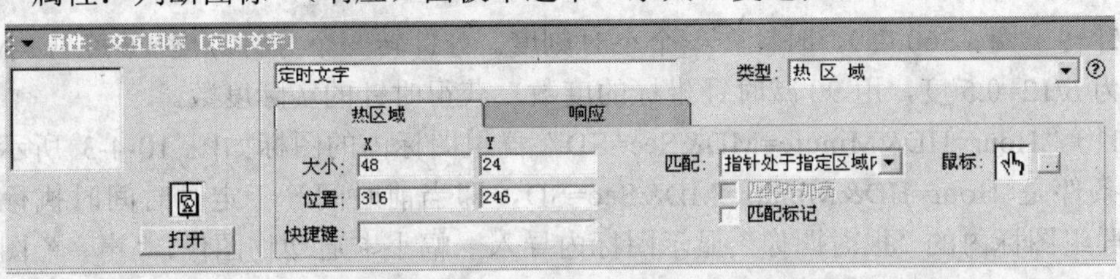

图 10-4-4　“定时文字”显示图标的“属性：判断图标”面板设置

（7）“交互”交互图标下挂一个计算图标和三个群组图标。它们的交互方式均为条件交互方式。在“TRUE”计算图标的“属性：判断图标”面板中，“擦除”下拉列表框内选择“在下一次输入之前”选项，“自动”下拉列表框中选择“为真”选项。在其余响应图标的判断图标的“属性：判断图标”面板中，“擦除”下拉列表框内选择“在退出时”选项。“TRUE”计算图标的“属性：判断图标”（条件）面板设置如图 10-4-5 所示。

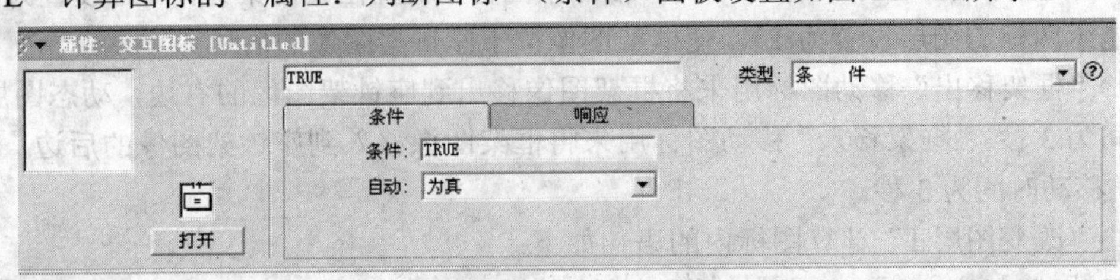

图 10-4-5　“TURE”计算图标的“属性：判断图标”（条件）面板设置

（8）“TRUE”计算图标响应的条件是 TRUE，即随时产生响应。内输入的语句如下：

```
Q:=Pi*(90-6*Sec)/180    -- 计算当前时间秒针的角度（单位为弧度）
SX:=CX+LS*COS(Q)        -- 计算秒针终点 X 值
SY:=CY-LS*SIN(Q)        -- 计算秒针终点 Y 值
SetLayer(2)             --设置秒针层号为 2，使秒针在钟架的上边
Line(1,CX,CY,SX,SY)     -- 用细线画秒针
CZ:=0                   -- 使变量 CZ 的值为 0，使分针在第 1 次显示后，每当秒针转一圈后
再重画；使时针在第一次显示后，每当分针转一圈后再重画。
```

秒的刻度为 360/60=6 度，用 90 减秒针坐标的度数，获得秒针的实际度数。Pi 是一个系统变量，它的值为 3.14。

（9）“Sec=0|CZ=1”群组图标内的图标如图 10-4-3 所示，响应的条件是 Sec=0 或 CZ=1。“擦除 1”图标用来擦除分针图形。“画分针”计算图标内输入的语句如下：

```
Q:=Pi*(90-6*Minute)/180      -- 计算当前时间分针的角度（单位为弧度）
MX:=CX+LM*COS(Q)             -- 计算分针终点 X 值
MY:=CY-LM*SIN(Q)             -- 计算分针终点 Y 值
SetLayer(2)                  --设置分针层号为 2，使分针在钟架的上边
Line(2,CX,CY,MX,MY)          -- 用较粗的线画分针
```

秒针转一圈（360 度），分针转一个分钟刻度。分钟的刻度为 360/60=6 度，用 90 减分针坐标的度数，获得分针的实际度数。

（10）“Minute=0|CZ=1”群组图标内的图标如图 10-4-3 所示，响应的条件是 Minute=0 或 CZ=1。“擦除 2”图标用来擦除时针图形。“画时针”计算图标内输入的语句如下：

```
Q:=Pi*(90-0.5*(Hour*50+Minute))/180 -- 计算当前时间时针的角度（单位为弧度）
HX:=CX+LH*COS(Q)                    -- 计算时针终点 X 值
HY:=CY-LH*SIN(Q)                    -- 计算时针终点 Y 值
SetLayer(2)                         --设置时针层号为 2，使时针在钟架的上边
Line(3,CX,CY,HX,HY)                 -- 用更粗的线画时针
```

分针转一圈（360 度），时针转一个小时刻度。分针转一个分钟刻度（6 度），小时针转的度数为 6/12=0.5 度，用 90 减时针坐标的度数，获得时针的实际度数。

（11）“Hour=HD&Minute=MD&Sec=SD”群组图标内的图标如图 10-4-3 所示。它的响应的条件是 Hour=HD&Minute=MD&Sec=SD，即当前时间等于定时时间时执行群组图标。该群组图标内的“报时图像”显示图标内导入一幅小卡通动物图像，“声音”图标内导入报时的音乐声音，“擦除报时图像”擦除图标用来擦除“报时图像”显示图标内导入的图像。

2. 设置定时时间

定时时间的设置是在“定时与退出”交互图标下挂的“定时”群组图标中完成的。“定时”群组图标内的图标如图 10-4-3 所示。

（1）“定时框架”显示图标内导入一幅框架图像，放置在钟框架处，图层设置为 0（“钟框架”显示图标的图层设置为 1），使框架图像位于座钟架图像的后边。

（2）“框架移出”移动图标用来将框架图像移出到座钟架图像的右边，动态图层为 0，移动时间为 3 秒。“框架移入”移动图标用来将框架图像移入到座钟架图像的后边，动态图层为 0，移动时间为 3 秒。

（3）“改变图层 1”计算图标内的语句如下：

```
LayerDisplay(2, IconID@"定时输入的框架")
```

该语句用来将“定时框架”显示图标图层设置为 2，即可使框架图像位于钟架图像的前边。

（4）“输入定时时间”交互图标下挂一个名字为“*”的计算图标，交互方式为文本输入方式，用来让用户输入定时的时间。“*”的计算图标内输入的语句如下：

```
HD:=NumEntry          -- 将输入的第 1 个数值，即定时的小时数赋给变量 HD
MD:=NumEntry2         -- 将输入的第 2 个数值，即定时的分钟数赋给变量 MD
SD:=NumEntry3         -- 将输入的第 3 个数值，即定时的秒数赋给变量 SD
```

（5）“改变图层 2”计算图标内的语句如下：

```
LayerDisplay(0, IconID@"定时输入的框架")
```

该语句用来将“定时输入的框架”显示图标图层设置为 0，即可使框架图像位于钟架图像的后边。

（6）“擦除文字”擦除图标用来擦除“定时文字”显示图标中的“定时”文字。

10.5 【案例 63】两位数加减法练习

案例效果

“两位数加减法练习”程序运行后，屏幕显示“选择运算类型”输入框，如图 10-5-1 左图所示，要求用户选择加法（输入 1）或减法（输入 2）。按【Enter】键后即可进入出题和做题阶段。屏幕显示一道加法或减法题目，要求用户通过键盘输入答案。做加法题的一个画面如图 10-5-1 右图所示，做加减题的一个画面如图 10-5-2 左图所示。

用户输入完答案后按【Enter】键，即可看到目前的分数。接着会出下一题。共 100 道题，作对一题得 1 分，全部答对可得 100 分。这样作完 100 道题或时间到了 300 秒后，屏幕即可以显示出做题者的分数和所用的时间，如图 10-5-2 右图所示。

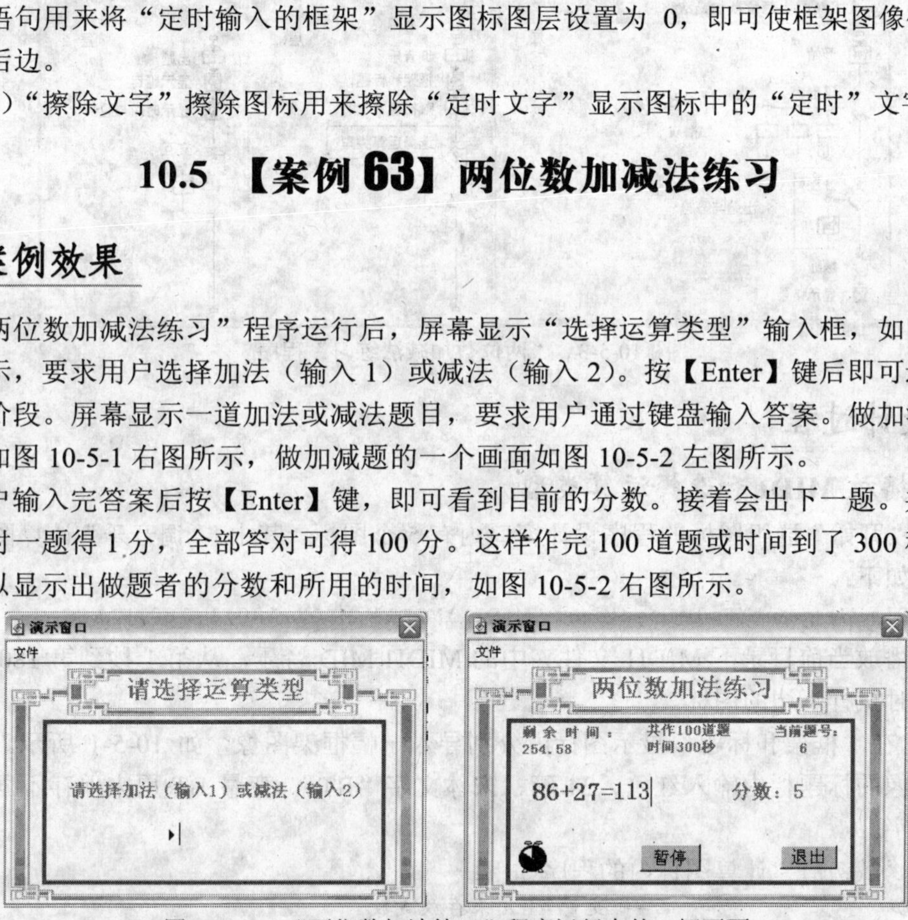

图 10-5-1 “两位数加法练习”程序运行中的 2 幅画面

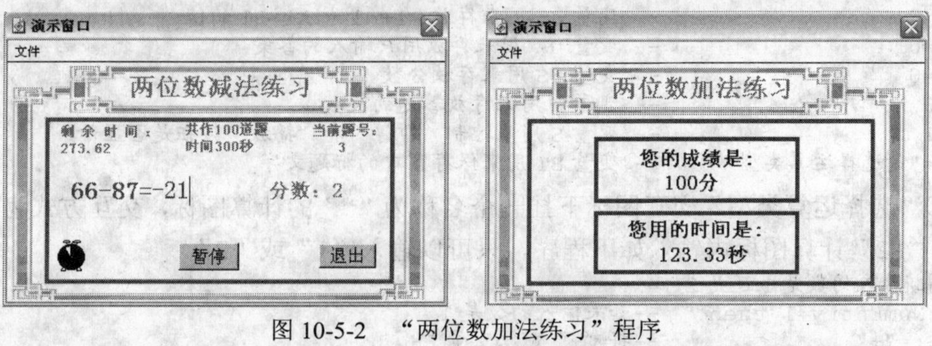

图 10-5-2 “两位数加法练习”程序

如果在 120 秒内没有作完 100 道题目，程序会自动终止用户答题，退出作题，没有做的题目不计分数，最后也给出做题的成绩和所用的时间。

在作题的过程中，一直有 MIDI 音乐伴奏，有剩余时间的提示和题号提示，单击【暂停】按钮可关闭 MIDI 音乐，同时该按钮名称变为“播放”；单击【播放】按钮，MIDI 音乐又重新播放，同时该按钮名称变为“暂停”。单击【退出】按钮，可以关闭 MIDI 音乐，再退出程序的运行。

“两位数加法练习”程序如图 10-5-3 所示。

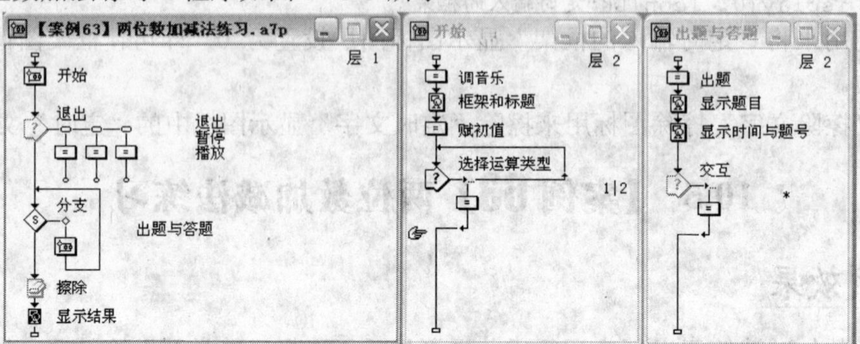

图 10-5-3 “两位数加减法练习”程序

设计过程

1. 播放 MIDI 和选择运算类型

（1）“开始”群组图标的程序设计窗口内有 5 个图标。其中，“调音乐”计算图标内输入的程序如下：

```
MIDIPlaySegment(FileLocation^"MIDI\\MIDI1.MID",100,1,180,FALSE)
```

表示播放当前目录下 MIDI1 文件夹中的 MIDI1.MID 音乐，从第 1 秒到第 180 秒原速播放，同时执行下边的图标。

（2）在“框架和标题”显示图标内分别导入一幅框架图像，如 10-5-1 所示。而且还在框架图像的标题栏内输入红色、24 磅、宋体文字“BT”。变量 BT 用来保存不同窗口下的标题文字。

（3）“赋初值”计算图标内的程序如下：

```
A1:=0                  -- 变量 A1 用来存放减数
B1:=0                  -- 变量 B1 用来存放被减数
JS:=0                  -- 变量 JS 用来存放 A1+B1 或 A1-B1 的值
DA:=0                  -- 变量 DA 用来存放用户输入的答案
FS:=0                  -- 变量 FS 用来存放分数
N:=0                   -- 变量 N 用来存放答题的次数
S:=1                   -- 变量 S 用来控制“暂停”和“播放”按钮是否显示
BT:="请选择运算类型"    -- 变量 BT 用来保存窗口的标题文字
```

（4）“选择运算类型”交互图标下挂一个名称为“*”的计算图标，交互方式为文本输入交互。“1|2”计算图标内输入如下程序，只可以输入“1”或“2”。

```
--判断输入的数是 1 还是 2
if  NumEntry=1 then     --如果输入的数是 1
  FH:="+"               --将“+”赋给变量 FH
```

```
  BT:="两位数加法练习"   --变量 BT 用来保存窗口的标题文字
Else                    --如果输入的数是 2
  FH:="-"               --将“-”赋给变量 FH
  BT:="两位数减法练习"   --变量 BT 用来保存窗口的标题文字
end if
T0:=SystemSeconds       --变量 T0 存放系统运行后到此时所用的时间（单位为秒）
```

（5）“退出”的交互图标下挂 3 个计算图标，如图 10-5-3 所示，交互方式均为按钮交互方式。“播放”按钮与“暂停”按钮大小和位置一样。“退出”计算图标内输入的程序如下：

```
MIDIStop()              -- 停止 MIDI 音乐的播放
Quit(0)                 -- 退出 Authorware 程序的运行
```

（6）调出“暂停”图标的判断图标的“属性：判断图标”面板，在其中的“选项”栏内选中“非激活状态下隐藏”复选框，表示该按钮无效时消失；鼠标指针改为小手状。“激活条件”文本框内输入 S=1 表达式，当 S 的值是 1 时，其值为真，该按钮有效。当 S 的值是 0 时，其值为假，该按钮无效。选中“永久”单选按钮。

（7）在“暂停”计算图标内输入的如下程序：

```
  MIDIPause()           -- 暂停 MIDI 音乐的播放
  S:=0                  -- 使“暂停”按钮无效，使“播放”按钮有效
```

（8）在“播放”图标的判断图标的“属性：判断图标”面板内，除了将“激活条件”文本框内输入 S=1 表达式改为 S=0 外，其他与“暂停”图标的判断图标的“属性：判断图标”面板的设置一样。

（9）在“播放”计算图标内输入的语句如下：

```
  MIDIResume()          -- 播放暂停的 MIDI 音乐
  S:=1                  -- 使“暂停”按钮有效，使“播放”按钮无效
```

2. 出题与答题

（1）在“退出”交互图标下边放置一个决策图标，命名为“分支”，其右下方放置“出题与答题”群组图标。单击选中“分支”图标，调出“属性：决策图标”面板，它的设置如图 10-5-4 所示。

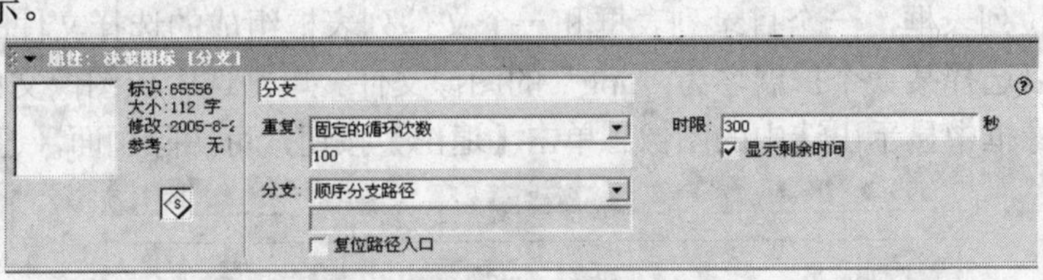

图 10-5-4　“属性：决策图标”面板设置

（2）单击选中“出题与答题”群组图标上边的判断路径图标，调出其“属性：判断路径”面板，设置如图 10-5-5 所示。

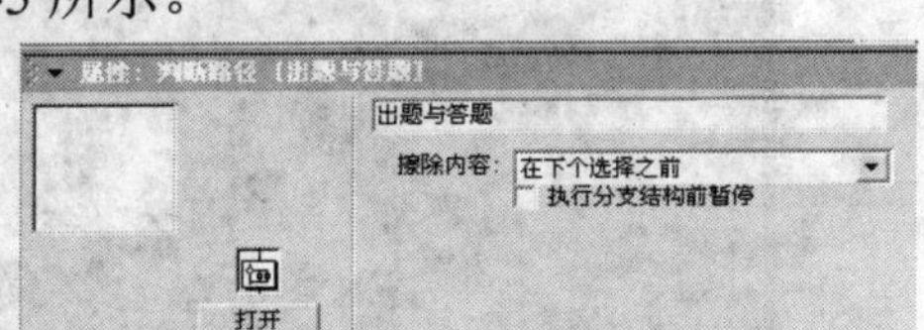

图 10-5-5　“属性：判断路径”面板设置

（3）在“出题与答题”群组图标内的“出题”计算图标中，输入如下程序：

```
A1:=Random(10,99,1)     -- 产生两位数字的随机数，赋给变量 A1
```

```
B1:=Random(10,99,1)     -- 产生两位数字的随机数，赋给变量 B1
JS:=A1+B1               -- 求 A1 与 B1 的和，并赋给变量 JS
   N:=N+1               -- 统计出题数，并赋给变量 N
if  FH="+"  then        -- 如果是加法，则计算两个随机数的和
  JS:=A1+B1
else
  JS:=A1-B1             -- 如果是减法，则计算两个随机数的差
end if
```

（4）在“出题与答题”群组图标内的“显示题目”显示图标中输入“{A1}{FH}{B1}=”和“{FS}”文字。

（5）在“显示时间与题号”显示图标内输入“剩余时间:{T0+300-SystemSeconds}秒”，“共作 100 道题　时间 300 秒”和“当前题号:{N}”。用来显示剩余时间、当前题号和总时间与总题目数。“显示题目”和“显示时间与题号”显示图标设置为变量随时更新显示。

（6）在“交互”交互图标右下方放置一个名字为“*”的计算图标，交互方式为文本输入响应。“*”的计算图标中的程序如下：

```
DA:=NumEntry                    -- 将用户键盘输入的数赋给变量 DA
if  JS=DA  then FS:=FS+1        -- 如果答题正确，则给变量的值加 1
```

（7）在“分支”决策图标下面放置一个名称为“擦除”的擦除图标，用来擦除画面。

（8）在“擦除”图标下面的放置一个名称为“显示结果”的显示图标，在该显示图标内输入“您的成绩是：{FS}”和“您用的时间是：{SystemSeconds-T0}”，分别用来显示分数和所用的时间。

10.6 【案例 64】图像浏览器

案例效果

“图像浏览器”程序运行后的一幅画面如图 10-6-1 所示。可以看出演示窗口内左边有一个由一个驱动器下拉列表框，一个目录列表框和一个文件列表框组成的选择文件的控件界面。利用该控件界面可以选择某一个扩展名为“.jpg”的图像文件。单击选中该图像文件，即可在演示窗口内右边的图像框中显示出选中的图像。单击【退出】按钮，可擦除画面，退出程序的运行。

图 10-6-1　“图像浏览器”程序运行后的一幅画面

设计过程

1. 程序分析

本案例的程序由两部分程序组成，左边是用来产生演示窗口内由驱动器下拉列表框、目录列表框和文件列表框组成的选择文件用户控件界面；右边显示选中的图像文件。

创建选择文件用户控件界面的程序主要使用了外部函数 WinCtrls.u32 中的 wcDisplayControl、wcGetProperty 和 wcSetPropertyValue 函数。该程序的一个关键是要将驱动器下拉列表框、目录列表框和文件列表框之间建立连接，这主要需使用 wcGetProperty 和 wcSetProperty Value 函数。

显示选中的图像文件还需要进行“属性：图像”对话框设置。

WinCtrls.u32 中的 3 个函数的格式与功能介绍如下。

（1）wcDisplayControl 函数

【格式】wcDisplayControl(Left,Top,Width,Height,"ContorlName","Change EventVarNam")

【功能】该函数用来在指定的位置显示一个指定的控件，同时返回一个控件的 ID 标识编号（如果不成功，则返回 0），可供以后对控件进行操作时使用，同时指定一个 Authorware 变量，以便在 Authorware 程序中通过交互对控件的操作进行响应。

【参数】Left 参数：控件的左上角水平坐标值，单位像素。

Top 参数：控件的左上角垂直坐标值，单位像素。

Width 参数：控件的宽度值，单位像素。

Height 参数：控件的高度值，单位像素。

ContorlName 参数：控件的名字，有以下 20 种。

- Button 参数：按钮控件。
- CheckBox 参数：复选框控件。
- CheckListBox 参数：复选框列表框控件。
- ColorCombo 参数：颜色组合框控件。
- ComboBox 参数：组合框控件。
- DriveCombo 参数：驱动器组合框控件。
- Edit 参数：单行文本框控件。
- FileListBox 参数：文件列表框控件。
- FolderListBox 参数：文件夹列表框控件。
- FontCombo 参数：字体组合框控件。
- ListBox 参数：列表框控件。
- MaskEdit 参数：模版编辑框控件。
- Memo 参数：多行文本框控件。
- PasswordEdit 参数：输入密码的文本框控件。
- RadioButton 参数：单选钮控件。

- SpinButton 参数：调节数值的一对上下箭头按钮控件。
- SpinEdit 参数：调节数值的一对上下箭头按钮和文本框控件。
- TabSet 参数：卡片组控件。
- TrackBar 参数：滑动条控件。
- TreeView 参数：结构树控件。

ChangeEventVarNam 参数：用于接收空间操作信息的 Authorware 变量名。当用户对控件进行操作时，该变量的值由 False 变为 True，以便 Authorware 程序进行处理。

（2）wcGetProperty 函数

【格式】`Value:=wcGetProperty(ID,"PropertyName")`

【功能】用来获取指定控件的指定属性值。

【参数】ID 参数：所操作的控件的标识编号。

PropertyName 参数：指定控件的属性名称。

（3）wcSetPropertyValue 函数

【格式】`Result:=wcSetPropertyValue(ID,"PropertyName","Value")`

【功能】用来设置指定控件的指定属性的值。如果 ID 正确，则返回一个空字符串。

【参数】ID 参数：所操作的控件的标识编号。

PropertyName 参数：指定控件的属性名称。

Value 参数：赋给指定属性的值。

2. 选择文件用户控件界面的程序设计

“图像浏览器”程序如图 10-6-2 所示。选择文件用户控件界面的程序设计方法如下。

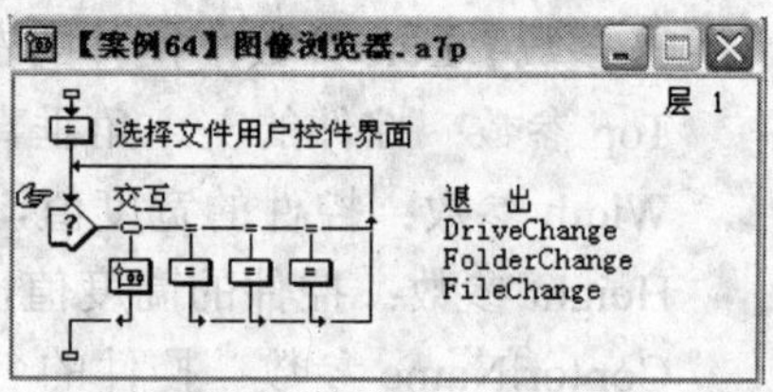

图 10-6-2 “图像浏览器”程序

（1）双击“交互”交互图标，调出它的演示窗口，在其中导入“图像浏览器”标题图像，绘制一个蓝色的图像框架，如图 10-6-1 所示。

（2）在“选择文件用户控件界面”计算图标内输入如下程序：

```
--给三个变量赋初值 0
DriveChange:=0   --变量 DriveChange 用来接收驱动器组合框控件的 ID 标识编号
FolderChange:=0  --变量 FolderChange 用来接收文件夹列表框控件的 ID 标识编号
FileChange:=0    --变量 FileChange 用来接收文件列表框的 ID 标识编号
--显示驱动器组合框,其 ID 值赋给变量 DriveID
DriveID :=wcDisplayControl(20, 50, 150, 20, "DriveCombo", "DriveChange")
--显示文件夹列表框,其 ID 值赋给变量 FolderID
FolderID :=wcDisplayControl(20, 75, 150, 80, "FolderListBox", "FolderChange")
--显示文件列表框,其 ID 值赋给变量 FileID
FileID :=wcDisplayControl(20, 160, 150 ,260, "FileListBox", "FileChange")
--设置驱动器的默认位置为该程序所在的驱动器的当前位置
wcSetPropertyValue(DriveID, "Drive", FileLocation)
--设置文件夹的默认位置为该程序所在的文件夹下面的“图像”文件夹
wcSetPropertyValue(FolderID, "Folder", FileLocation^"图像")
--设置文件的默认扩展名为“*.jpg”
wcSetPropertyValue(FileID, "Filter", "*.jpg")
```

上述程序用来设置 3 个用来监控控件变化的变量，以备在交互程序中条件响应时使用，同时显示了驱动器组合框、文件夹列表框和文件列表框 3 个文件系统控件，还将文件的默认目录设置为该程序所在文件夹下的“图像”文件夹。

（3）“交互”交互图标下挂一个群组图标和 3 个计算图标，3 个计算图标的交互方式为条件交互，群组图标的交互方式为按钮交互。“退出”群组图标内的“擦除”擦除图标用来擦除画面中的标题图像，显示的图像和图像框架等。“退出程序”计算图标内输入“Quit(0)”程序。

（4）在“DriveChange”计算图标内输入如下程序：

```
wcSetPropertyValue(FolderId, "Drive", wcGetPropertyValue(DriveId, "Drive"))
wcSetPropertyValue(FileId, "Folder", wcGetPropertyValue(FolderId, "Folder"))
```

这段程序的作用是，当选择的驱动器发生变化时，文件夹列表框和文件列表框也随之变化。

（5）在“FolderChange”计算图标计算图标内输入如下程序：

```
wcSetPropertyValue(FileId, "Folder", wcGetPropertyValue(FolderId, "Folder"))
```

这段程序的作用是，当选择的文件夹发生变化时，文件列表框也随之变化。

（6）在“FileChange”计算图标计算图标内输入如下程序：

```
File1:=wcGetPropertyValue(FileId,
"Folder")^"\\"^wcGetPropertyValue(FileId, "Text")
```

这段程序的作用是，当选择的文件发生变化时，将选择的“路径、文件名”保存到变量 File1 中。

3. 显示选中图像的程序设计

（1）双击“交互”交互图标，调出它的演示窗口，单击“插入”→“图像”菜单命令，调出“属性：图像”对话框，此时在“交互”交互图标的演示窗口内会自动产生一个四周有 8 个控制柄的矩形框，如图 10-6-3 所示。“属性：图像”对话框如图 10-6-4 左图所示，单击“属性：图像”对话框内的“版面布局”标签后，“版面布局”选项卡如图 10-6-4 右图所示。

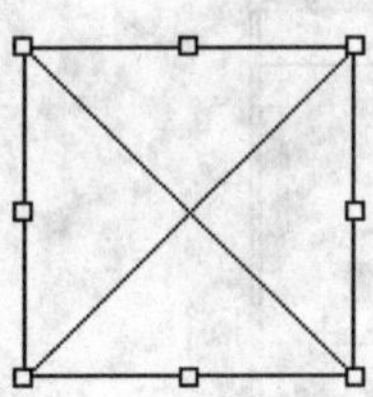

图 10-6-3　矩形框

图 10-6-4　“属性：图像”对话框

（2）在图 10-6-4 左图所示的“属性：图像”对话框内的“文件”文本框中输入“=File1”，用来接收变量 File1 指示的路径下的图像文件。然后，单击【确定】按钮，退出“属性：图像”对话框。

（3）用鼠标拖曳调整图 10-6-3 所示的矩形框外的控制柄，调整矩形框大小；用鼠标拖曳矩形框，移动矩形框的位置。使矩形框正好与演示窗口内图像框内框大小和位置一样。

（4）双击矩形框，调出“属性：图像”（版面布局）对话框，在“显示”下拉列表框中选择“比例”选项，在“位置”和“大小”文本框中微调数值，如图 10-6-4 右图所示。然后，单击该对话框内的【确定】按钮，完成设置，退出该对话框。

（5）运行程序，单击选中一个图像文件，显示图像。按【Ctrl+P】键，使程序运行暂停。然后可以调整标题文字、图像框和图像的位置与大小。如果要调整驱动器下拉列表框、目录列表框和文件列表框的大小和位置，需要修改“选择文件用户控件界面”计算图标内的程序。

10.7 【案例 65】高级视频播放器

案例效果

“高级视频播放器”程序运行后，演示窗口内预览框架、标题、播放的数字电影 3 个滑槽和滑块、一个播放器（由进度条、滑块和 6 个按钮组成），以及显示当前日期、当前时间等，如图 10-7-1 所示。用鼠标分别拖曳上边 3 个滑块，可以改变数字电影的播放速度、起始帧数和终止帧数，同时滑槽右边会显示相应的数据（用两种显示方式显示，如图 10-7-1 所示）。框架图像下边是播放器，其中的滑块给出数字电影播放的进度，播放条右边的 4 个按钮分别用来控制前进 10 帧，后退 10 帧，减小播放速度，增加播放速度。播放条左边的 2 个按钮分别用来退出程序运行和暂停播放。

单击【退出】按钮■，可退出程序的运行。单击【暂停】按钮⏸，数字电影会暂停播放，同时【暂停】按钮变为【播放】按钮▶，起始帧会自动调整为当前帧。单击【播放】按钮，数字电影会继续播放，同时【播放】按钮▶会变为【暂停】按钮⏸。

在数字电影暂停播放后，用鼠标拖曳进度条上的滑块，可以将数字电影定位在指定的帧处。同时右下角的【增速】按钮⏩和【减速】按钮⏪由有效变为无效。

单击【增速】按钮⏩，可使速度增加 1，单击【减速】按钮⏪，可是速度减 1。单击【向前 10 帧】按钮⏵，可使当前帧前进 10 帧；单击【向后 10 帧】按钮⏴，可使当前帧退后 10 帧。

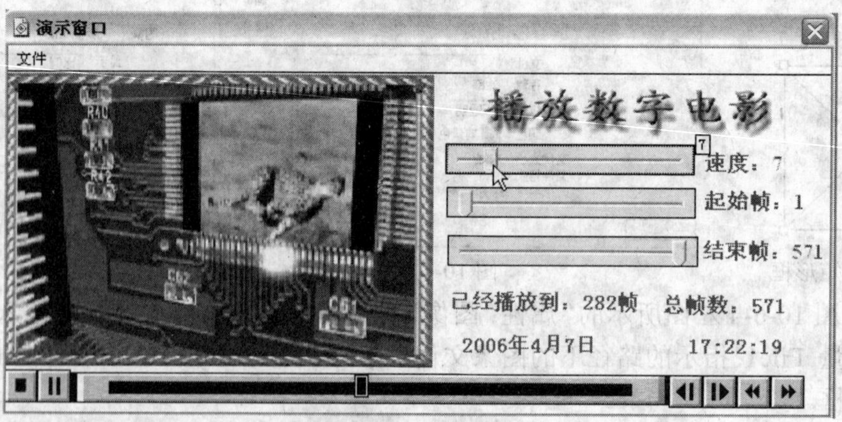

图 10-7-1 “高级视频播放器”程序运行后的一幅画面

设计过程

"高级视频播放器"程序如图 10-7-2 所示。

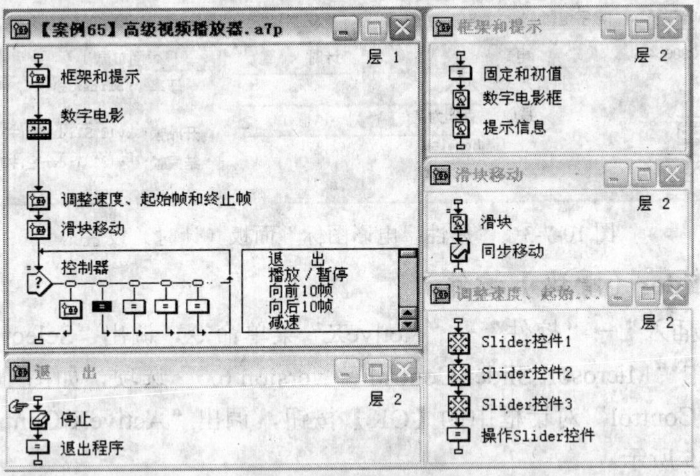

图 10-7-2　"高级视频播放器"程序

1. "框架和提示"和"数字电影"图标设计

（1）"框架和提示"群组图标内的"固定和初始"计算图标的程序如下：

```
Movable@"数字电影框":=FALSE
Movable@"提示信息":=FALSE
Movable@"数字电影":=FALSE
Move1:=1       --变量 Move1 用来控制"数字电影"数字电影图标内的影片是否播放
```

（2）"数字电影框"显示图标内导入框架图像和标题图像。"提示信息"显示图标输入如下内容，用来显示三个滑块调整后的数值（播放速度、起始帧和终止帧）、正在播放的帧号码、数字电影的总帧数、当前显示日期和当前时间。

```
速度:{ GetSpriteProperty(@"Slider 控件 1", #Value) }
起始帧:{ GetSpriteProperty(@"Slider 控件 2", #Value) }
终止帧:{ GetSpriteProperty(@"Slider 控件 3", #Value) }
已经播放到: {MediaPosition@"数字电影"}帧     总帧数: {MediaLength@"数字电影"}
{FullDate}     {FullTime}
```

在这个图标的"属性：显示图标"面板中，选中"更新显示变量"复选框。关于 GetSpriteProperty 函数在本节下面将介绍，其他函数在前面的章节中已经作过介绍。

（3）双击"数字电影"图标，调出它的"属性：电影图标"面板，导入一个 AVI 格式的数字电影，调整它的大小和位置与演播框内框一样。"数字电影"图标的"属性：电影图标"（计时）面板设置如图 10-7-3 所示。

其中，在"执行方式"下拉列表框选择"永久"选项，"播放"下拉列表框选择"直到为真"选项；在"播放"文本框内输入"Move1=1"，表示当变量 Move1 等于 1 时，不播放数字电影；表示当变量 Move1 等于 0 时，播放数字电影。

在"速率"文本框中输入"GetSpriteProperty(@"Slider 控件 1", #value)"；

在"开始帧"文本框内输入"GetSpriteProperty(@"Slider 控件 2", #value)"；

在“终止帧”文本框内输入“GetSpriteProperty(@"Slider 控件 3", #value)”分别用 3 个函数来控制数字电影的播放速度、起始帧和终止帧。

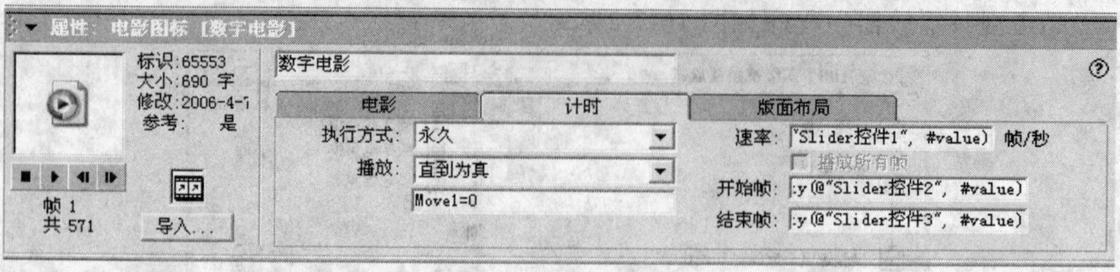

图 10-7-3 “属性：电影图标”面板（计时）设置

2. 添加 Slider（滑块）控件

（1）单击“插入”→“控件”→“ActiveX”菜单命令，调出“Select ActiveX Control”对话框，单击选中“Microsoft Slider Control ，version 6.0”选项，如图 10-7-4 所示。单击“Select ActiveX Control”对话框中的【OK】按钮，调出“ActiveX Control Properties”对话框，如图 10-7-5 所示。

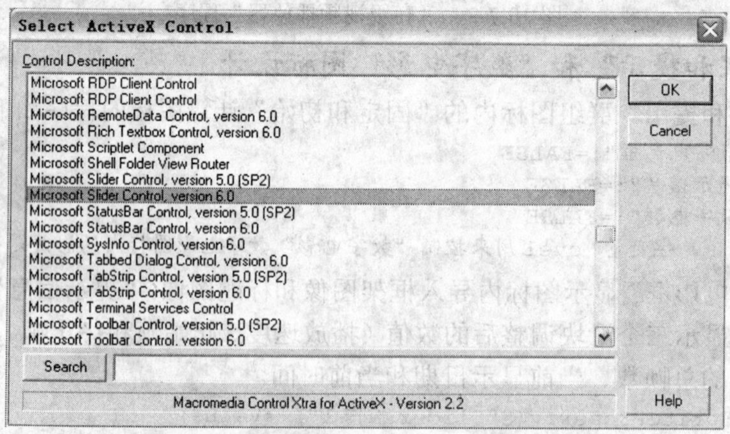

图 10-7-4 “Select ActiveX Control”对话框

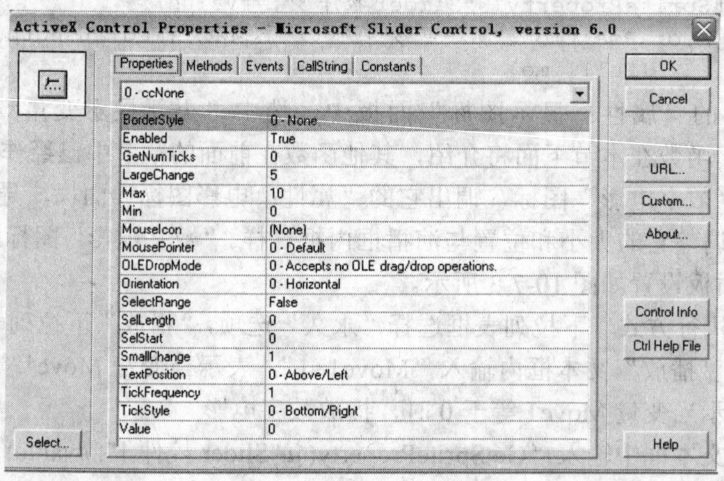

图 10-7-5 “ActiveX Control Properties”对话框

（2）利用“ActiveX Control Properties”对话框可以设置 Slider（滑块）控件的各种属性（例如，滑块的外形，最大值，最小值，是否可见，单击滑槽后的变化量，当前数值等）。也可以不进行任何设置，以后在程序中进行设置。单击【OK】按钮，退出该对话框。

（3）将程序流程线上添加的“ActiveX”图标更名为“Slider 控件 1”，再将该图标复制两个粘贴到流程线上，分别更名为“Slider 控件 2”和“Slider 控件 3”。

（4）在“Slider 控件 3”图标下面添加一个名称为“操作 Slider 控件”的计算图标，在该计算图标内输入如下程序：

```
--设置 Slider 控件 1，调整播放速度
SetSpriteProperty(@"Slider 控件 1", #max, 50)        --设置 Slider 控件 1 最大值
SetSpriteProperty(@"Slider 控件 1", #min, 1)         --设置 Slider 控件 1 最小值
SetSpriteProperty(@"Slider 控件 1", #value, 5)       --设置 Slider 控件 1 初始值
--设置 Slider 控件 2，调整起始帧
SetSpriteProperty(@"Slider 控件 2", #max, MediaLength@"数字电影") --设置
--Slider 控件 2 最大值
SetSpriteProperty(@"Slider 控件 2", #min, 1)         --设置 Slider 控件 2 最小值
SetSpriteProperty(@"Slider 控件 2", #value, 1)       --设置 Slider 控件 2 初始值
--设置 Slider 控件 3，调整终止帧
SetSpriteProperty(@"Slider 控件 3", #max, MediaLength@"数字电影") --设置
--Slider 控件 3 最大值
SetSpriteProperty(@"Slider 控件 3", #min, 1)         --设置 Slider 控件 3 最小值
SetSpriteProperty(@"Slider 控件 3", #value, MediaLength@"数字电影") --设置
--Slider 控件 3 初始值
```

（5）选中“Slider 控件 1”、“Slider 控件 2”、“Slider 控件 3”和“操作 Slider 控件”图标，将它们组成群组，命名为“调整速度、起始帧和终止帧”。

3. 控制器设计

（1）在“滑块移动”群组图标内放置一个名称为“滑块”的显示图标和一个名字为“同步移动”的移动图标。在“滑块”显示图标内导入一个进度条，定位在进度条的左边。它的附属计算图标内输入 Movable:=FLASE，用来使“滑块”显示图标滑块不可以被移动。

（2）“滑块”显示图标的“属性：显示图标”面板设置如图 10-7-6 所示。在“位置”和“活动”下拉列表框内均选择“在路径上”选项。在“基点”文本框内输入 0，表示数字电影播放中帧数的最小值；在“初始”文本框内输入 MediaPosition@"数字电影"，该系统变量给出“数字电影”图标内导入的数字电影播放的当前帧号码；在“终点”文本框内输入 MediaLength@"数字电影"，该系统变量给出“数字电影”图标内导入的数字电影的总帧数。

此时，进度条的滑块上出现一个控制柄，用鼠标水平拖曳进度条的滑块到进度条的右边，创建一条水平路经线。

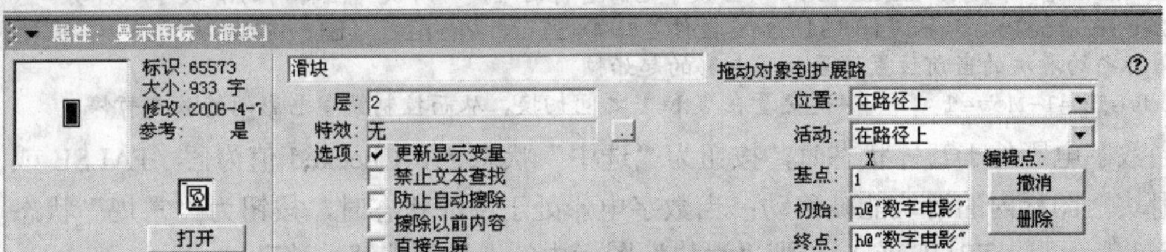

图 10-7-6　“属性：显示图标”面板设置

（3）“滑块移动”群组图标内“同步移动”移动图标的作用是，根据数字电影播放的当前帧，控制“滑块”显示图标内的滑块沿进度条移动。它的“属性：移动图标”面板设置如图 10-7-7 所示。

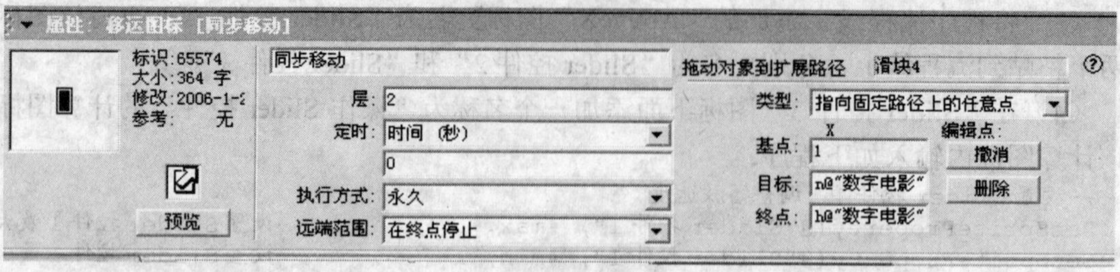

图 10-7-7 “属性：移动图标”面板设置

（4）在“滑块移动”群组图标下边创建一个“控制器”交互图标，它下挂一个群组图标和 6 个计算图标，6 个交互方式是按钮交互，1 个是目标区交互（最右边的）。6 个按钮交互中的按钮采用图像按钮，如图 10-7-1 中最下边的 6 个按钮。

（5）“退　出”群组图标内有一个擦除图标和一个计算图标，擦除图标用来擦除整个画面，计算图标内输入 QUIT(0)语句。

（6）【播放 / 暂停】按钮的“常规”状态按钮图像是▶，“选中”状态按钮图像是⏸。在“按钮编辑”对话框内选中“自动检测”复选框，用户单击这两个按钮中的任意一个，按钮在“常规”和“选中”之间变换一次，并将该信息记录在系统变量 Checked 之中。即用户单击该按钮，按钮在“常规”和“选中”之间变换一次，并将该信息记录在系统变量 Checked 之中，变为“常规”按钮时，Checked 值为假（FALSE 或 0），“选中”按钮时为真（TRUE 或 1）。“播放 / 暂停”计算图标的判断图标的“属性：判断图标”面板设置如图 10-7-8 所示。可以看出，它的快捷键是【P】或【p】键。

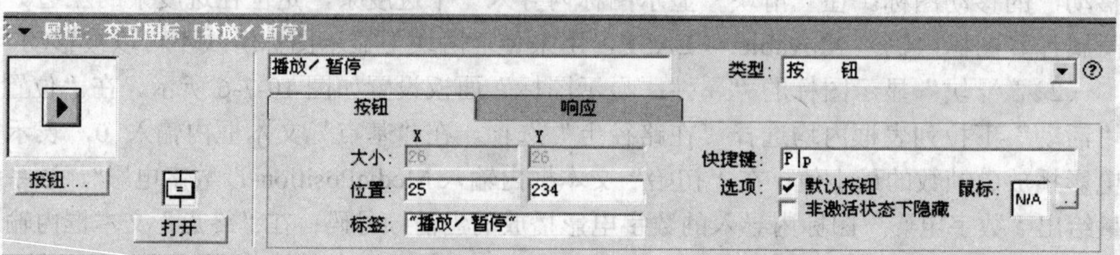

图 10-7-8 “播放 / 暂停”计算图标的判断图标的“属性：判断图标”（按钮）面板设置

（7）“播放 / 暂停”计算图标内的程序如下：

```
Movable@"滑块":=Checked --当数字电影暂停时 1，“滑块”图标内的滑块可以移动
SetSpriteProperty(@"Slider 控件 2",#value,PathPosition@"滑块")   --用“滑块”图标内的滑块的当前位置设置数字电影的起始帧
Move1:=1-Move1      --是变量在 0 和 1 之间切换，从而控制数字电影的播放与暂停
```

当数字电影处于暂停状态时，按钮为“选中”状态▶，Checked 值为假（FALSE 或 0），则“滑块”图标内的滑块能被移动；当数字电影处于播放状态时，按钮为“常规”状态⏸，Checked 值为假（TRUE 或 1），则“滑块”图标内的滑块不能够被移动。

（8）在“向前 10 帧”计算图标的判断图标的“属性：判断图标”面板内，设置按钮

的快捷键为【RightArrow】键（光标右移键）；在“向后 10 帧”计算图标的判断图标的“属性：判断图标”面板内，设置按钮的快捷键为【LeftArrow】键（光标左移键）；在“减速”计算图标的判断图标的“属性：判断图标”面板内，设置按钮的快捷键为【UpArrow】键（光标上移键）；在“加速”计算图标的判断图标的“属性：判断图标”面板内，设置按钮的快捷键为【DownArrow】键（光标下移键）。

（9）“向前 10 帧”计算图标内的程序使数字电影当前帧向前移 10 帧，程序如下：

```
MediaSeek(IconID@"数字电影", MediaPosition@"数字电影"+10)
```

（10）“向后 10 帧”计算图标内的程序使数字电影当前帧向后移 10 帧，程序如下：

```
MediaSeek(IconID@"数字电影", MediaPosition@"数字电影"-10)
```

（11）在“减速”计算图标内输入如下程序，可以使数字电影的播放速度减 1。

```
SetSpriteProperty(@"Slider 控件 1", #value,GetSpriteProperty(@"Slider 控件 1", #value)-1)
```

（12）在“增速”计算图标内输入如下程序，可以使数字电影的播放速度加 1。

```
SetSpriteProperty(@"Slider 控件 1", #value,GetSpriteProperty(@"Slider 控件 1", #value)-1)
```

（13）“预览”计算图标的交互方式是目标区域，它的目标区域与进度条位置和长短基本一样。在它的判断图标的“属性：计算图标”判断图标内“放下”下拉列表框内选择“在目标点放下”选项。“预览”计算图标内的程序是用“滑块”显示图标内滑块所在的路径位置来调整数字电影的当前位置。“预览”计算图标内的程序如下：

```
MediaSeek(IconID@"数字电影",PathPosition@"滑块")
```

另外，可以在程序流程线上添加一个“数字电影控制”交互图标，在“数字电影控制”交互图标右下方，创建两个计算图标，名称分别为“向前 10 帧”和“向后 10 帧”，从而添加了 2 个菜单命令。单击“向前 10 帧”菜单命令，可以使数字电影当前播放的帧向前移 10 帧；单击“向后 10 帧”菜单命令，可以使数字电影当前播放的帧向后移 10 帧。这两个计算图标内的程序如下。

“向前 10 帧”计算图标程序：PressKey("RightArrow")--相当于按“RightArrow”键

“向后 10 帧”计算图标程序：PressKey("LeftArrow")--相当于按“LeftArrow”键

10.8　【案例 66】多定时数字钟和 CD 播放机

案例效果

“多定时数字钟和 CD 播放机”程序运行后，屏幕显示的画面如图 10-8-1 左图所示。单击框架右下角的按钮可以进行两个时间的定时。单击框架左下角的按钮可以退出程序的运行。当鼠标移到两个按钮上时，屏幕会显示出相应的提示。当时钟到了定时的时间时，喇叭会播放一段音乐。将鼠标指针移到数字钟的“:”处时，会在数字钟上边显示提示信息“播放 CD”，单击此处后，即可调出 CD 播放机并开始播放 CD，如图 10-8-1 右图所示。

图 10-8-1 “多定时数字钟和 CD 播放机”程序运行后的 2 幅画面

可以看出，在数字钟的下边有 CD 播放机，显示正在播放的乐曲的序号、播放该乐曲的总时间、该乐曲已播放的时间、播放进度和 6 个按钮。用鼠标单击【暂停】按钮时，背景音乐暂停播放；用鼠标单击【播放】按钮时，会继续播放背景音乐；单击【上一个】按钮，会播放上一个乐曲；单击【下一个】按钮，会播放下一个乐曲；单击【退出盘片】按钮，会退出 CD 盘片，停止播放；单击【退出】按钮，会停止背景音乐的播放并回到如图 10-8-1 左图所示状态，数字钟继续计时。

“多定时数字钟和 CD 播放机”程序由两部分组成，如图 10-8-2 所示。

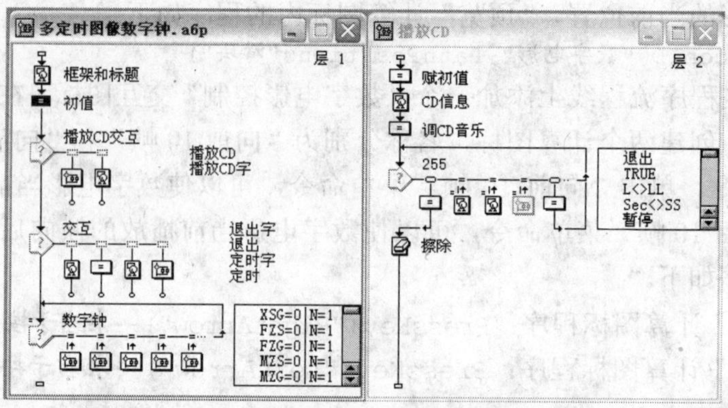

图 10-8-2 “多定时数字钟和 CD 播放机”程序

设计过程

1. 播放 CD 程序

（1）打开“【案例 58】多定时图像数字钟”程序，以名称“【案例 66】多定时数字钟和 CD 播放器”保存。在“初值”计算图标内补充输入如下程序中的第 3 条语句。“初值”计算图标内的程序如下：

```
N:=1
Movable@"标题与框架":=FALSE
BCD:=0        --变量 BCD 用来控制“播放 CD”热区响应是否有效，它为 0 时有效
```

（2）在“赋初值”计算图标内输入的程序如下：

```
BF1:=0        --控制“播放”按钮是否有效，BF1=0 时无效，BF1=1 时有效
```

```
BF2:=1        --控制“暂停”按钮是否有效，BF1=0 时无效，BF1=1 时有效
L:=1          --存储乐曲的编号
LL:=0         --暂存乐曲的编号
BCD:=1        --变量 BCD 用来控制“播放 CD”热区响应是否有效，它为 1 时无效
SetFill(TRUE,RGB(255,255,0))    --设置填充颜色为黄色
Box(1,110,330,580,355)          --绘制音乐进度条的背景矩形条
```

（3）“CD 信息”显示图标内输入：“第　首乐曲”、“播放总时间：　　秒”和“已播放时间：　　秒”字样。

（4）“调 CD 音乐”计算图标内输入如下程序：

```
if L=0|L>CDTracks() then      --如果乐曲编号 L 等于 0 或大于乐曲最大编号
   L:=LL                      --将乐曲编号 L 的值还原
   LL:=0                      --将 LL 值赋 0，以使“L<>LL”图标能产生响应
else
   CDPlay(L, FALSE)           --按照指定的乐曲编号播放乐曲，同时执行下面的图标
end if
```

2. 控制 CD 播放程序

（1）在“交互”图标下挂 2 个显示图标、1 个群组图标和 6 个计算图标，显示图标和群组图标的交互方式为条件交互方式，计算图标的交互方式为按钮交互方式。“SEC<>SS”显示图标内输入：{SJ}，位置放在“已播放时间：”文字之后；“LL<>L”显示图标内输入：{N}，位置放在“第　首乐曲”的“第”字与“首”字之间，还输入{ZSJ}，位置放在“播放总时间：”文字之后。而且，这两个图标的响应方式“属性：判断图标”（条件）面板的“自动”下拉列表框均选择“为真”选项，“条件”文本框中分别是“SEC<>SS”和“LL<>L”；“属性：判断图标”（交互）面板内的“擦除”下拉列表框均选择“在退出时”选项。“TRUE”群组图标的“属性：判断图标”（条件）面板设置与它们一样，只是“条件”文本框中是“TRUE”。

（2）“SEC<>SS”显示图标的附属计算图标内输入的程序如下：

```
XX:=CDCurrentPosition()       --将正在播放的 CD 盘的有关信息存储在变量 XX 中
SJ:=SubStr(XX,4,8)            --将变量 XX 中的播放时间数据截取出来，赋给变量 SJ
SS:=Sec                       --将当前的秒数赋给 SS，为了保证一秒执行一次该图标
```

（3）“LL<>L”显示图标的附属计算图标内输入的程序如下：

```
XX:=CDCurrentPosition()       --将正在播放的 CD 盘的有关信息存储在变量 XX 中
ZSJ:=CDTrackLength(L)         --将将播放当前乐曲的总时间数据赋给变量 ZSJ
N:=SubStr(XX, 1, 2)           --将 XX 中播放乐曲的编号数据截取出来，赋给变量 N
LL:=L                         --将播放乐曲的编号数据保存在变量 LL 中，用来保证在
                              --改变了乐曲的编号数据时，才执行该图标
```

（4）“TRUE”群组图标内没有任何图标，它的附属计算图标内输入的程序如下：

```
XX:=CDCurrentPosition()       --将正在播放的 CD 盘的时间信息存储在变量 XX 中
ZSJ:=CDTrackLength(L)         --将播放当前乐曲的总时间数据赋给变量 ZSJ
SJ:=SubStr(XX,4,8)            --将 XX 中播放乐曲的时间（分：秒）截取并赋给变量 SJ
SJ1:=SubStr(XX,4,5)*60+SubStr(XX,7,8)    --计算当前音乐播放的秒数
X:=SJ1*(578-112)/ZSJ                     --计算进度条的中止位置
SetFill(TRUE,RGB(255,0,0))               --绘制红色的进度条
Box(1,112,332,X+112,353)
```

（5）“暂停”计算图标的“属性：判断图标”（条件）面板的“条件”文本框内输入BF2。计算图标内输入的程序如下：

```
BF1:=1                          --使“播放”按钮有效
BF2:=0                          --使“暂停”按钮无效
CDPause()                       --使正在播放的CD乐曲暂停
```

（6）“播放”计算图标的“属性：判断图标”（条件）面板的“条件”文本框内输入BF1。计算图标内输入的程序如下：

```
BF1:=0                          --使“播放”按钮无效
BF2:=1                          --使“暂停”按钮有效
CDResume()                      --使暂停播放的CD乐曲重新播放
```

（7）“上一个”计算图标内输入的程序如下：

```
L:=L+1                          --使乐曲的编号加1
SetFill(TRUE,RGB(255,0,0))      --重绘红色的进度条，使进度条归位
Box(1,112,332,112,353)
GoTo(IconID@"调CD音乐")          --转到“调CD音乐”图标去执行
```

（8）“下一个”计算图标内输入的程序如下：

```
L:=L-1                          --使乐曲的编号减1
SetFill(TRUE,RGB(255,0,0))      --重绘红色的进度条，使进度条归位
Box(1,112,332,112,353)
GoTo(IconID@"调CD音乐")          --转到“调CD音乐”图标去执行
```

（9）“退出盘片”计算图标内输入的程序如下：

```
CDStop()                        --停止播放CD
CDEject()                       --使CD盘片自动退出CD ROM
```

上述6个按钮交互的图标的“属性：判断图标”（条件）面板的“永久”复选框均选中，保证永久有效。而3个条件的交互图标的交互方式“属性：判断图标”（条件）面板的“永久”复选框不能选中。

10.9 【案例67】24点扑克牌游戏

案例效果

“24点扑克牌游戏”程序运行后屏幕显示的第1幅画面如图10-9-1左图所示。单击“参数与记录”→“设置参数”菜单命令，可以调出如图10-9-1右图所示的画面。

输入题目数和作一道题目的时间数（输入时，两个数之间用空格分隔）后，按【Enter】键，则屏幕会显示与如图10-9-1左图所示一样的画面。输入姓名并按【Enter】键后，屏幕显示下一个画面。用户可以根据给出的4张扑克牌的点数，思考如何用一个含有这4个数据的算术式子，使算术式的值为24（可以使用加、减、乘、除和括号）。思考好后，即可在文本框内输入算术式子，输入完算术式后的画面如图10-9-2所示。按【Enter】键后，如果题目作的对，则屏幕会显示“您作对了！”字样；如果题目作的不对，则屏幕会显示相应的正确的算术式。

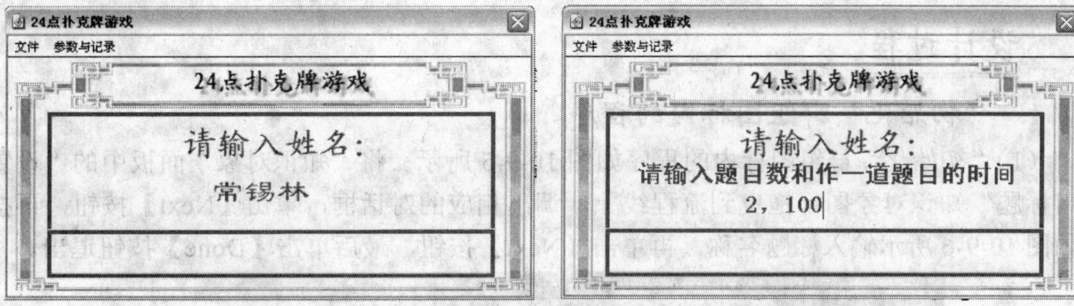

图 10-9-1　“24 点扑克牌游戏”程序运行后的 2 幅画面

作完所有题目后屏幕会显示作题的数目、作对的题目数和分数，如图 10-9-3 所示。

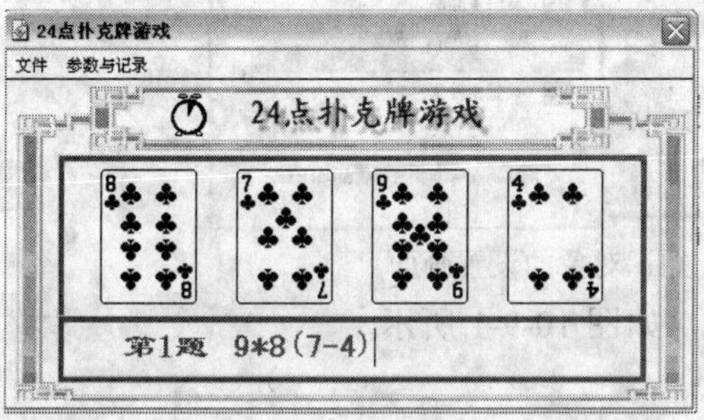

图 10-9-2　“24 扑克牌游戏”程序的一幅画面

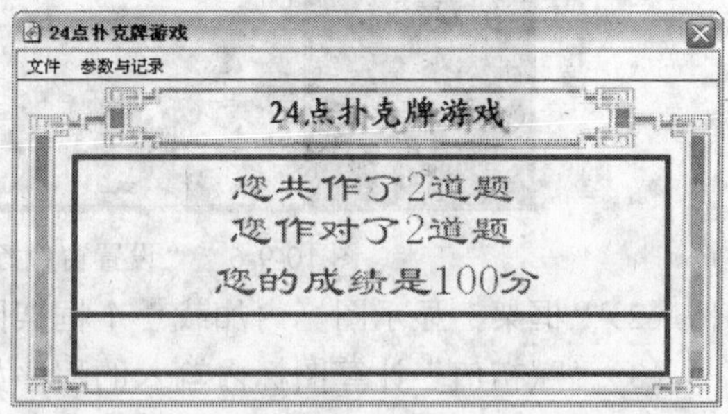

图 10-9-3　屏幕显示作题结果

单击“参数与记录”→“观察记录”菜单命令，可以调出以前和刚刚进行过的游戏成绩记录，记录的内容有姓名、题目数、作对数、分数和时间日期，如图 10-9-4 所示。

P24JL - 记事本

文件(F)　编辑(E)　格式(O)　查看(V)　帮助(H)

姓　名	题目数	作对数	分数	时间	日期
丰华凯	2	2	100	20	2006年3月8日
沈大林	2	1	50	20	2006年3月10日
郭凯敏	2	1	50	60	2006年3月11日
沈　昕	2	2	100	90	2006年3月12日
沈　昕	2	1	50	60	2006年3月12日
常锡林	2	2	100	360	2006年4月7日

图 10-9-4　显示游戏成绩记录

“24 点扑克牌游戏”程序如图 10-9-5 所示。

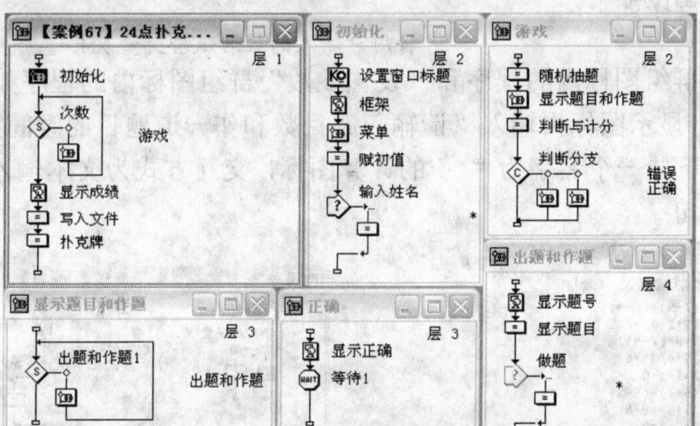

图 10-9-5　“24 点扑克牌游戏”程序

设计过程

1. “初始化”群组图标内的程序

（1）“初始化”群组图标内的程序如图 10-9-5 所示。将“知识对象”面板中的“设置窗口标题”知识对象图标拖曳到流程线上，调出相应的对话框，单击【Next】按钮，再按照如图 10-9-6 所示输入标题名称，再单击【Next】按钮，最后单击【Done】按钮退出。

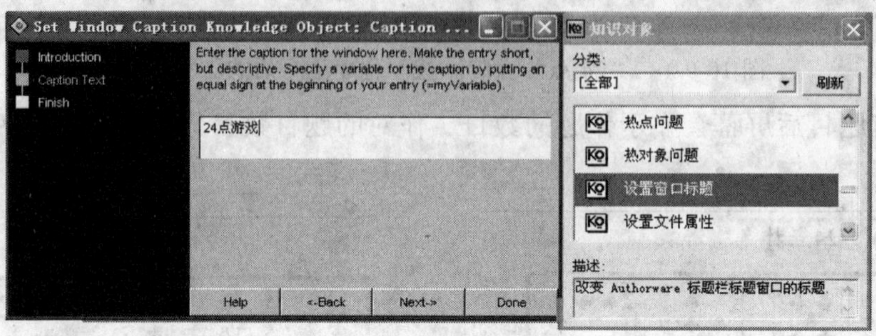

图 10-9-6 “设置窗口标题”知识对象的设置画面

（2）“框架”显示图标内加载一个框架图像，如图 10-9-1 所示

（3）“赋初值”计算图标内输入的程序如下：

```
TN:=0                --变量 TN 用来存储作对的题目数目，赋初值 0
FS:=0                --变量 FS 用来存储分数，赋初值 0
N:=0                 --变量 N 用来存储题目数，赋初值 0
SJ:=360              -- 变量 SJ 用来存储作每一道题目所用的最大时间，赋初值 60 秒（默认值）
TMS:=2               -- 变量 TMS 用来存储作题目的数目，赋初值 2（默认值）
InitializeDeck (WindowHandle)                      --扑克牌函数的初始化
TM:=ReadExtFile(FileLocation^"\\TXT\\P24.TXT")     --将程序所在目录下的名字为 P24.TXT 文本文件的内容存储到变量 TM 中
```

（4）P24.txt 文本文件是题目文件，内容与格式如图 10-9-7 所示。三列的内容分别是：题号、四张扑克牌的数值、相应的计算式子。P24.txt 文本文件中有 50 道题目可供选择。该文本文件存放在该程序所在文件夹下的“TXT”文件夹内。

（5）“输入姓名”交互图标下挂的“*”计算图标采用交互方式为文本输入方式。“*”计算图标内输入的程序如下：

```
XM:=EntryText                -- 将用户输入的姓名赋给变量 XM。
```

（6）“菜单”群组图标内的程序和“设置参数”群组图标内的程序如图 10-9-8 所示。其中，“提示信息”显示图标内输入“请输入题目数和作一道题目的时间”提示信息。“输入参数”交互图标下挂一个名字为“*”的计算图标，交互方式为文本输入方式。“*”计算图标内输入如下语句：

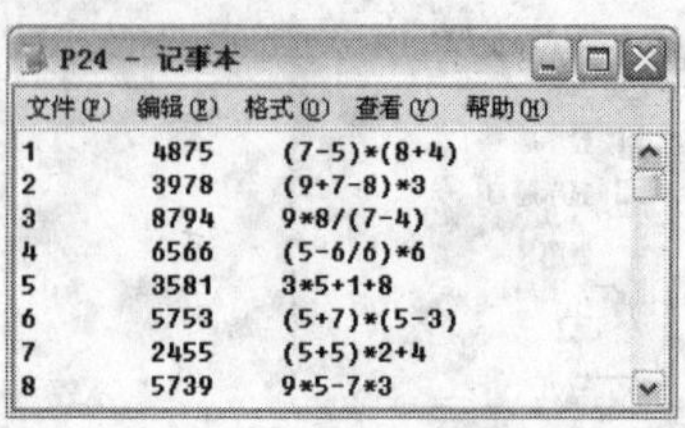

图 10-9-7 P24.TXT 文本文件

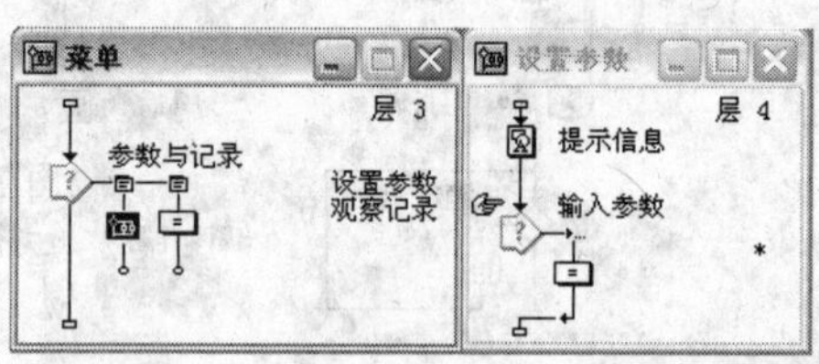

图 10-9-8 “菜单”群组图标内的程序

```
TMS:=NumEntry                --将用户输入的第一个数（题目的个数）赋给变量 TMS
SJ:=NumEntry2                --将用户输入的第二个数（作一题所给的时间）赋给变量 SJ
EraseIcon(IconID@"提示信息") --擦除“提示信息”显示图标内的内容
```

（7）“观察记录”计算图标内输入的语句用来调出“应用程序”文件夹内的记事本程序，同时打开“TXT”文件夹内的 P24JL.txt 文本文件，用来显示所有玩 24 点扑克牌游戏的程序记录。“观察记录”计算图标内输入如下程序：

```
JumpOutReturn(FileLocation^"应用程序\\NOTEPAD.EXE",FileLocation^"TXT\\
P24.TXT")
```

（8）“游戏”群组图标内的程序如图 10-9-9 所示。“次数”决策图标的“属性：决策图标”面板如图 10-9-8 所示。用变量 TMS 控制执行分支的次数。

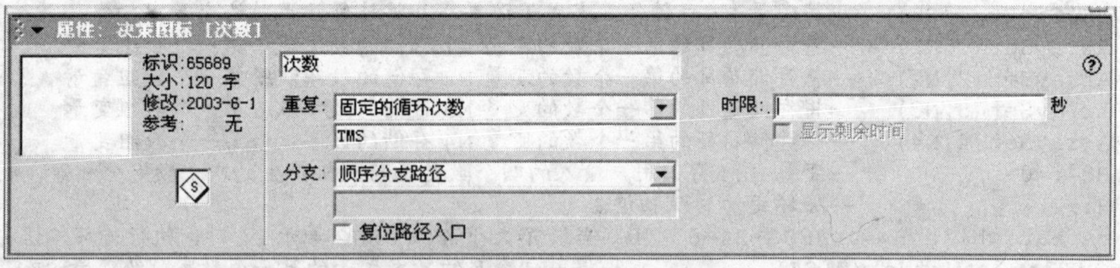

图 10-9-9 “次数”图标的“属性：决策图标”面板设置

2. “游戏”群组图标内的出题程序

（1）“游戏”群组图标内的“随机抽题”计算图标内输入的程序如下：

```
SN:=Random(1,50,1)       -- 产生 1 到 50 之间的随机整数，从 P24.TXT 中随机抽出一题
TM1:=GetLine(TM,SN)      -- 从 TM 存储的题目中随机取出一道题目和答案赋给 TM1
TM2:=GetNumber(2,TM1)    -- 从变量 TM1 存储的题目和答案中取出题目，赋给 TM2
N1:=SubStr(TM2,1,1)      -- 将变量 TM2 存储的题目的第一个数赋给变量 N1
N2:=SubStr(TM2,2,2)      -- 将变量 TM2 存储的题目的第二个数赋给变量 N2
N3:=SubStr(TM2,3,3)      -- 将变量 TM2 存储的题目的第三个数赋给变量 N3
N4:=SubStr(TM2,4,4)      -- 将变量 TM2 存储的题目的第四个数赋给变量 N4
DA:=GetWord(3,TM1)       -- 从变量 TM1 存储的题目和答案中取出答案，赋给变量 DA
N:=N+1                   -- 变量 N 用来存储题目的号码，变量 N 自动加 1
```

（2）“显示题目和作题”群组图标内的程序如图 10-9-5 所示。“出题和作题 1”决策图标下挂一个名字为“出题和作题”群组图标。

（3）“出题和作题 1”决策图标的“属性：决策图标”面板设置如图 10-9-10 所示。执行的次数为 1 次，限定的时间由变量 SJ 决定。

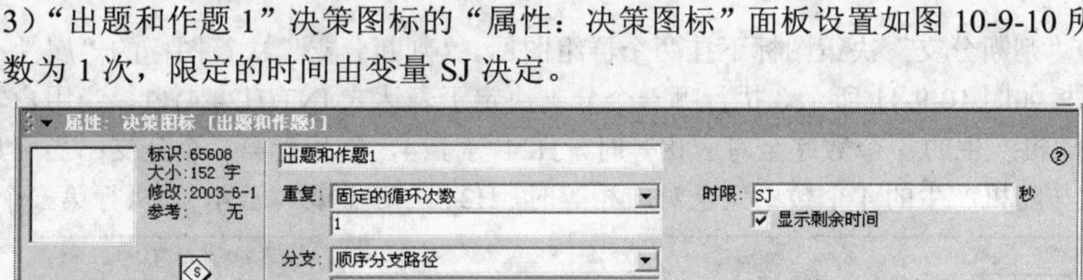

图 10-9-10 “出题和作题 1”图标“属性：决策图标”面板的设置

（4）“出题和作题”群组图标内的程序如图 10-9-5 所示。在“显示题号”显示图标内输入：第{N}题，用来显示题目的编号。

（5）在“显示题目”计算图标内输入如下程序，用来依据前面获得的变量 N1，N2，N3 和 N4 的值，显示相应的四张扑克牌。

```
DrawCard (WindowHandle, N1, 70, 85)      --显示第 1 幅扑克牌
DrawCard (WindowHandle, N2, 170, 85)     --显示第 2 幅扑克牌
DrawCard (WindowHandle, N3, 270, 85)     --显示第 3 幅扑克牌
DrawCard (WindowHandle, N4, 370, 85)     --显示第 4 幅扑克牌
```

（6）“做题”图标下挂一个名字为“*”的计算图标，交互方式为文本输入方式。“*”计算图标内输入的语句是：SZ:=EntryText -- 将用户输入的算术式子赋给变量 SZ。

3. “游戏”群组图标内的判分程序

（1）“判断与计分”计算图标内输入的程序如下：

```
JSJG:=Eval(SZ)    --将变量 SZ 存储的算术式子计算，并将计算结果赋给变量 JSJG
ArraySet(1,N1)    --将存储题目的第一个数的变量 N1 存储的数字赋给第一个数组变量
ArraySet(2,N2)    --将存储题目的第一个数的变量 N2 存储的数字赋给第一个数组变量
ArraySet(3,N3)    --将存储题目的第一个数的变量 N3 存储的数字赋给第一个数组变量
ArraySet(4,N4)    --将存储题目的第一个数的变量 N4 存储的数字赋给第一个数组变量
H24:=0            --变量 H24 存储用户输入的四个数是否与随机产生的四个数完全相等，
H:=1              --循环变量 H 赋初值 1
repeat while H<=4&JSJG-24=0      --当 H 不大于 4 且 JSJG 等于 24 时，执行循环体语句
  SZ1:=GetNumber(H,SZ)           --将用户输入的算术式子的第一个数字赋给变量 SZ1
  if SubStr(SZ1,1,1)="-" then    --如果变量 SZ1 存储的数字是负数（即减号），则
     SZ1:= SubStr(SZ1,2,2)       --将变量 SZ1 存储的数字中的“-”号取消
  end if
  K:=1                           --内循环变量 K 赋初值 1
  repeat while K<=4              --当变量 K 不大于 4 时，则执行循环体语句
    if SZ1=ArrayGet(K) then      --如果变量 SZ1 与第 K 个数组变量相等，则
      ArraySet(K,0)              --将第 K 个数组变量赋值 0，以便以后的比较
      H24:=H24+1                 --H24 自动加 1，表示又一个输入的数与数组变量的数相等
      exit repeat                --退出内层循环
    end if
    K:=K+1           --循环变量 K 自动加 1
  end repeat
  H:=H+1             --循环变量 H 自动加 1
end repeat
if H24=4 then        --如果 H24 等于 4，即用户输入的与随机产生的四个数对应相等，则
  TN:=TN+1           --变量 TN 自动加 1，表示作对的题目数加 1
  FS:=FS+100/TMS     --累加分数，每道题的分数为 100/TMS，TMS 存储题目总数
end if
```

（2）“判断分支”决策图标下挂两个群组图标。“判断分支”决策图标的“属性：决策图标”面板如图 10-9-11 所示。执行哪一个分支决定于表达式 INT(H24/4)+1，当用户输入的 4 个数与随机产生的 4 个数完全对应相等时，H24 等于 4，则执行第二个分支；当用户输入的四个数与随机产生的 4 个数不完全对应相等时，H24 不等于或大于 4，则执行第一个分支。

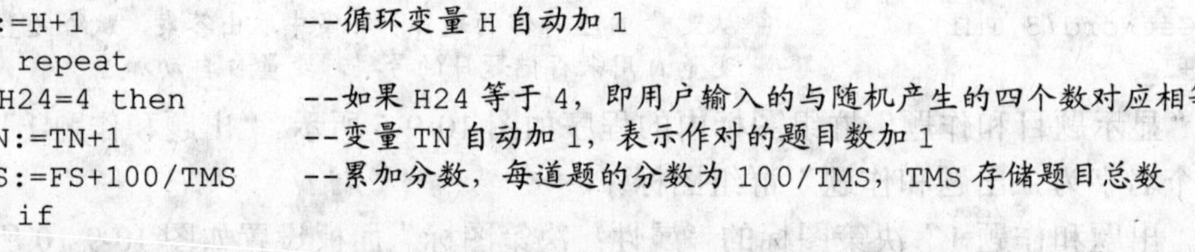

图 10-9-11 “判断分支”图标的“属性：决策图标”面板的设置

（3）“错误：显示答案”群组图标内有一个“答案”显示图标和一个“等待”等待图标。“答案”显示图标用来显示正确的算术式子，其内输入：“计算的式子是：{DA}”。“等待”图标用来暂停 3 秒，以便用户看清楚正确的答案。

（4）“正确”群组图标内有一个“显示正确”显示图标和一个“等待 1”等待图标。“显示正确”显示图标内输入“您答对了！”提示信息。“等待 1”图标用来暂停 1 秒，以便用户看清楚提示信息。

4. 显示成绩和写入文件程序设计

（1）在“显示成绩”显示图标内输入如图下内容，用来显示玩游戏的成绩。

```
您共作了{TMS}道题
您作对了{TN}道题
您的成绩是{FS}分
```

（2）在“写入文件”计算图标内输入如下程序：

```
--变量 JL 保存输入的姓名、题目数、作对的题数、分数、所用时间和当前日期等信息
JL:=XM^Tab^TMS^Tab^TN^Tab^FS^Tab^SJ^Tab^FullDate^"\r"
--将变量 JL 保存的内容追加到当前目录下“TXT”文件夹内的“P24JL.TXT”文本文件内
AppendExtFile(FileLocation^"TXT\\P24JL.TXT",JL)
```

10.10 【案例 68】8 皇后互不攻击

案例效果

所谓“8 皇后互不攻击”是指有 8 个代表皇后的小球，在 8×8 的棋盘格中，它们所在的位置使它们不能相互攻击，也就是任何一条直线或斜线上不能有两个后两个以上的代表皇后的小球。程序运行后的第一个画面如图 10-10-1 左图所示。单击【下一个】按钮后，屏幕会显示下一个“8 皇后互不攻击”的情况，一直可以显示 94 种情况。其中一种如图 10-10-1 右图所示。单击【上一个】按钮后，屏幕会显示上一个“8 皇后互不攻击”的情况。

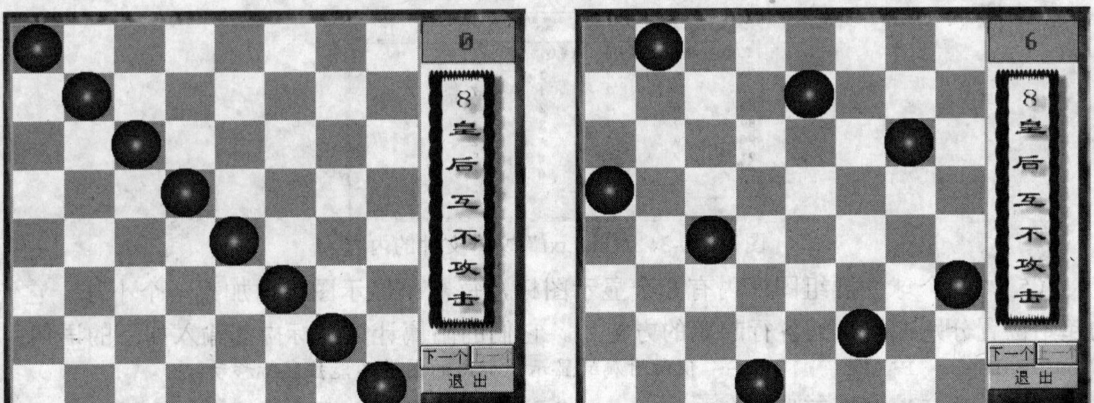

图 10-10-1　“8 皇后互不攻击”程序运行后的 2 幅画面

"8 皇后互不攻击"程序如图 10-10-2 所示。

图 10-10-2 "8 皇后互不攻击"程序

设计过程

（1）"背景图"显示图标内加载 8×8 的棋盘格图像、"8 皇后互不攻击"标题，以及显示次数的框架图形和输入"{N}"，变量 N 用来存储 8 皇后互不攻击的种类序号。在它的"属性：显示图标"面板内，选中"更新显示变量"复选框。

（2）在"背景图"显示图标的附属计算图标内添加如下程序：

```
Movable:= FALSE                    -- 使"背景图"显示图标内的图像不可移动
```

（3）"调文本文件和赋初值"计算图标内输入的语句如下：

```
WB:= ReadExtFile(FileLocation^" TXT\\bhh.txt")  -- 读取当前目录下"TXT"
                                   -- 文件夹内的"bhh.txt"文本文件，并赋给变量 WB
if WB= "" then Quit(0)             -- 如果变量 WB 的值为空字符串，即"bhh.txt"文本文件
                                   -- 是空文件，则退出程序的运行
N:= 0                              -- 变量 N 用来存储 8 皇后互不攻击的种类序号
Speed:=0.1                         -- 变量 Speed 用来存储小球的移动速度
BT1:=1                             -- 变量 BT1 用来控制"下一个"按钮是否有效
BT2:=0                             -- 变量 BT2 用来控制"下一个"按钮是否有效
```

（4）"bhh.txt"文本文件如图 10-10-3 所示，可以看出它的每一条记录由 9 项组成，第一项为存储 8 皇后互不攻击的种类序号，以后 8 项分别为 8 个小球要移动到的坐标位置值，一共有 92 种排列的方法。

bhh - 记事本
文件(F) 编辑(E) 格式(O) 查看(V) 帮助(H)

86	6	3	1	4	7
87	6	3	1	7	5
88	6	4	2	0	5
89	7	1	3	0	6
90	7	1	4	2	0
91	7	2	0	5	1
92	7	3	0	2	5

图 10-10-3 "bhh.txt"文本文件的内容

（5）"八个球"群组图标内有 8 个显示图标，每一个显示图标内加载一个小球，它们的起始位置分别在棋盘的各行起始的方格处。它们的附属计算图标内都输入如下的语句：

```
Movable:= FALSE              -- 使所附属的显示图标内的图像不能被鼠标移动
```

（6）"交互"图标下挂的"KetNum=32"计算图标采用条件交互方式，其响应条件是"KetNum=32"，也就是当按空格键时产生响应，执行"KetNum=32"计算图标内的语句。"KetNum=32"计算图标内的语句如下：

```
PressKey("Enter")                  -- 执行该系统函数后，相当于按了 Enter 键
```

（7）“交互”图标下挂的“下一个”群组图标内有 8 个移动图标，分别用来移动相应的小球。“球 1 移”移动图标的“属性：移动图标”面板设置如图 10-10-4 所示。可以看出，它的移动方式为指向固定路径上的任意点，起点为 0，终点为 7，当前坐标点的值由变量 Q1 决定，Q1 的初值为 0，移动的速度由变量 Speed（其值为 0.1）的值决定。其他移动图标的“属性：移动图标”面板设置与图 10-10-4 所示相似，只是变量 Q1 改为 Q2，Q3，…，Q8。Q2，Q3，…，Q8 的初值分别为 1，2，…，7。

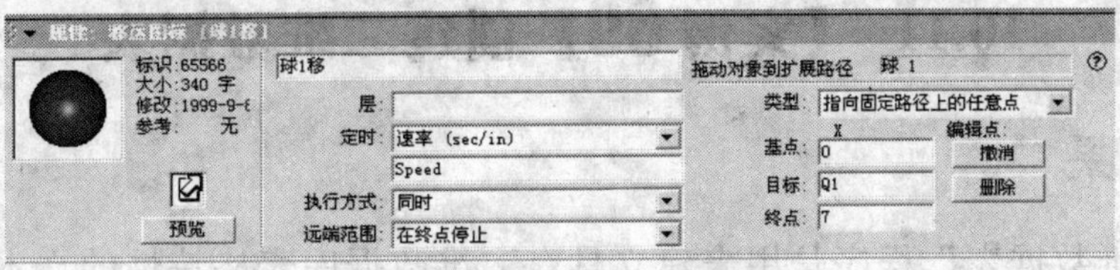

图 10-10-4　“属性：移动图标”面板

“球 1 移”移动图标的移动对象是“球 1”显示图标内的彩球图像，移动的路径如图 10-10-5 所示。

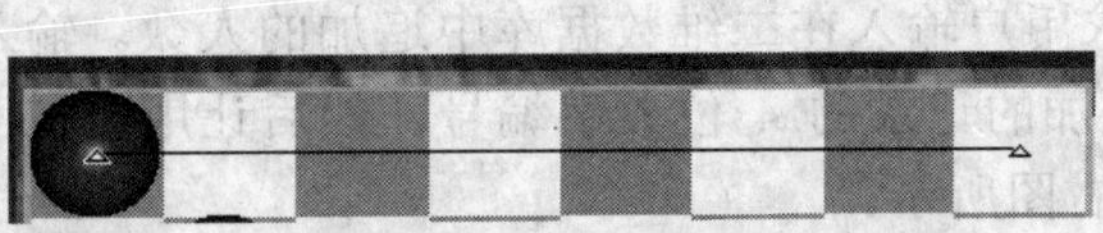

图 10-10-5　“球 1”显示图标内彩球图像的移动路径

（8）“下一个”群组图标的附属计算图标内输入的程序如下：

```
N:=N+1                         -- 8 皇后互不攻击的种类序号自动加 1
Test(N =92,BT1:=0,BT1=1)       -- 如果 N 等于 92，则使“下一个”按钮无效，否则有效
Test(N =1,BT2:=0,BT2:=1)       -- 如果 N 等于 1，则使“上一个”按钮无效，否则有效
S:= GetLine(WB,N)              -- 将第 N 个 8 皇后互不攻击的种类记录取出来赋给变量 S
repeat with K:=1 to 8          -- 产生 8 次循环
  EvalAssign( "Q"^K^":= GetLine(S,"^K+1^","^K+1^",Tab)")
end repeat
```

EvalAssign()系统函数的作用是执行括号内的表达式。它与 Eval()系统函数的不同处是，它不但可以进行算术运算，而且还可以进行赋值运算。EvalAssign()系统函数和 Eval()系统函数是非常有用的系统函数。

上面的循环语句相当于执行了下面的 8 条语句：

```
Q1:= GetLine(S,2,2,Tab)        -- 将变量 S 存储的字符串中的第 2 项（以 Tab 为选项的
                               -- 分隔符）取出来，并赋给变量 Q1
Q2:= GetLine(S,3,3,Tab)        -- 将变量 S 存储的字符串中的第 3 项数据赋给变量 Q2
Q3:= GetLine(S,4,4,Tab)        -- 将变量 S 存储的字符串中的第 4 项数据赋给变量 Q3
Q4:= GetLine(S,5,5,TAB)        -- 将变量 S 存储的字符串中的第 5 项数据赋给变量 Q4
Q5:= GetLine(S,6,6,TAB)        -- 将变量 S 存储的字符串中的第 6 项数据赋给变量 Q5
Q6:= GetLine(S,7,7,TAB)        -- 将变量 S 存储的字符串中的第 7 项数据赋给变量 Q6
Q7:= GetLine(S,8,8,TAB)        -- 将变量 S 存储的字符串中的第 8 项数据赋给变量 Q7
Q8:= GetLine(S,9,9,TAB)        -- 将变量 S 存储的字符串中的第 9 项数据赋给变量 Q8
```

“下一个”群组图标的“属性：判断图标”面板内“快捷键”文本框中输入 Enter，表示按【Enter】键也可以产生相同的响应；“激活条件”文本框中输入 B1=1，表示变量 BT1 等于 1 时按钮有效，变量 BT1 不等于 1 时按钮无效。

（9）“上一个”群组图标内的图标与“下一个”群组图标内的图标完全一样，它的附属计算图标内输入的程序如下：

```
N:=N-1                           -- 8 皇后互不攻击的种类序号自动减 1
Test(N =92,BT1:=0,BT1=1) -- 如果 N 等于 92，则使“下一个”按钮无效，否则有效
Test(N =1,BT2:=0,BT2:=1) -- 如果 N 等于 1，则使“上一个”按钮无效，否则有效
S:= GetLine(WB,N)             -- 将第 N 个 8 皇后互不攻击的种类记录取出来赋给变量 S
repeat with K:=1 to 8        -- 产生 8 次循环,其他语句与上面所述一样
  EvalAssign( "Q"^K^":= GetLine(S,"^K+1^","^K+1^",Tab)")
end repeat
```

10.11 【案例 69】创建二维数据表

案例效果

“创建二维数据表”程序是用来建立具有二维数据库表格特性的文本文件，这种文本文件比较简单，只有编号与姓名两项。本章的案例 70“编程大奖赛抽奖”程序所用的二维表格数据库文本文件就是使用该程序建立的。该程序运行后，屏幕显示的画面如图 10-11-1 左图所示，要求用户输入在二维数据库中追加的人数。输入数字并按【Enter】键后，程序自动产生要追加的记录的 4 位数字编号，然后让用户按照编号的次序，依次输入姓名，如图 10-11-1 右图所示。

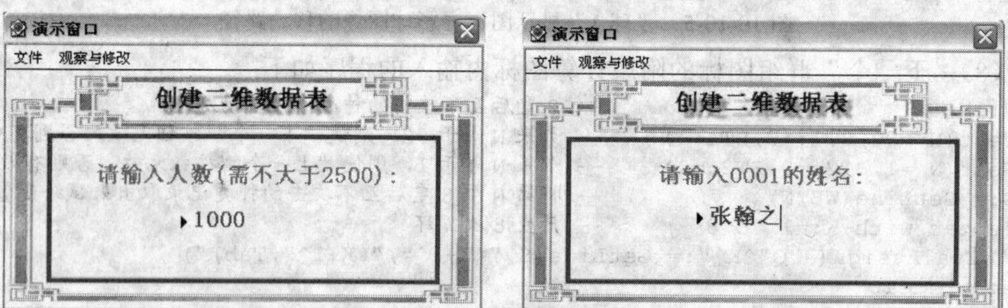

图 10-11-1　“创建二维数据表”程序运行后的 2 幅画面

单击“观察与修改”→“修改”菜单命令，可以调出如图 10-11-2 所示的画面，输入要修改的编号后，按【Enter】键，即可进入如图 10-11-1 右图所示状态，输入修改的姓名。按【Enter】键后修改完毕。修改操作应在追加完数据后进行。单击“观察与修改”→“退出”菜单命令后，屏幕显示“结束！”文字，然后退出程序。单击“观察与修改”→“观察”菜单命令后，会显示文本文件的内容，如图 10-11-3 所示（文件的名称为“库.txt”，存放在程序所在目录下的“TXT”文件夹中）。

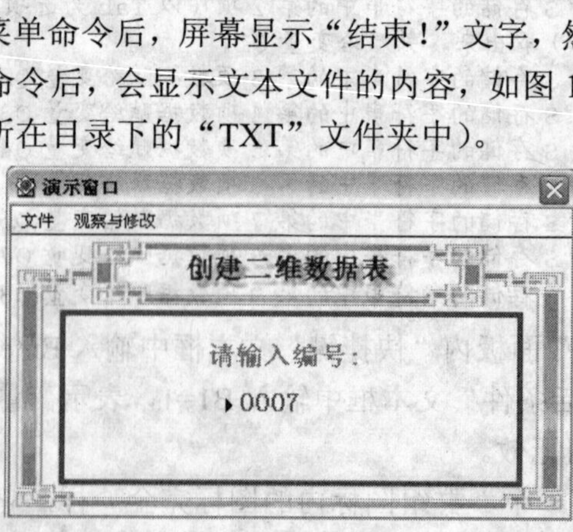

图 10-11-2　“创建二维数据表”程序运行后的一幅画面

图 10-11-3　文本文件内容

“创建二维数据表”程序如图 10-11-4 所示。

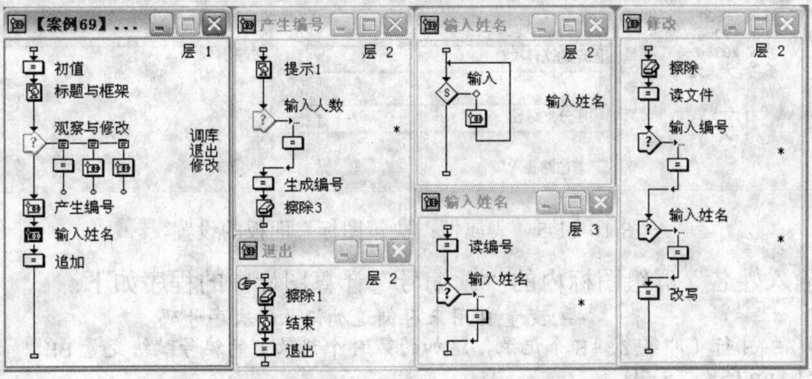

图 10-11-4　“创建二维数据表”程序

设计过程

（1）“初值”计算图标内的程序是：“H:=0”，用来给变量 H 赋初值 0，变量 H 用来保存追加记录的序号。“标题与框架”显示图标内导入如图 10-11-1 所示的框架与标题。

（2）“退出”群组图标中，“擦除 1”图标用来擦除框架中的文字。“结束”图标内输入“结束!”两字并以逐渐显示的方式显示。“退出”计算图标内输入 QUIT(0)，退出程序的运行。

（3）“调库”计算图标中的程序如下：

```
JumpOutReturn(FileLocation^"应用程序\\notepad.exe",FileLocation^"TXT\\库.TXT")
```

该语句用来调出记事本程序，同时调出“库”文本文件。

（4）“产生编号”群组图标内的“提示 1”显示图标用来输入图 10-11-1 中第二行提示的文字。“擦除 3”图标用来擦除图 10-11-1 中第二行所示的提示文字。“输入人数”交互图标下挂一个名字为“*”的计算图标，交互方式为文本输入方式。“*”计算图标内输入的程序如下：

```
M:=NumEntry   -- 将用户输入的数字赋给变量 M
```

（5）“产生编号”计算图标内输入的程序如下：

```
---将当前文件夹下“TXT”文件夹中的“库.txt”文本文件的内容赋给变量 SK
SK:=ReadExtFile(FileLocation^"\\TXT\\库.txt")
ZS:=LineCount(SK) --将 SK 中的字符串行数（即文本文件的记录个数）赋给变量 ZS
repeat with n:=1 to m                    -- 产生 m（参加抽奖的人数）次循环
  if n<10 then                           -- 如果 n 为一位数时，则给变量 BH 赋“000”
     BH:="000"
  else if n>9&n<100 then                 -- 如果 n 为两位数时，则给变量 BH 赋“00”
     BH:="00"
  else if n>99&n<1000 then               -- 如果 n 为三位数时，则给变量 BH 赋“0”
     BH:="0"
  end if
  BH:=BH^n                               -- 产生编号
  SK:=SK^BH^"\r"                         -- 给变量 BH 追加一个回车符
end repeat
```

（6）“输入姓名”群组图标内的“输入”决策图标下挂一个名字为“输入姓名”的群组图标。“输入姓名”的群组图标内有 3 个图标，如图 10-11-4 所示。“输入”决策图标的“属性：决策图标”面板的设置如图 10-11-5 所示，可以看出它的循环次数限制在 M 次。

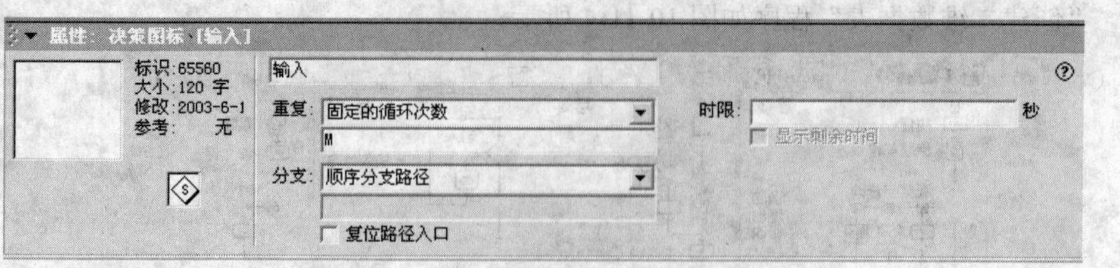

图 10-11-5 “属性：决策图标”面板的设置

（7）“输入姓名”群组图标内的“读编号”计算图标中的程序如下：

```
H:=H+1                    -- 变量 H 用来存储追加记录的次序号码
 -- 将第 ZS+H 行（即第 ZS+H 个记录，追加的第 H 个记录）的编号赋给变量 BH
BH:=GetLine(SK,ZS+H)
```

（8）“输入姓名”群组图标内的“输入姓名”交互图标下挂一个名字为“*”的计算图标，交互方式为文本输入方式。“*”的计算图标内输入的内容如下：

```
XM:=EntryText             -- 将用户输入的姓名内容赋给变量 XM
JL:=BH^XM                 -- 将编号与姓名相连接后，赋给变量 JL
-- 将变量 SK 存储的第 H+ZS 行字符串（即追加的第 H 个记录），用变量 JL 的内容替换
SK:=ReplaceLine(SK,H+ZS,JL)
```

同时，在交互图标的设计窗口内，在文本输入区的上边输入“请输入{BH}的姓名:”，而且将它设置为：变量显示的内容随着变量的改变而变化。

注意：输入抽奖人员的人数规定不许超过 2500 人，其原因是，将文本文件的内容赋给变量时，变量的存储容量是有限的，文本文件的内容太多时会造成数据的丢失。当文本文件每行只由四位数字编号和姓名组成时，记录的个数一般不得超过 2500 个。显然，当文本文件每行的字符个数较多时，记录的个数应相应减少。

（9）主流程线上的“追加”计算图标内输入的程序如下：

```
WriteExtFile(FileLocation^"库.txt",SK)  -- 将变量 SK 的内容写入“库.txt”文本文件当中，“库.txt”文本文件中原来的内容被替代。
```

（10）“修改”群组图标中的内容如图 10-11-4 所示。“读文件”计算图标中的程序如下：

```
SK:=ReadExtFile(FileLocation^"\\TXT\\库.txt")
```

（11）第一个“*”计算图标中的程序是：BH:=EntryText。

（12）“输入姓名”交互图标与“*”图标与“输入姓名”群组图标中的内容一样。

（13）“改写”计算图标中的程序与“追加”计算图标中的程序一样。

10.12 【案例 70】编程大奖赛抽奖

案例效果

“编程大奖赛抽奖”程序是将本章案例 69“创建二维数据表”程序中建立的二维表格数据库文本文件的记录进行随机抽取。获奖规定是：一等奖两名，二等奖 5 名，三等奖 10 名，纪念奖 200 名。该程序运行后，屏幕显示“编程大奖赛抽奖”标题字样，如图 10-12-1 所示。等待十几秒后，屏幕显示获得一、二、三等奖的编号与姓名名单，如图 10-12-2 所

示。单击【退出】按钮后，屏幕会显示记事本程序调出的所有获奖人名单，如图 10-12-3 所示，利用记事本程序可以打印清单。

图 10-12-1　“编程大奖赛抽奖”程序运行后的一幅画面

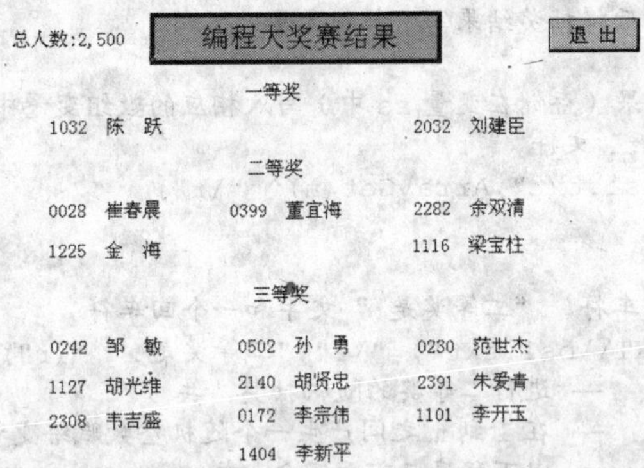

图 10-12-2　“编程大奖赛抽奖”程序运行后的一幅画面

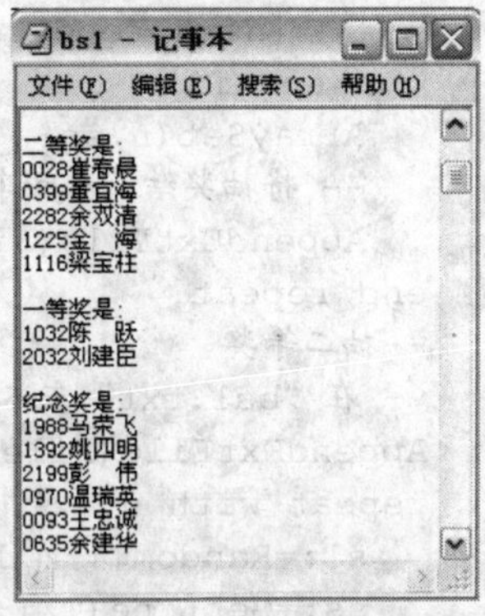

图 10-12-3　文本内容

“编程大奖赛抽奖”程序如图 10-12-4 所示。

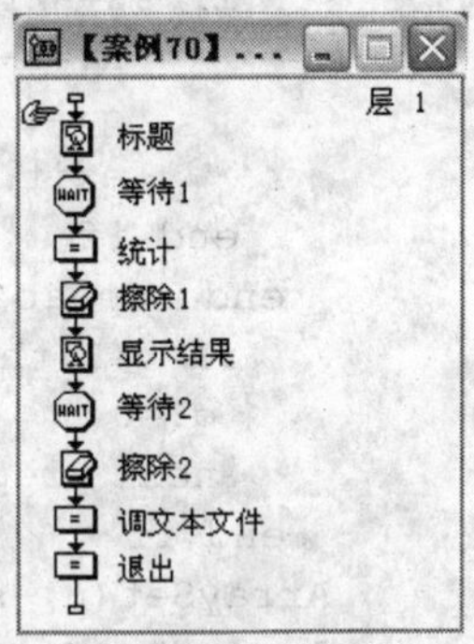

图 10-12-4　“编程大奖赛抽奖”程序

设计过程

（1）“标题”显示图标内输入“编程大奖赛抽奖”标题，采用从中间向四周推出方式显示。“等待 1”图标用来暂停一段时间，以延长抽奖的时间，可以不要。

（2）“统计”计算图标内输入的程序如下：

```
-- 将“库.txt”文本文件复制一个“BS.txt”文本文件
TXT:=ReadExtFile(FileLocation^"\\TXT\\库.txt")
AppendExtFile(FileLocation^"\\TXT\\BS.txt", TXT)
-- q 用来设置抽奖的编号是否与已经获奖的编号相同，q=1 表示有；
q=0 表示没有
q:=0
DeleteFile(FileLocation^"\\TXT\\bs1.txt") -- 删除原有的文本文件“bs1.txt”
-- 将“BS.txt”文本文件的内容赋给变量 TXT
TXT:=ReadExtFile(FileLocation^"\\TXT\\BS.txt")
-- 抽三等奖
-- 生成新的“bs1.txt”文本文件，并加入“三等奖是:”文字和一个回车符号
AppendExtFile(FileLocation^"\\TXT\\bs1.txt", "三等奖是:"^"\r")
m:=LineCount(TXT ) -- 将变量 TXT 中字符串的行数（即参加抽奖的人数）赋给变量 m
repeat  with  n:=1 to 10              -- 进行三等奖的随机抽奖，共 10 人
   s1:=Random(1,m,1)                  -- 在 1 到 m 之间产生一个随机整数赋给变量 s1
   ss:=GetLine(TXT,s1)                -- 将 TXT 变量的字符串内第 s1 行的记录赋给变量 ss
     -- 将这次抽奖结果与前 10 个抽奖的编号对比，如有相同的，则此次抽奖作废
     repeat with k:=1 to 10
       -- 判断抽奖结果是否有与前 10 个抽奖的编号相同的，抽奖的编号存储在数组中
```

```
        if ss=ArrayGet(k) then
             n:=n-1        -- 循环变量 n 存储的数自动减 1，使此次抽奖作废
             q:=1          -- 设置变量 q=1，表示有相同的获奖编号
             exit repeat -- 退出判断抽奖结果是否有与前 10 个抽奖编号相同的循环
        end if
      end  repeat
      if q=1 then          -- 如果 q=1，即抽奖作废，则不执行以后将抽奖结果写入数
                           -- 组变量的语句
       q:=0                -- 变量 q 赋原值，即使 q=0
       next repeat         -- 不执行以后将抽奖结果写入数组变量的语句
      end if
    ArraySet(n,ss)        -- 将抽奖结果（存储在变量 ss 中）写入相应的数组变量中
    -- 将抽奖结果和回车符写入“bs1.txt”文件
    AppendExtFile(FileLocation^"bs1.txt",ArrayGet(n)^ "\r")
end repeat
--抽二等奖
-- 在“bs1.txt”文本文件中插入一个回车符、“二等奖是:”文字和一个回车符
AppendExtFile(FileLocation^"\\TXT\\bs1.txt", "\r"^"二等奖是:"^"\r")
repeat with n:=11 to 15             -- 进行二等奖的随机抽奖，共 5 人
    s1:=Random(1,m,1)               -- 在 1 到 m 之间产生一个随机整数赋给变量 s1
    ss:=GetLine(TXT,s1)             -- 以下程序与前面完全一样
     repeat with k:=1 to 15
        if ss=ArrayGet(k) then
            n:=n-1
            q:=1
            exit  repeat
        end if
      end repeat
        if q=1 then
         q:=0
         next  repeat
      end if
    ArraySet(n, ss)
    AppendExtFile(FileLocation^"bs1.txt",ArrayGet(n)^"\r" )
end repeat
--抽一等奖
-- 在“bs1.txt”文本文件中插入一个回车符、“一等奖是:”文字和一个回车符
AppendExtFile(FileLocation^"\\TXT\\bs1.txt", "\r"^"一等奖是:"^"\r")
repeat with n:=16 to 17               -- 进行一等奖的随机抽奖，共 2 人
    s1:=Random(1,m,1)                 -- 以下程序与前面完全一样
    ss:=GetLine(TXT, s1)
     repeat with k:=1 to  17
        if ss=ArrayGet(k) then
            n:=n-1
            q:=1
            exit  repeat
         end if
      end repeat
        if q=1 then
         q:=0
```

```
      next repeat
    end if
  ArraySet(n,ss)
  AppendExtFile(FileLocation^"bs1.txt",ArrayGet(n)^"\r" )
end repeat
-- 抽纪念奖
-- 在“bs1.txt”文本文件中插入一个回车符、“纪念奖是:”文字和一个回车符
AppendExtFile(FileLocation^"\\TXT\\bs1.txt", "\r"^"纪念奖是:"^"\r")
repeat with n:=18  to 217                -- 进行纪念奖的随机抽奖，共 2 人
  s1:=Random(1,m,1)                      -- 以下程序与前面完全一样
  ss:=GetLine(TXT,s1)
  repeat with k:=1 to 217
     if ss=ArrayGet(k) then
        n:=n-1
        q:=1
        exit repeat
     end if
  end repeat
     if q=1 then
       q:=0
       next  repeat
     end if
  ArraySet(n,ss)
  AppendExtFile(FileLocation^"bs1.txt",ArrayGet(n)^"\r")
 end repeat
-- 给数组变量内的编号与姓名之间加入空格，为了在显示一、二、三、得奖名单时，编号与姓名之间有空格，将数组 ArrayGet(1)到 ArrayGet(17)存储的记录进行修改
repeat with k:=1  to 17
     ss:=SubStr(ArrayGet(k),1,4)^ "   "^SubStr(ArrayGet(k),5,10) -- 修改结果赋给变量 ss
     ArraySet(k,ss) -- 修改后的变量结果（存于变量 ss 中）重新赋给相应的数组变量
 end repeat
```

（3）“擦除 1”图标用来从四周向一点擦除标题。“显示结果”图标内输入“编程大奖赛结果”；输入：总人数:{m}，用来显示参加抽奖的人数；还输入一、二、三等奖获奖人名单：一等奖 ArrayGet(16)ArrayGet(17)，二等奖 ArrayGet(15)ArrayGet(14) ArrayGet (13) ArrayGet(12)ArrayGet(11) ，三等奖 ArrayGet(10) ArrayGet(9) ArrayGet(8) ArrayGet(7) ArrayGet(6) ArrayGet(5) ArrayGet(4) ArrayGet(3) ArrayGet(2) ArrayGet(1)。整个画面从上向下逐渐推出显示。

（4）“等待 2”图标用来暂停，单击【退出】按钮后取消暂停。“调文本文件”计算图标内输入的程序如下：

```
JumpOutReturn( FileLocation^"\\应用程序\\notepad.exe",FileLocation^"\\TXT\\bs1.txt")
```

该语句用来调出记事本程序，同时调出当前文件夹内的“bs1.txt”文本文件，即调出存储获奖名单的文本文件，以供察看与打印。

（5）“退出”计算图标内输入的语句是 QUIT(0)，用来退出程序的运行。

思考与练习

1. 修改案例 59“登录注册”程序，使登录时间为 120 秒，允许登录的次数为 6 次，并随时显示已经输入的次数。
2. 修改案例 60“小小计算器”程序，使计算机可以进行阶乘运算。
3. 修改案例 61“枪打飞鸟”程序，使玩游戏的时间为 2 分钟，提供的子弹数为 30 发，同时随时显示剩余时间和剩余的子弹数目。
4. 修改案例 62“定时指针钟”程序，使指针钟为一个座钟，座钟有一个钟摆，不断地左右来回摆动。“定时指针钟”程序运行后的一幅画面如图 10-13-1 所示。

图 10-13-1 “座钟”程序运行后的一幅画面

5. 修改案例 63“两位数加减法练习”程序，使该程序可以选择加、减、乘、除运算中一种运算方法，可以选择 1 位数或 2 位数运算的四则运算练习程序。
6. 设计一个“棋子移动”程序，该程序运行后，它可以通过按键移动 2 个不同颜色的旗子在棋盘中移动。
7. 设计一个“射气球”程序，该程序运行后显示的画面如图 10-13-2 左图所示，用户输入要射的气球个数，按回车键后即可显示图 10-13-2 右图所示的游戏规则画面。按任意键后，即可进入玩游戏的画面，如图 10-13-3 左图所示。由图 10-13-3 可以看到，画面右边有四个按钮可以控制射箭小孩上下移动和射箭，演示窗口左上角显示剩余气球的个数和射中气球的个数。

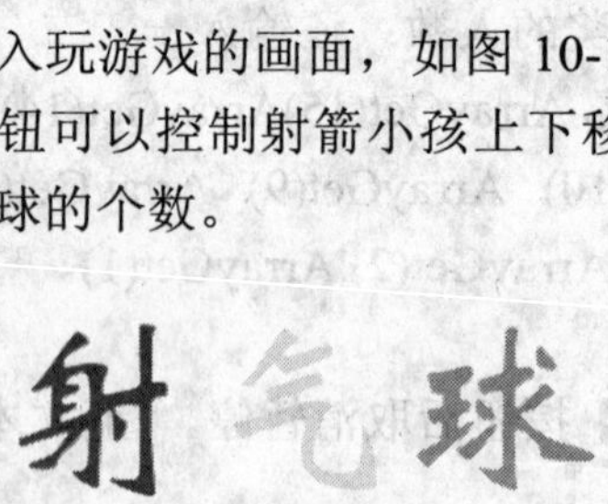

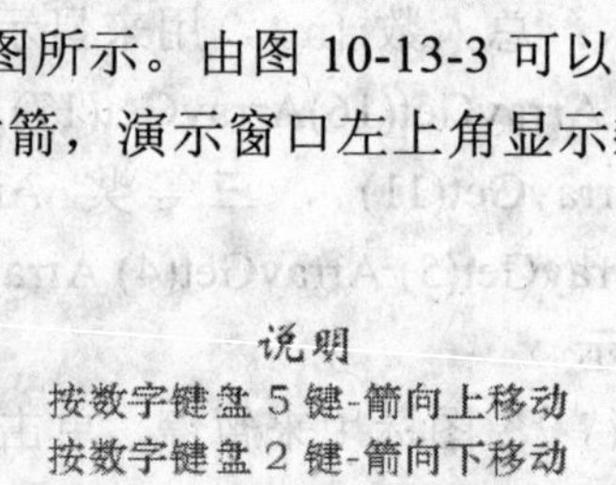

图 10-13-2 “射气球”程序运行后的两幅画面

当剩余气球数减至“0”时，游戏结束，画面显示你射中的气球数及“继续挑战”和“退出游戏”两个按钮，如图 10-13-3 右图所示。

图 10-13-3　“射气球”游戏开始后的两幅画面

8. 设计一个“音乐欣赏”程序，该程序运行后的画面如图 10-13-4 左图所示。单击“选择内容”→“梅花三弄”菜单命令，再按任意键后，即可调出如图 10-13-4 右图所示的画面。单击该画面中的按钮，即可欣赏“梅花三弄”乐曲的全部、片断和说明。单击“选择内容”→“高山流水”菜单命令，即可调出相应的画面，再单击画面中的按钮，即可欣赏“高山流水”乐曲的全部、片断和视频等。单击“关于本课件”菜单命令，可调出本课件说明。

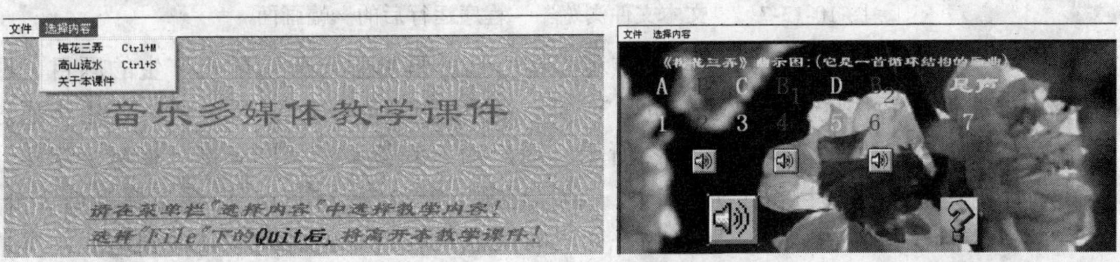

图 10-13-4　“音乐欣赏”程序运行后的两个画面

9. 设计一个“光线折射”程序，该程序运行后的画面如图 10-13-5 左图所示。可以单击【1】、【2】或【3】按钮，即可产生不同角度的光线折射。单击一个按钮后，该按钮即消失。单击三个按钮后，会出现一个【标注】按钮，此时的画面如图 10-13-5 右图所示。单击【标注】按钮后会显示入射光线与折射光线的注释文字，同时【标注】按钮消失，【刷新】按钮出现，如图 10-13-6 左图所示。单击【刷新】按钮后，回到图 10-13-5 左图所示状态，同时【刷新】按钮消失，【1】、【2】和【3】按钮出现。在出现光线、法线和灯泡时，将鼠标指针移到光线、法线或灯泡处时，会显示相应的中文名称提示，如图图 10-13-6 右图所示。

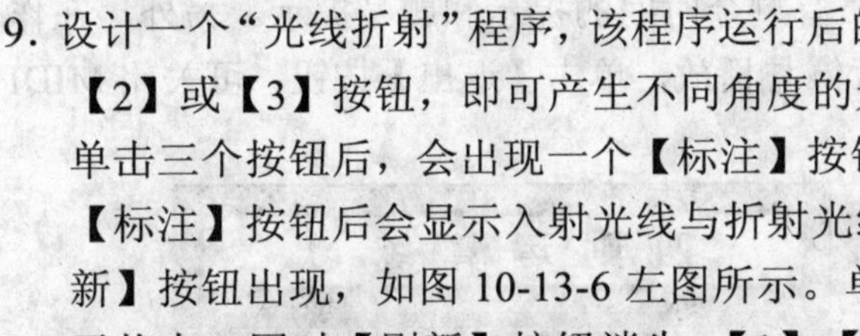

图 10-13-5　“光线折射”程序运行后的 2 幅画面

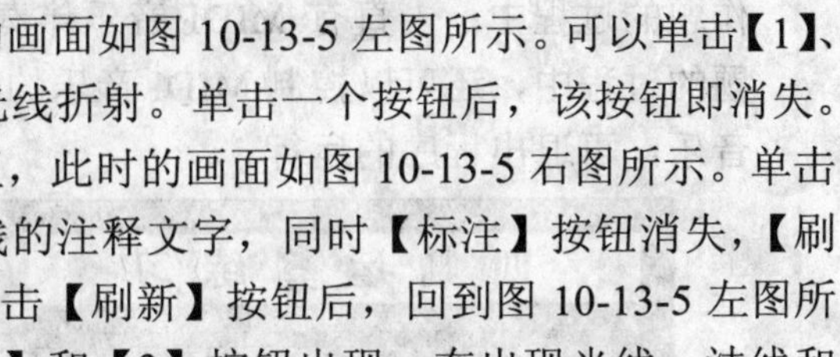

图 10-13-6　“光线折射”程序运行后的 2 幅画面

10．参考案例 64“图像浏览器”程序，设计一个“文本文件浏览器”程序。该程序运行后的一幅画面如图 10-13-7 所示。可以选择文本文件（扩展名为.txt），可以显示选中的文本文件的内容，如图 10-13-7 所示。

图 10-13-7 “文本文件浏览器”程序运行后的一幅画面

11．设计一个“四则运算练习”程序，该程序运行后，屏幕显示一道随机产生的题目，题目可能是两位数内的加、减（无负数）、乘、除（能整除）练习中的一种。让用户通过键盘输入答案，如图 10-13-8 左图所示。用户输入完答案后按回车键。接着会出第 2 题。作对一道加法题目得 1 分，作对一道减法题目得 2 分，作对一道乘法题目得 3 分，作对一道除法题目得 4 分。题目的个数没有限制，在规定的时间 360 秒到达后，屏幕即可显示出分数、作对各类题目的个数和作题的总个数，如图 10-13-8 右图所示。在作题的过程中，一直有 MIDI 音乐伴奏，有剩余时间的提示和题号提示。另外，在作题的过程中，还可以控制 MIDI 音乐的暂停与播放，单击【退出】按钮，可关闭 MIDI 音乐，再退出程序的运行。

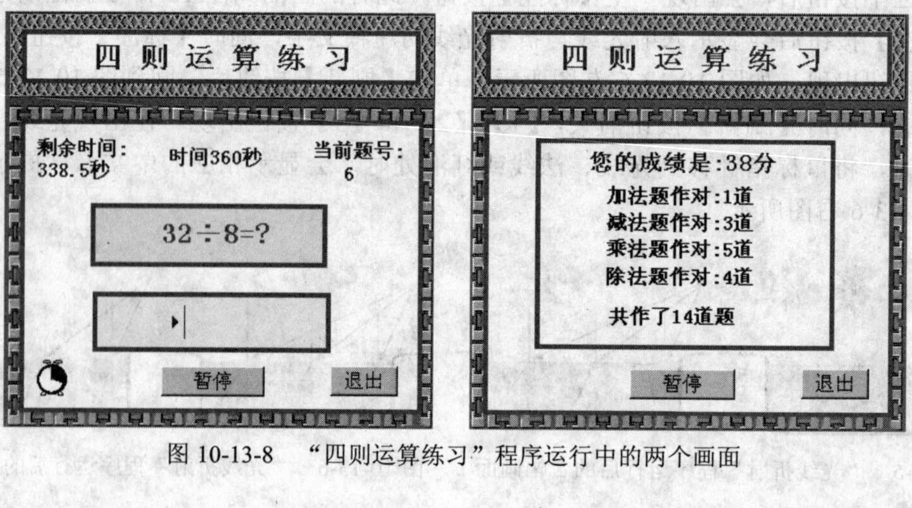

图 10-13-8 “四则运算练习”程序运行中的两个画面

12. 设计一个“快乐跳数抽奖”程序，该程序运行后，在 MIDI 音乐的伴奏下，屏幕显示一个图像框架，图像框架内有随机变化的四位图像数字，如图 10-13-9 左图所示。单击图像框架右下角的图像按钮，可以抽取一个四位数字。单击七次，抽取七个随机数字，作为获奖号码。按先后次序，先抽取的四个数据为三等奖号码，其次两个数据为二等奖号码，最后抽取的一个数据为一等奖号码。单击图像框架左下角的图像按钮，可退出程序的运行。单击 7 次图像框架右下角的图像按钮后，屏幕显示出抽奖结果，如图 10-13-9 右图所示。等待约 5 秒钟后，屏幕显示文本文件记录的内容，如图 10-13-10 所示。单击图 10-13-10 窗口的关闭按钮，退出“记事本”程序，回到图 10-13-9 所示画面。

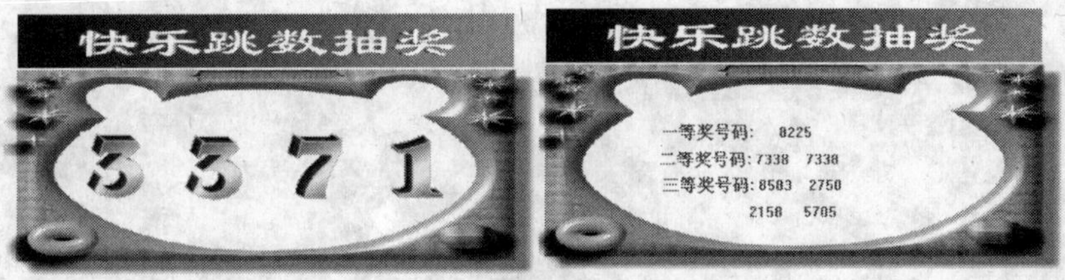

图 10-13-9　程序运行后的 2 幅画面

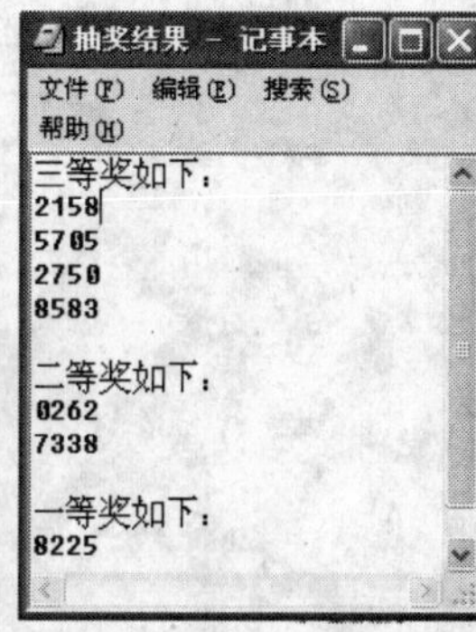

图 10-13-10　文本记录内容

13. 修改案例 69“创建二维数据表”程序，使它可以建立学生成绩的二维表格。修改该程序，使它可以建立一个工资管理的二维表格。
14. 修改案例 70“编程大奖赛抽奖”程序，使它可以抽取一等奖 1 名，二等奖 2 名，三等奖 5 名，纪念奖 50 名。
15. 修改案例 70“编程大奖赛抽奖”程序，使它可以象体育彩票那样进行抽奖。
16. 设计一个“学分登记”程序，该程序是用来给文本文件输入数据的。该程序运行后，演示窗口如图 10-13-11 所示（还没有输入学号），输入学号后按回车键，再输入姓名；输入完姓名后按回车键，再输入语文成绩；输入完语文成绩后按回车键，再输入其他科目的成绩。最后按回车键，即可保存输入的一条记录的数据。输入完 5 条记录后，即可自动退出程序的运行。

    在输入过程中，可以单击“查看学分”→“查看学分登记”菜单命令，调出“学分管理.TXT”文本文件，查看学分登记情况；可以单击“查看学分”→“退出”菜单命令，退出程序的运行。注意：在演示窗口中已经没有了系统自动产生的“文件”菜单项。

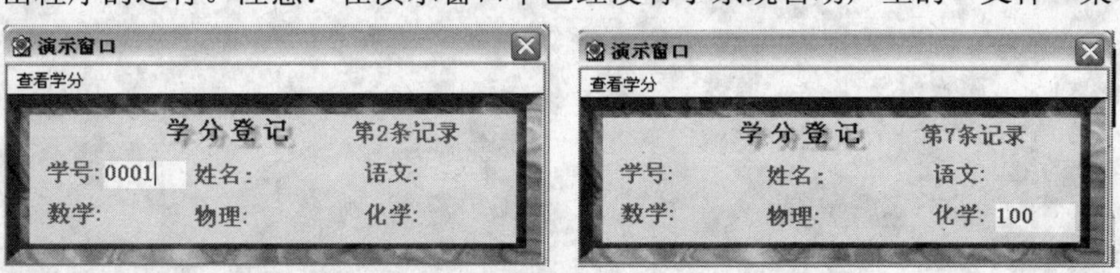

图 10-13-11　“学分登记”程序运行后的 2 幅画面

录入完学分后，打开当前程序所在目录下“TXT”文件夹内的“学分管理.TXT”文本文件，可以看到录入的记录数据已经保存到文件中。

17. 仿照“学分登录”程序，设计一个“通讯录”程序。该程序运行后，可以输入编号、姓名、电话、手机、电子邮箱、地址数据，一次可以输入 10 个记录。

参考文献

[1] 叶恒，景晶. Authorware 实战. 北京：人民邮电出版社，1999.

[2] 毕广吉. Authorware 多媒体开发程序设计与经典实例. 北京：人民邮电出版社，2004.

[3] 张增强. Authorware 实用教程. 北京：中国铁道出版社，2004.

[4] 褚雪征，孙逊. Authorware 7.0 多媒体制作基础培训教程. 北京：中国铁道出版社，2004.

[5] 计算机教育图书研究室. 中文 Authorware 6.X 安全使用手册. 北京：航空工业出版社，2002.

[6] 沈大林. 多媒体技术与应用教程. 北京：中国铁道出版社，2003.

Learn more about it !

笔记栏